"十三五"普通高等教育系列教材

AutoCAD 建筑工程绘图教程

主　编　马晓丽　於　辉
副主编　苑田芳　贾世波　王　轲
参　编　高　源　姚丙艳　刘欣然　韦　妍　党　彦　庄　婷
主　审　宋　琦

中国电力出版社
CHINA ELECTRIC POWER PRESS

内 容 提 要

本书是“十三五”普通高等教育系列教材。全书共分 10 章，主要内容为 AutoCAD 2008 操作基础知识、绘图环境设置、精确绘图功能的设置、常用二维绘图命令、常用编辑命令、文字与表格、尺寸标注、图块的应用、打印出图，三维实体建模简介。

本书的建筑工程图覆盖面广，内容翔实，图文并茂，书中选用的图样由简到繁，可供不同水平的读者学习参考。

本书可作为高等院校土建类及相关专业教材，也可供工程技术人员培训、电视大学等相关专业选用，还可作为 AutoCAD 爱好者的自学教材。

图书在版编目（CIP）数据

AutoCAD 建筑工程绘图教程 / 马晓丽，於辉主编. —北京：中国电力出版社，2015.9（2021.8 重印）
“十三五”普通高等教育规划教材
ISBN 978-7-5123-8075-2

Ⅰ. ①A… Ⅱ. ①马… ②於… Ⅲ. ①建筑制图－计算机辅助设计－AutoCAD 软件－高等学校－教材 Ⅳ. ①TU204

中国版本图书馆 CIP 数据核字（2015）第 181554 号

中国电力出版社出版、发行
（北京市东城区北京站西街 19 号 100005 http://www.cepp.sgcc.com.cn）
北京传奇佳彩数码印刷有限公司印刷
各地新华书店经售
*
2015 年 9 月第一版 2021 年 8 月北京第三次印刷
787 毫米×1092 毫米 16 开本 17 印张 413 千字
定价 **38.00** 元

前　言

AutoCAD即计算机辅助设计（Auto Computer Aided Design），是由美国Autodesk公司开发的著名计算机辅助设计软件，是当今世界上获得众多用户首肯的优秀计算机软件。由于AutoCAD具有功能强大、操作方便、应用广泛等特点，深受各行各业尤其是建筑和工业设计技术人员的欢迎。

目前，建筑行业使用的各种设计软件大多是在AutoCAD基础上二次开发的，而建筑预算软件的工程量计算也是应用AutoCAD软件进行绘图计算。由此可见，掌握AutoCAD软件的使用方法，成为工科院校学生及工程技术人员必备的职业技能，近些年计算机绘图已成为各工科院校的必修课程。

本书有以下特点：

（1）本书使用AutoCAD 2008版本。AutoCAD软件从2004年开始每年都在升级更新，现在已研发到AutoCAD 2015，本书之所以选用AutoCAD 2008版本，是经过市场调查再三斟酌后的选择，理由有三个：①各院校的机房和教室因为种种原因大多不能安装高版本，即AutoCAD 2008以上版本，目前各高校安装的多是AutoCAD 2006和AutoCAD 2008。②AutoCAD 2008以后的高版本命令按钮不便识别，不再采用中文注解，改用图标注解；再者，高版本主要加强了三维绘图功能及其他辅助功能，相应增加了许多按钮，使得绘图区域缩小，绘图界面繁杂，不便于初学者学习。③AutoCAD 2008以后的高版本软件，其二维图使用方法与2008版本非常相近，可以自学。根据市场调查，建筑设计和预算软件还是依托AutoCAD 2008或者AutoCAD 2010生成。综上所述，决定选用AutoCAD 2008版本讲解建筑工程图的绘图方法。

（2）本书的建筑工程图覆盖面广。建筑工程图中除了介绍常见的房屋平面、立面、剖面图和楼梯平面、剖面图的画法实例外，还有道桥图和装饰图画法，便于建筑类各专业学习选用，并通过本书的学习，了解相关专业图纸画法，为建筑各专业之间搭建一个学习平台。

（3）书中各章节既有例题、综合实例和上机练习，又增加了上机练习图样画法分解图。每个章节中编写了各种常用建筑工程图画法综合实例，以及常用建筑图例符号画法例题，在例题中有图解步骤和文字介绍，图文并茂。各章的上机练习中附有图样画法分解图，为初学者提供了帮助。此外，书中选用的图样由简到繁，可以为不同水平的读者提供学习资料。

（4）全书共分10章。主要内容为AutoCAD 2008操作基础知识、绘图环境设置、精确绘图功能的设置、常用二维绘图命令、常用编辑命令、文字与表格、尺寸标注、图块的应用、打印出图、三维实体建模简介。

（5）本书可作为高等院校土建类及相关专业，如土木工程、建筑学、工程造价、建筑工程管理、房地产开发与管理、道桥工程、环境设计、给水排水、建筑设备等的教材，也可供工程技术人员培训、电视大学等相关专业选用，还可作为AutoCAD爱好者的自学教材。

本书由青岛理工大学马晓丽和於辉主编，苑田芳、贾世波、王轲担任副主编。本书由於辉统稿，参加编写的有高源、姚丙艳、刘欣然、韦妍、党彦、庄婷等。

本书由青岛理工大学宋琦主审。

在编写过程中，吸收和借鉴了许多同行专家的宝贵意见和建议，在此表示衷心感谢！由于时间仓促，水平有限，书中难免有缺点和疏漏，敬请读者批评指正。

编　者

2015 年 7 月

目　　录

第 1 章　AutoCAD 2008 操作基础知识

计算机辅助设计（Computer Aided Design，CAD），是指利用计算机的计算功能和高效的图形处理能力进行图样设计和工程绘图。AutoCAD 是一个可用于二维和三维绘图的软件，是对 CAD 技术的具体应用，具有绘图简便、尺寸精确、调用和存储方便，便于修改和交流等特点，由于 AutoCAD 功能强大，易于掌握，深受各行各业尤其是建筑和工业设计技术人员的欢迎。目前，建筑行业使用的各种设计软件大多是在 AutoCAD 基础上二次开发的，而建筑预算软件的工程量计算也是应用 AutoCAD 软件进行绘图计算的。

AutoCAD 2008 是 AutoDesk 公司推出的经典版本，界面清晰直观，功能强大。为了能够系统地运用 AutoCAD 2008 进行建筑设计制图，也为今后专业课学习打下良好的基础，首先要了解及掌握 AutoCAD 2008 操作的基本知识。

1.1　AutoCAD 2008 的安装和启动

在安装 AutoCAD 2008 之前，首先必须查看系统需求、了解管理权限需求；其次，要找到 AutoCAD 2008 的序列号并尽量关闭其他正在运行的应用程序。本节首先了解程序对系统的安装需求，然后介绍详细的安装与配置方法。

1.1.1　AutoCAD 2008 所需系统配置

为保证软件的正常安装和运行，发挥 AutoCAD 2008 的强大功能，用户所用计算机的最低配置必须满足以下要求：

- 操作系统：Windows 2000、Windows XP、Windows Vista
- 浏览器：具有 IE6.0 SP1
- 处理器：Pentium III 800MHz 或更高
- 内存：256MB
- 显卡：1024×768 VGA 真彩色（最低要求）
- 硬盘：需要 1.6GB 或更多的安装空间

建议在与 AutoCAD 语言版本相同的操作系统上安装和运行 AutoCAD。

1.1.2　安装 AutoCAD 2008

安装 AutoCAD 2008 的操作步骤如下。

（1）将 AutoCAD 的安装光盘插入计算机的光驱，自动运行将出现图 1-1 所示安装窗口（如果没有出现该窗口，则在安装盘所在驱动器中双击 Autorun.exe，或者双击光盘中 AutoCAD 2008 的 setup.exe 文件）。

（2）选择“安装产品”选项，出现图 1-2 所示 AutoCAD 2008 简体中文版对话框。

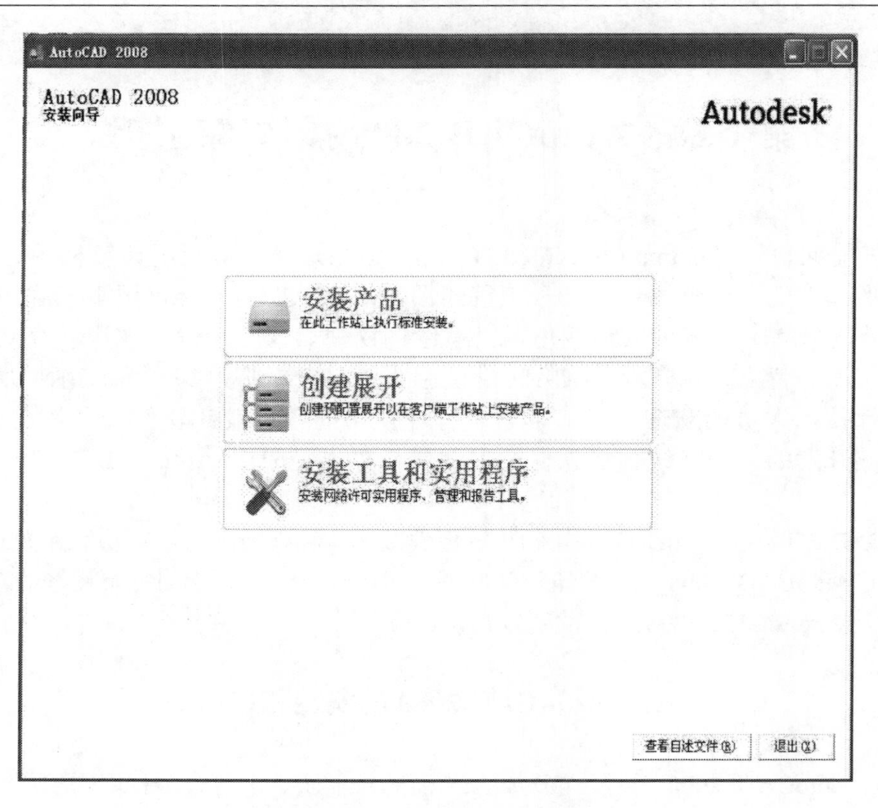

图 1-1 AutoCAD 2008 安装界面

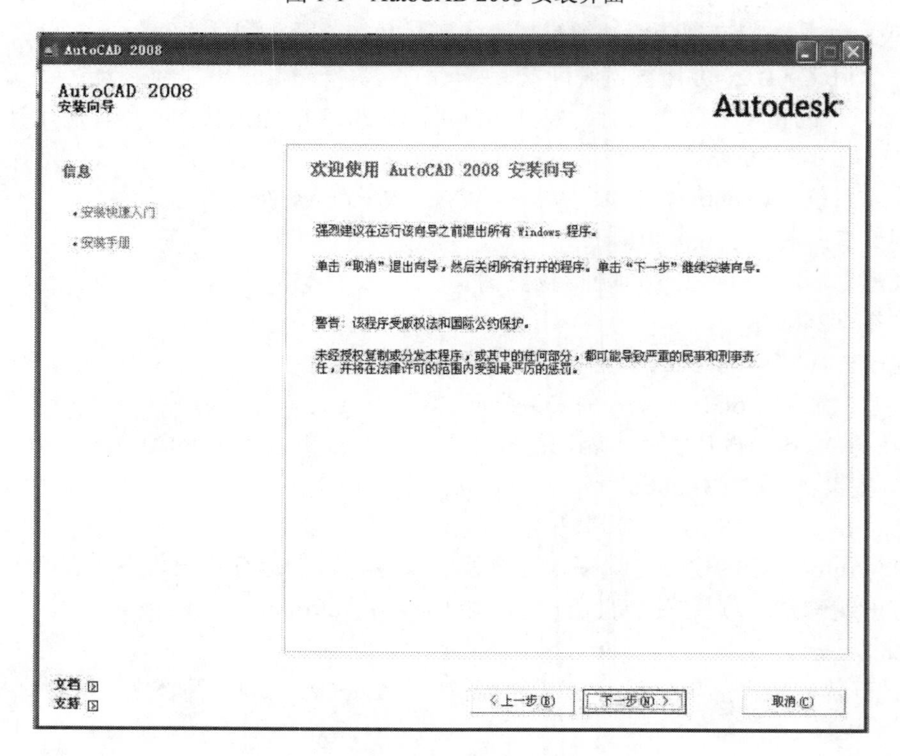

图 1-2 安装对话框

（3）单击图 1-2 中的“下一步”按钮，并同意接下来安装界面中的许可协议，在提示下，单击下一步，选择单机许可，典型安装……，按照提示即可安装成功。

（4）安装完成后，计算机桌面上生成 AutoCAD 2008 快捷图标，如图 1-3 所示。

图 1-3　AutoCAD 2008 快捷图标

（5）软件的激活。首次运行 AutoCAD 2008，即双击桌面上的快捷图标，会弹出如图 1-4 所示的【产品激活】窗口，如果直接运行产品，则只有 30 天的试用期，30 天后将不能使用。为了长期使用该产品，选择【激活产品】选项，点击“下一步”按钮，出现如图 1-5 所示的产品激活界面，即【现在注册】对话框，在上部长框处输入安装光盘中提供的序列号。

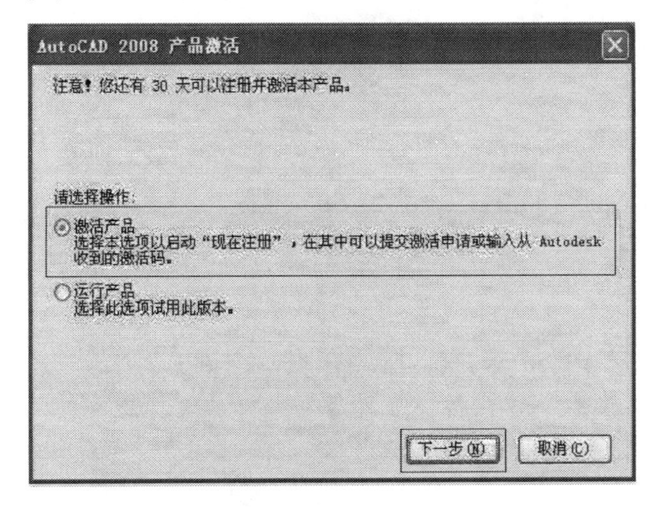

图 1-4　【产品激活】窗口

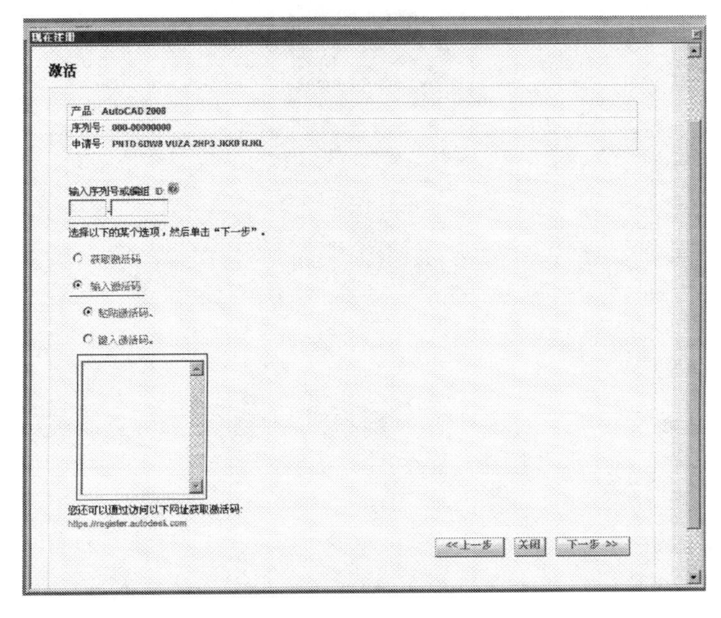

图 1-5　【现在注册】对话框

（6）获得激活码。先将安装光盘中的注册机打开，将图 1-5 所示的激活界面中申请号粘贴到注册机的 Request code 中，见图 1-6，单击“Calculate”按钮，即可得到激活码，即图 1-7 下方的方框部分。

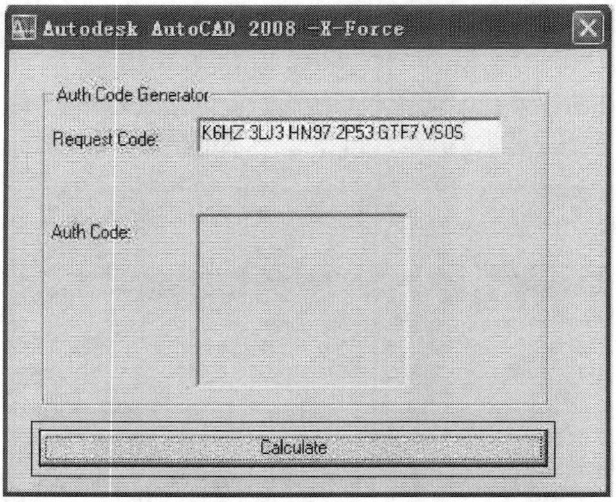

图 1-6　粘贴申请号

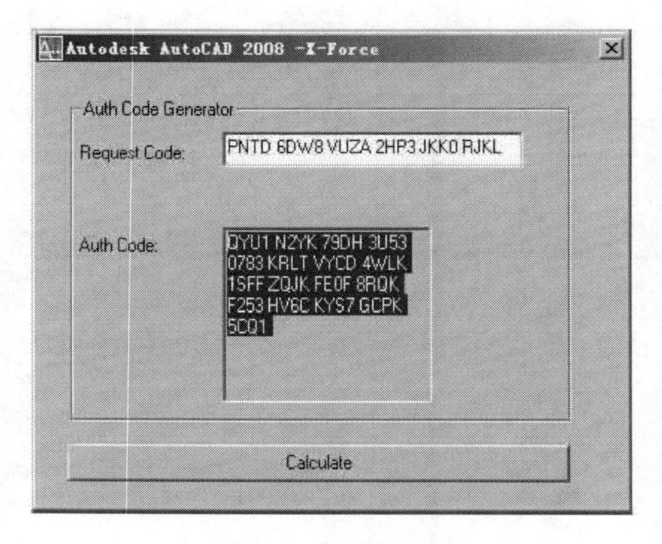

图 1-7　获得激活码

（7）在图 1-5 所示对话框中勾选“输入激活码”，再将激活码复制粘贴到图 1-5 方框中，如图 1-8 所示，单击“下一步”按钮，该软件即被激活确认，可长期使用。完成安装时的界面如图 1-9 所示。

1.1.3　启动 AutoCAD 2008

安装 AutoCAD 2008 后，系统会自动在 Windows 桌面上生成对应的快捷方式图标，双击该图标，即可启动 AutoCAD 2008；与启动其他应用程序一样，可以通过 Windows 资源管理器、Windows 任务栏的按钮等启动 AutoCAD 2008；也可以双击计算机中已存在的任意一个 AutoCAD 2008 图形文件来启动软件。

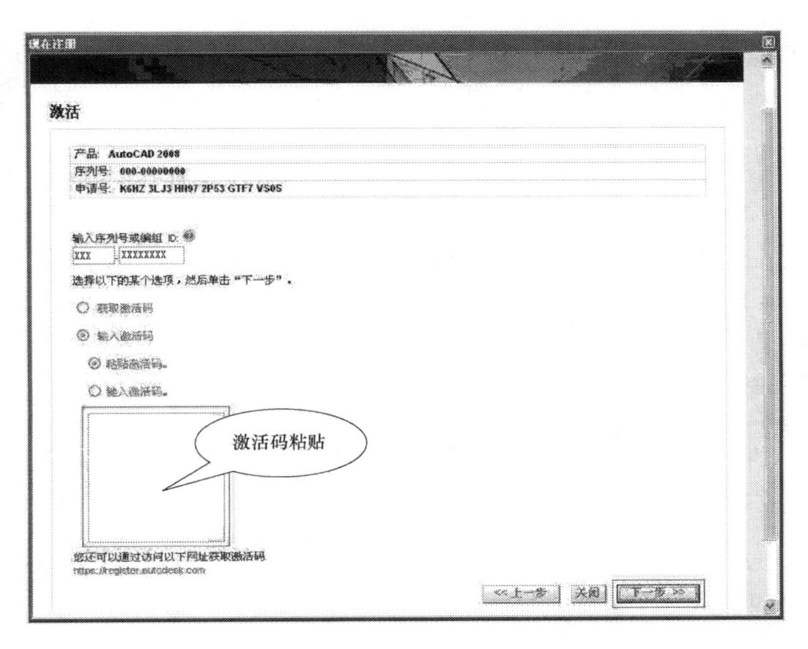

图 1-8　输入激活码

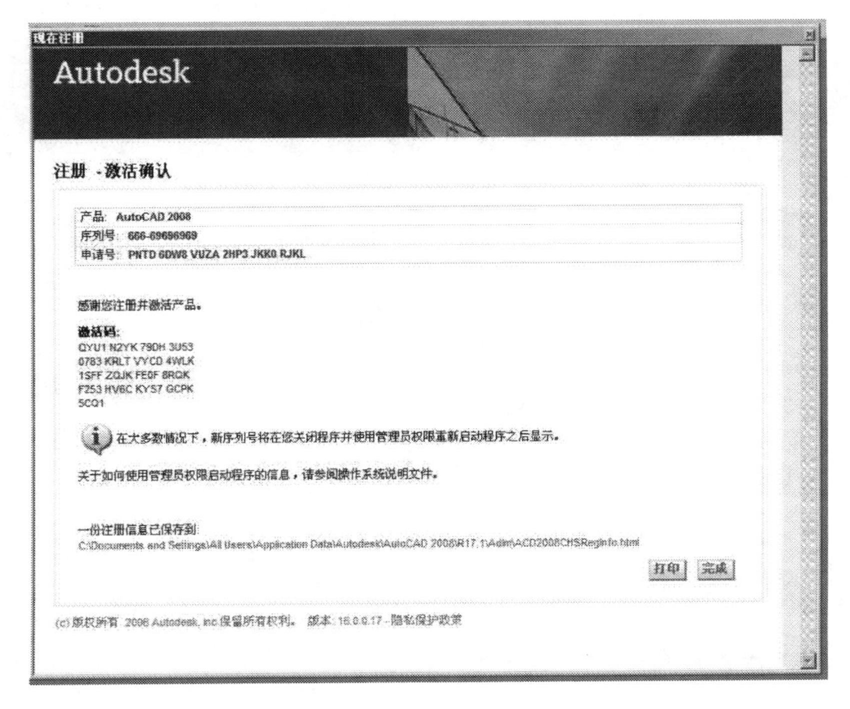

图 1-9　完成安装时的界面

1.2 AutoCAD 2008 经典工作界面

AutoCAD 2008 有三种工作界面，分别是“AutoCAD 经典”[见图 1-10（a）]、“二维草图与注释”[见图 1-10（b）] 和“三维建模”[见图 1-10（c）]，这三种工作界面可以方便地进行切换。点击工作界面左上方【工作空间】工具条下拉表框即显示【二维草图与注释】、【三维建模】、【AutoCAD 经典】，用户可以在工作空间下拉表中进行选择和切换，见图 1-11。

首次启动 AutoCAD 2008 后默认的工作界面为“二维草图与注释”，建议切换成“AutoCAD 经典”工作界面，整个工作界面由标题栏、菜单栏、工具栏、绘图区域、命令行、状态栏组成，各组成部分所处位置如图 1-10（a）所示。

下面介绍 AutoCAD 2008 经典工作界面各项的功能。

1.2.1 标题栏

标题栏位于整个界面的最顶部，它主要用来显示程序名称、文件名称和路径。单击标题栏最左边图标 ，出现一个下拉菜单，可以进行【还原】、【移动】、【最大化】、【最小化】、【关闭】等操作。标题栏最右边的三个按钮 ，也可实现窗口的最大化、最小化、还原、关闭。

1.2.2 菜单栏

菜单栏包含 AutoCAD 的主要绘图功能，利用菜单能够执行 AutoCAD 的大部分命令。单击菜单栏的某一项，可以打开对应的下拉菜单。如图 1-12 所示为【绘图】下拉菜单。

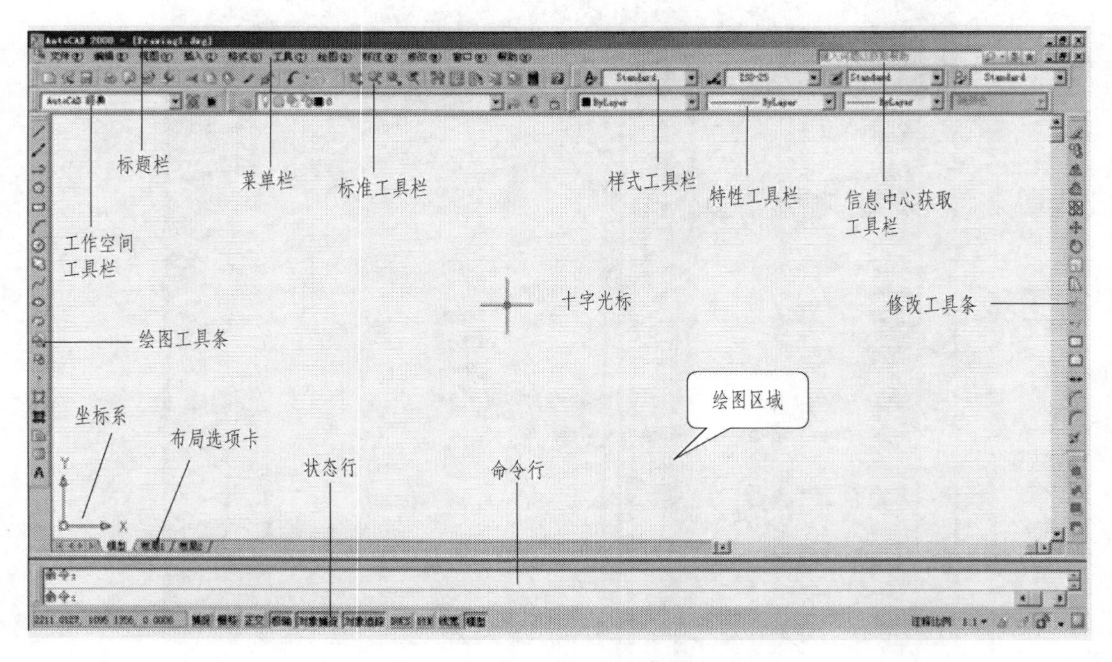

（a）【AutoCAD 经典】工作界面

图 1-10 AutoCAD 2008 的三种工作界面（一）

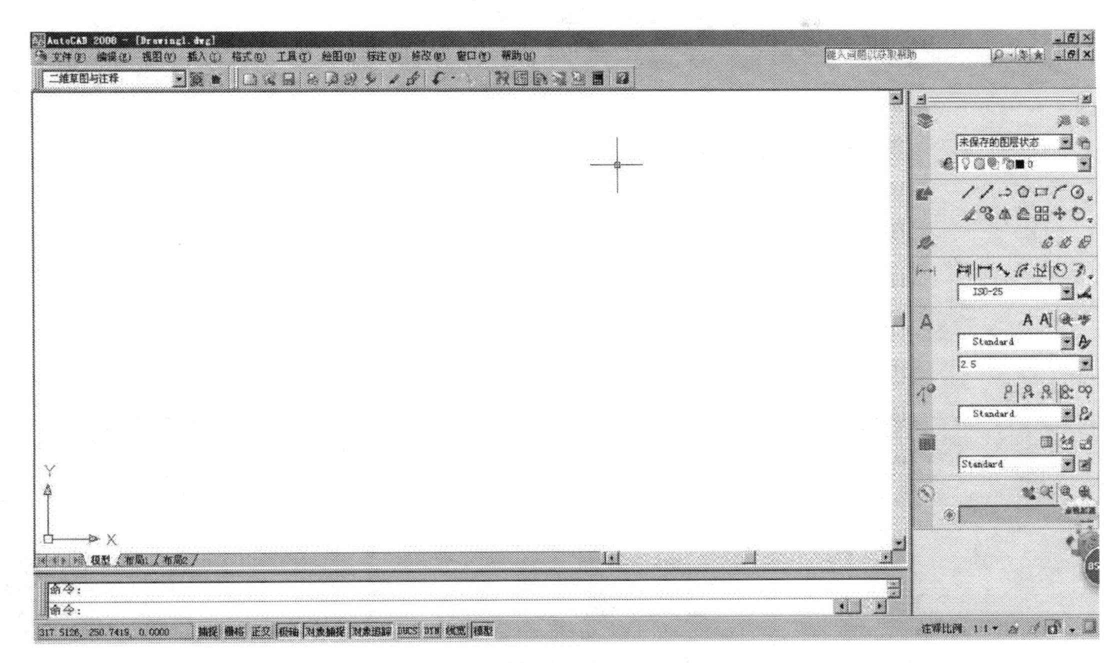

（b）【二维草图与注释】工作界面

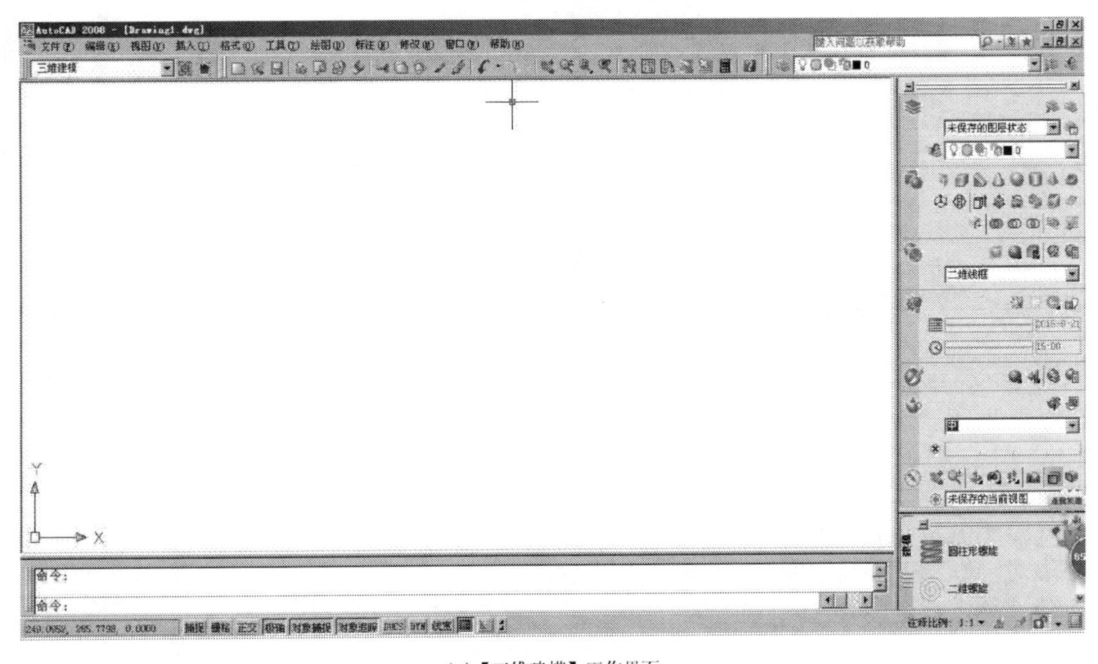

（c）【三维建模】工作界面

图 1-10　AutoCAD 2008 的三种工作界面（二）

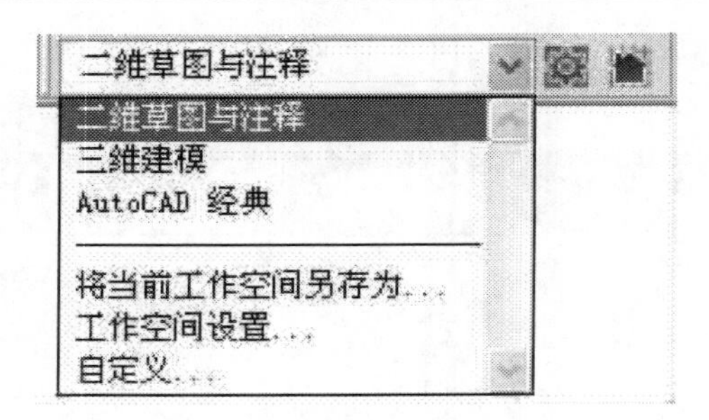

图 1-11　在工作空间下拉表中选择工作界面

下拉菜单具有以下特点：

（1）如果下拉菜单中出现“▶”符号，表示还存在下一级菜单，如图 1-12 所示。

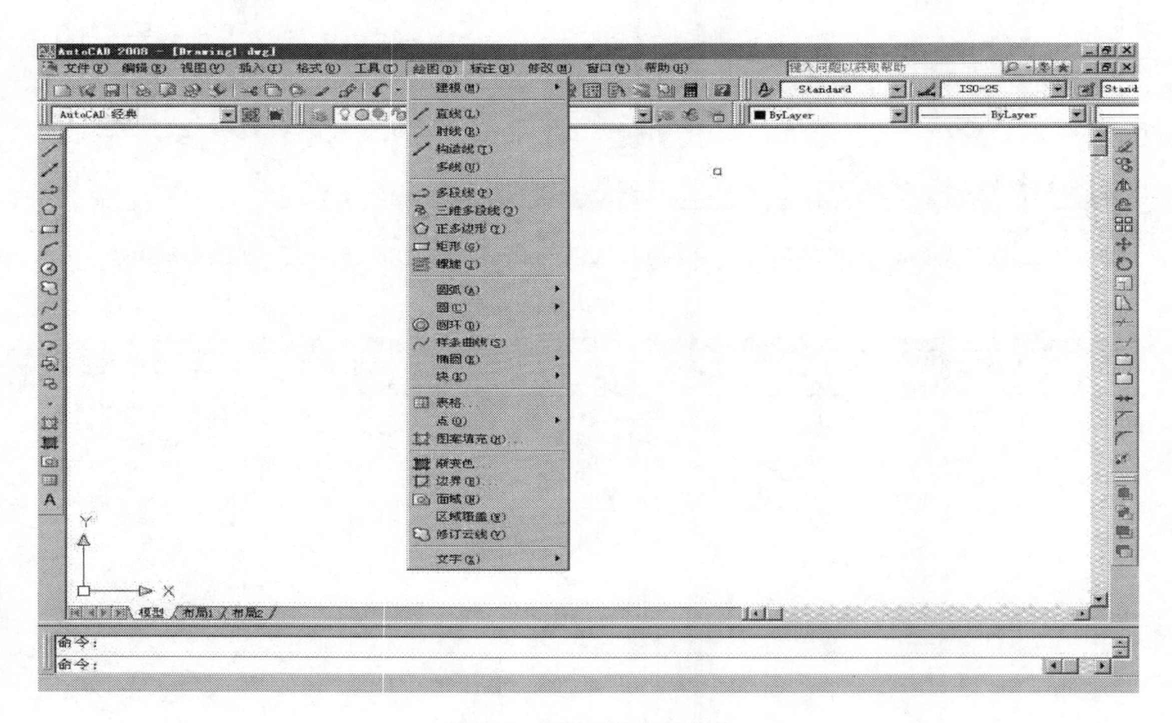

图 1-12　【绘图】下拉菜单

（2）如果下拉菜单中出现“…”符号，表示单击后会弹出一个对话框。例如，单击图 1-12 所示【绘图】菜单中的【图案填充】项，会显示出图 1-13 所示的【图案填充和渐变色】对话框，该对话框用于进行图案填充和渐变色设置。

（3）单击右侧没有任何标识的菜单项，会直接执行该命令。

AutoCAD 2008 还提供有快捷菜单，用于快速执行 AutoCAD 的常用操作。单击鼠标右键可打开快捷菜单。当前的操作不同或光标所在的位置不同时，单击鼠标右键后打开的快捷菜单也不同。例如，图 1-14 所示是光标位于绘图窗口时，单击鼠标右键弹出的快捷菜单。

菜单栏包括【文件】、【编辑】、【视图】、【插入】、【格式】、【工具】、【绘图】、【标注】、【修改】、【窗口】、【帮助】共 11 个选项。单击其中任意一个选项，都会出现一个下拉菜单。如果下拉菜单中出现“▶”符号，如 缩放(Z) ▶，表示还存在下一级菜单；如果下拉菜单中出现“…”符号，如 文字样式(S)...，表示单击后会弹出一个对话框；否则，单击该菜单，直接执行该命令。菜单栏右端的 _ 、 □ 、 × 按钮，可以实现一个.dwg 文件的最大化、最小化、关闭等操作。

图 1-13　【图案填充和渐变色】对话框

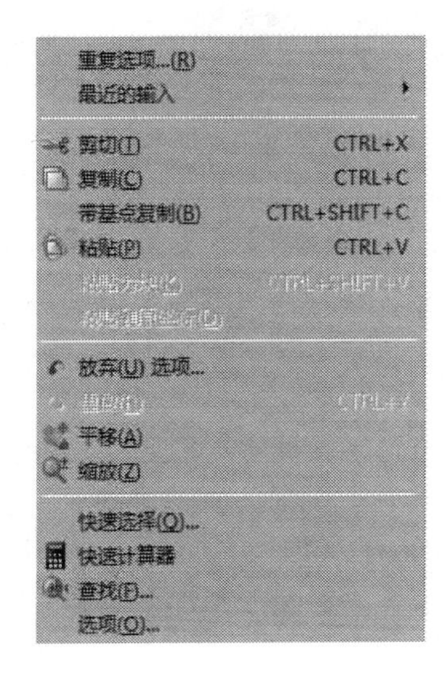

图 1-14　快捷菜单

1.2.3　工具栏

工具栏是由一组图标型工具按钮组成的，它是一种执行 AutoCAD 命令更为快捷的方法。

AutoCAD 2008 系统共提供了 37 个工具栏，为了不占用更多的绘图空间，通常“AutoCAD 经典”界面，系统默认只打开【标准】、【图层】、【对象特性】、【绘图】、【修改】、【样式】、【快速访问】和【工作空间】8 个工具栏作为默认状态。用户也可以随时打开需要的其他工具栏，方法为：将鼠标移至工具栏的任一位置，右击鼠标，弹出如图 1-15 所示的工具栏快捷菜单，选中需要的选项即可，左边标有“✔”的选项表示已被选中。

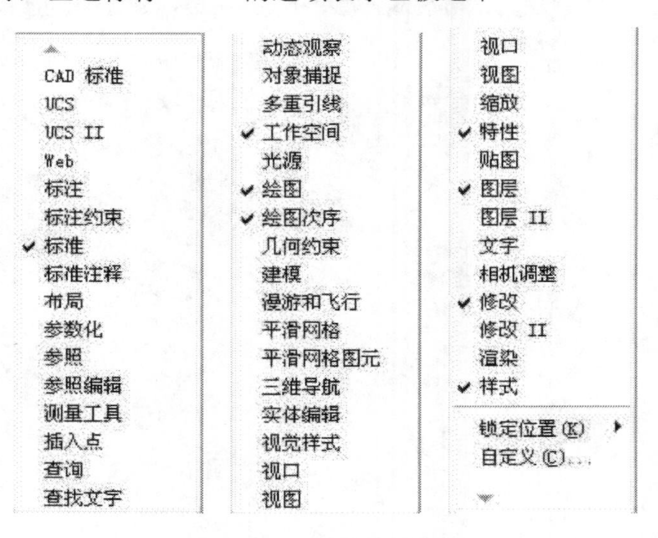

图 1-15 工具栏快捷菜单

每个工具栏上有一些命令按钮，将光标放到命令按钮上稍作停顿，指针右下角会出现按钮的名称，以说明该按钮的功能，如图 1-16 所示为【绘图】工具栏。

图 1-16 【绘图】工具栏

在经典工作界面菜单栏右边，是信息中心工具栏，可以通过它访问多个信息资源。用户可以输入关键字或键入问题搜索信息，显示“通信中心”面板以获取产品更新和通告，或显示收藏夹面板访问已保存的主题。

1.2.4 绘图区域

绘图区域在屏幕的中间，是用户工作的主要区域，用户的所有工作效果都反映在这个区域，相当于手工绘图的图纸。用户可以根据需要关闭或移动其周围和里面的各个工具栏，以增大或调整绘图空间。绘图区域的右侧和下侧有垂直方向和水平方向的滚动条，拖动滚动条可以垂直或水平移动视图。选项卡控制栏位于绘图区域的下边缘，单击【模型/布局】选项，可以在模型空间和图纸空间之间进行切换。

1.2.5 命令行

执行一个 AutoCAD 命令有多种方法，除了下拉菜单、单击绘图工具栏或面板选项板的按钮外，执行 AutoCAD 命令最常用的第三种方式就是在命令行直接输入命令。命令行主要用来输入 AutoCAD 绘图命令、显示命令提示及其他相关信息。在使用 AutoCAD 进行绘图时，不管用什么方式，每执行一个命令，用户都可以在命令行获得命令执行的相关中文提示及信息，它是进行人机对话的重要区域。特别对于初学者来说，一定要养成随时观察命令行提示的好习惯，它是指导用户正确执行 AutoCAD 命令的有利工具，如图 1-17 所示。

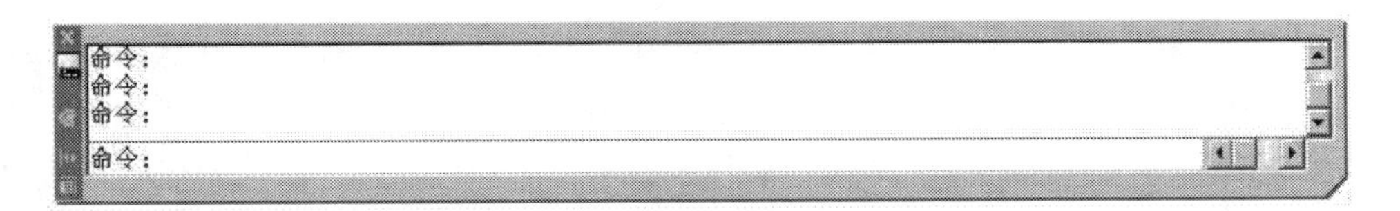

图 1-17　命令窗口

在命令行输入命令后，可以按空格键或 Enter 键来执行或结束命令。输入的命令可以是命令的英文全称，也可以为相关的快捷命令，如【直线】命令，可以输入“LINE”，也可输入【直线】命令的快捷命令“L”，输入的字母不分大小写，命令行可以输入英文、数字和符号，不得输入中文。在逐渐熟悉 AutoCAD 的绘图命令后，使用快捷命令可能比单击工具栏绘图按钮速度快，可以大大提高工作效率。

通常命令行只有三行左右，可以将光标移动到命令行提示窗口的上边缘，当光标变成时，按住鼠标左键上下拖动来改变命令行的大小。

想看到更多的命令，可以查看 AutoCAD 文本窗口。AutoCAD 文本窗口是记录 AutoCAD 命令的窗口，是放大的命令行窗口，它记录了已执行的命令，也可以用来输入新命令。在 AutoCAD 2008 中，可以按 F2 键来打开文本窗口；也可以通过打开【视图】/【显示】/【文本窗口】命令执行或在命令行输入 TEXTSCR 命令来打开文本窗口，查看所有操作。AutoCAD 文本窗口见图 1-18。

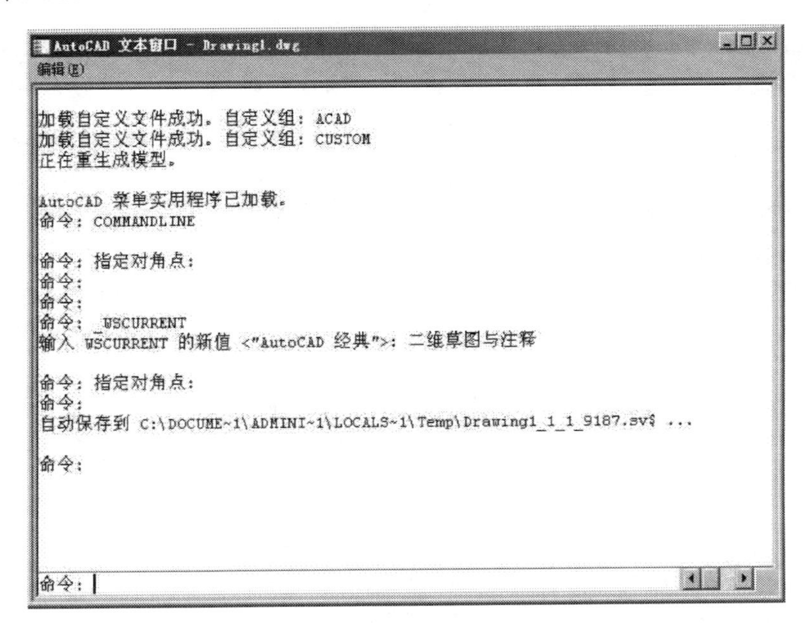

图 1-18　AutoCAD 文本窗口

1.2.6 状态栏

状态栏位于工作界面的最底部，主要用于显示光标的坐标值、绘图工具、导航工具，以及用于快速查看和注释缩放的工具。允许用户以图标或文字的形式查看图形工具按钮。通过捕捉工具、极轴工具、对象捕捉追踪工具的快捷菜单，用户可以轻松更改这些绘图工具的设置。

当光标在绘图区域移动时，状态栏的左边区域可以实时显示当前光标的 *X*、*Y*、*Z* 三维坐标值。状态栏中间是【捕捉】、【栅格】、【正交】、【极轴】、【对象捕捉】、【对象追踪】、【DUCS】、【DYN】、【线宽】、【模型】10 个开关按钮。用鼠标单击它们可以打开或关闭相应的辅助绘图功能，也可使用相应的快捷键打开。AutoCAD 2008 状态栏如图 1-19 所示。状态栏用来显示 AutoCAD 当前的状态，各数据和按钮的用途如下：

-2871.2730, 5989.3237 , 0.0000 捕捉 栅格 正交 极轴 对象捕捉 对象追踪 DUCS DYN 线宽 模型

图 1-19 AutoCAD 2008 状态栏

（1）坐标值。图 1-19 中左侧的三个数据，分别表示十字光标在绘图区域中当前的 *X*、*Y*、*Z* 坐标值，随着十字光标的移动，这些数据将不断地滚动，动态地显示坐标信息。

（2）状态栏按钮操作。

1）【捕捉】按钮：表示是否使用“格栅捕捉”的开关。单击该按钮，打开格栅捕捉，光标只能停留在格栅点阵上，光标呈跳跃状。

2）【格栅】按钮：表示是否显示格栅的开关。单击该按钮，打开格栅显示，此时绘图区域布满小点形成的格栅。

3）【正交】按钮：表示是否使用“正交模式”的开关。单击该按钮，打开正交模式，用户只能绘制水平直线和垂直直线。

4）【极轴】按钮：表示是否使用“极轴追踪模式”的开关。单击该按钮，打开极轴追踪模式，绘制直线时，绘图区域将显示一条追踪线，用户可以根据之前的设置在追踪线上移动光标或者输入单向坐标值，快速准确地绘图。

5）【对象捕捉】按钮：表示是否使用“对象捕捉”开关。单击该按钮，打开对象捕捉模式，可以自动捕捉系统设置的几何图形具有的一些特殊点。

6）【对象追踪】按钮：表示是否使用“对象追踪”开关。该按钮应与【对象捕捉】按钮同时打开，使用对象追踪模式，用户可以通过捕捉对象上的特殊点，沿正交方向或极轴方向拖动光标，此时可以显示光标当前位置与捕捉点之间相对关系，找到符合要求的点，单击确定即可。

7）【DUCS】按钮：表示是否开启和关闭动态 DUCS 模式。单击该按钮，打开动态 DUCS 模式，用户可以在三维实体平整面上创建对象，无需手动更改 UCS 坐标轴方向，方便而快捷地绘制三维图。

8）【DYN】动态输入按钮：表示是否开启和关闭动态输入模式。单击该按钮，打开动态输入 DYN 模式，绘图时在绘图区域内随时显示有关绘图信息，如坐标值、长度、角度等，并可在小视窗内输入所需数据，替代命令行的输入。

9）【线宽】按钮：表示是否显示线条宽度的开关。单击该按钮，打开线宽显示，在绘图时可以在屏幕上显示线宽，以准确地反映图形内容。

10）【模型】或【布局】按钮：表示当前绘图空间是模型空间还是图纸空间的转换按钮。如果按钮显示【布局】，表示当前在图纸空间中，显示【模型】，表示当前在模型空间中。【模型】空间是绘图的常态。

状态栏的右边添加了缩放注释的工具。

1.2.7　面板选项板

面板是一种特殊的选项板，用于显示与基于任务的工作空间关联的按钮和控件，AutoCAD 2008 增强了该功能。它包含了 9 个新的控制台，更易于访问图层、注解缩放、文字、标注、多重引线、表格、二维导航、对象特性及块属性等多种控制，提高工作效率。

如果要显示或隐藏面板中的控制台，可以在面板上右击，然后在弹出的快捷菜单中选择是否显示各个控制台，见图 1-20。

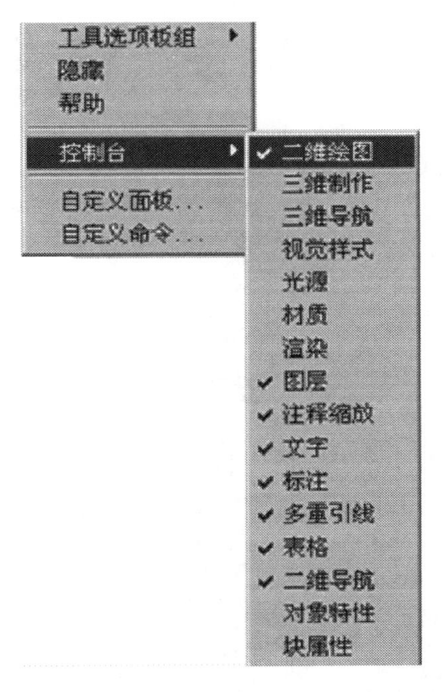

图 1-20　面板选项板快捷菜单

1.3　常用基本操作

利用 AutoCAD 完成的所有工作都是用户对系统通过命令来执行的。所以用户必须熟悉命令的执行与结束，以及对命令的一些常用操作。

1.3.1　命令的执行与结束

执行一个命令往往有多种方法，这些命令之间可能存在难易、繁简的区别。用户可以在不断的练习中找到一种适合自己的、最快捷的绘图方法或绘图技巧。

通常可以用以下几种方法来执行某一命令：

- 命令行输入命令：在命令行输入相关操作的完整命令或快捷命令。例如，绘制直线，可以在命令行输入"line"或"l"。
- 单击工具栏中的图标按钮：这种方法比较形象、直接。将鼠标在按钮处停留数秒，会显示按钮的名称，帮助用户识别。如单击绘图工具栏中的按钮，可以启动【直线】命令。
- 单击下拉菜单：一般的命令都可以在下拉菜单中找到，它是一种较实用的命令执行方法。如单击下拉菜单【绘图】/【直线】来执行【直线】命令。

在命令行输入命令执行操作时，需要按Enter键或空格键才能使系统执行命令。

结束命令主要有以下四种方法：

- Enter键（即回车）：它是最常用的结束命令的方法，例如，画一条线段，当确定了第二点时，直接回车，就会结束命令，否则它就会要求给出下一点的参数。
- 空格：在 AutoCAD 中，除了书写文字外空格与回车的作用是一样的。
- 鼠标右键：要结束绘制时，单击鼠标右键会出现快捷菜单。将光标移到【确认】处，单击鼠标左键可以结束命令，与回车效果相同。
- Esc键：在 AutoCAD 中，Esc键的功能最强大，无论命令是否完成，都可通过按Esc键来取消命令。例如，执行绘制多点命令（【绘图】/【点】/【多点】），就只能通过Esc键来结束命令。

1.3.2 命令的重复

在 AutoCAD 中重复执行一个命令的方法有很多。可以在命令行提示"命令："时，按Enter键或空格键，来重复刚刚执行过的命令。

如果要想重复执行近期执行过但又不是刚刚执行过的一个命令，可以将光标移至命令行，单击右键，弹出如图 1-21 所示的快捷菜单，选择【近期使用的命令】，系统列出近期使用过的 6 条命令，选择想要重复执行的命令即可。

图 1-21 命令窗口快捷菜单

如果要多次使用同一个命令，则可以在命令行输入 multiple 命令回车，命令行提示"输入要重复的命令名："，输入要重复的命令后，就可以重复执行该命令，直到用户按Esc键为止。

1.3.3 命令的放弃

命令的放弃即撤消，放弃最近执行过的一次操作的方法有：

- 下拉菜单：【编辑】/【放弃】
- 标准注释工具栏按钮：
- 命令行：undo 或 u
- 快捷键：Ctrl+Z

放弃近期执行过的一定数目操作的方法有：

- 下拉列表：单击按钮右侧列表箭头，在列表中选择一定数目要放弃的操作
- 命令行：undo

在命令行输入 undo 命令后回车，命令行提示如下：

```
命令:undo
输入要放弃的操作数目或[自动(A)/控制(C)/开始(BE)/结束(E)/标记(M)/后退(B)]<1>:4
                                                  //输入要放弃的操作数目，回车
正多边形 GROUP 圆 GROUP 矩形 GROUP LINE GROUP       //系统提示所放弃的 4 步操作的名称
```

1.3.4　命令的重做

重做是指恢复 undo 命令刚刚放弃的操作。它必须紧跟在 u 或 undo 命令后执行，否则命令无效。

重做单个操作的方法有：

- 下拉菜单：【编辑】/【重做】
- 标准注释工具栏按钮：
- 命令行：redo
- 快捷键：Ctrl+Y

重做一定数目操作的方法有：

- 下拉列表：单击按钮右侧列表箭头，在列表中选择一定数目需重做的操作
- 命令行：mredo

1.4　图形文件管理

AutoCAD 对图形文件的管理主要包括文件的创建、打开、保存、关闭。

1.4.1　新建图形文件

常用以下几种方法建立一个新的图形文件：

- 下拉菜单：【文件】/【新建】
- 【菜单浏览器】：【新建】/【图形】
- 标准工具栏按钮：
- 命令行：new
- 快捷键：Ctrl + N

执行新建图形文件命令后，屏幕出现如图 1-22 所示的【选择样板】对话框。用户可以选择其中一个样本文件，单击 打开(O) 按钮即可。除了系统给定的这些可供选择的样板文件（样板文件扩展名为.dwt）外，用户还可以自己创建所需的样板文件，以后可以多次使用，避免重复劳动。

图 1-22 【选择样板】对话框

图 1-23 新建图形打开方式

如果不需要选择样板，用户还可以选择使用 打开(O) ▾ 中的小三角，则出现图 1-23 所示的打开方式选择界面，可根据需要选择打开模板文件、英制无样板打开、公制无样板打开，一般选择公制无样板打开。

1.4.2 打开原有文件

AutoCAD 2008 可以记忆刚刚打开过的 9 个图形文件（系统默认为 9 个），要快速打开最近使用过的文件，可以单击【文件】下拉菜单选择所需的文件。当然，用户可以随意改变【文件】下拉菜单列出最近使用过的文件数（0～9）。其方法为：单击下拉菜单【工具】/【选项】，弹出【选项】对话框，选择【打开和保存】选项卡，在【文件打开】选区更改【列出最近所用文件数】即可。

一般一个已存在的 AutoCAD 文件可以用以下几种方法打开：

- 下拉菜单：【文件】/【打开】
- 【菜单浏览器】：【打开】/【图形】
- 标准工具栏按钮：
- 命令行：open
- 快捷键：Ctrl + O

执行该命令后出现图 1-24 所示对话框，用户可以找到已有的某个 AutoCAD 文件单击，然后选择对话框中右下角的 打开(O) 按钮。

1.4.3 保存图形文件

为了防止因突然断电、死机等情况丢失或影响已绘制的图样，用户应养成随时保存图形的良好习惯。

可以用以下几种方法快速保存 AutoCAD 图形文件：

- 下拉菜单：【文件】/【保存】

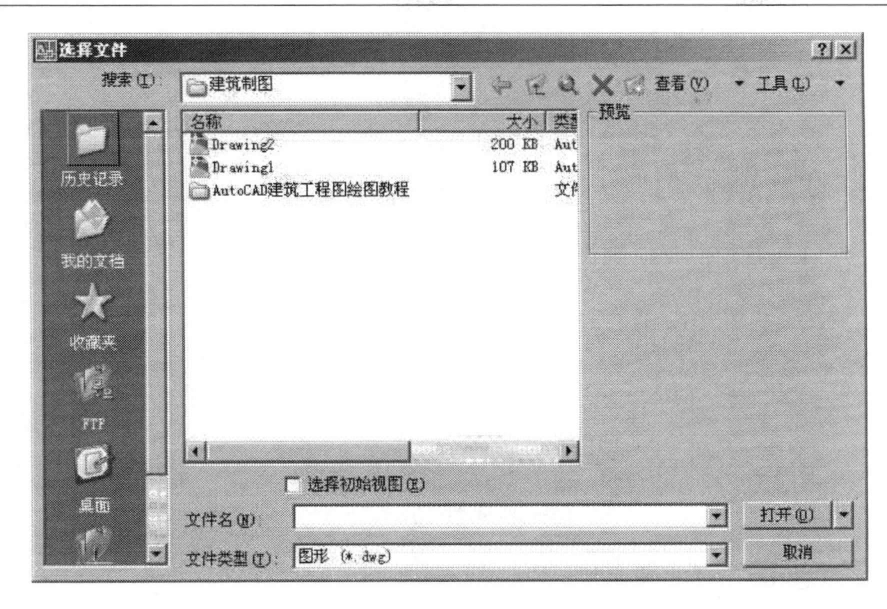

图 1-24 【选择文件】对话框

- 【菜单浏览器】:【保存】
- 工具栏按钮:
- 命令行: qsave
- 快捷键: Ctrl + S

当执行快速保存命令后，对于还未命名的文件，系统会提示输入要保存文件的名称，对于已命名的文件，系统将以已存在的名称保存，不再提示输入文件名。

用户还可以用下面的另存方法改变已有文件的保存路径或名称:

- 下拉菜单:【文件】/【另存为】
- 【菜单浏览器】:【另存为】/【图形】
- 命令行: saveas 或 save
- 快捷键: Ctrl + Shift + S

执行【另存为】命令后，出现如图 1-25 所示【图形另存为】对话框。在【保存于】下拉列表中选择重新保存的路径；在【文件名】编辑框中输入另存的文件名，系统将自动以“.dwg”的扩展名进行保存，如果要保存为样板文件，将文件的扩展名改为“.dwt”；在【文件类型】下拉列表中选择保存的类型格式，如果是在装有高版本 AutoCAD 程序的机器上绘制的图样，要拿到装有低版本的机器上使用，可以在此选择相应低版本的保存类型，否则文件打不开。然后单击 保存(S) 按钮即可。

除了这些用户自己保存文件的方法外，AutoCAD 2008 还提供了自动保存的功能，通常系统会每隔 10min 自动保存一次，用户也可随意调整保存间隔时间。其方法为：单击下拉菜单【工具】/【选项】，弹出【选项】对话框，选择【打开和保存】选项卡，在【文件安全措施】选区，选中【自动保存】复选框，调整【保存间隔分钟数】即可。

1.4.4 关闭文件

要关闭当前打开的 AutoCAD 图形文件而不退出 AutoCAD 程序，可以使用下列几种方法：

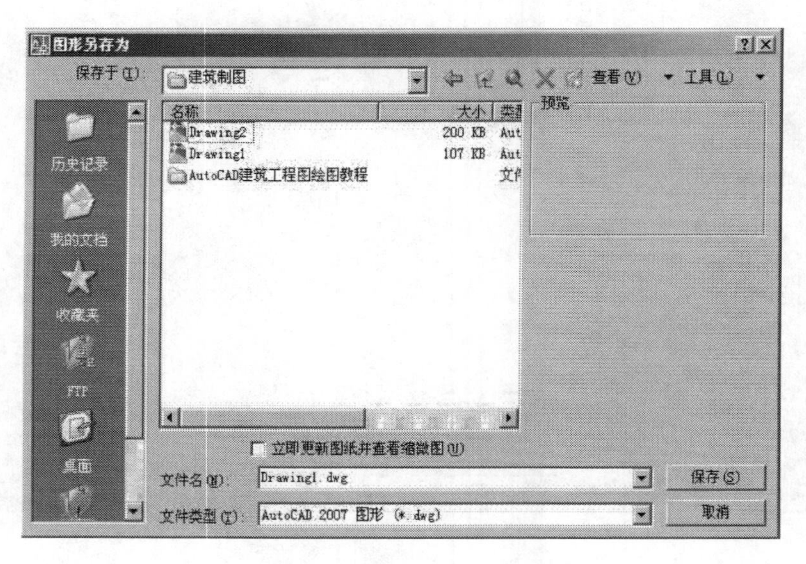

图 1-25 【图形另存为】对话框

- 下拉菜单：【文件】/【关闭】
- 【菜单浏览器】：【关闭】/【当前图形】
- 命令行：close
- 快捷键：Ctrl + F4
- 按钮：图形文件窗口右上角 ☒（下拉菜单右方）

如果要退出 AutoCAD 程序，则程序窗口和所有打开的图形文件均将关闭，方法如下：

- 下拉菜单：【文件】/【退出】
- 【菜单浏览器】：【退出】
- 命令行：quit 或 exit
- 快捷键：Ctrl + Q
- 按钮：程序窗口右上角 ☒（标题栏右方）

执行该命令后，若当前图形未改动，则立即退出 AutoCAD 系统；若图形有改动，则屏幕上弹出如图 1-26 所示的对话框。

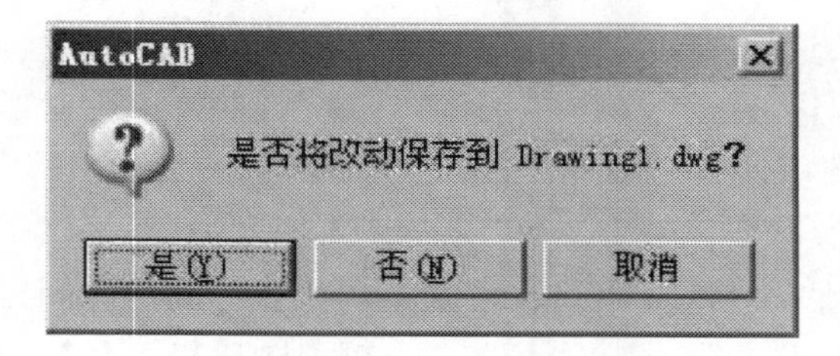

图 1-26 【AutoCAD 退出】对话框

（1）“是（Y）”按钮：将对已命名的文件存盘并退出 AutoCAD 系统；对未命名的文件则命名后存盘并退出 AutoCAD 系统。

（2）单击“否（N）”按钮：将放弃对图形所做的修改并退出 AutoCAD 系统。

（3）单击“取消”按钮：将取消退出命令并返回到原绘图、编辑状态。

使用 closeall 命令或单击下拉菜单【窗口】/【关闭】或【全部关闭】，也可以快速关闭一个或全部打开的图形文件。

1.5　绘图样例（保存图形文件）

【例 1-1】创建一个 AutoCAD 文件，使用【直线】和【圆】绘图命令绘制如图 1-27 所示的图形，将其保存在 D 盘的“AutoCAD 文件”文件夹中，文件名为“练习 1”。文件夹中再保存一个备份，文件名为“练习 1 备份”，保存完成后，退出 AutoCAD 系统。（图形大小不限）

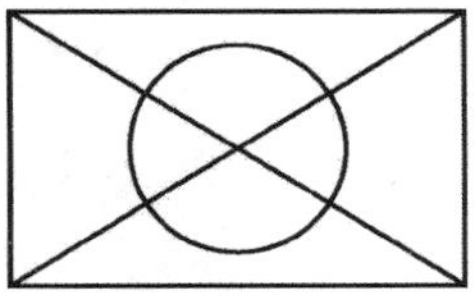

图 1-27　使用绘图命令绘制图形

绘图步骤

（1）启动 AutoCAD 2008 中文版。

（2）选择【标准】工具栏的【新建】按钮。弹出【选择样板】对话框，在名称列表中选择“acad”样板，如图 1-28 所示，创建一个 AutoCAD 新文件。

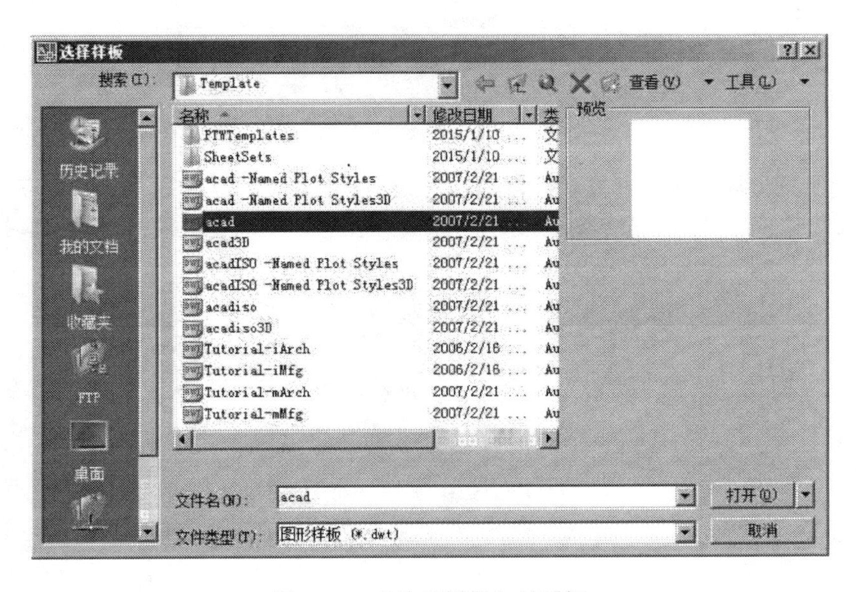

图 1-28　【选择样板】对话框

（3）在【绘图】工具栏中单击【矩形】按钮，启动【矩形】命令。

（4）在命令行“指定第一个角点:”提示下，鼠标在绘图区域任意位置单击左健，确定矩形第一点。

（5）在命令行“指定另一个角点:”提示下，鼠标在绘图区域另一位置单击左健，确定矩形另一个角点。

（6）在【绘图】工具栏中单击【直线】按钮，绘制两条对角线。

（7）在【绘图】工具栏中单击【圆】按钮，启动【圆】命令。

（8）在命令行“指定圆的圆心”的提示下，鼠标在矩形的中心处绘制一个圆，绘图结果如图 1-27 所示。

（9）绘制完毕后，选择标准工具栏【标准】/【保存】按钮，弹出【图形另存为】对话框。在“保存于”下拉列表框中选择路径“D：/CAD 文件”，在“文件名”文字框中输入“练习 1”，如图 1-29 所示，单击【保存】按钮，保存图形文件。

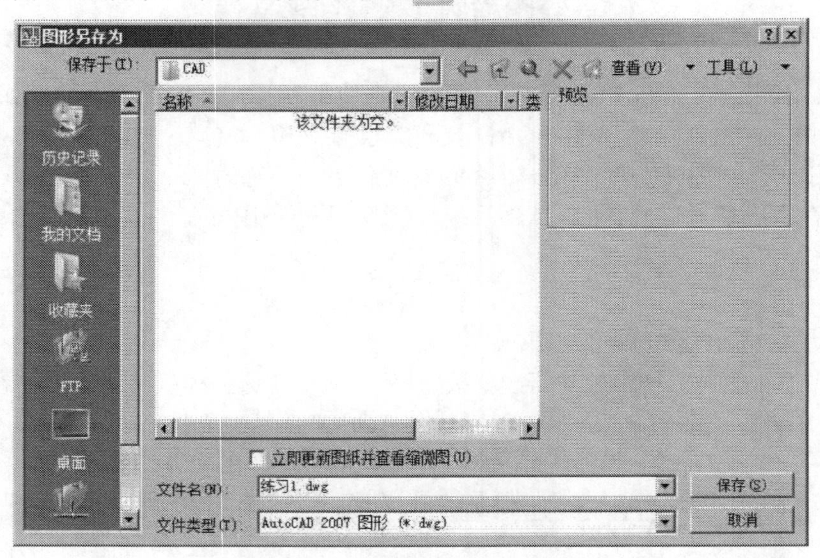

图 1-29 【保存】按钮对话框

（10）点击下拉菜单【文件】/【另存为】命令，弹出【图形另存为】对话框。在“保存于”下拉列表框中选择路径“D:/CAD 文件”，在“文件名”文字框中输入“练习 1 备份”，如图 1-30 所示，单击【保存】按钮，保存图形文件。

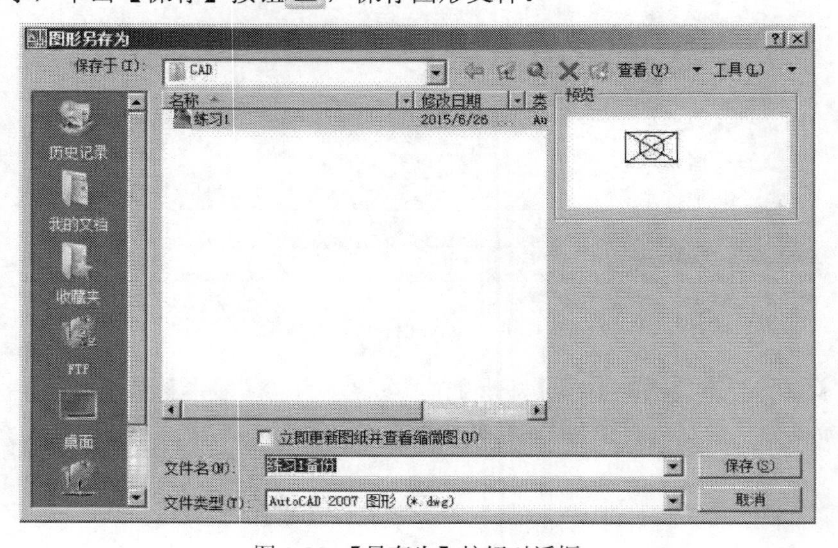

图 1-30 【另存为】按钮对话框

第 2 章 绘图环境设置

AutoCAD 安装好后，在默认的设置下可以开始绘图了。为了使绘图更规范，提高绘图效率，用户首先应该熟悉如何确定绘图的基本单位、图纸的大小和绘图比例，即进行绘图环境的设置。用户可以通过 AutoCAD 提供的各种绘图环境设置的功能选项方便地进行设置，并且可以随时进行修改。本章除了介绍如何进行绘图环境设置之外，还把在绘图过程中最常用到的基本操作归纳在一起向用户作简要介绍，以方便初学者的学习与练习。AutoCAD 还向用户提供了“图层”这种有用的管理工具，把具有相同颜色、线型、线宽等特性的图形放到同一个图层上，以便于用户更有效地组织、管理、修改图形对象。

2.1 绘图系统设置

2.1.1 设置绘图界限

图形界限是在 *X*、*Y* 二维平面上设置的一个矩形绘图区域，它是通过指定矩形区域的左下角点和右上角点来定义的。启动【图形界限】设置命令的方法有：

- 下拉菜单:【格式】/【图形界限】
- 命令行: limits

在执行 limits 命令后，命令行有如下提示：

```
命令:limits              //执行【图形界限】设置命令
重新设置模型空间界限:
指定左下角点或[开(ON)/关(OFF)] <0.0000,0.0000>:
                         //输入左下角点坐标或直接回车取系统默认点(0.0000,0.0000)
指定右上角点 <420.0000,297.0000>:
                         //输入右上角点坐标或直接回车取系统默认点(420.0000,297.0000)
```

在命令行提示“指定左下角点或［开（ON）/关（OFF)］<0.0000，0.0000>:”时，可以直接输入“on”或“off”打开或关闭“出界检查”功能。“on”表示用户只能在图形界限内绘图，超出该界限，在命令行会出现“**超出图形界限”的提示信息；“off”表示用户可以在图形界限之内或之外绘图，系统不会给出任何提示信息。

2.1.2 设置绘图单位

图形单位设置的内容包括：长度单位的显示格式和精度、角度单位的显示格式和精度及测量方向、拖放比例。启动【单位】设置命令的方法有：

- 下拉菜单:【格式】/【单位】
- 命令行: units

执行上述命令后，屏幕会出现如图 2-1 所示的【图形单位】对话框。在【长度】选区，单击【类型】下拉列表，在“建筑”“小数”“工程”“分数”“科学” 5 个选项中选择需要的单位格式，通常选择“小数”；单击【精度】下拉列表选择精度选项，当在【类型】列表中选择不同的选项时，【精度】列表的选项随之不同，当选择“小数”时，最高精度可以显示小数点后 8 位，如果用户对该项不进行设置，系统默认显示小数点后 4 位。

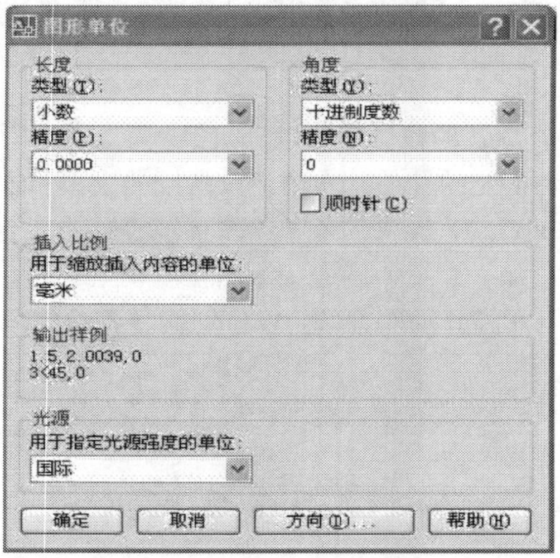

图 2-1 【图形单位】对话框

应注意，这里单位精度的设置，只是设置屏幕上的显示精度，并不影响 AutoCAD 系统本身的计算精度。

在【角度】选区，单击【类型】下拉列表，在 5 个选项中选择需要的单位格式；单击【精度】下拉列表选择精度选项。对于建筑工程，可以选择“十进制度数”或“度/分/秒”的单位格式。【顺时针】复选框用来表示角度测量的旋转方向，选中该项表示角度测量以顺时针旋转为正，否则以逆时针旋转为正。

【图形单位】对话框下方的  方向(D)... 按钮用来确定角度测量的起始方向，即“基准角度”。单击该按钮，弹出如图 2-2 所示的【方向控制】对话框。对话框中有四种标准方位的复选框可供用户选择，也可选择【其他】复选框，输入任意角度作为基准角度。通常选择系统默认方向【东】为基准角度，即以屏幕上 X 轴的正向作为角度测量的起始方向。

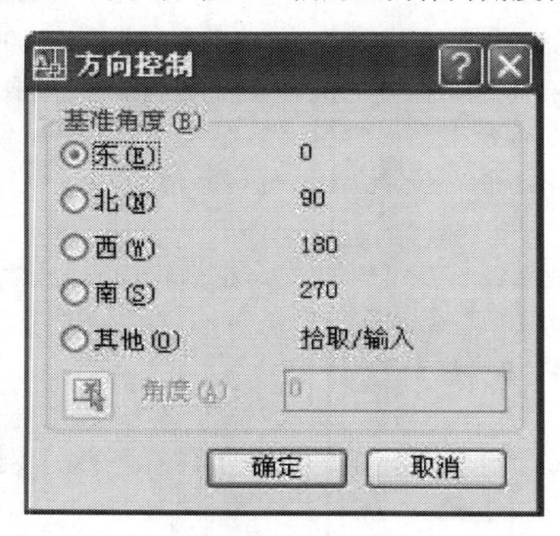

图 2-2 【方向控制】对话框

2.1.3 应用【选项】对话框进行环境设置

【选项】对话框是对各种参数进行设置的非常有用的工具，用它可以完成改变新建文件的启动界面、给文件添加密码、修改自动保存间隔时间等设置。其实，【选项】对话框包含了绝大部分 AutoCAD 的可配置参数，用户可以依据自己的需要和习惯在此对 AutoCAD 的绘图环境进行个性化设置。随着用户对 AutoCAD 操作的逐渐熟练，会发现绘图过程中遇到的许多问题都可以用【选项】对话框来解决。对于初学者，只要对【选项】对话框中各选项卡的主要功能有一个概括的了解就可以了，而没有必要面面俱到掌握所有内容，只有在实际应用中，通过不断遇到问题、解决问题才能对【选项】对话框的使用有更好的了解。

调用【选项】对话框的方法有：

- 下拉菜单：【工具】/【选项】
- 命令行：options
- 快捷菜单：无命令执行时，在绘图区域单击右键，选择【选项】选项

执行上述命令后，弹出如图 2-3 所示的【选项】对话框。该对话框中包含了【文件】、【显示】、【打开和保存】、【打印和发布】、【系统】、【用户系统配置】、【草图】、【三维建模】、【选择集】和【配置】10 个选项卡。下面分别对【选项】对话框中各选项卡的功能作简单介绍。

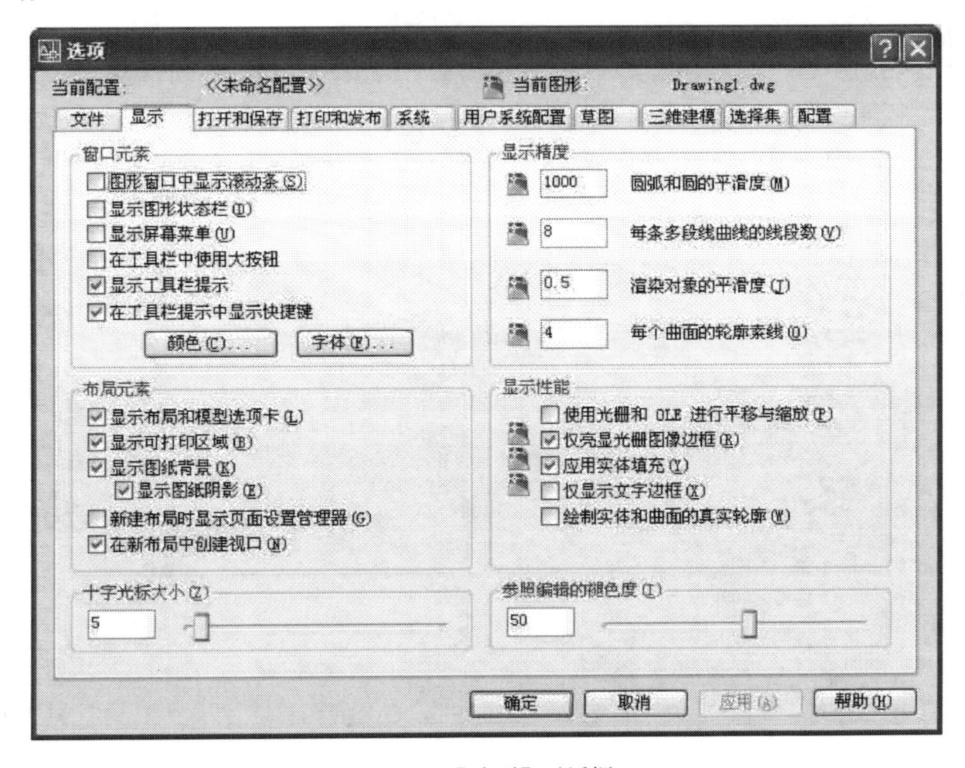

图 2-3 【选项】对话框

1. 【文件】选项卡

主要用来确定 AutoCAD 搜索支持文件、驱动程序文件、菜单文件和其他各文件的存放位置路径或文件名。

2.【显示】选项卡

【窗口元素】、【布局元素】、【十字光标大小】和【参照编辑的退色度】选区的选项主要用来控制程序窗口各部分的外观特征；【显示精度】和【显示性能】选区的选项主要用来控制对象的显示质量。如绘制的圆弧弧线不光滑，则说明显示精度不够，可以增加【圆弧和圆的平滑度】的设置。当然，显示精度越高，AutoCAD 生成图形的速度越慢。

3.【打开和保存】选项卡

【文件保存】、【文件安全措施】和【文件打开】选区的选项主要对文件的保存形式和打开显示进行设置，如文件保存的类型、自动保存的间隔时间、打开 AutoCAD 后显示最近使用的文件的数量等；【外部参照】和【objectARX 应用程序】选区的选项用来设置外部参照图形文件的加载和编辑、应用程序的加载和自定义对象的显示。

4.【打印和发布】选项卡

此选项卡主要用于设置 AutoCAD 的输出设备。默认情况下，输出设备为 Windows 打印机，但也可以设置为专门的绘图仪，也可对图形打印的相关参数进行设置。

5.【系统】选项卡

主要对 AutoCAD 系统进行相关设置，包括三维图形显示系统设置、是否显示 OLE 特性对话框、布局切换时显示列表更新方式设置和【启动】对话框的显示设置等内容。

6.【用户系统配置】选项卡

用来优化用户工作方式的选项，包括控制单击右键操作、控制插入图形的拖放比例、坐标数据输入优先级设置和线宽设置等内容。

这里重点介绍一下单击右键快捷操作系统的设置：在【选项】对话框中打开【用户系统配置】选项卡，弹出如图 2-4 所示对话框，勾选【绘图区域中使用快捷菜单】后，点击【自定义右键单击】按钮。

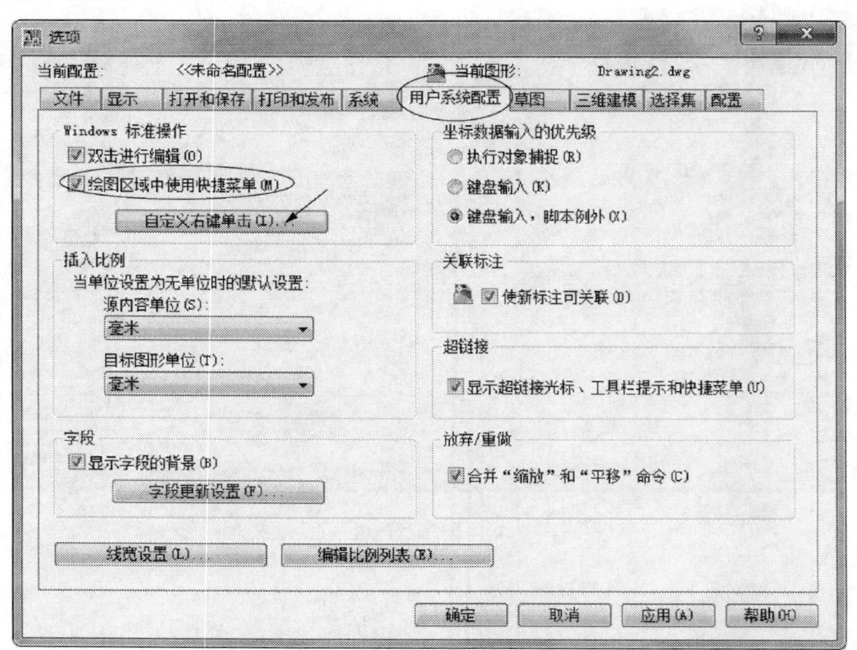

图 2-4 【用户系统配置】对话框

弹出【自定义右键单击】对话框，勾选【重复上一个命令】和【确认】，点击【应用并关闭】按钮，如图 2-5 所示，完成点击右键的快捷操作系统设置。

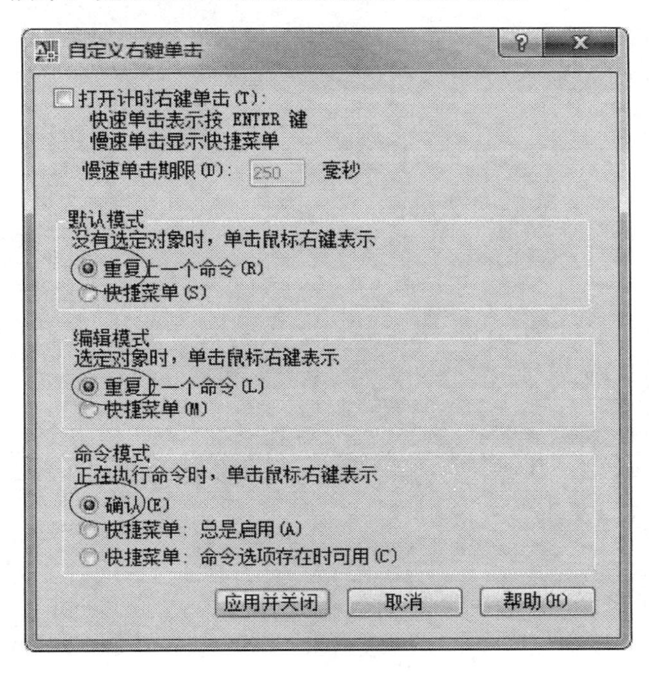

图 2-5 【自定义右键单击】对话框

7.【草图】选项卡

主要用于设置自动捕捉、自动追踪、对象捕捉等的方式和参数。

8.【三维建模】选项卡

用于对三维绘图模式下的三维十字光标、UCS 图标、动态输入、三维对象、三维导航等选项进行设置。

9.【选择集】选项卡

主要用来设置拾取框的大小、对象的选择模式、夹点的大小和颜色等相关特性。

10.【配置】选项卡

主要用于实现新建系统配置文件、重命名系统配置文件及删除系统配置文件等操作。配置是由用户自己定义的。

【例 2-1】将绘图区域的背景色设置为白色。（在默认状态下，绘图窗口的背景颜色为黑色）

（1）应用下拉菜单：【工具】/【选项】打开选项对话框。

（2）切换到【显示】选项卡，在【窗口元素】选项区域单击【颜色】按钮，则打开了【图形窗口颜色】对话框，如图 2-6 所示。

（3）对话框右上角有【颜色】选项，点击该选项右边的小三角，将其由黑改为白，如图 2-7 所示。

（4）单击图 2-7 中的 应用并关闭(A) 按钮，完成设置，这时，绘图区的背景色就变成白色了。

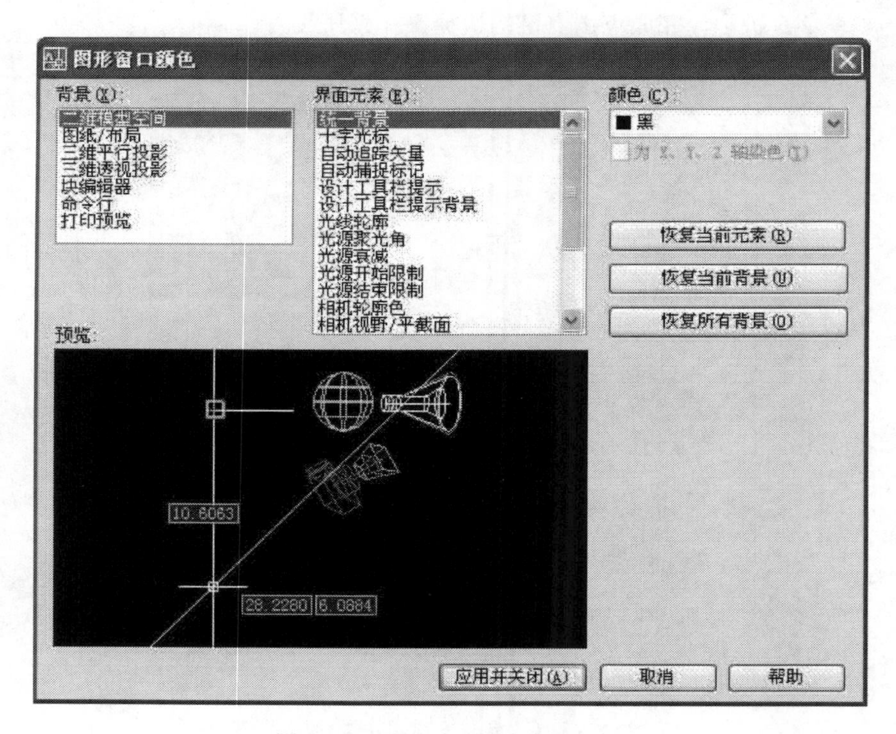

图 2-6 【图形窗口颜色】对话框

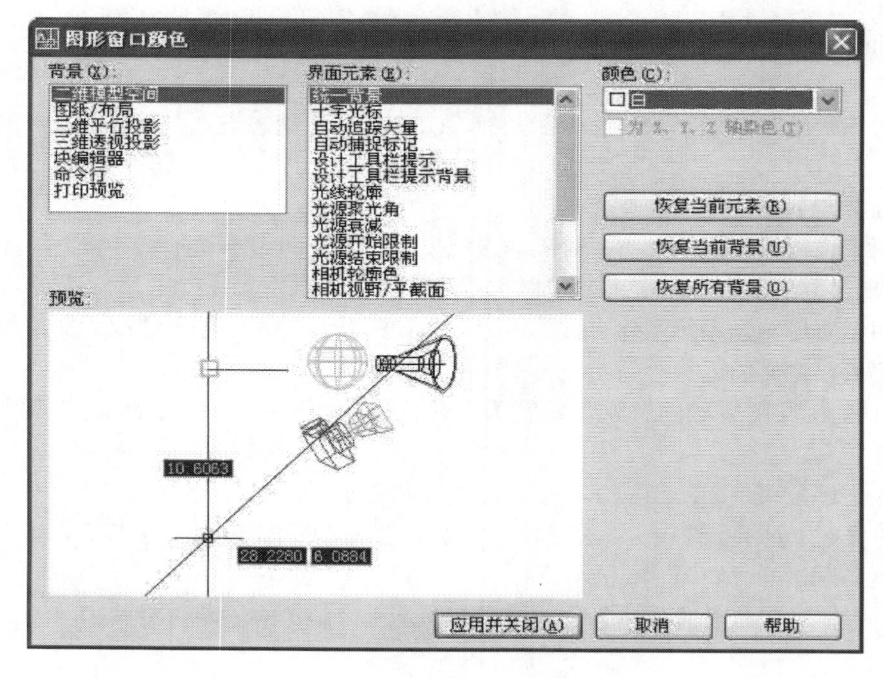

图 2-7 白色背景的设置

2.2　图层的创建与设置

图层是 AutoCAD 提供的重要绘图工具之一。可以把图层看作是没有厚度的透明薄片，各层之间完全对齐，一层上的某一基准点精确地对准其他各层上的同一基准点。按照国家制图标准规定，在绘制工程图时，对于不同用途的图线需要使用不同的线型和线宽来绘制。AutoCAD 向用户提供了“图层”这种有用的管理工具，把具有相同颜色、线型、线宽等特性的图形放到同一个图层上，以便于用户更有效地组织、管理、修改图形对象。

2.2.1　图层及其特性

用户可以把图层理解成没有厚度、透明的图纸，一个完整的工程图样由若干个图层完全对齐、重叠在一起形成的。同时，还可以关闭、解冻或锁定某一图层，使得该图层不在屏幕上显示或不能对其进行修改。图层是 AutoCAD 用来组织、管理图形对象的一种有效工具，在工程图样的绘制工作中发挥着重要的作用。

图层具有以下一些特性：

- 图名：每一个图层都有自己的名字，以便查找。
- 颜色、线型、线宽：每个图层都可以设置自己的颜色、线型、线宽。
- 图层的状态：可以对图层进行打开和关闭、冻结和解冻、锁定和解锁的控制。

2.2.2　图层的创建

创建和设置图层，都可以在【图层特性管理器】对话框中完成，启动【图层特性管理器】对话框的方法有：

- 下拉菜单：【格式】/【图层】
- 图层工具栏按钮：
- 命令行：layer

执行上述命令后，屏幕弹出如图 2-8 所示的【图层特性管理器】对话框。在该对话框中有两个显示窗格：左边为树状图，用来显示图形中图层和过滤器的层次结构列表；右边为列表图，显示图层和图层过滤器及其特性和说明。

单击【图层特性管理器】对话框中的新建按钮，在列表图中 0 图层的下面会显示一个新图层。在【名称】栏填写新图层的名称，图层名可以使用包括字母、数字、空格，以及 Microsoft Windows 和 AutoCAD 未作他用的特殊字符命名，注意图层名应便于查找和记忆。填好名称后回车或在列表图区的空白处单击即可。如果对图层名不满意，还可以重新命名。

在【名称】栏的前面是【状态】栏，它用不同的图标来显示不同的图层状态类型，如图层过滤器、所用图层、空图层或当前图层，其中图标表示当前图层。

0 图层是系统默认的图层，不能对其重新命名。同时，也不能对依赖外部参照的图层重新命名。

为了便于对图层进行管理，常在任意工具栏上单击右键，选中图层，则打开了【图层特性管理器】对话框，如图 2-8 所示。在 AutoCAD 2008“二维草图与注释”界面中，面板选项板的控制台也有图层部分，如图 2-9 所示。

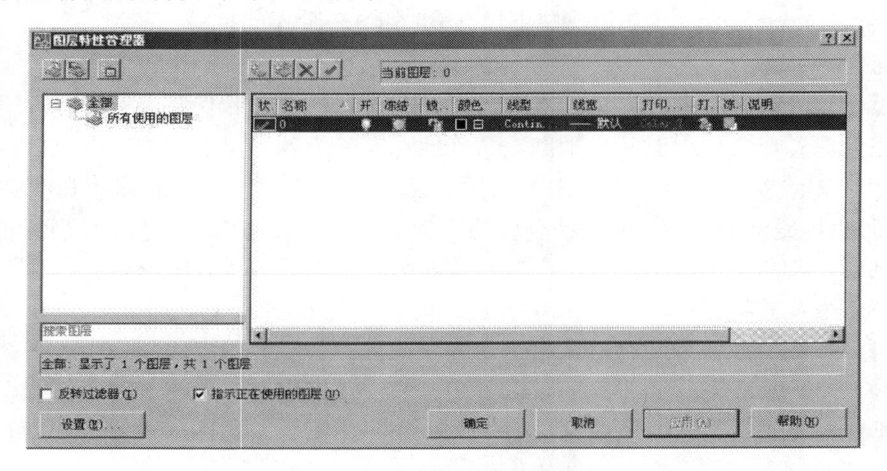

图 2-8 【图层特性管理器】对话框

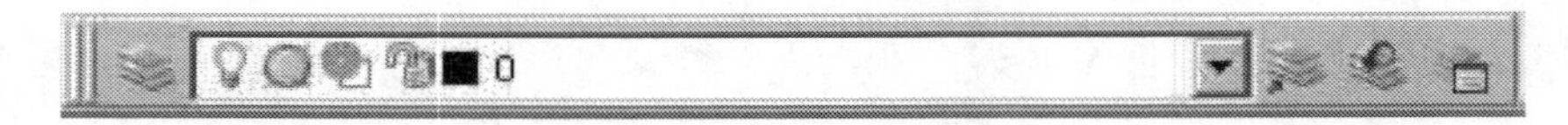

图 2-9 【图层工具栏】

2.2.3 设置图层的颜色、线型和线宽

用户在创建图层后，应对每个图层设置相应的颜色、线型和线宽。

1. 设置图层的颜色

单击某一图层列表的【颜色】栏，会弹出如图 2-10 所示的【选择颜色】对话框，选择一种颜色，然后单击 确定 按钮。

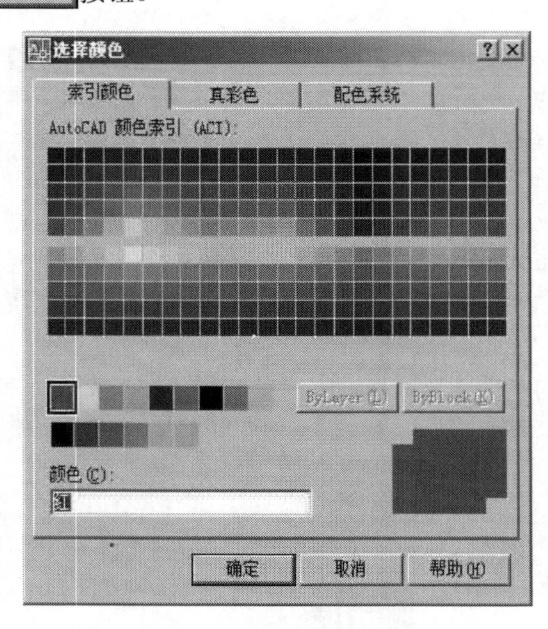

图 2-10 【选择颜色】对话框

还可以应用特性工具栏【颜色控制】列表框单独设置绘图颜色。单击此列表框右侧的下拉按钮，AutoCAD 弹出下拉列表，如图 2-11 所示，用户可以通过该列表设置绘图颜色（一般应选择【ByLayer】随层选项），或修改当前图形的颜色。修改图形对象颜色的方法为：首先选择图形，然后在如图 2-11 所示的【颜色控制】列表中选择对应的颜色。

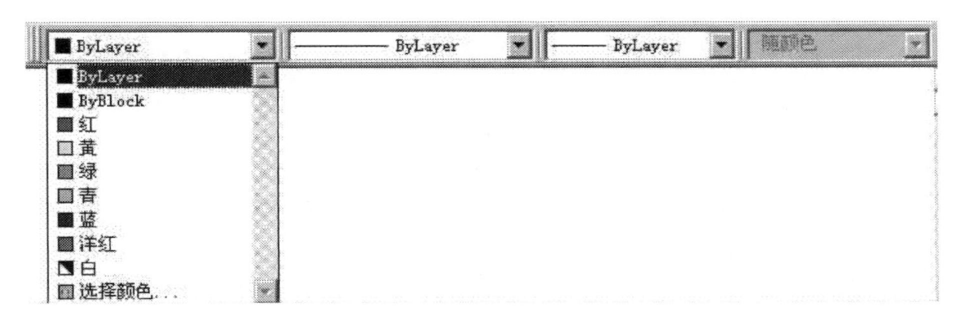

图 2-11 【颜色控制】列表

2. 设置图层的线型

要对某一图层进行线型设置，则单击该图层的【线型】栏，会弹出如图 2-12 所示的【选择线型】对话框。默认情况下，系统只给出连续实线（continuous）一种线型。如果需要其他线型，可以单击 加载(L)... 按钮，弹出如图 2-13 所示的【加载或重载线型】对话框，从中选择需要的线型，然后单击 确定 按钮返回【选择线型】对话框，所选线型已经显示在【已加载的线型】列表中。选中该线型后单击 确定 按钮即可。

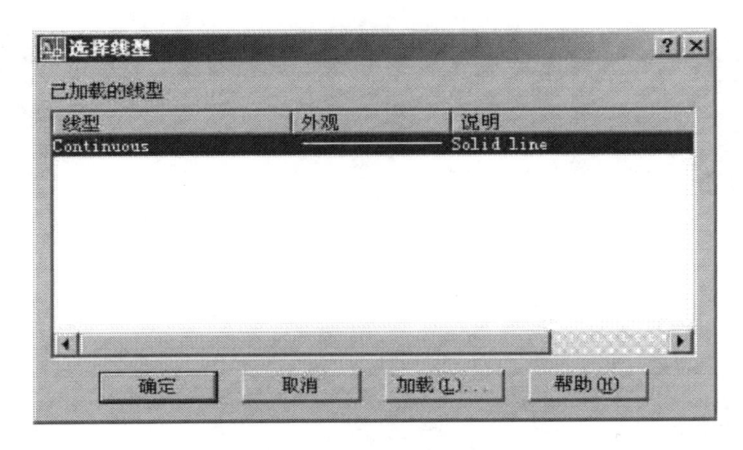

图 2-12 【选择线型】对话框图

还可以应用特性工具栏【线型控制】下拉列表单独快速地设置绘图线型。单击该列表框右侧的下拉按钮，AutoCAD 弹出下拉列表，如图 2-14 所示，用户可以通过该列表设置绘图线型（一般应选择【ByLayer】随层选项），或修改当前图形的线型。修改线型的方法为：选择对应的图形，然后在如图 2-14 所示的线型控制列表中选择对应的线型，完成线型设置。

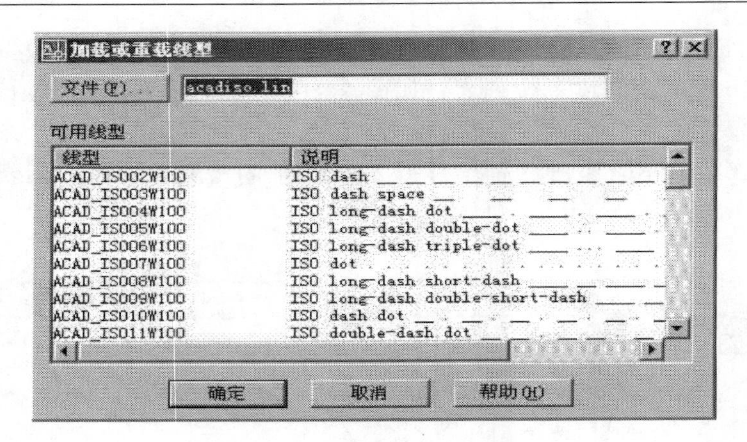

图 2-13 【加载或重载线型】对话框

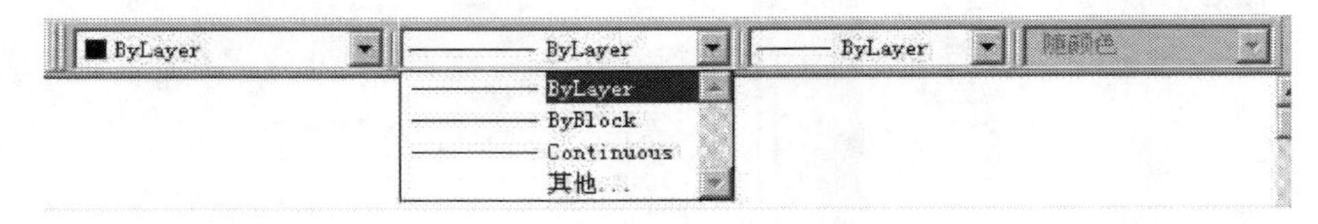

图 2-14 【线型控制】下拉列表

下面单独介绍一下【线型管理器】对话框中主要选项的功能。单击特性工具栏【线型控制】ByLayer 下拉表框中【其他】选项，AutoCAD 将打开如图 2-15 所示的【线型管理器】对话框，或选择【格式】/【线型】命令，或直接执行 linetype 命令，也可启动线型设置的操作。

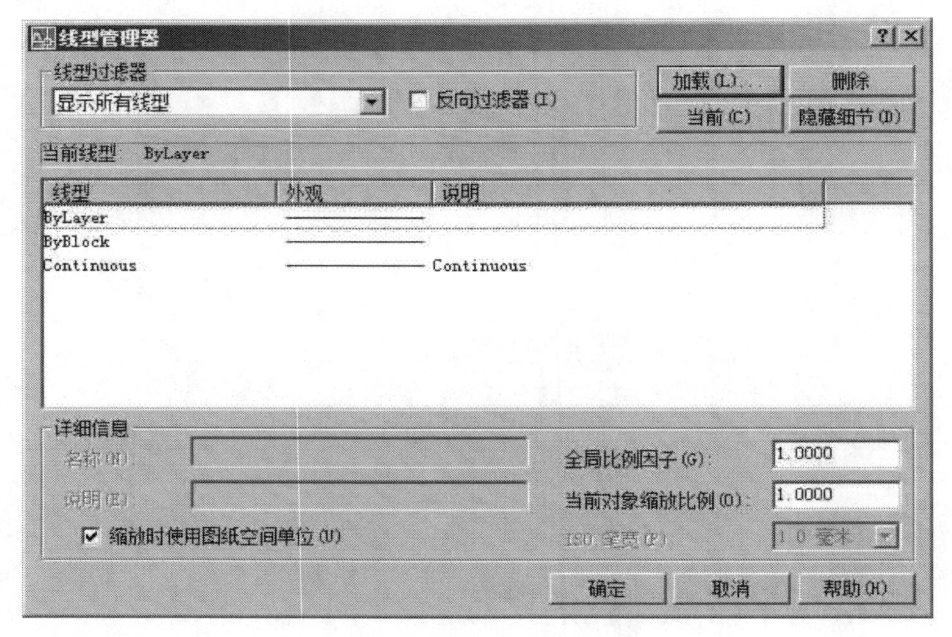

图 2-15 【线型管理器】对话框

（1）【线型过滤器】选项组。设置线型过滤条件，用户可以在其下拉列表框中的【显示所有线型】、【显示所有使用的线型】等选项中进行选择。设置了过滤条件后，AutoCAD 在对话框中的线型列表框内只显示满足条件的线型。【线型过滤器】选项组中的【反向过滤器】复选框用于确定是否在线型列表框中显示与过滤条件相反的线型。

如果读者打开的对话框与图 2-15 所示的不同，可以单击对话框中的【隐藏细节】按钮。此按钮和【显示细节】按钮是同一按钮的两种不同显示状态。

(2)【当前线型】标签框。显示当前绘图使用的线型。

(3) 线型列表框。列表中显示出满足过滤条件的线型，供用户选择。其中【线型】列一般显示线型的名称，【外观】列显示各线型的外观形式，【说明】列显示对各线型的说明。

(4)【加载】按钮。从线型库加载线型。如果在线型列表框中没有列出所需要的线型，可以从线型库加载。单击【加载】按钮，AutoCAD 打开如图 2-13 所示的【加载或重载线型】对话框。

用户可以通过对话框中的【文件】按钮选择线型文件；通过可用线型列表框选择需要加载的线型。

(5)【删除】按钮。删除不需要的线型。删除过程为：在线型列表中选择线型，然后单击【删除】按钮。

用户删除的线型必须是没有被使用的线型，否则 AutoCAD 拒绝删除此线型，并给出提示信息。

(6)【当前】按钮。在线型列表框中选择某一线型，单击【当前】按钮。当设置当前线型时，用户可以通过线型列表框在 ByLayer（随层）、ByBlock（随块）或某一具体线型中选择。其中，随层表示绘图线型始终与图形对象所在图层设置的绘图线型一致，这是最常用也是建议用户采用的设置。

(7)【隐藏细节】按钮。单击【隐藏细节】按钮，AutoCAD 在【线型管理器】对话框中不再显示【详细信息】选项组，同时该按钮变为【显示细节】。

(8)【详细信息】选项组。说明或设置线型的细节。

(9)【名称】、【说明】文本框。显示或修改指定线型的名称与说明。在线型列表中选择某一线型，它的名称与说明将分别显示在【名称】、【说明】两个文本框中，用户可以通过这两个文本框对它们进行修改。

(10)【全局比例因子】文本框。设置线型的全局比例因子，即所有线型的比例因子。用各种线型绘图时，除连续线外，每种线型一般是由实线段、空白段和点等组成的序列。线型中定义了各小段的长度。当在屏幕上显示或在图纸上输出的线型比例不合适时，可以通过改变线型比例的方法放大或缩小所有线型的每一小段的长度。全局比例因子对已有线型和新绘图形的线型均有效。

(11)【当前对象缩放比例】文本框。用于设置新绘图形对象所用线型的比例因子。通过该文本框设置了线型比例后，在此之后所绘图形的线型比例均采用此线型比例。

3. 设置图层的线宽

单击某一图层列表的【线宽】栏，会弹出【线宽】对话框，如图 2-16 所示。通常，系统会将图层的线宽设定为默认值。用户可以根据需要在【线宽】对话框中选择合适的线宽，然后单击 确定 按钮完成图层线宽的设置。

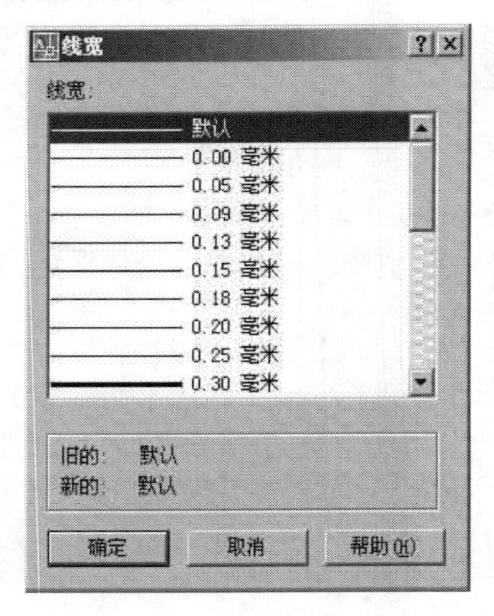

图 2-16 【线宽】对话框

利用【图层特性管理器】对话框设置好图层的线宽后，在屏幕上不一定能显示出该图层图线的线宽。可以通过是否按下状态栏中的 线宽 按钮，来控制是否显示图线的线宽。

线宽的设置可以由用户自己定义。选择【格式】/【线宽】命令，或直接执行 LWEIGHT 命令，启动线宽设置的操作。线宽设置的操作方法如下：

执行【格式】/【线宽】命令，AutoCAD 打开【线宽设置】对话框，如图 2-17 所示。

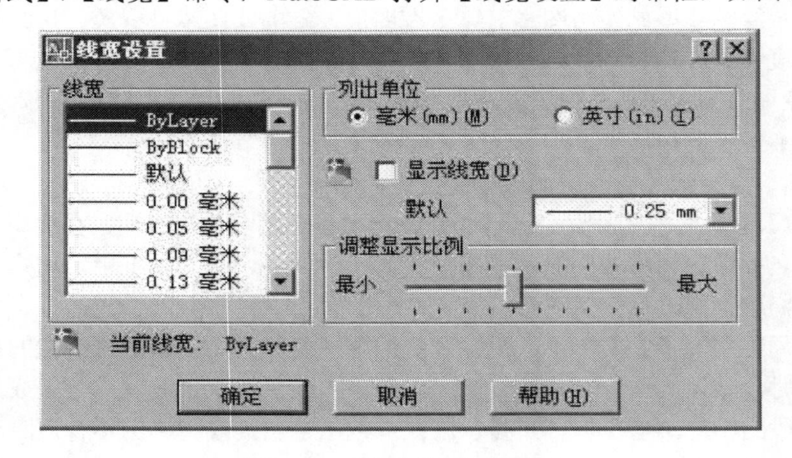

图 2-17 【线宽设置】对话框

下面介绍该对话框中各主要选项的功能。

（1）【线宽】列表框。用于设置绘图线宽。列表框中列出了 AutoCAD 2008 提供的 20 余种线宽，用户可以从中在 ByLayer（随层）、ByBlock（随块）或某一具体线宽中选择。

【随层】表示绘图线宽始终与图形对象所在图层设置的线宽一致，这是最常用也是建议用户采用的设置。

（2）【列出单位】选项组。确定线宽的单位。AutoCAD 提供了毫米和英寸两种单位，供用户选择。

（3）【显示线宽】复选框。确定是否按此对话框设置的线宽显示所绘图形。

（4）【默认】下拉列表框。设置 AutoCAD 的默认绘图线宽，一般采用 AutoCAD 提供的默认设置即可。

（5）【调整显示比例】滑块。设置在计算机屏幕上所显示线宽的显示比例，利用滑块进行调整即可。

线宽的选择也可以通过特性工具栏【线宽控制】列表设置绘图线宽。单击此列表框右侧的下拉按钮，AutoCAD 弹出下拉列表，如图 2-18 所示（图中只显示了部分下拉列表）。用户可以通过该列表设置绘图线宽（一般选择【ByLayer】选项），或修改当前图形的线宽。

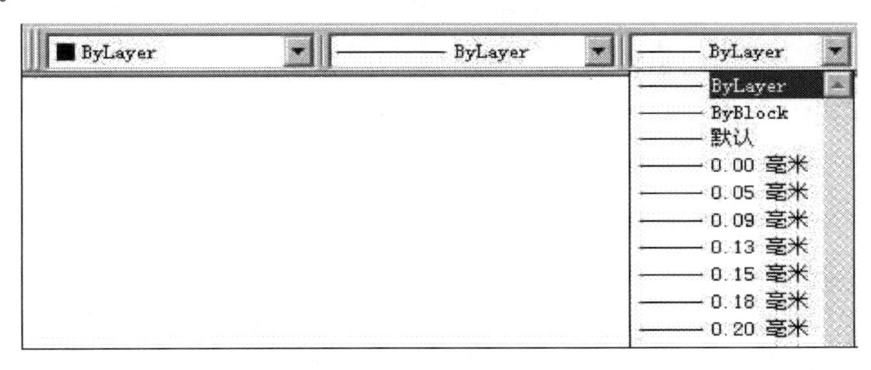

图 2-18 【线宽控制】列表

修改图形对象线宽的方法为：选择对应的图形，然后在图 2-18 所示的线宽控制列表中选择对应的线宽。

如果用【特性】工具栏单独设置具体的绘图线型、线宽或颜色，而不是采用随层方式，AutoCAD 在此之后就会用对应的设置绘图，不再受图层设置的限制。

2.2.4 图层的打开和关闭、冻结和解冻、锁定和解锁

在【图层特性管理器】对话框的列表图区，有“开/关”“冻结”“锁定”三栏项目，它们可以控制图层在屏幕上能否显示、编辑、修改与打印。

1. 图层的打开和关闭

该项可以打开和关闭选定的图层。当图标为💡时，说明图层被打开，它是可见的，并且可以打印；当图标为💡时，说明图层被关闭，它是不可见的，并且不能打印。

打开和关闭图层的方法：

- 在【图层特性管理器】列表图区，单击💡或💡按钮。
- 在【图层】工具栏的图层下拉列表中，单击💡或💡按钮，如图 2-19 所示。

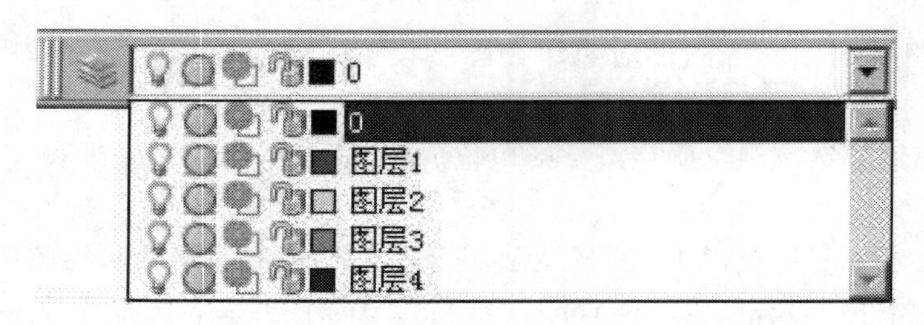

图 2-19 【图层】工具栏的图层下拉列表

2. 图层的冻结和解冻

该项可以冻结和解冻选定的图层。当图标为 时，说明图层被冻结，图层不可见，不能重生成，并且不能进行打印；当图标为 时，说明图层未被冻结，图层可见，可以重生成，也可以进行打印。

由于冻结的图层不参与图形的重生成，可以节约图形的生成时间，提高计算机的运行速度。因此对于绘制较大的图形，暂时冻结不需要的图层是十分有必要的。

冻结和解冻图层的方法：

- 在【图层特性管理器】列表图区，单击 或 按钮。
- 在【图层】工具栏的图层下拉列表中，单击 或 按钮。

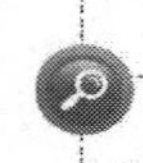

不能冻结当前图层。

3. 图层的锁定和解锁

该项可以锁定和解锁选定的图层。当图标为 时，说明图层被锁定，图层可见，但图层上的对象不能被编辑和修改。当图标为 时，说明被锁定的图层解锁，图层可见，图层上的对象可以被选择、编辑和修改。

锁定和解锁图层的方法：

- 在【图层特性管理器】列表图区，单击 或 按钮。
- 在【图层】工具栏的图层下拉列表中，单击 或 按钮。

2.2.5 设置当前图层

所有的 AutoCAD 绘图工作只能在当前层进行。当需要画墙体时，必须先将“墙体”所在的图层设为当前层。设置当前图层的方法有：

- 在【图层特性管理器】对话框的列表图区单击某一图层，再单击右键选择快捷菜单中的【置为当前】选项，【图层特性管理器】对话框中【当前图层:】的显示框中显示该图层名。
- 在【图层特性管理器】对话框的列表图区双击某一图层。
- 在绘图区域选择某一图形对象，然后单击【图层】工具栏或面板选项板的 按钮，系统则会将该图形对象所在的图层设为当前图层。
- 单击【图层】工具栏中图层列表框的 按钮，选择列表中一图层单击将其置为当前图层。
- 单击【图层】工具栏中的 按钮，可以将上一个当前层恢复到当前图层。

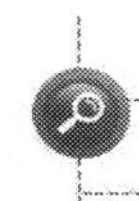

已经冻结的图层不能置为当前层。

2.2.6 删除图层

为了节省系统资源，可以删除多余不用的图层。其方法为：单击不用的一个或多个图层，再单击【图层特性管理器】对话框上方的×按钮，最后单击确定按钮即可。注意，不能删除0层、当前层和含有图形实体的层。

2.3 坐标值的输入

2.3.1 坐标系简介

在默认状态下，AutoCAD处于世界坐标系WCS（World Coordinate System）的*XY*平面视图中，在绘图区域的左下角出现一个如图2-20所示的WCS图标。WCS坐标为笛卡尔坐标，即*X*轴为水平方向，向右为正；*Y*轴为竖直方向，向上为正，*Z*轴垂直于*XY*平面，指向读者方向为正。

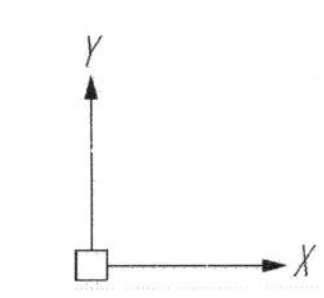

图2-20 坐标系图标

WCS总存在于每一个设计图形中，是唯一且不可改动的，其他任何坐标系可以相对它来建立。AutoCAD将WCS以外的任何坐标系通称为用户坐标系UCS（User Coordinate System），它可以通过执行UCS命令对WCS进行平移或者旋转等操作来创建。

2.3.2 点的坐标输入

AutoCAD的坐标输入方法通常采用绝对直角坐标、相对直角坐标、绝对极坐标和相对极坐标四种。下面分别介绍这四种输入方法。

1. 绝对直角坐标

在直角坐标系中，坐标轴的交点称为原点，绝对坐标是指相对于当前坐标原点的坐标。在AutoCAD中，默认原点的位置在图形的左下角。

当输入点的绝对直角坐标（*X*，*Y*，*Z*）时，其中*X*、*Y*、*Z*的值就是输入点相对于原点的坐标距离。通常，在二维平面的绘图中，*Z*坐标值默认等于0，所以用户可以只输入*X*、*Y*坐标值。当确切知道了某点的绝对直角坐标时，在命令行窗口用键盘直接输入*X*、*Y*坐标值来确定点的位置非常准确方便。应注意两坐标值之间必须使用西文逗号“,”隔开（注意不能用中文逗号的输入格式，否则命令行会出现“点无效”的字样）。

2. 相对直角坐标

在绘图过程中，特别是绘制复杂的图形时，每一个点都采用前面所述的绝对直角坐标输入，会很繁琐且显得笨拙。有时采用相对直角坐标输入法更加灵活方便。

相对直角坐标就是用相对于上一个点的坐标来确定当前点，也就是说用上一个点的坐标加上一个偏移量来确定当前点的点坐标。相对直角坐标输入与绝对直角坐标输入的方法基本相同，只是*X*、*Y*坐标值表示的是相对于前一点的坐标差，并且要在输入的坐标值的前面加上“@”符号。在后面的绘图中将经常用到相对直角坐标。

在AutoCAD 2006后的版本中，新增了动态输入功能，即状态栏中的DYN按钮，当此按钮按下时，输入的坐标值直接就是相对坐标。

【例 2-2】用直线命令绘制如图 2-21 所示的矩形。

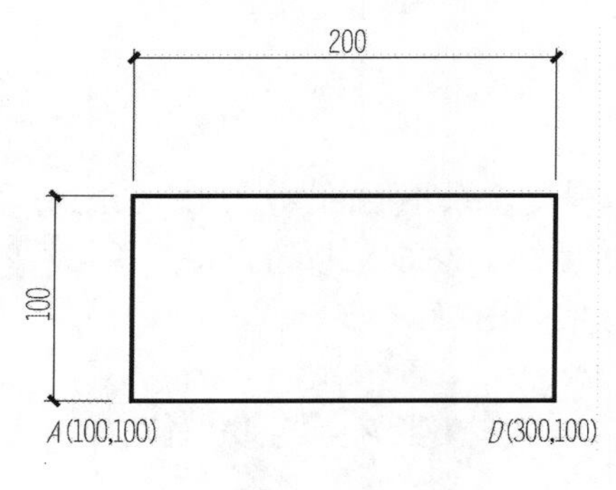

图 2-21 矩形

（1）点击【绘图】工具栏的【直线】按钮，启动【直线】命令。
（2）输入 A 点的绝对坐标值 100，100。
（3）输入矩形左上角点的相对坐标@0，100。
（4）输入矩形右上角点的相对坐标值@200，0。
（5）输入 *D* 点的相对坐标值@0，–100。
（6）输入“c”直接闭合线条，或输入 *A* 点的相对坐标值@–110，0。

3. 绝对极坐标

极坐标是一种以极径 *R* 和极角 *θ* 来表示点的坐标系。绝对极坐标是从点（0，0）或（0，0，0）出发的位移，但给定的是距离或角度。其中距离和角度用“<”分开，如“*R*<*θ*”。计算方法是从 *X* 轴正向转向两点连线的角度，以逆时针方向为正，如 *X* 轴正向为 0°，*Y* 轴正向为 90°。绝对极坐标在 AutoCAD 中较少采用。

4. 相对极坐标

相对极坐标中 *R* 为输入点相对前一点的距离长度，*θ* 为这两点的连线与 *X* 轴正向之间的夹角，见图 2-22。在 AutoCAD 中，系统默认角度测量值以逆时针为正，反之为负值。输入格式为“@*R*<*θ*”。

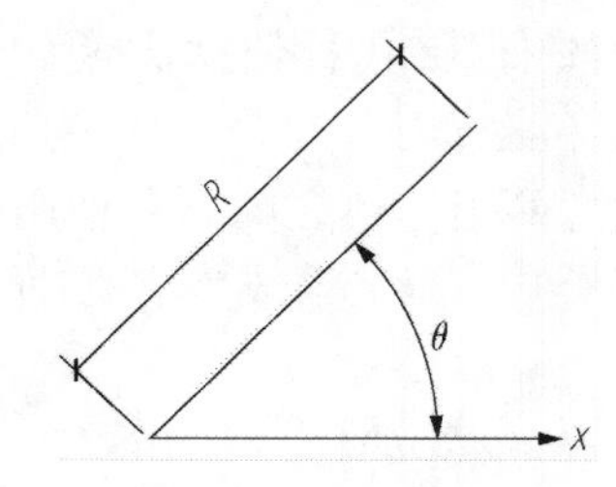

图 2-22 极坐标

【例 2-3】按照如下程序操作，绘制如图 2-23 所示的五角星。
（1）单击【绘图】工具栏中的【直线】按钮，启动【直线】命令。
（2）输入 *A* 点的绝对直角坐标值 200，100。
（3）输入 *B* 点的相对极坐标值@100<0。
（4）输入 *C* 点的相对极坐标值@–100<36。

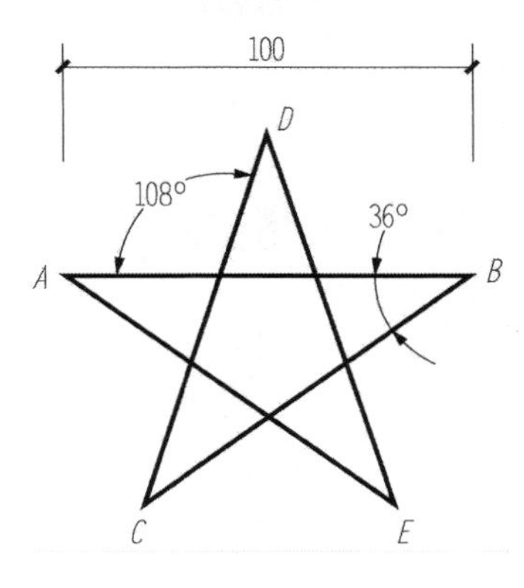

图 2-23　五角星

（5）输入 *D* 点的相对极坐标值@100<72。
（6）输入 *E* 点的相对极坐标值@–100<108。
（7）输入“c”闭合到 *A* 点。

2.4　编辑对象的选取

在执行 AutoCAD 的许多编辑命令过程中，命令行都会出现“选择对象：”的提示，即需要选择进行相关操作的对象。

AutoCAD 向用户提供了多种对象选择的方式。在命令行提示“选择对象：”时，输入“？”或当前编辑命令不认识的字母，可以查看所有方式。

```
选择对象： ?            //输入?
*无效选择*
需要点或窗口(W)/上一个(L)/窗交(C)/框(BOX)/全部(ALL)/栏选(F)/圈围(WP)/圈交(CP)/编组(G)/添加(A)/删除(R)/多个(M)/前一个(P)/放弃(U)/自动(AU)/单个(SI)
                        //输入括号内的字母即可选择相应的对象选择方式
```

下面介绍各种对象选择方式的含义，在这些选取方式中，最常用的是点选、窗选和交叉窗选几种。

1. 点选

当命令行出现 “选择对象：” 提示时，十字光标变为拾取框，将拾取框压住被选对象并单击左键，这时对象变为虚线，说明对象被选中，命令行会继续提示“选择对象：”，继续选择需要的对象，直到不再选取时，单击右键结束选择对象，同时执行相关操作（按 Enter 键或空格键效果相同）。点选方式适合拾取少量、分散的对象。

按住 Shift 键再次选择被选中对象，可以将其从当前选择集中删除。

2. 窗选

窗选也称为框选，即指定的矩形框内的对象将被选中，操作方法是从左向右拖拉矩形窗框。如图 2-24 所示，先单击鼠标左键确定第一个角点（*A* 点），然后向右下或右上拉伸窗口，窗口边框为实线，确定矩形区域后单击左键（*B* 点），则全部位于窗口内的对象被选中，与窗口边界相交的对象不被选择。

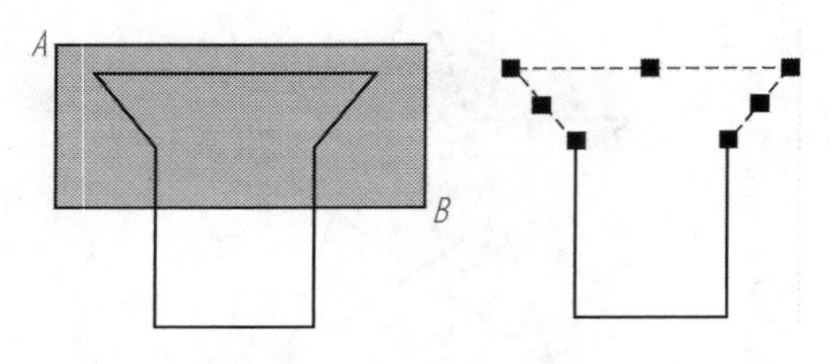

图 2-24 窗选效果

3. 交叉窗选

交叉窗选也称为沾边就选，是指定矩形框边界相交和框内的对象都被选中，操作方法是从右向左拖拉矩形窗框。如图 2-25 所示，先确定第一个角点（*B* 点），再向左上或左下拉伸窗口，窗口边框为虚线，确定矩形区域后单击左键（*A* 点），则全部位于窗口内和与窗口边界相交的对象均被选中。

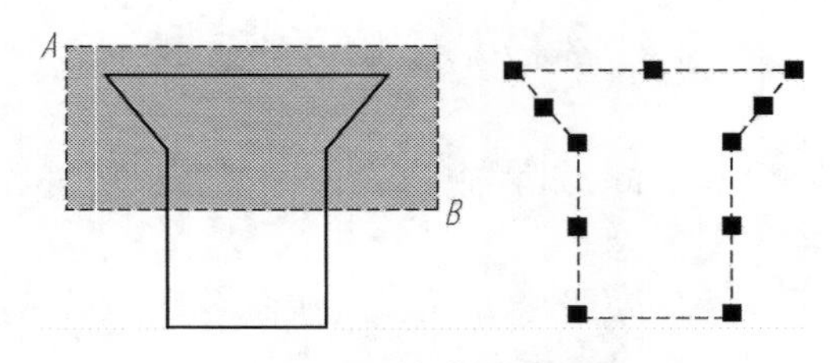

图 2-25 交叉窗选效果

点选、窗选和交叉窗选通常作为系统的默认选择方式，即在命令行提示“选择对象:”时，不必输入括号内的字母即可直接进行选择。

2.5 绘图比例设置

在传统的手工绘图中，由于图纸幅面有限，同时考虑尺寸换算简便，绘图比例受到较大的限制。而 AutoCAD 绘图软件可以通过各种参数的设置，使得用户可以灵活地使用各种比例方便地进行绘制。

2.5.1 绘图比例

绘图比例是 AutoCAD 绘图单位数与所表示的实际长度（mm）之比，即

绘图比例=绘图单位数/实际长度（mm）

例如，轴长 800mm，如果画成 80 个绘图单位，所采用的比例就是 1:10；如果按照 1:1 的比例画，就可以直接画成 800 个绘图单位。

由于 AutoCAD 中因为图形界限可以设置任意大，不受图纸大小的限制，因此通常可以按照 1:1 的比例来绘制图样，这样就省去了尺寸换算的麻烦。

2.5.2 出图比例

出图比例是指，在打印出图时，所要打印出图样的长度（mm）与AutoCAD的绘图单位数之比，即

出图比例=打印出图样的某长度（mm）/表示该长度的绘图单位数

例如，800个绘图单位长的轴，打印出来为80mm，那么出图比例就是1:10。

绘制好的AutoCAD图形图样，可以以各种比例打印输出，图形图样根据打印比例可大可小。

但是在打印出图时，一定要注意调整尺寸标注参数和文字的大小。例如，要使打印在图纸上尺寸数字和文字的高度为3.5mm，以1:10的比例打印，则字体的高度应为35。AutoCAD 2008在状态栏右边显示注释比例，如果将文字设置为注释性对象，可以通过注释比例灵活地改变文字等对象的大小。

2.5.3 图样的最终比例

图样的最终比例，是指打印输出的图样中，图形某长度与所表示的真实物体相应要素的线性尺寸之比。这里的线性尺寸，就是指长度型尺寸，如长、宽、高等，而不是面积、体积角度等，即

输出图样的比例=图样中某长度（mm）/表示的实际物体相应长度（mm）

很显然　　　　图样的最终比例=绘图比例×出图比例

例如：轴长800mm，采用1:1的绘图比例，画成800个绘图单位；如果采用1:10的出图比例，则打印出来为80mm，那么图样的最终比例就是80:800，即1:10；也就等于1:1×1:10。

但是，如果在出图时采用1:5的出图比例，打印出的轴长应该是800/5=160mm，图样的最终比例就是160:800，即1:5；也就等于1:1×1:5。

2.6 绘图样例（图层设置、投影图画法）

【例2-4】选择工具栏“图层”设立四种图层，分别是粗实线、点画线、细实线、虚线。点击“直线”命令绘制如图2-26所示的四种线型，并练习图层之间的转换。

图2-26 使用【直线】命令绘制四种线型

（1）打开AutoCAD 2008程序，选择工具栏【新建】按钮，新建一个空白图形

文件。

（2）单击工具栏【图层】按钮，打开【图层特性管理器】对话框。

（3）单击【新建】按钮，依次起名粗实线、点画线、细实线、虚线。

（4）单击颜色图标■方块，在【选择颜色】对话框中，依次为点画线、细实线、虚线、粗实线选择不同的颜色，如图 2-27 所示，索引颜色号依次是 1、5、6、7。

（5）单击线型图标【Continuous】，弹出【选择线型】对话框，点击【加载】，弹出【加载或重载线型】对话框，选择所需要的线型，虚线“ACAD IS002W100”、点画线“CENTER”。

（6）单击【—— 默认】，弹出【线型】对话框，选择线型的宽度，粗线 0.5，细线 0.13。

（7）单击图层工具栏的下拉列表，选择粗实线层为当前层，图层设置如图 2-27 所示。

（8）单击【直线】按钮，画出四条直线。

（9）鼠标选中第二条直线，再点击图层工具栏的下拉列表，选择点画线为当前层，按【Esc】键结束。

（10）鼠标选中第三条直线，再点击图层工具栏的下拉列表，选择细实线层为当前层，按【Esc】键结束。

（11）鼠标选中第四条直线，再点击图层工具栏的下拉列表，选择虚线层为当前层，按【Esc】键结束。

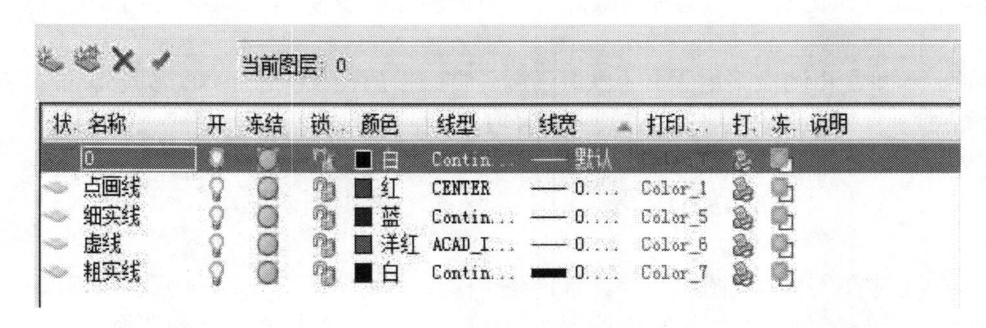

图 2-27　图层设置

【例 2-5】按尺寸绘制图 2-28 所示的组合体投影图，不标注尺寸。

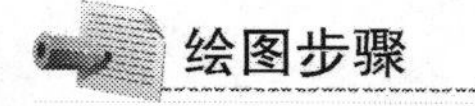

（1）启动辅助绘图功能：打开状态行【极轴】、【对象捕捉】、【对象追踪】按钮。

（2）绘制形体水平投影的外轮廓：单击绘图工具栏【直线】命令，观察命令行提示，在命令行输入形体水平投影图外框的尺寸数据，结果如图 2-29 所示。

（3）绘制内部竖线：单击【直线】命令，命令行提示：“指定第一点：”，捕捉左下部角点接着向右拖动光标，屏幕上出现对象追踪的虚线后，命令行输入“8”，再单击确定键，找到竖线的起点；继续绘制竖线，在对象追踪的延长线上输入“15”，结束命令，绘图结果如图 2-30 所示。

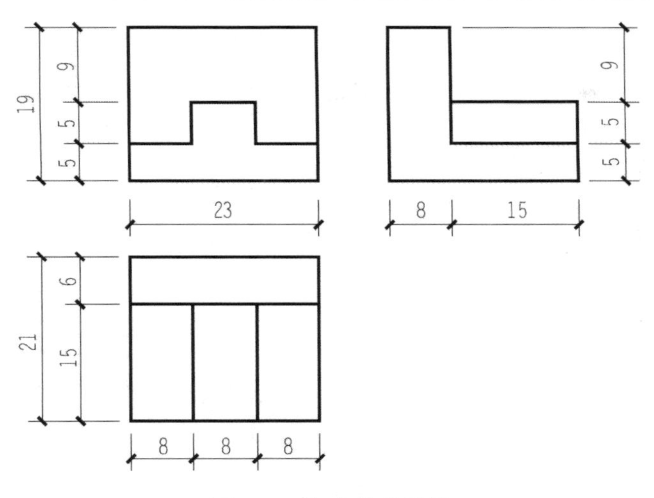

图 2-28 组合体投影图

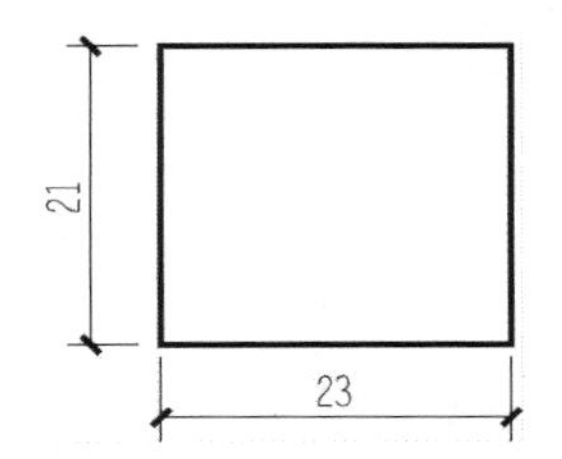

图 2-29 绘制水平投影的外轮廓

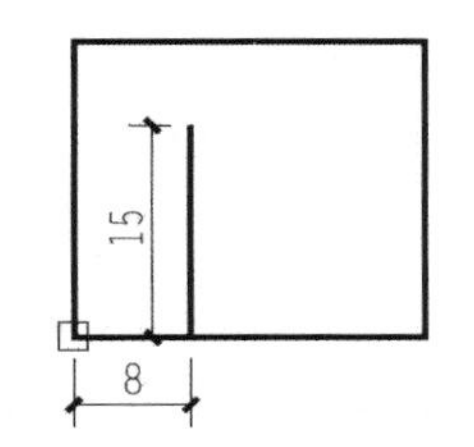

图 2-30 绘制内部竖线

（4）完成水平投影绘制：用同样方法绘制另外两条线，结果如图 2-31 所示。

（5）绘制正面投影：继续单击【直线】命令，应用状态行的辅助绘图功能，分别捕捉水平投影的各“端点”和“交点”，根据“长对正”，命令行输入有关数据，绘制出形体的正面投影，结果如图 2-32 所示。

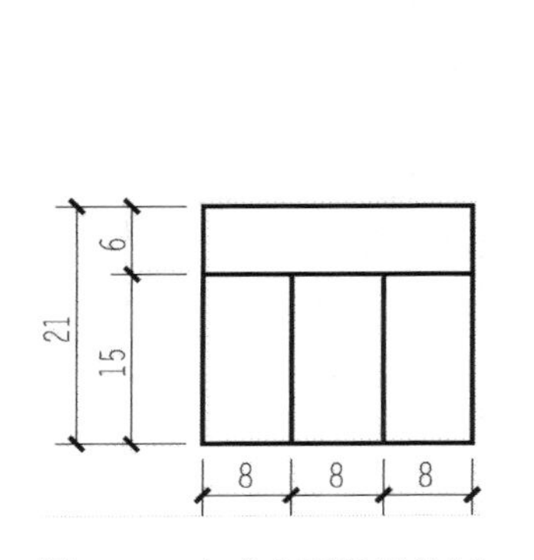

图 2-31 完成水平投影绘制

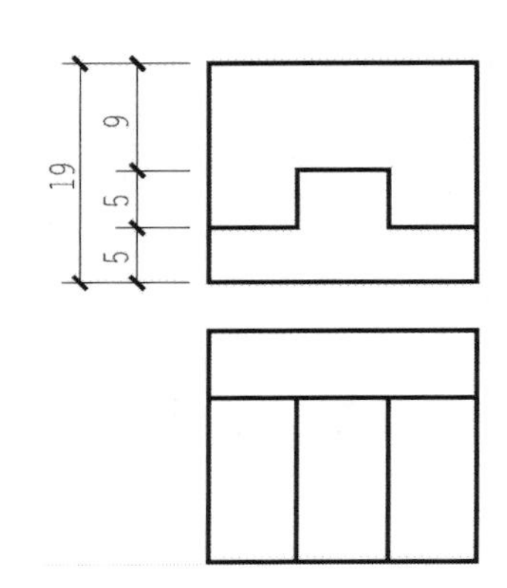

图 2-32 绘制正面投影

（6）复制水平投影：单击【修改】工具条【复制】命令，将水平投影复制到它的右侧，如图 2-33 所示。

（7）将水平投影逆时针旋转 90°：单击【修改】工具条【旋转】，命令行提示“选择对象：”，选取右侧的水平投影图形，命令行提示“指定基点：”，在水平投影中点附近点取一下，命令行提示“指定旋转角度：”，命令行输入 90，单击确定键结束命令，结果如图 2-34 所示。

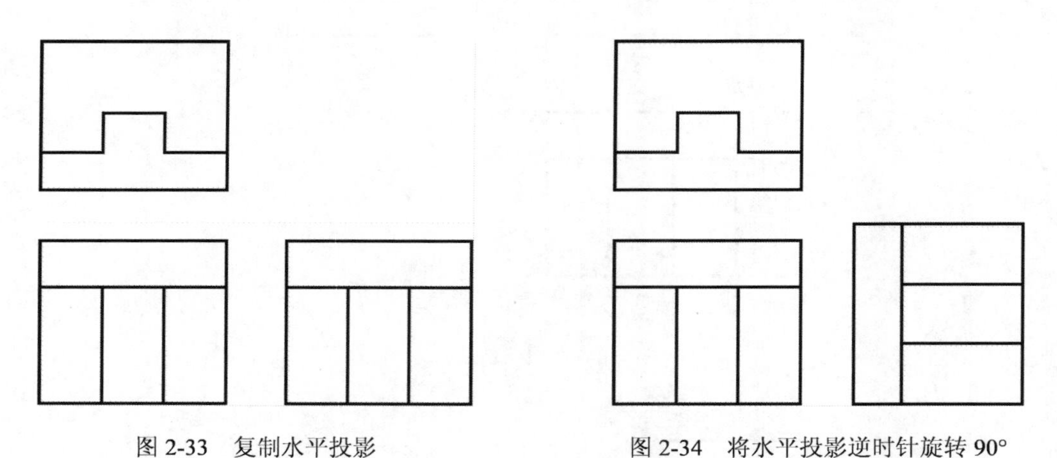

图 2-33 复制水平投影　　图 2-34 将水平投影逆时针旋转 90°

（8）绘制侧面投影：依据“长对正、宽相等”的投影规律，应用状态行的辅助绘图功能，单击【直线】按钮分别捕捉正面投影和旋转后的水平投影上特殊点（交点），在两条追踪延长线汇交点点取确定，如图 2-35 所示。

（9）完成三面投影的绘制：继续应用上述方法绘制侧面投影的其他线条，完成侧面投影绘制；单击【修改】工具条【删除】按钮，擦去多余的水平投影，完成三面投影绘制，如图 2-36 所示。

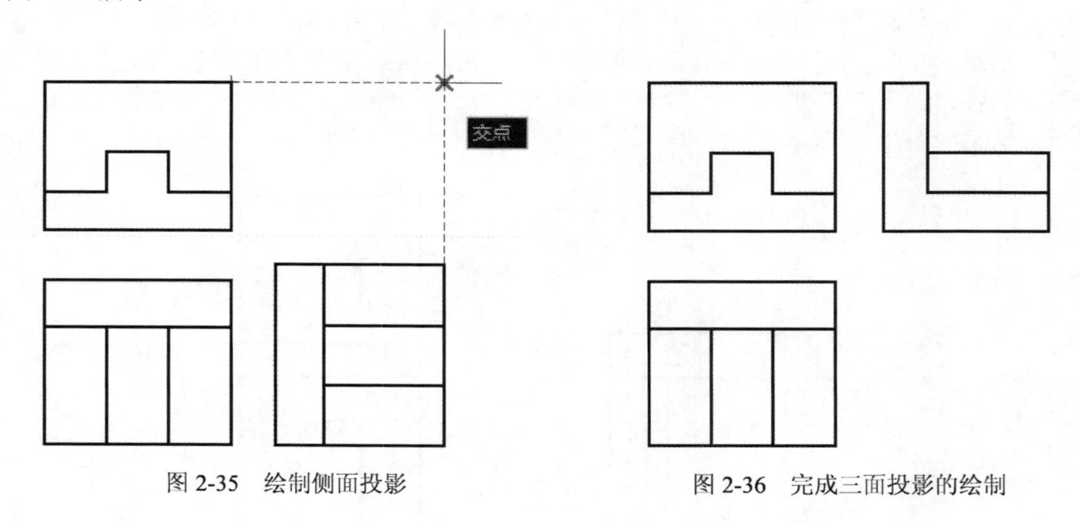

图 2-35 绘制侧面投影　　图 2-36 完成三面投影的绘制

2.7 上机练习（建筑构配件及组合体投影图）

（1）利用点的绝对坐标或相对坐标绘制图 2-37 所示花篮梁断面和图 2-38 所示城门立面图。

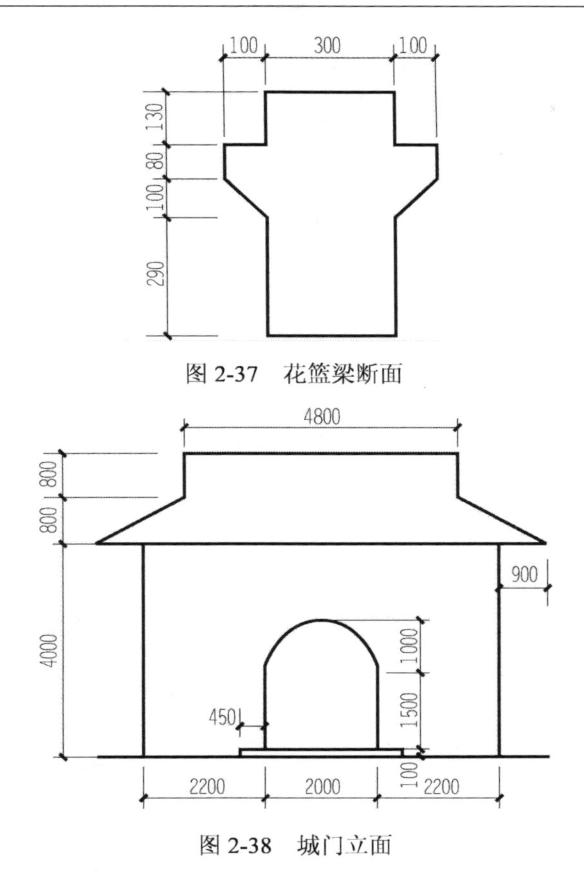

图 2-37 花篮梁断面

图 2-38 城门立面

（2）设置粗实线图层、细虚线和细点划线图层，绘制图 2-39 所示台阶侧立面和图 2-40 所示独立基础立面图。

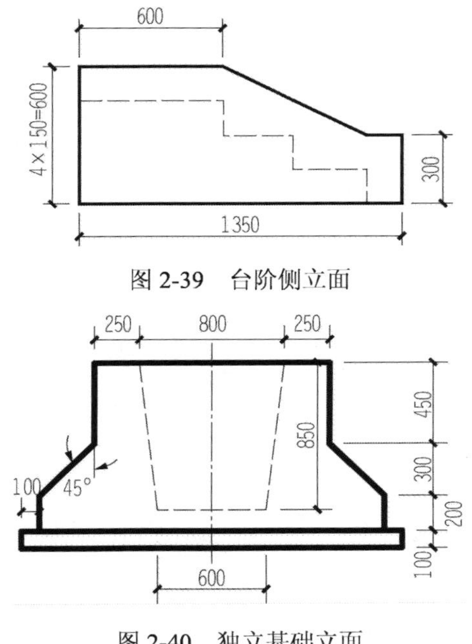

图 2-39 台阶侧立面

图 2-40 独立基础立面

（3）设置粗实线图层和细虚线图层，按 1:1 比例抄绘图 2-41 所示台阶和图 2-42 所示组合体的两面投影图，并补绘出 *W* 投影（不标尺寸）。

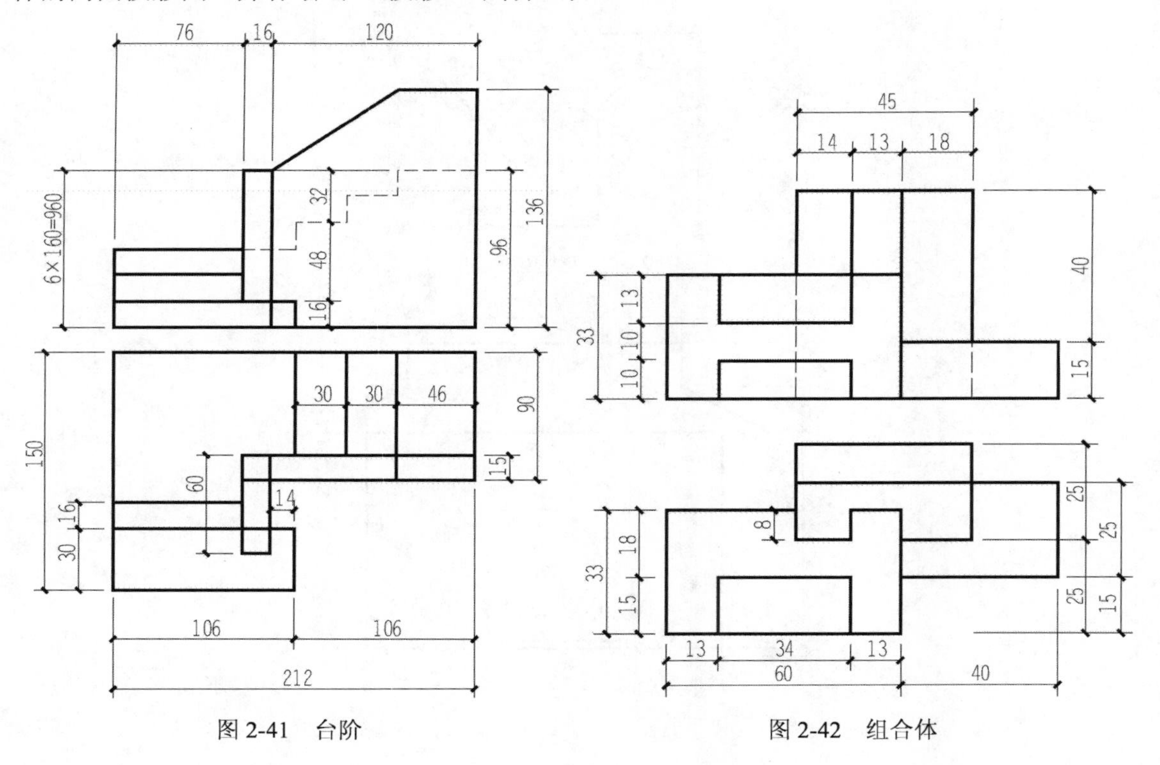

图 2-41　台阶　　　　图 2-42　组合体

第 3 章　精确绘图功能的设置

用户在使用 AutoCAD 时，经常会需要准确定位某些点，光靠眼睛的观察和移动光标来定位，是很难满足准确定位要求的。在前面讲述了用坐标输入点的方法，但在很多情况下计算点的坐标值会浪费很多时间。为了提高绘图的精确性和绘图效率，AutoCAD 2008 为用户提供了一系列准确定位和辅助绘图工具，使用系统提供的对象捕捉、对象追踪、极轴捕捉等功能，在不输入坐标的情况下，能准确定位；使用正交、栅格等功能，有助于对齐图形中的对象。

3.1　栅 格 和 捕 捉

3.1.1　栅格显示

栅格是分布在图形界限范围内可见的定位点阵，它是作图的视觉参考工具，相当于坐标纸中的方格阵。这些点状栅格不是图形的组成部分，不能打印出图。

可以用下面的方法打开【栅格】命令：

- 状态栏按钮：栅格
- 快捷键：F7
- 命令行：grid
- 下拉菜单：【工具】/【草图设置】打开草图设置对话框，在【捕捉和栅格】选项内，选中【启用栅格】

启动上述命令后，AutoCAD 2010 会在绘图窗口内显示点状栅格，如图 3-1 所示。当使用“limits”命令改变图形界限的大小时，栅格的分布也随着改变。

图 3-1　栅格显示

在绘制建筑图时，若采用 1:1 的比例，绘图范围就会较大，而栅格默认的间距为 10，这时会出现因栅格点阵太密而无法显示栅格的情况。可以通过【草图设置】对话框改变栅格点之间的间距。打开【草图设置】对话框的方法有：

- 下拉菜单:【工具】/【草图设置】
- 快捷键菜单：右击状态栏按钮栅格，选择快捷菜单中的【设置】选项右击状态栏按钮栅格，选择快捷菜单中的【设置】选项
- 命令行：osnap

执行上述命令后，弹出如图 3-2 所示的【草图设置】对话框。选择【捕捉和栅格】选项卡，选中【启用栅格】复选框，则【栅格】被打开。在【栅格】选区可以设置【栅格】显示的间距，*X* 轴与 *Y* 轴间距可以相同，也可以不同。在对话框的左侧有【启用捕捉】复选框，通常【栅格】和【捕捉】是配合使用的。

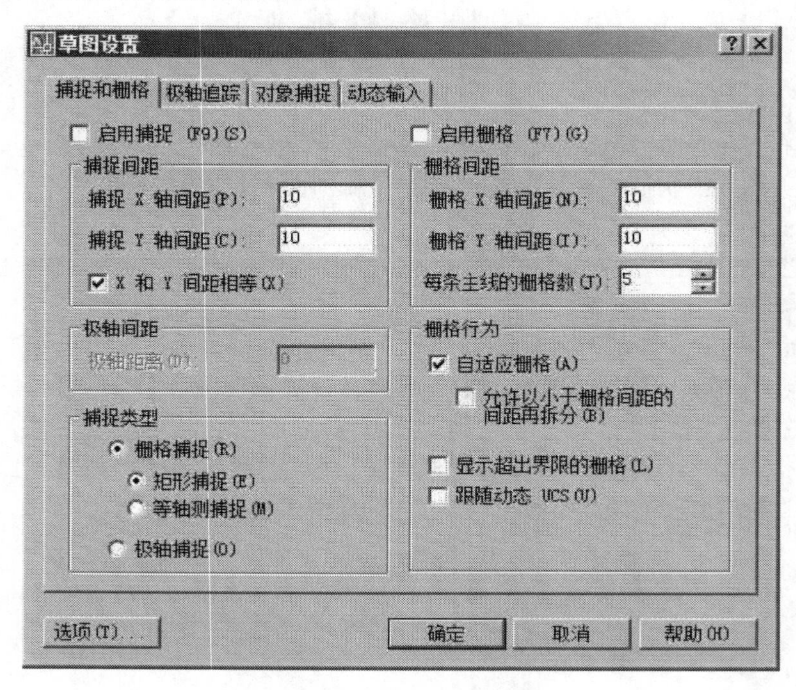

图 3-2 【草图设置】对话框

3.1.2 捕捉模式

【捕捉】用于设定光标移动的距离，使光标只能停留在图形中指定的栅格点阵上，中间不停留。当启动【捕捉】模式时，光标只能以设置好的捕捉间距为最小移动距离，此时的光标呈跳跃状。通常将捕捉间距与栅格间距设置成倍数关系，这样光标就可以准确地捕捉到栅格点。

可以用下面的方法打开【捕捉】模式：

- 状态栏按钮：捕捉
- 快捷键：F9
- 命令行：snap

同样也可以利用如图 3-2 所示的【草图设置】对话框中的【捕捉和栅格】选项卡来打开【捕捉】模式。在【捕捉和栅格】选项卡中选中【启用捕捉】复选框，则【捕捉】模式被打开。捕捉间距在下面的【捕捉间距】选区来进行设置。

3.2 正 交 模 式

在绘图中需要绘制大量的水平线和垂直线，【正交】模式是快速、准确绘制水平线和垂直线的有利工具。当打开【正交】模式时，无论光标怎样移动，在屏幕上只能绘制水平或垂直线。这里的水平和垂直是指平行于当前的坐标轴 *X* 轴和 *Y* 轴。

可以用以下几种方法打开【正交】模式：

- 状态栏按钮：正交
- 快捷键：F8
- 命令行：ortho

如果知道水平线或垂直线的长度，在正交模式下将光标放到合适的位置和方向，直接输入线条长度是非常快捷的。

【例 3-1】 使用【正交】模式，绘制如图 3-3 所示的台阶立面。

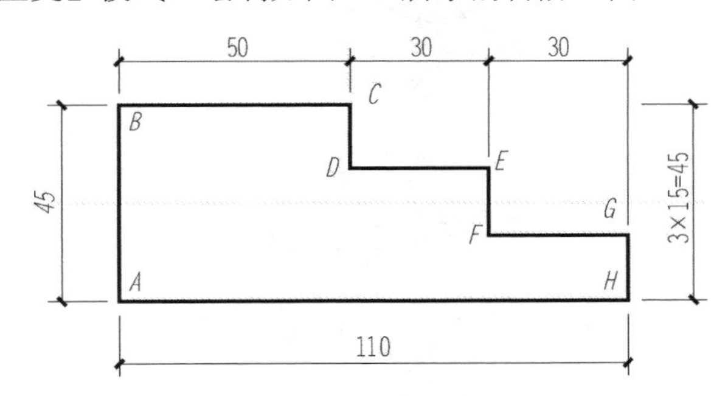

图 3-3　利用正交模式绘制台阶立面

（1）点击【绘图】工具栏的【直线】按钮，启动【直线】命令。

（2）鼠标在屏幕上任意位置单击图形左下角点 *A* 点。

（3）光标移动到 *A* 点上方输入 45，回车确定 *B* 点。

（4）光标移动到 *B* 右方输入 50，回车得到 *C* 点。

（5）光标移动到 *C* 点下方输入 15，回车得到 *D* 点。

（6）光标移动到 *D* 点右方输入 30，回车确定 *E* 点。

（7）光标移动到 *E* 下方输入 15，回车确定 *F* 点。

（8）同样方法绘制 *G*、*H* 点。

（9）命令行输入“c”，回车，形成图 3-3 所示的封闭图形。

3.3 对 象 捕 捉

在画图过程中，经常会遇到要捕捉一些特殊点的情况。例如，已有对象的端点、中点、圆心等。如果想拾取这些点，单凭眼睛观察是不可能做到非常准确的。为此，AutoCAD提供了对象捕捉功能，可以帮助用户迅速、准确地捕捉到某些特殊点，从而能够精确地绘制图形。

对象捕捉是在已有对象上精确定位点的一种辅助工具，它不是 AutoCAD 的主命令，不能在命令行的“命令:”提示符下单独执行，只能在执行绘图命令或图形编辑命令的过程中，当 AutoCAD 要求指定特殊点时才可以使用。

3.3.1　临时对象捕捉模式

在 AutoCAD 2008 提示指定一个点时，按住 Shift 键不放，在屏幕绘图区域按下鼠标右键，则弹出一个如图 3-4 所示的快捷菜单，在菜单中选择了捕捉点的类型后，菜单消失，再回到绘图区域去捕捉相应的点。将鼠标移到要捕捉的点附近，会出现相应的捕捉点标记，光标下方还有对这个捕捉点类型的文字说明，这时单击鼠标左键，就会精确捕捉到这个点。

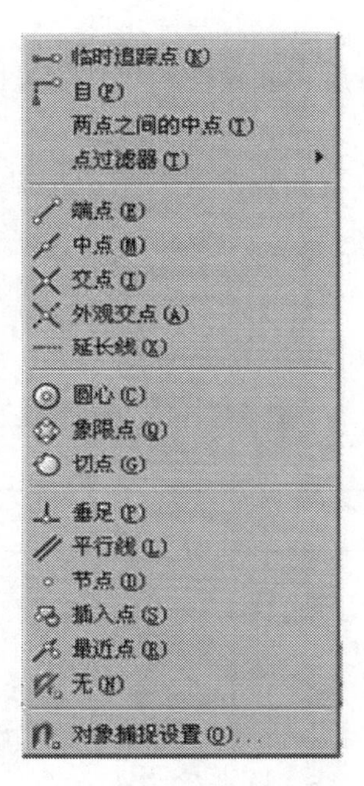

图 3-4　临时对象捕捉快捷菜单

也可以在图 3-5 所示的【对象捕捉】工具栏中单击所需的对象捕捉图标。

图 3-5　【对象捕捉】工具栏

打开【对象捕捉】工具栏的方法是：在任意工具栏上单击鼠标右键，选中对象捕捉，即可在绘图区出现【对象捕捉】工具栏。当不需要在屏幕上显示此工具栏时，点工具栏右上角的 ✕ 关闭即可。

这种捕捉方式捕捉一次点后，自动退出对象捕捉状态，又称为对象捕捉的单点优先方式。

【**例 3-2**】已知一个长方形，画一个圆，要求圆与长方形的位置关系如图 3-6 所示。

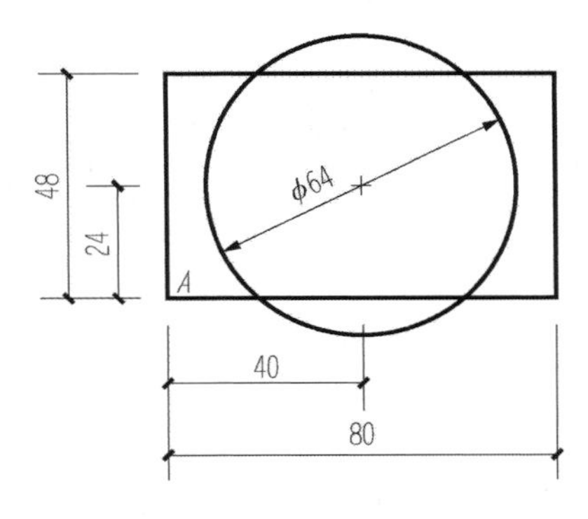

图 3-6　利用捕捉自画圆

（1）单击【绘图】工具栏的【圆】按钮，启动【圆】命令。

（2）在指定圆心的提示下应用临时对象捕捉快捷菜单，单击【自（F）】按钮，捕捉长方形左下角 *A* 点，出现偏移提示时输入相对坐标@40，24，则定出圆心，输入圆的半径 32，画出圆。

调用捕捉自命令来确定点时，只能输入要确定点对基点的相对坐标值。

3.3.2　自动对象捕捉模式

在 AutoCAD 绘图过程中，对象捕捉使用频率很高。如果每次都采用单点优先方式就显得十分繁琐。AutoCAD 2008 提供了一种自动对象捕捉模式，进入该模式后，只要对象捕捉功能打开，即只要状态栏的按钮按下，设置好的捕捉功能就起作用。

自动对象捕捉功能的设置是在【草图设置】对话框的【对象捕捉】选项卡中进行的，如图 3-7 所示。需要捕捉哪种点，就选中该点名称前面的复选框，单击 确定 按钮，即可完成设置。

【草图设置】对话框可以在下拉菜单【工具】/【草图设置】中打开，也可以在状态栏捕捉按钮 对象捕捉 上单击鼠标右键选择【设置】打开。

根据需要设置好要用的捕捉对象，这时绘图过程中就可以自动捕捉了。所谓自动捕捉，就是当用户把光标放到一个对象上时，系统自动捕捉到该对象上所有符合条件的几何特征点，并显示出相应的标记。如果把光标放在捕捉点上多停留一会，系统还会显示该捕捉的提示。这样用户在选点之前，就可以预览和确认捕捉点。

如果需要关闭自动捕捉，可以在状态栏上单击 对象捕捉 按钮，按下为打开，浮起为关闭。

如果设置了多个执行对象捕捉，可以按 TAB 键为某个特定对象显示所有可用的对象捕捉点。例如，如果在光标位于圆上的同时按 TAB 键，自动捕捉将显示用于捕捉象限点、交点和中心的选项。自动捕捉设置过多，反而不利于捕捉目标点。

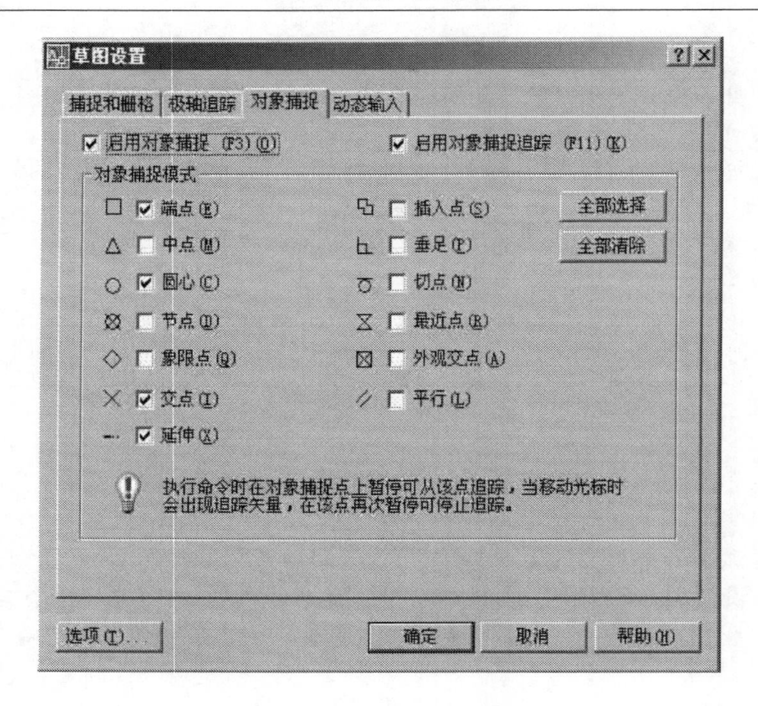

图 3-7 【对象捕捉】设置

3.4 自动追踪（标高符号画法）

自动追踪是 AutoCAD 2008 的一个非常有用的辅助绘图工具，它可以帮助用户按指定角度绘制对象，或者绘制与其他对象有特定关系的对象。自动追踪功能分【极轴追踪】和【对象捕捉追踪】两种。

3.4.1 极轴追踪

【极轴追踪】功能可以在 AutoCAD 要求指定一个点时，按预先设置的角度增量显示一条辅助虚线，用户可以沿这条辅助线追踪得到点。

在【草图设置】对话框中，可以对极轴追踪和对象捕捉追踪进行设置，如图 3-8 所示。打开【极轴追踪】选项，在【增量角】下拉列表中预置了 9 种角度值，如果没有需要的角度，则点击【新建】，在文本框中输入所需要的角度值。

因为正交模式将限制光标只能沿着水平方向和垂直方向移动，所以，不能同时打开正交模式和极轴追踪功能。当用户打开正交模式时，AutoCAD 将自动关闭极轴追踪功能；如果打开了极轴追踪功能，则 AutoCAD 将自动关闭正交模式。

3.4.2 对象捕捉追踪

对象捕捉追踪是沿着对象捕捉点的方向进行追踪，并捕捉对象追踪点与追踪辅助线之间的特征点。使用对象捕捉追踪模式时，必须确认对象自动捕捉和对象捕捉追踪都打开了。其方法是按下状态栏上的对象捕捉按钮和极轴按钮。

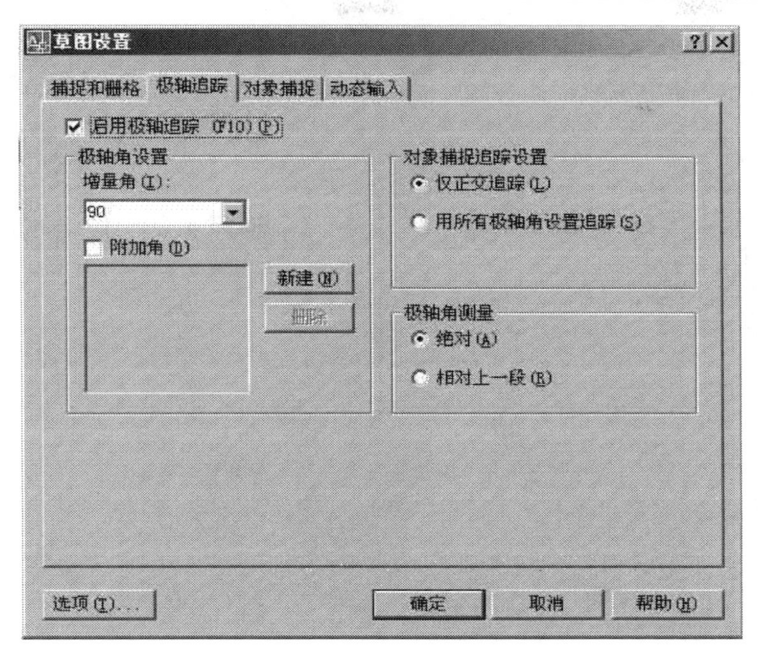

图 3-8　【极轴追踪】设置

【例 3-3】应用对象捕捉、极轴捕捉和对象追踪绘制图 3-9 所示的建筑标高符号。

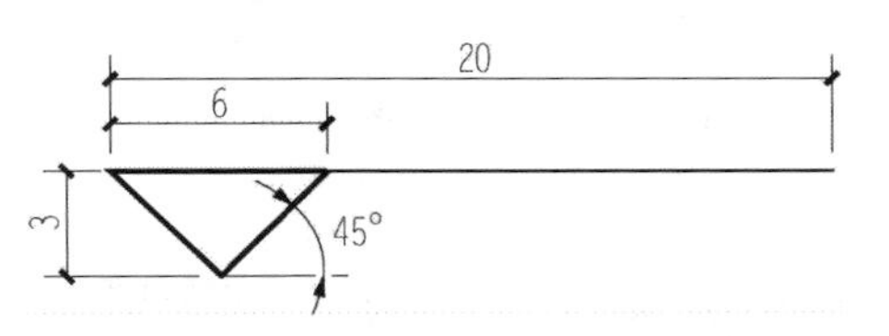

图 3-9　建筑标高符号

（1）状态行设置：单击右键在【草图设置】对话框中将【极轴角设置】为 45°，在状态行同时按下【极轴】、【对象捕捉】、【对象追踪】按钮。

（2）绘制水平线：单击【绘图】工具栏的【直线】按钮，绘制一条水平线，长 6mm 如图 3-10（a）所示。

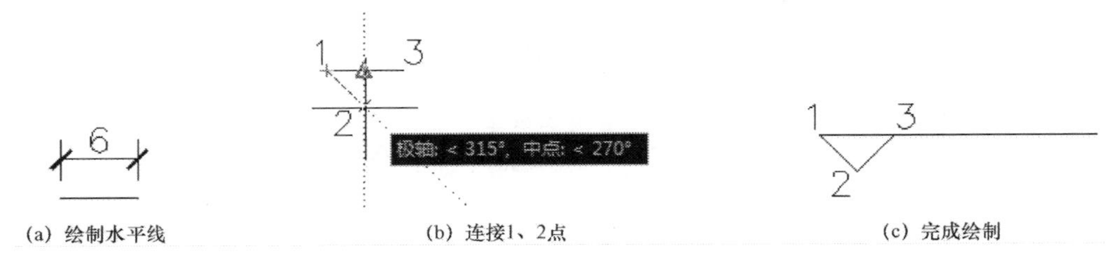

(a) 绘制水平线　(b) 连接1、2点　(c) 完成绘制

图 3-10　标高符号的绘图步骤

（3）连接 1、2 点：单击【绘图】工具栏的【多段线】按钮，连续绘制 1 点和 2 点（315°追踪线和中点延长线的交点），将光标移动到 2 点左上方，近 45°时，出现一条极轴追踪的虚线；然后将光标移动到 13 线的中点处，出现捕捉框时下移，出现对象捕捉追踪虚线；当光标

移动到合适位置时，两条虚线出现交点，如图 3-10（b）所示。

（4）完成绘制：继续顺次连接 3 点和 1 点，并在 1 点水平延长线上绘制一条 20mm 长的水平线，如图 3-10（c）所示，完成标高符号的绘制。标高符号的绘图步骤见图 3-10。

标高符号的画法有多种，这是最快捷的画法。使用【多段线】命令绘制的结果可以使标高符号各线段形成一个对象，选取该符号的任何位置点击都可以进行整体复制和移动，如同本书第 8 章介绍的图块一样。

3.5 动 态 输 入

动态输入是 AutoCAD 2006 以后版本的新增功能，主要由指针输入、标注输入、动态提示三部分组成。

单击状态栏上的 DUCS DYN 按钮或按 F12 键可以关闭或打开动态输入，按钮是按下状态时，动态输入激活，反之关闭。

在 DUCS DYN 按钮上单击鼠标右键，出现快捷菜单，选择【设置】选项，打开【草图设置】对话框的【动态输入】选项卡，如图 3-11 所示，可以对动态输入进行设置。

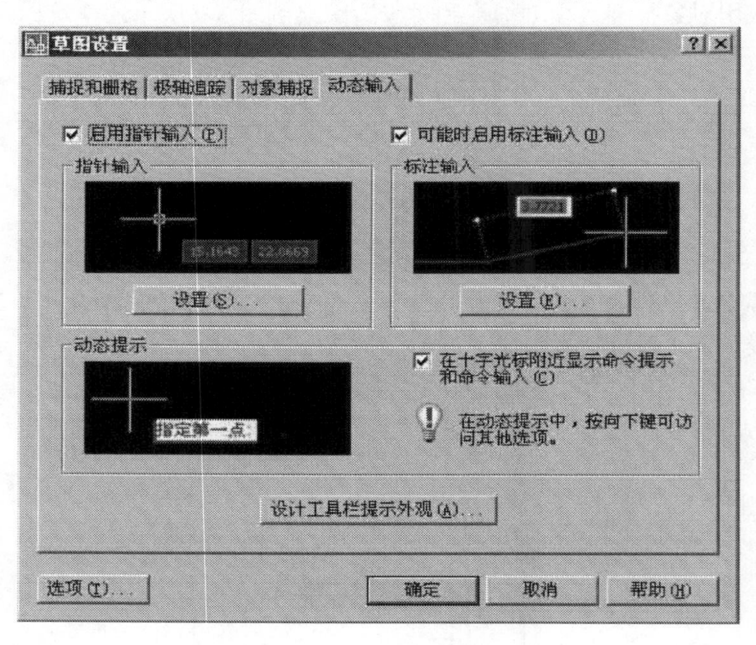

图 3-11 【动态输入】选项卡

在【动态输入】选项卡中有【指针输入】、【标注输入】和【动态提示】三个区域，分别控制动态输入的三项功能。

动态输入可以输入命令、查看系统反馈信息、响应系统，能够取代 AutoCAD 传统的命令行，使用快捷键 Ctrl+9 可以关闭或打开命令行的显示，在命令行不显示的状态下可以仅使用动态输入方式输入或响应命令，为用户提供了一种全新的操作体验。

3.6　图形的平移与缩放

在绘制图样的过程中，有可能会因图样尺寸过大或过小，或者图样偏出视区，不利于绘制或修改，可以通过图形显示控制解决这个问题。需要对图形进行细微观察时，可适当放大视图比例以显示图形中的细节部分；而需要观察全部图形时，可缩小视图的显示比例。

3.6.1　视图平移

单击【面板选项板】/【二维导航】工具栏中的【实时平移】图标按钮，进入视图平移状态，此时鼠标指针变为一只手的形状“ ”，按住鼠标左键拖动鼠标，视图的显示区域就会随着实时平移。平移到合适位置后，按 Esc 键或者 Enter 键，可以退出该命令；也可以单击鼠标右键，在弹出的快捷菜单中选择退出，如图 3-12 所示。

【实时平移】也可以从下拉菜单【视图】/【平移】/【实时】来启动，如图 3-13 所示。

图 3-12　快捷菜单

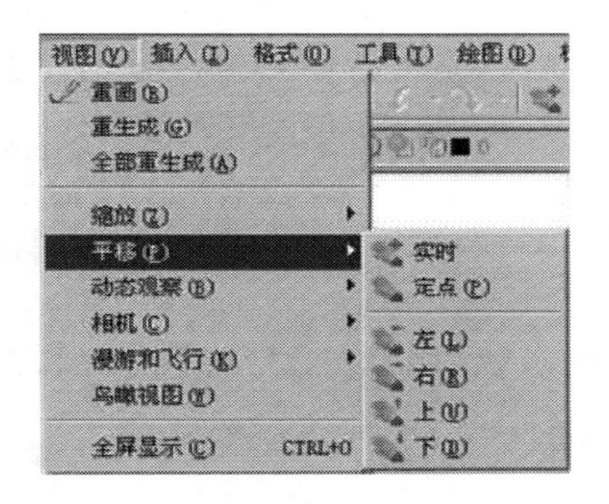

图 3-13　视图平移菜单

缩放命令和平移命令都是透明命令。所谓透明命令，就是当正在执行一个 AutoCAD 的命令，但尚未完成操作时，插入一个透明命令可以暂停原命令的执行，转向执行透明命令，待执行完后，再恢复原命令的执行。透明命令的使用不会中断原命令的操作。

AutoCAD 为使用滚轮鼠标的用户提供一种更快捷的控制显示方法。滚动鼠标滚轮，则直接执行实时缩放功能。压下鼠标滚轮，则直接执行实时平移。

3.6.2　视图的缩放

该命令可以放大或缩小所绘图样在屏幕上的显示范围和大小。AutoCAD 向用户提供了多种视图缩放的方法，在不同的情况下，可以利用不同的方法获得需要的缩放效果。

执行视图缩放命令的方法：

- 下拉菜单（如图 3-14 所示）：【视图】/【缩放】
- 【面板选项板】中【二维导航】的各个按钮：
- 【缩放】工具栏按钮：如图 3-15 所示

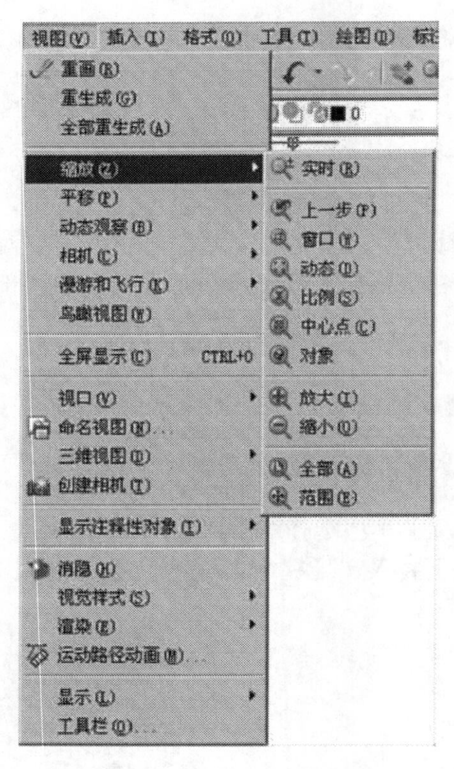

图 3-14　【缩放】下拉菜单

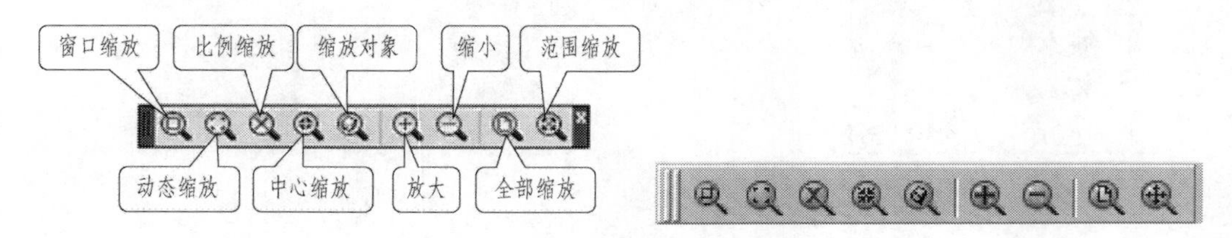

图 3-15　【缩放】工具栏

- 命令行：zoom

在命令行输入 zoom 后按Enter键，命令行提示如下：

```
命令：zoom
指定窗口的角点，输入比例因子 (nX 或 nXP)，或者
[全部(A)/中心(C)/动态(D)/范围(E)/上一个(P)/比例(S)/窗口(W)/对象(O)] <实时>:
```

下面针对命令行提示做如下介绍：

1. 实时缩放

【实时缩放】是系统默认的选项。在上面命令行的提示下直接回车或直接单击【实时缩放】按钮，则执行实时缩放。执行【实时缩放】后，光标变为放大镜形状，按住左键向上方（正上、左上、右上均可）或下方（正下、左下、右下均可）拖动鼠标，可以放大或缩小图形的显示。

2. 上一个

返回上一个视图状态，即回到前屏命令。例如，将某一部分放大进行编辑，编辑完成后，

单击【缩放上一个】按钮，可以返回到编辑前的显示大小。

3. 窗口缩放

首先确定矩形窗口的两个对角点，将矩形窗口内的图形放大到充满当前视图窗口。

4. 动态缩放

利用动态矩形框选择需要缩放的图形，则矩形框中的图形将放大到充满当前视图窗口。它与【窗口缩放】不同，动态矩形框可以移动，也可以调整它的大小，并且可以反复多次调整。单击【动态缩放】按钮后，视图窗口出现三种颜色的线框，如图 3-16 所示。蓝色线框表示图形界限，即绘图区域；黑色线框就是动态矩形框。当动态矩形线框中心显示“×”标记时，线框随着鼠标可以来回移动，移至合适位置单击鼠标左键，这时线框中心显示“箭头”标记，移动鼠标可以改变线框的大小。再次单击鼠标左键又可以移动线框，可以反复调整，直到确定需要缩放的范围，按 Esc 键或 Enter 键或单击鼠标右键选择【确定】使所选图形充满当前视图窗口。

5. 比例缩放

比例缩放可以按照给定的比例缩放图形。单击【比例缩放】按钮，命令行提示：

```
输入比例因子 (nX 或 nXP):          //输入比例因子
或者命令: zoom，命令行提示:
    [全部(A)/中心(C)/动态(D)/范围(E)/上一个(P)/比例(S)/窗口(W)/对象(O)] <实时>:
                                  //输入 s 选择"比例"选项
                                  //输入比例因子
```

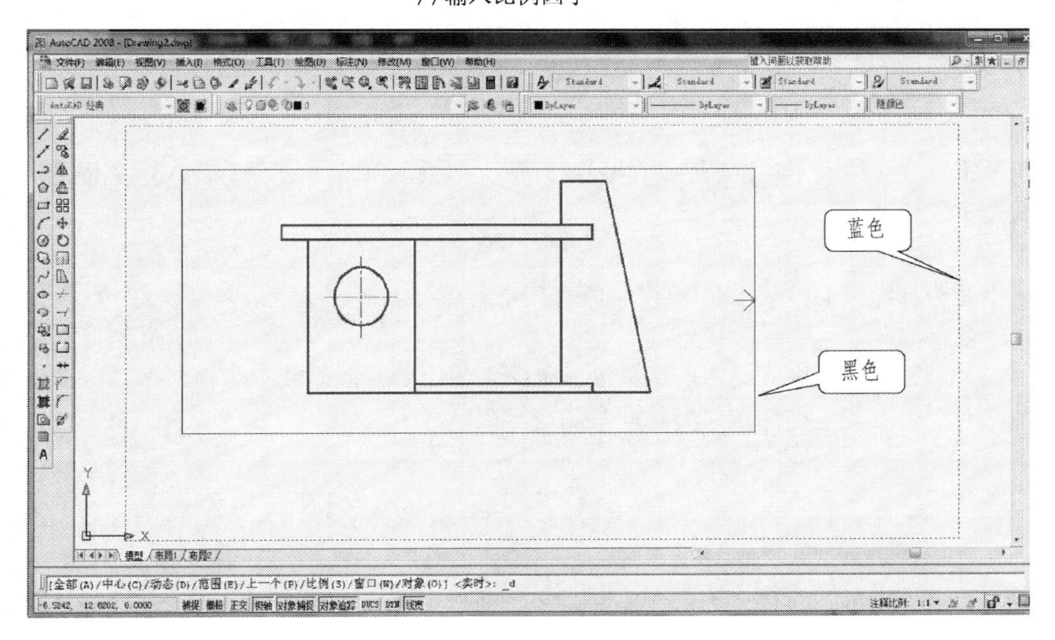

图 3-16　【动态缩放】窗口

有三种比例因子的输入方法：

（1）直接输入数值方式。这是相对于图形界限进行图形缩放。例如，输入 1 时将图形对象全部缩放到图形界限的显示尺寸；输入 2 时将图形对象放大 2 倍；若输入值小于 1，则将图形对象缩小。

（2）数值后加 X 即 nX 方式。是根据当前图形的显示尺寸来确定缩放后的显示尺寸。若输入 2X，会得到当前显示图形 2 倍大的图形显示，同样数值小于 1 时为缩小。

（3）数值后加 XP 即 nXP 方式。是根据图纸空间单位来确定缩放后的显示尺寸。若输入 2XP，将以图纸空间单位的 2 倍来显示模型空间，同样数值小于 1 时为缩小。

AutoCAD 提供了不同用途的两种空间：模型空间和图纸空间。模型空间主要用来创建几何模型，是一个没有界限的三维空间。图纸空间是二维空间，专门用来图纸布置和打印输出。

6. 中心缩放

【中心缩放】是以指定点作为中心点，按照给定的比例因子进行缩放。单击【中心缩放】按钮，命令行提示：

- 命令：'_zoom
- 指定窗口的角点,输入比例因子 (nX 或 nXP),或者
- [全部(A)/中心(C)/动态(D)/范围(E)/上一个(P)/比例(S)/窗口(W)/对象(O)] <实时>:_c
- 指定中心点： //用鼠标单击确定中心点
- 输入比例或高度 <1124.8655>: //输入比例或高度

7. 缩放对象

【缩放对象】是将所选对象以尽可能大的比例放大到充满当前视图窗口。如果只选择一个图形对象，那么系统将以最大比例在当前视图窗口中显示这一个图形对象。【缩放对象】这一选项是 AutoCAD 2005 以后版本在视图缩放功能中的新增选项。

8. 放大、缩小

每单击一次【放大】按钮，当前视图就放大一倍。每单击一次【缩小】按钮，当前视图就缩小一倍。

9. 全部缩放

单击【全部缩放】按钮，可以将所有图形对象显示在屏幕上。

10. 范围缩放

【范围缩放】是将所有图形对象以尽可能大的比例充满当前视图窗口。当图形中没有任何图形对象时，当前视图窗口显示的是图形界限。

【全部缩放】与【范围缩放】是有区别的。【全部缩放】将所有图形对象占据的矩形区域与图形界限进行比较，选择区域较大的作为显示区域，也就是说使用【全部缩放】，图形对象不一定充满视图窗口。

3.7 鸟 瞰 视 图

鸟瞰视图属于定位工具，它提供了一种可视化的平移和缩放视图的方法，可以让图形在一个独立的窗口中显示出来，以达到快速移动确定目的区域。

- 下拉菜单:【视图】/【鸟瞰视图】
- 命令行: dsviwer

打开鸟瞰视图，如图 3-17 所示。这时，可以使用其中的矩形框来设置图形的观察范围。

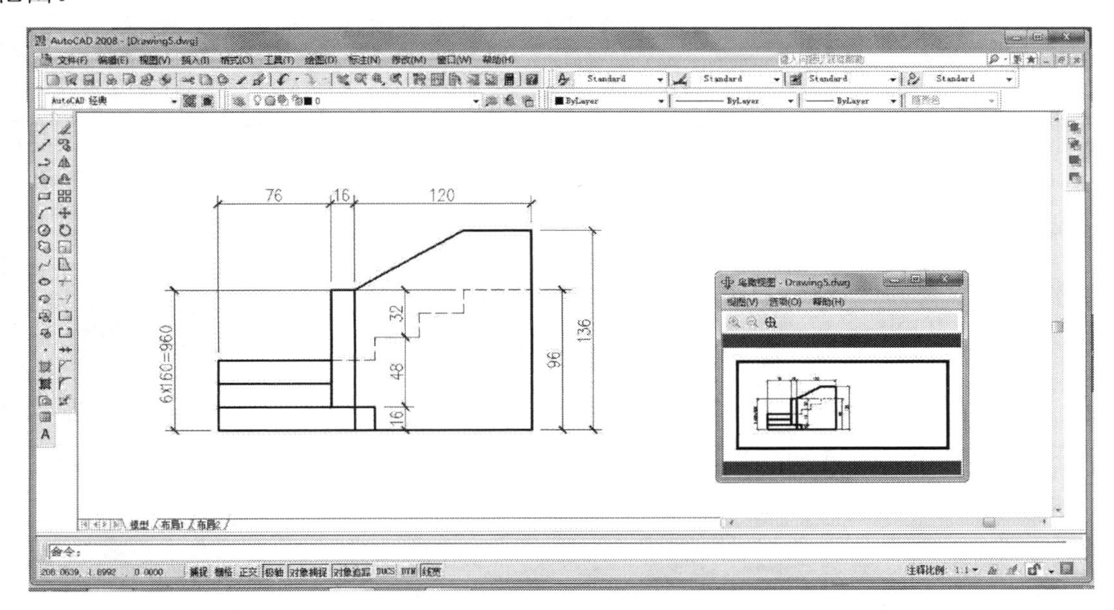

图 3-17　鸟瞰视图

在窗口中单击鼠标，会出现一个中间带叉号的矩形框，可以称为取景框，移动鼠标，取景框会随着移动，取景框中的内容会实时显示在 AutoCAD 工作区主窗口中，而且放大到整个窗口。如果要调整取景框的大小，可以在【鸟瞰视图】窗口中单击鼠标，矩形框中的叉号消失，出现一个箭头，拖动鼠标可以改变取景框的大小，合适后单击鼠标，就又会恢复到带叉号的取景框状态（用单击鼠标的方法在两种取景状态之间进行切换）。如果要固定某处查看内容，单击鼠标右键即可。

可以在【鸟瞰视图】窗口中使用【放大】按钮、【缩小】按钮、【范围缩放】按钮对视图进行缩放操作。

3.8　重画与重生成

在绘图和编辑过程中，经常会在屏幕上留下对象拾取的标记，这些临时标记并不是图形中实际存在的对象，它们的存在会影响图形的清晰，这时可以使用重画与重生成命令来清除这些临时标记。

3.8.1　重画

启动重画命令的方法:

- 下拉菜单:【视图】/【重画】
- 命令行: redrawall

执行该命令后系统将在显示内存中更新屏幕，消除临时标记。

3.8.2 重生成

启动重生成命令的方法：

- 下拉菜单：【视图】/【重生成】
- 命令行：regen

重生成命令可重新生成屏幕，此时系统从磁盘中调用当前图形的数据，比重画速度要慢。在 AutoCAD 中，某些操作只有在使用重生成命令后才生效，如改变点的格式等。

当重生成命令启动时，可以更新当前视区；如果从下拉菜单【视图】/【全部重生成】启动，可以同时更新多重视口。

3.9 绘图样例（A4 图纸样式的绘制）

【例 3-4】绘制如图 3-18 所示的 A4 图纸样式，并保存成（*. dwt）样板图文件格式。

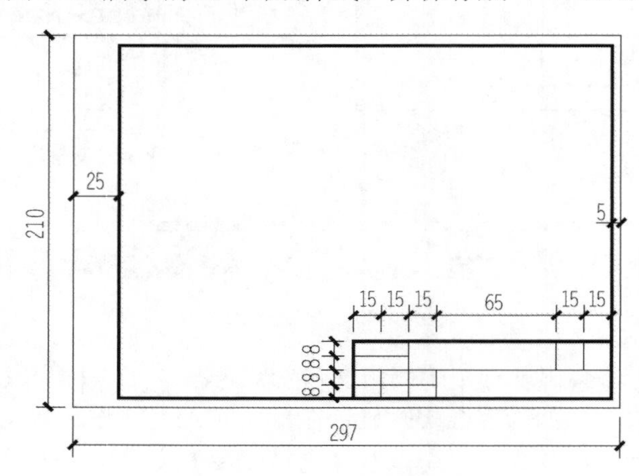

图 3-18 A4 图纸样式

绘图步骤

（1）设置图层线型：选择工具栏【图层】设立两种图层“粗实线”和“细实线”，将“细实线”设为当前图层。

（2）绘制图纸边界：单击【矩形】按钮，命令行提示：“指定第一角点：”，鼠标放在绘图区左下方单击左键；命令行提示：“指定另一角点：”，键盘输入@297，210，回车。

（3）设定绘图区域：命令行输入“z”，回车，命令行输入“E”，回车，图形充满绘图区域。

（4）绘制图框线：单击【偏移】按钮，命令行提示：“指定偏移距离：”，键盘输入“5”，回车。

- 命令行提示：“指定偏移对象：”，鼠标选择矩形；
- 命令行提示：“指定偏移方向：”，鼠标放在矩形内侧单击左键，回车，结果如图 3-19 所示。

（5）分解图框线：单击【分解】按钮，命令行提示：“选择对象”，鼠标选择内侧矩形，回车；

（6）确定左侧图框线位置：单击【偏移】按钮，命令行提示：“指定偏移距离：”，键盘输入“20”，回车，结果如图 3-20 所示。

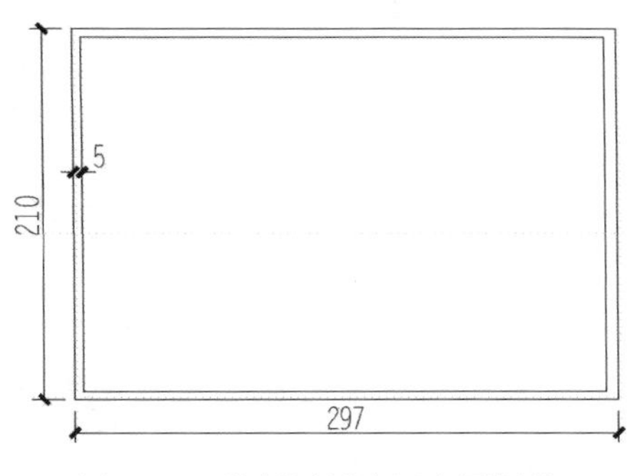

图 3-19　绘制图纸边界和图框线

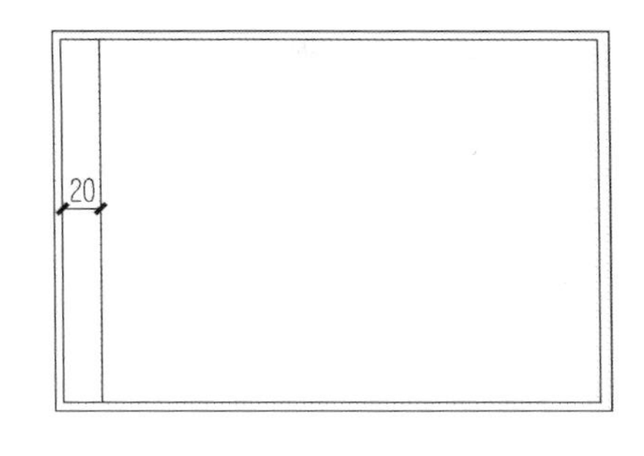

图 3-20　确定左侧图框线位置

（7）整理左侧图框线：单击【修剪】按钮，命令行提示：“选择对象”，按 Enter 键；而后鼠标单击要修剪的线段；选择【删除】按钮，擦去多余的线。

（8）绘制标题栏外框：单击【矩形】按钮，命令行提示：“指定第一角点：”，鼠标放在图框线右下角后单击左键；

- 命令行提示：“指定另一角点：”，

键盘输入“@-140,32,”，回车，结果如图 3-21 所示。

（9）分解标题栏：单击【分解】按钮，命令行提示：“选择对象”，鼠标选择小矩形，回车。

（10）绘制标题栏表格：单击【偏移】按钮，指定竖线偏移距离“15”，水平线偏移“8”，得到如图 3-22 所示图形。

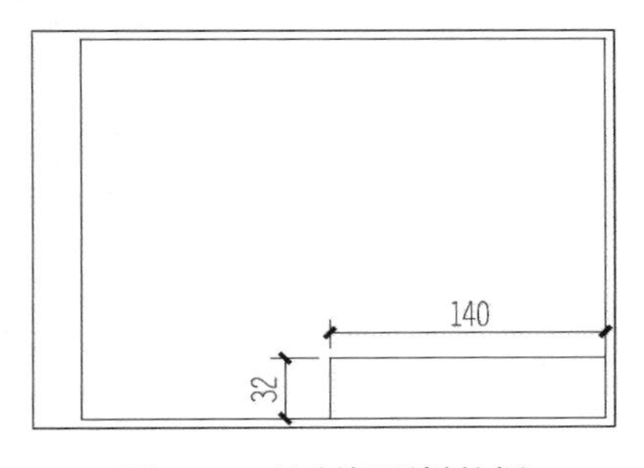

图 3-21　绘制标题栏外框

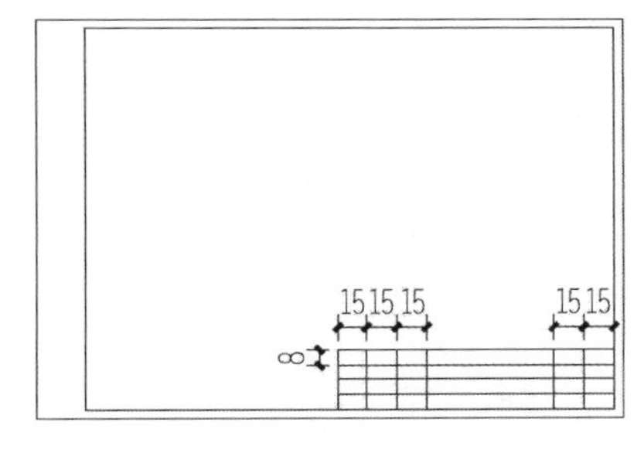

图 3-22　绘制标题栏表格

（11）整理标题栏表格：单击【修剪】按钮，命令行提示：“选择对象”，回车；再按顺序鼠标单击要修剪的线段，结果如图 3-23 所示。

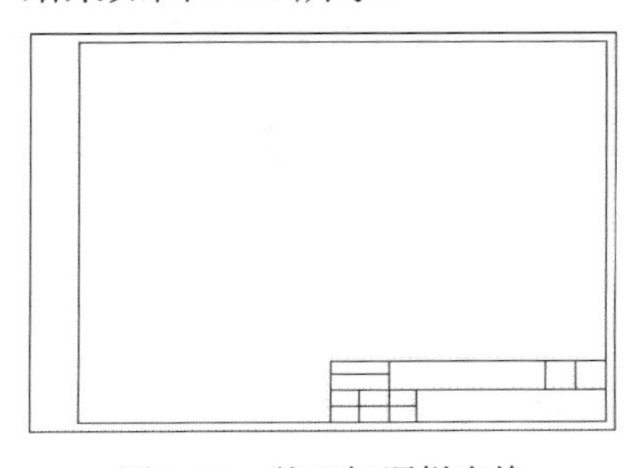

图 3-23　整理标题栏表格

（12）将图框线和图标外框转换成“粗实线”图层，完成 A4 图纸样式绘制，如图 3-24 所示。

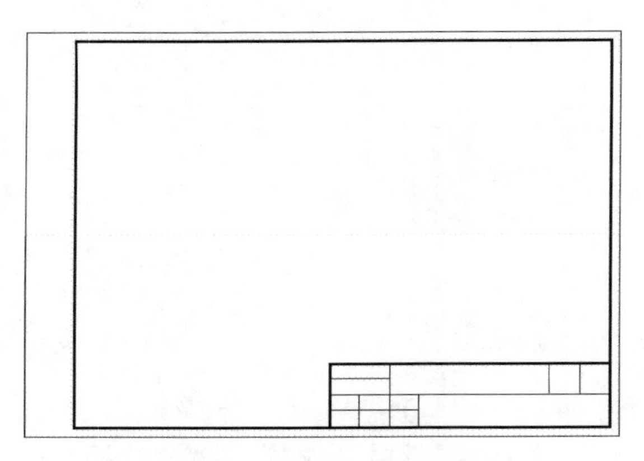

图 3-24 完成的 A4 图纸样式

（13）将绘制好的 A4 图幅保存到扩展名为（*.dwt）图形样板文件中，以便随时调用。打开 A4 样板图方式，应用【新建】按钮，打开【选择模板】对话框，从选取框内单击【A4】，如图 3-25 所示，即可打开 A4 图纸。

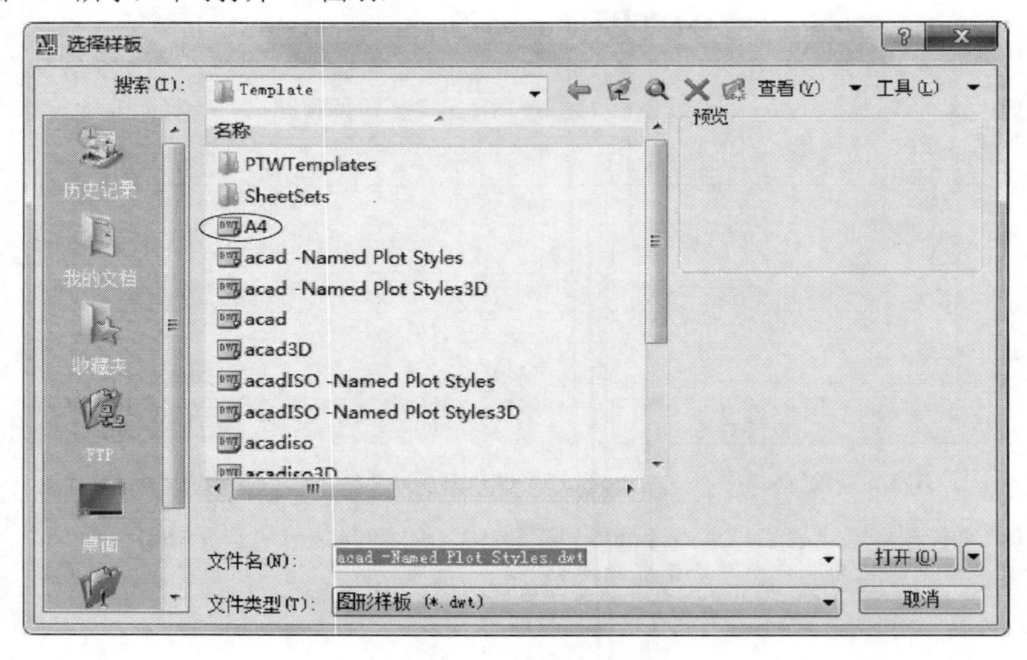

图 3-25 【选择模板】对话框

3.10 上机练习及图形分解图（门窗立面图）

（1）按 1:1 比例，分别绘制 A3（420×297）和 A2（594×420）图纸样式，图框线样式按照国家标准要求绘制，标题栏样式请参照本章【例 3-4】，并将完成的图样保存成（*. dwt）

图形样板文件格式。

（2）根据单扇门的分解图，按尺寸绘制图3-26（c）所示单扇门立面图（不标注尺寸）。

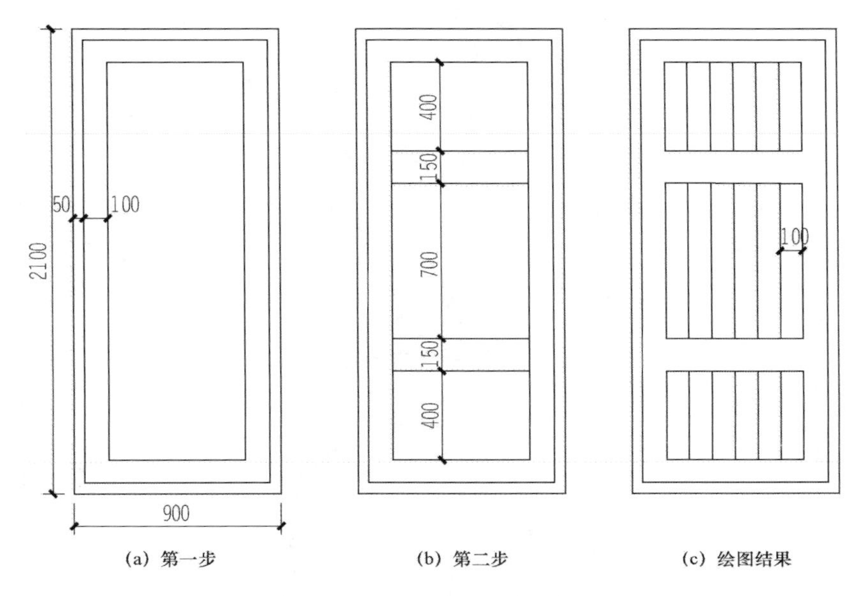

(a) 第一步　(b) 第二步　(c) 绘图结果

图3-26　单扇门立面及其分解图

（3）根据双扇门的分解图，按尺寸绘制图3-27（c）所示双扇门立面图（不标注尺寸）。

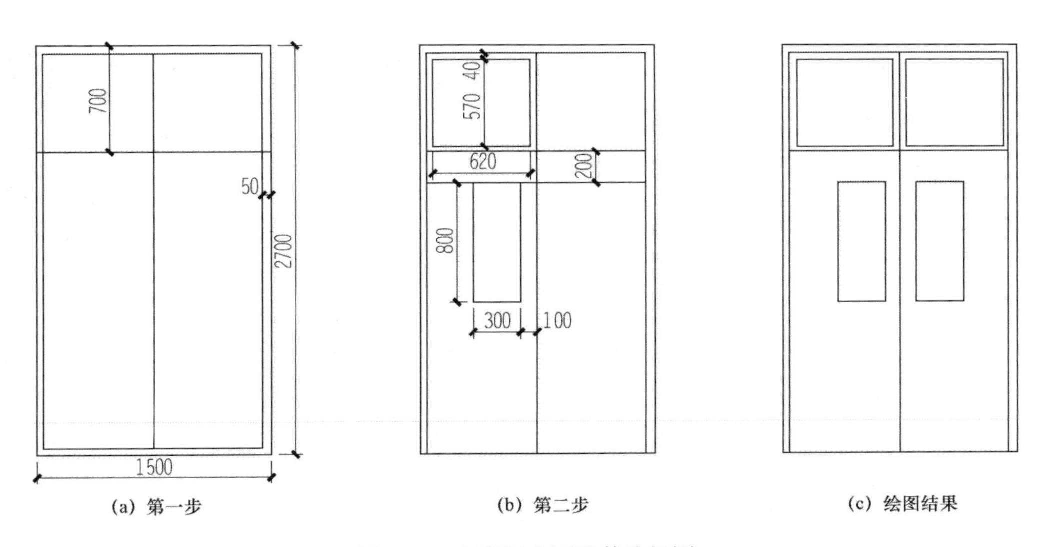

(a) 第一步　(b) 第二步　(c) 绘图结果

图3-27　双扇门立面及其分解图

（4）根据双扇窗的分解图，按尺寸绘制图 3-28（c）所示双扇门立面图（不标注尺寸）。

（5）按尺寸绘制图3-29所示门洞立面图（不标注尺寸）。

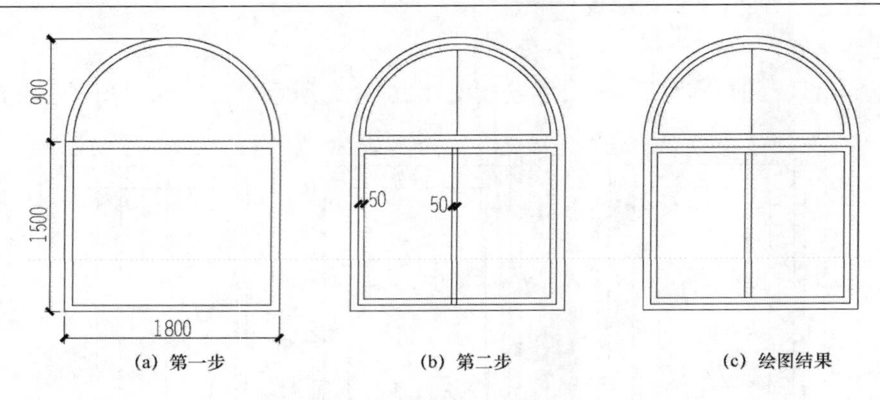

(a) 第一步　(b) 第二步　(c) 绘图结果

图 3-28　双扇推拉窗立面及其分解图

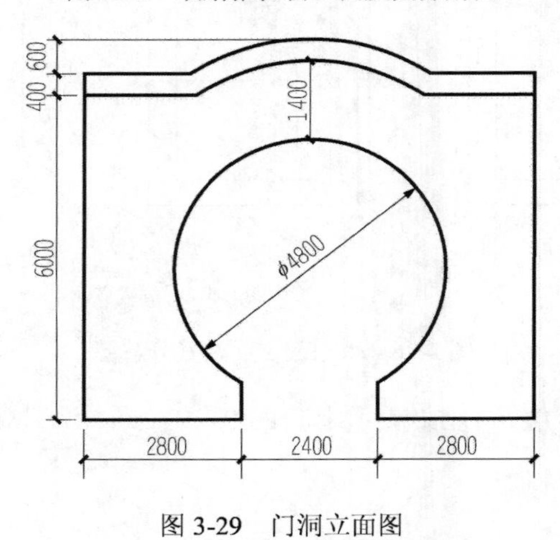

图 3-29　门洞立面图

第 4 章　常用二维绘图命令

不管多么复杂的建筑图形，都是通过点、直线、曲线等各种基本图形组成的。因此，熟练掌握这些基本图形的绘制是进行实际工程制图的前提和基础。本章主要向用户介绍AutoCAD 2008 绘制二维图形常用的基本绘图命令。基本图形包括各种直线、矩形、正多边形、圆、圆弧、多段线、点、椭圆、椭圆弧、多线、样条曲线等，一些复杂的图形都可以分解成这些基本图形再进行组合。

4.1　绘制点、直线、构造线、射线

4.1.1　点

在 AutoCAD 2008 中，点可以作为捕捉和偏移对象的参考点，在【对象捕捉】模式打开的情况下，可以捕捉到端点、中点、切点等特殊点。除此之外，要想准确地捕捉到直线或曲线上任意一点，将十分困难，利用点的绘制可以解决这一问题。

点在屏幕上可以有多种显示形式，通常在绘制点之前要设置点的样式，使其在屏幕上有明显的显示。

1. 设置点的样式

选择【格式】/【点样式】菜单（也可使用 ddptype 命令），弹出如图 4-1 所示的【点样式】对话框。共有 20 种样式，选择其中一种作为点的显示样式。选择【相对于屏幕设置大小】或【按绝对单位设置大小】单选框，并在【点大小】编辑框中填写点的显示大小，单击 确定 按钮完成点样式的设置。

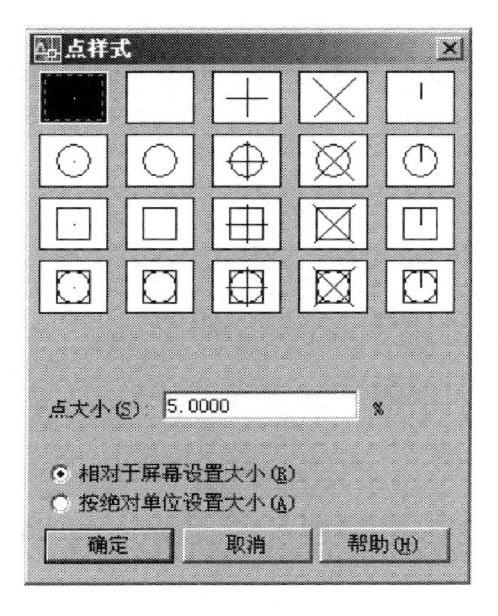

图 4-1　【点样式】对话框

2. 点的绘制

启动【点】命令的方法有：

- 下拉菜单：【绘图】/【点】
- 工具栏按钮或面板选项板：
- 命令行：point 或 divide（定数等分）或 measure（定距等分）
- 快捷命令：po

选择【绘图】/【点】菜单，会出现如图 4-2 所示的下拉菜单。【单点】和【多点】的绘制方法相似，执行一次【单点】命令，只绘制一个点，而【多点】命令可一次绘制多个点，直到按 Esc 键结束。【定数等分】命令可以将选择对象等分若干份（2～32767），并在等分点处绘制点。【定距等分】可以将选择对象按给定间距绘制点。

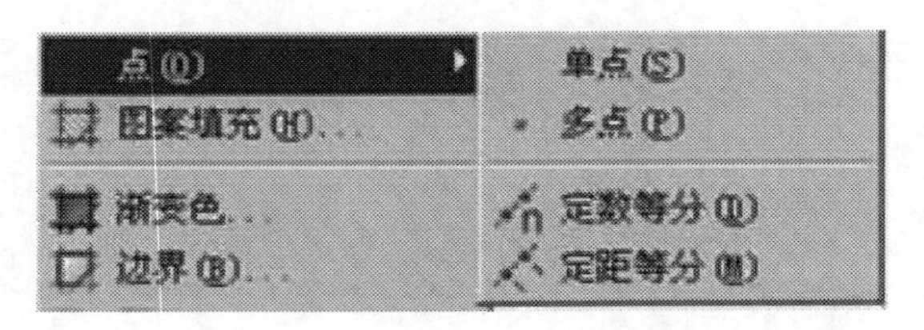

图 4-2 【点】的下拉菜单

下面以【定数等分】为例介绍点的绘制。

【例 4-1】将圆进行七等分，如图 4-3 所示。

（1）单击下拉菜单【绘图】/【点】/【定数等分】，启动【定数等分】命令；

（2）选择要定数等分的对象为圆；

（3）输入等分数 7，回车，完成圆的 7 等分。

在使用【定距等分】命令绘制点时，等分的起点与鼠标选取对象时单击的位置有关。如图 4-4 所示，对第一条直线定距等分，鼠标靠近左下端点单击选取直线，其结果以直线的左端点为等分起点；而对第二条直线，在其靠近右上端点处拾取对象，结果以直线的右端点为等分起点。所以定距等分对象时，放置点的起始位置从离对象选取点较近的端点开始。

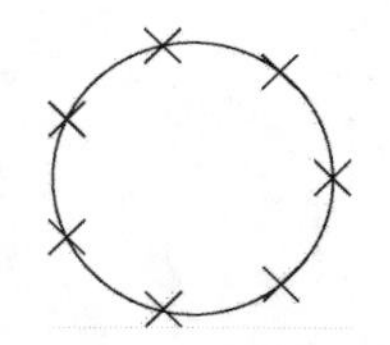

图 4-3 定数等分

图 4-4 定距等分

4.1.2 绘制直线

直线是构成图形的基本元素。直线的绘制是通过确定直线的起点和终点完成的。对于首尾相接的折线，可以在一次【直线】命令中完成，上一段直线的终点是下一段直线的起点。

执行【直线】绘制命令的方法有：

- 下拉菜单：【绘图】/【直线】

- 工具栏按钮或面板选项板：
- 命令行：line
- 快捷命令：l

在命令行提示输入点的坐标时，可以在命令行直接输入点的坐标值，也可以移动鼠标用光标在绘图区指定一点。其中命令行中的“放弃（U）”表示撤消上一步的操作，“闭合（C）”表示将绘制的一系列直线的最后一点与第一点连接，形成封闭的多边形。

如果要绘制水平线或垂直线，可配合使用 AutoCAD 提供的【正交】模式，非常方便。

在命令行输入 line 执行【直线】命令时，需按Enter键或空格键或直接单击鼠标右键来激活此命令。下文介绍的绘图命令也是如此。

4.1.3 构造线

构造线是指在两个方向上可以无限延伸的直线。“长对正、高平齐、宽相等”是形体投影的基本规律，通过平面上一点作多条构造线，可以快速准确地生成立体的三视图或机件的剖视图、断面图。因此，构造线是精确绘图的有力工具，通常用作绘图的辅助线。

可以用下面几种方法启动【构造线】的绘制命令：

- 下拉菜单：【绘图】/【构造线】
- 工具栏按钮或面板选项板：
- 命令行：xline
- 快捷命令：xl

启动【构造线】命令后，命令行有如下提示，分别对提示中的各选项作简单介绍：

```
命令: _xline 指定点或 [水平(H)/垂直(V)/角度(A)/二等分(B)/偏移(O)]:
```

1. 指定点

该选项为系统默认选项，过指定的两点绘制一条构造线。在指定第一点后，命令行提示“指定通过点：”，这时指定第二点，过第一点和第二点绘制一条构造线；命令行会继续提示“指定通过点：”，再指定一点，则过该点和第一点绘制一条构造线。一次可以绘制多条构造线，直到按Enter键结束命令。

2. 水平

在命令提示下，输入 H 并回车，则可绘制多条相互平行的水平构造线。在命令行提示“指定通过点：”时，可输入通过点的坐标，也可以用鼠标在屏幕上指定，还可以直接输入与上条水平线之间的间距，通过移动鼠标的位置来确定平行线的上、下相对位置。

3. 垂直

在提示下，输入 V 回车，则绘制多条相互平行的水平线。绘制方法同“水平”。

4. 角度

按照给定的角度绘制一系列平行的构造线。

5. 二等分

绘制已知角的角平分线，该线为两端无限延伸的构造线。

6. 偏移

绘制与已知直线有一定距离的平行构造线。

4.1.4 绘制射线

射线为一端固定，另一端无限延伸的直线，在 AutoCAD 中，射线主要用来绘制辅助线。可以用下面几种方法启动【射线】的绘制命令：

- 下拉菜单：【绘图】/【射线】
- 命令行：ray

启动该命令后，命令行有如下提示：

```
ray 指定起点：      //在此提示下输入第一点作为射线的起点
指定通过点：        //输入第二点作为射线经过点,确定方向,画出射线
指定通过点：        //再输入第三点画一条以第一点为起点,经过该点的射线
```

回车则结束该命令。

4.2 矩形和正多边形

用【直线】命令也可以绘制矩形、多边形等图形，但对于矩形和正多边形的绘制，AutoCAD 向用户提供了相应更为快捷的命令。

4.2.1 矩形

启动矩形命令，根据命令行中不同参数的设置，可以绘制带有不同属性的矩形。矩形的绘制是通过确定两个对角点来实现的。

绘制矩形的方法有：

- 下拉菜单：【绘图】/【矩形】
- 工具栏按钮或面板选项板：
- 命令行：rectang
- 快捷命令：rec

【例 4-2】绘制一个长 50、宽 30、倾斜 45°的矩形，如图 4-5 所示。

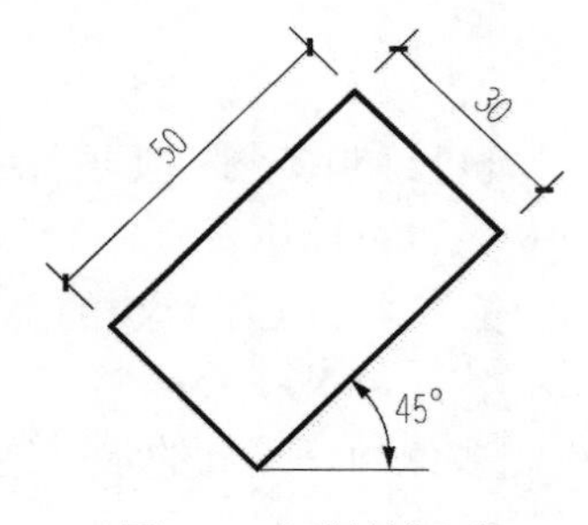

图 4-5 倾斜的矩形

（1）单击【绘图】工具栏的【矩形】按钮，启动【矩形】命令；

（2）在屏幕绘图区域单击确定一点；

（3）命令行输入 R，指定旋转角度为 45°；

（4）命令行输入 d，回车，输入长度 50，输入宽度 30，回车，绘制出图 4-5 所示倾斜矩形。

指定两个对角点是系统默认的矩形绘制方法，上述是使用相对坐标输入法来确定矩形的另一个角点的方法。读者也可以选择“面积（A）”选项，通过指定矩形的面积和一个边长来绘制矩形；或者选择“尺寸（D）”选项，分别输入矩形的长、宽来画矩形；如果选用“旋转（R）”选项，则可绘制一个指定角度的矩形。如果随意绘制一个矩形而不考虑它的长和宽的尺寸，也可以在屏幕上单击鼠标左键来确定矩形的另一个角点。

【矩形】命令中还有多个备选项，分别为：

（1）“倒角（C）”选项。选择该选项，可绘制一个带倒角的矩形，此时需要指定矩形的两个倒角距离。

（2）“标高（E）”选项。选择该选项，可指定矩形所在的平面高度。该选项一般用于三维绘图。

（3）“圆角（F）”选项。选择该选项，可绘制一个带圆角的矩形，此时需要指定矩形的圆角半径。

（4）“厚度（T）”选项。选择该选项，可以以设定的厚度绘制矩形，该选项一般用于三维绘图。

（5）“宽度（W）”选项。选择该选项，可以以设定的线宽绘制矩形，此时需要指定矩形的线宽。

【例 4-3】绘制一个长 80、宽 50、“圆角” *R* 为 10 的圆角矩形，如图 4-6 所示。

（1）单击【绘图】工具栏的【矩形】按钮，启动【矩形】命令；

- 命令行提示：指定第一个角点[倒角（C）/标高（E）/圆角（F）/厚度（T）/宽度（W）
- 命令行输入：F，回车，
- 命令行提示：指定矩形的圆角半径
- 命令行输入：10，回车

（2）在屏幕绘图区域单击一点；

（3）命令行输入：@80,50，完成圆角矩形的绘制，如图 4-6 所示。

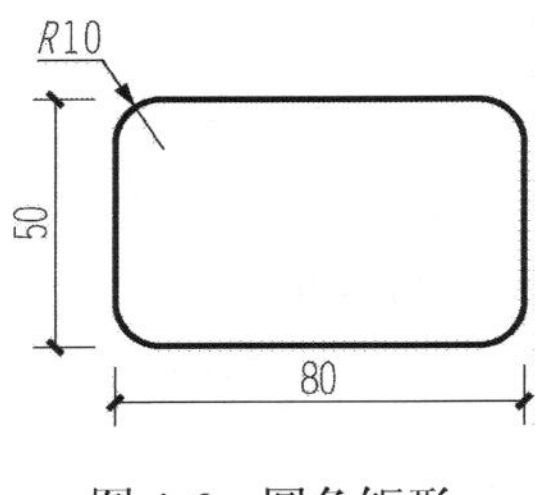

图 4-6 圆角矩形

4.2.2 正多边形

执行【正多边形】命令可以绘制一个闭合的等边多边形。在 AutoCAD 2008 中，通过控制正多边形的边数（边数取值在 3～1024 之间），以及内接圆或外切圆的半径大小，来绘制合乎要求的正多边形。

可以用下面几种方法启动【正多边形】的绘制命令：

- 下拉菜单：【绘图】/【正多边形】
- 工具栏按钮或面板选项板：
- 命令行：polygon
- 快捷命令：pl

执行上述命令后，命令行提示如下：

```
命令：_polygon 输入边的数目 <4>：5                    //输入正多边形的边数
指定正多边形的中心点或 [边（E）]：
```

可以通过选择“指定正多边形的中心点”或“边（E）”这两个选项，来执行不同的正边形绘制方法。

1. 指定正多边形的中心点

通过坐标输入或鼠标在屏幕上单击确定正多边形的中心点，命令行会继续提示：

```
输入选项 [内接于圆(I)/外切于圆(C)）] <I>：          //回车，括号内为系统默认选项内接于圆
指定圆的半径：100                                   //输入圆的半径并回车结束命令
```

这样就绘制了一个内接于半径为 100 的圆的正五边形。同样可以选择“外切于圆（C）”的选项绘制圆的外切正多边形。

如果在命令行直接输入半径值来确定内接圆和外切圆的半径，在回车后系统会自动确定正多边形的位置，即正多边形最下面的一条边总是处于水平位置。如果想改变正多边形的摆放位置，可以通过鼠标在屏幕上单击或者使用相对坐标输入半径，从而确定正多边形的大小和位置。

2. 边（E）

该选项要求用户指定正多边形中一条边的两个端点，然后按逆时针方向形成正多边形，这样绘制的正多边形是唯一的。

4.3 常用曲线的绘制

4.3.1 圆

绘制圆的方法有很多，选用哪种方法取决于用户的已知条件，AutoCAD 2010 提供了 6 种绘制圆的方法，下面分别说明绘制圆的方法。

可以用下面几种方法启动【圆】的绘制命令：

- 下拉菜单：【绘图】/【圆】
- 工具栏按钮或面板选项板：
- 命令行：circle
- 快捷命令：c

选择【绘图】/【圆】菜单，会出现如图 4-7 所示的下拉菜单选项，共有 6 种圆的绘制方法。可以分别选择这 6 个菜单选项，用不同的方法来绘制圆。也可以根据命令行的提示，选择不同的参数来绘制圆。下面以命令行的提示，选择不同参数的方法介绍圆的

绘制。

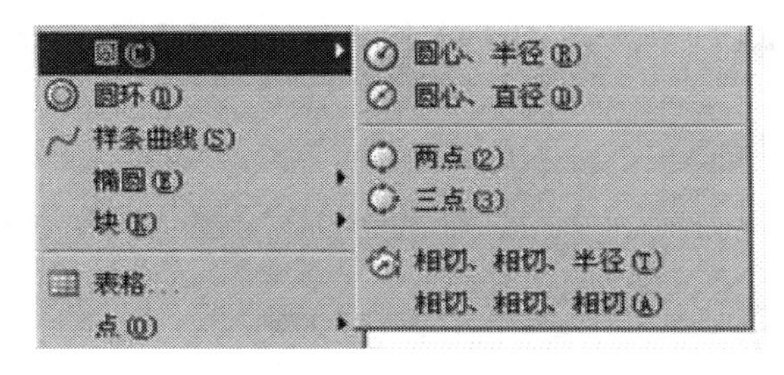

图 4-7 【圆】命令的下拉菜单

1. 圆心、半径

单击按钮，系统提示为：

```
命令: _circle 指定圆的圆心或 [三点(3P)/两点(2P)/相切、相切、半径(T)]:
                                          //单击鼠标左键，指定圆的圆心
指定圆的半径或[直径（D）]:50              //输入圆的半径
```

因此画出符合要求的圆。

2. 圆心、直径

单击按钮，系统提示为：

```
命令: _circle 指定圆的圆心或 [三点(3P)/两点(2P)/相切、相切、半径(T)]:
                                          //单击鼠标左键，指定圆的圆心
指定圆的半径或 [直径（D）] <50.0000>: d   //输入 d,选择"直径"选项
指定圆的直径 <100.0000>: 100              //输入圆的直径
```

3. 两点

指定任意两个点，以这两个点的连线为直径画圆。

单击按钮，系统提示为：

```
命令: _circle 指定圆的圆心或 [三点(3P)/两点(2P)/相切、相切、半径(T)]: 2p
                                          //输入 2p,选择"两点"法画圆
指定圆直径的第一个端点:                   //单击鼠标左键,指定圆直径的第一个端点
指定圆直径的第二个端点: @100,0            //输入圆直径第二个端点的相对直角坐标
```

因此画出如图 4-8 所示的圆。

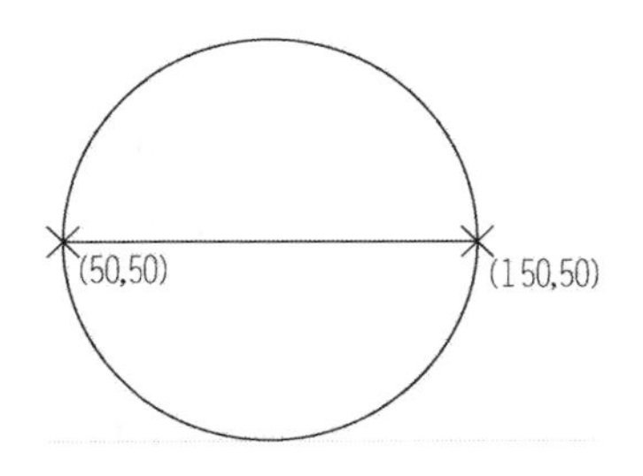

图 4-8 用“两点”画圆

4．三点

不在一条直线上的三个点可以唯一确定一个圆。用三点法绘制圆，即通过不共线的圆上的三点来画圆。

单击按钮，系统提示为：

```
命令: _circle 指定圆的圆心或 [三点(3P)/两点(2P)/相切、相切、半径(T)]:3P
                                                //输入 3p,选择"三点"法画圆
指定圆上的第一个点: 50,50                        //输入第一个点的绝对直角坐标
指定圆上的第二个点: 100,                         //输入第二个点的绝对直角坐标
指定圆上的第三个点: 130,40                       //输入第三个点的绝对直角坐标
```

因此画出如图 4-9 所示的圆。

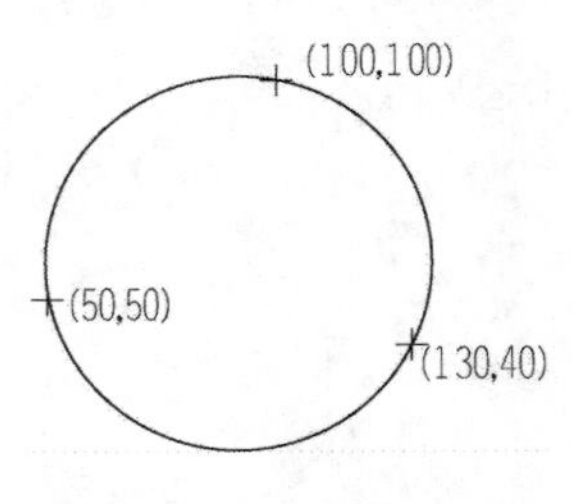

图 4-9　用“三点”画圆

5．相切、相切、半径

当已经存在两个图形对象时，选择该项可以绘制与两个对象相切，并以指定值为半径的圆。在命令行提示“指定对象与圆的第一个切点：”时，鼠标移动到已知圆的附近会出现“递延切点”的字样，如图 4-10 所示，说明已捕捉到切点，单击左键确定即可。

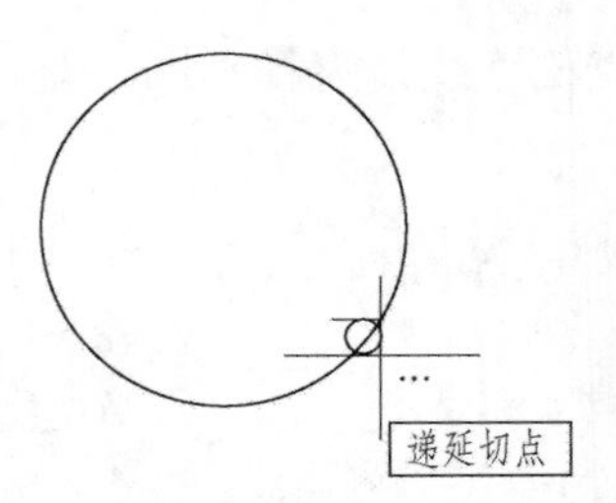

图 4-10　切点捕捉

单击按钮，系统提示为：

```
命令: _circle 指定圆的圆心或 [三点(3P)/两点(2P)/相切、相切、半径(T)]: t
                              //输入 t,选择"相切、相切、半径"法画圆
指定对象与圆的第一个切点:      //鼠标靠近如图 4-11 所示已知圆的右上部,出现黄色的拾取
                                切点符号时单击
指定对象与圆的第二个切点:      //鼠标单击右边的已知直线
指定圆的半径 <40.3099>: 30     //输入圆的半径
```

因此绘制出与左边已知圆和右边已知直线都相切的半径为 30 的圆，如图 4-11 所示。

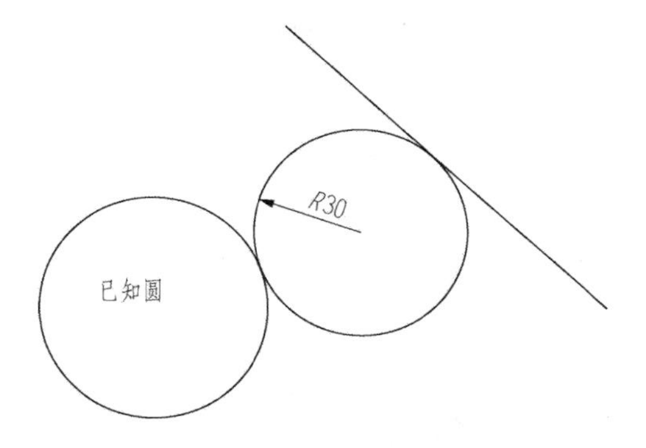

图 4-11　用“相切、相切、半径”画圆

如果输入圆的半径过小，【圆】命令不能执行，命令行会给出“圆不存在”的提示，并退出绘制命令。

6. 相切、相切、相切

这是三点画圆的另外一种绘制方式。当选择“三点（3P）”选项后，再打开对象切点捕捉，在三个对象的公切点附近点取对象，则可以画出与这三个对象相切的圆。

例如，要绘制如图 4-12 所示的与三角形三边内切的圆，可以使用这个方法。

单击下拉菜单【绘图】/【圆】/【相切、相切、相切（A）】，提示如下：

```
命令: _circle 指定圆的圆心或 [三点(3P)/两点(2P)/相切、相切、半径(T)]: 3P _tan 到
        //选择"相切相切相切"法画圆,指定第一个切点,移动鼠标到"边一",出现如图 4-12(a)所示的
"递延切点"符号时,单击左键。
指定圆上的第二个点: _tan 到      //移动鼠标到"边二",出现"递延切点"符号时,单击左键
指定圆上的第三个点: _tan 到      //移动鼠标到"边三",出现"递延切点"符号时,单击左键
```

因此画出图 4-12（b）所示的内切圆。

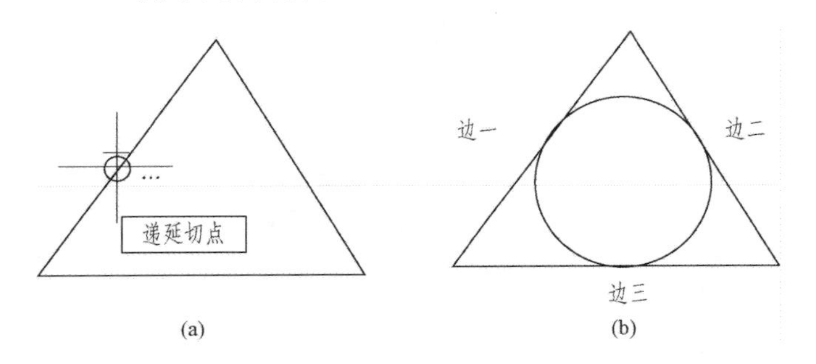

图 4-12　用“相切、相切、相切”画圆

4.3.2　圆弧

在 AutoCAD 2008 中，绘制圆弧的方法有 11 种之多。可以用下面几种方法启动【圆弧】的绘制命令：

- 下拉菜单：【绘图】/【圆弧】
- 工具栏按钮或面板选项板：

- 命令行：arc
- 快捷命令：a

启动圆弧命令后，可以按照命令行的提示和已知条件来画圆弧。应用下拉菜单绘制圆弧时，可以直接看到绘制圆弧的 11 个选项，如图 4-13 所示。它们是通过控制圆弧的起点、中间点、圆弧方向、圆弧所对应的圆心角、终点、弦长等参数，来控制圆弧的形状和位置的。下面着重介绍其中几种。

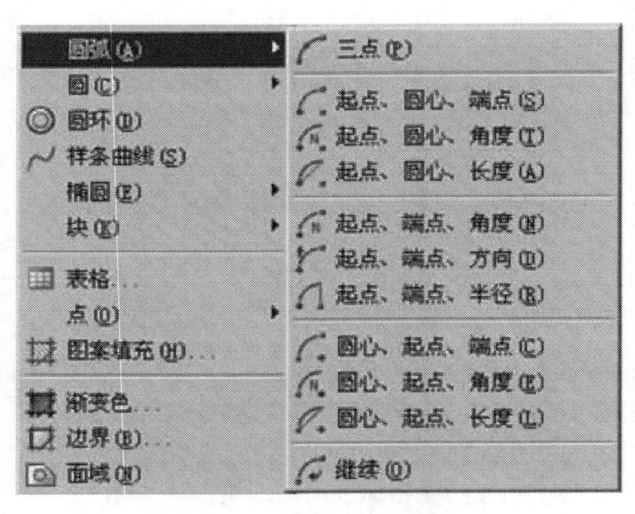

图 4-13 【圆弧】命令下拉菜单

1. 三点

通过不在一条直线上的任意三点画圆弧。单击按钮，命令行提示：

命令：_arc 指定圆弧的起点或 [圆心(C)]： //单击鼠标和输入坐标来指定圆弧上的起点
指定圆弧的第二个点或 [圆心(C)/端点(E)]： //指定圆弧上的第二点
指定圆弧的端点： //指定圆弧上的端点

2. 起点、圆心、端点

如果直接从下拉菜单启动【起点、圆心、端点】方法绘制圆弧，命令行提示：

arc 指定圆弧的起点或 [圆心(C)]： //输入起点
指定圆弧的第二个点或 [圆心(C)/端点(E)]：_c 指定圆弧的圆心： //输入圆心坐标
指定圆弧的端点或 [角度(A)/弦长(L)] //输入圆弧端点坐标

3. 起点、圆心、角度

从下拉菜单启动【绘图】|【圆弧】|【起点、圆心、角度】，则命令行提示：

命令：_arc 指定圆弧的起点或 [圆心(C)]： //指定起点
指定圆弧的第二个点或 [圆心(C)/端点(E)]：_c 指定圆弧的圆心： //指定圆心
指定圆弧的端点或 [角度(A)/弦长(L)]：_a 指定包含角：-45 //指定角度,顺时针为负

如果从工具栏启动该命令，则提示如下：

arc 指定圆弧的起点或 [圆心(C)]： //指定起点

```
指定圆弧的第二个点或 [圆心(C)/端点(E)]: c          //输入c,选择"圆心"选项
指定圆弧的圆心:                                   //输入圆心坐标
指定圆弧的端点或 [角度(A)/弦长(L)]: a             //输入a,选择"角度"选项
指定包含角:90                                     //输入角度,逆时针为正
```

这两种方法绘制过程，是有区别的。

角度值可正可负，当输入正值时，由起点按逆时针方向绘制圆弧；反之，按顺时针方向绘制圆弧。

4. 继续

选择【继续】选项，系统将以前面最后一次绘制的线段或圆弧的最后一点作为新圆弧的起点，并以该线段或圆弧的最后一点处的切线方向作为新圆弧的起始切线方向，再指定一个端点，来绘制圆弧。

其余绘制圆弧的方法类似，读者可以自己实验。

有些圆弧在画图过程中不适合用arc命令来绘制，可以用circle先画成圆，再进行修剪，比画圆弧要好。

【例 4-4】绘制图 4-14 所示图形。

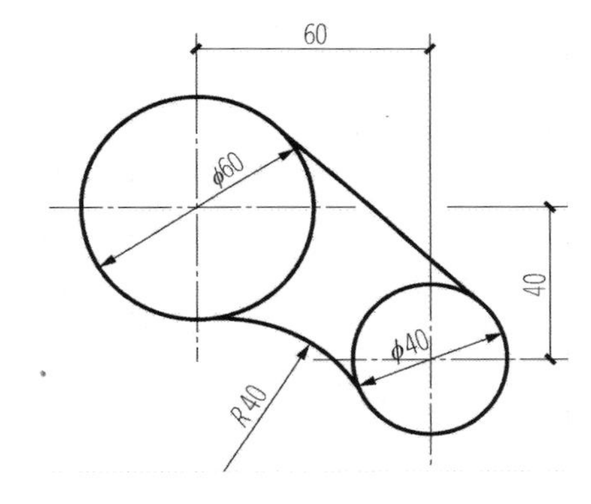

图 4-14 用【圆】命令与【修剪】命令绘制圆弧

绘图步骤

（1）用【直线】命令（line）绘制两圆的定位轴线，注意轴线间距。

（2）单击【圆】按钮绘制ϕ60 和ϕ40 的圆。

（3）重复画圆命令，命令行输入“T”，即选取“相切、相切、半径”方式，鼠标移动到左边大圆左下部分，单击拾取，鼠标再移动到右边小圆下部，拾取右边小圆，输入圆的半径 40，得到一个与ϕ60 和ϕ40 圆均相切的 *R*40 的圆。

（4）单击【修剪】按钮，选取ϕ60 和ϕ40 的圆作为修剪边界，剪掉 *R*40 圆的多余圆弧。（修剪命令详见本书第 5 章）

（5）单击【直线】按钮，按下 Shift 键后在屏幕上单击鼠标右键，在弹出的快捷菜

单中选取“切点”，单击大圆上部，再单击小圆上部，绘制与ϕ60 和ϕ40 圆相切的直线，完成作图。

4.3.3 椭圆、椭圆弧

该命令用来创建一个椭圆或椭圆弧。确定椭圆的参数是长轴、短轴和椭圆中心。

可以用下面几种方法启动【椭圆】或【椭圆弧】的绘制命令：

- 下拉菜单：【绘图】/【椭圆】
- 工具栏按钮和面板选项板：或
- 命令行：ellipse
- 快捷命令：el

执行上述命令后，命令行提示如下：

```
命令: _ellipse
指定椭圆的轴端点或 [圆弧(A)/中心点(C)]:
```

其中“圆弧（A）”选项用来绘制椭圆弧，另外两个选项用来绘制椭圆。下面分别介绍椭圆与椭圆弧的绘制。

1. 椭圆

有两种方法绘制椭圆。“指定椭圆的轴端点”选项是通过指定第一条轴的位置和长度及第二条轴的半长来绘制椭圆；“中心点（C）”选项是先确定椭圆的中心，然后指定一条轴的端点，再给出另一条轴的半长，由此画出椭圆图形。

2. 椭圆弧

椭圆弧是椭圆的一部分，所以绘制椭圆弧首先执行【椭圆】绘制命令，然后在其上面截取一段。截取的方法有角度法和参数法。下面介绍角度法的使用，读者可以根据命令行的提示自己练习参数法的使用。

【例 4-5】绘制如图 4-15 所示的椭圆弧。

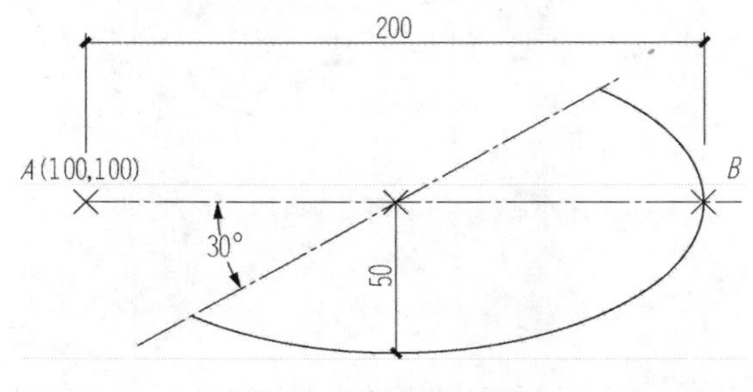

图 4-15 绘制椭圆弧

（1）单击【绘图】工具栏的【椭圆】按钮，启动【椭圆】命令；

（2）选择绘制椭圆弧：输入 a；

（3）指定椭圆弧的轴端点：输入 *A* 点坐标（100，100）；

（4）指定轴的另一个端点：输入 *B* 点坐标（300，100）；

（5）指定另一条半轴长度：指定另一条轴半长 50；

（6）指定起始角度：输入起始角度 30°，从 *A* 点逆时针旋转为正；

（7）指定终止角度：输入终止角度 210°，完成椭圆弧的绘制。

4.4　多段线（箭头画法）

多段线是由若干直线段和弧线段组成的对象。组成多段线的直线段和弧线段的起止线宽可以任意设定。在 AutoCAD 中，图线的线宽一般是通过图层来控制的，但对于线宽变化或特殊线宽的图线，如箭头或复杂的图形，就可以方便地利用【多段线】命令来实现。

启动【多段线】命令的方法有：

- 下拉菜单：【绘图】/【多段线】
- 工具栏按钮或面板选项板：
- 命令行：pline
- 快捷命令：pl

【例 4-6】利用【多段线】命令，绘制如图 4-16 所示的箭头。

（1）单击【多段线】 按钮，命令行提示“指定起点：”。

（2）在绘图区域单击一点。

（3）在命令行提示下输入“W”，回车。

图 4-16　箭头绘图结果

（4）“起点宽度”默认为 0，回车；“端点宽度”输入大于 0 的值（如输入 5），回车。

（5）在绘图区域画出一定长度的箭头。

（6）继续在命令行输入“W”，回车，“起点宽度”和“端点宽度”均输入 0，画出一段直线，箭头绘制结果如图 4-16 所示。

用【多段线】命令绘制的若干直线或弧线之间一般为光滑连接，即为相切关系，除非利用相关命令改变起点的切线方向。

可以用 pedit 命令，按系统提示对多段线进行编辑；也可以从下拉菜单【修改】/【对象】/【多段线】进行修改编辑。

4.5　多线（墙身平面画法）

AutoCAD 中的【多线】命令主要用在建筑制图中，绘制房屋的墙线及窗线。【多线】命令可以绘制多条相互平行的直线或折线（1～16 条），其中每一条平行线都称为一个元素，这些平行线之间的间距和数目是可以调整的。

多线的绘制分三个步骤。首先，在绘制多线之前要设置多线的样式；第二步，启动【多线】命令绘制多线；第三步，利用多线编辑命令（mledit）或下拉菜单【修改】/【对象】/【多线】对多线进行编辑。

4.5.1　多线样式对话框

单击下拉菜单选择【格式】/【多线样式】，则打开【多线样式】对话框，如图 4-17 所示。在该对话框中，有这样几个选项：

（1）【样式】列表框：显示已经加载的多线样式。

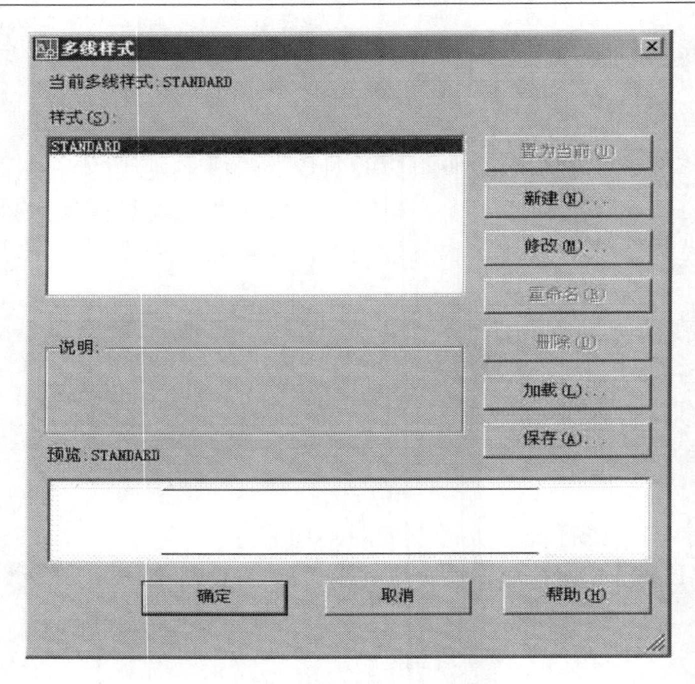

图 4-17 【多线样式】对话框

（2）【置为当前】按钮：在样式列表框中选择要使用的多线样式后，单击该按钮，则将其设置为当前样式。

（3）【新建】按钮：单击该按钮，可以打开【创建新的多线样式】对话框，见图 4-18，来创建新的多线样式。

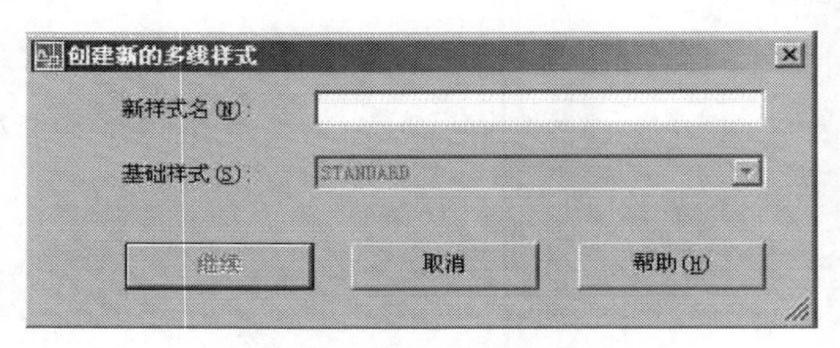

图 4-18 【创建新的多线样式】对话框

（4）【修改】按钮：可以打开修改多线样式对话框，修改已经创建的多线样式。

（5）【重命名】按钮：对已创建的多线样式重新命名，但不能重命名标准（STANDARD）样式。

（6）【删除】按钮：删除样式列表中选中的多线样式。

（7）【加载】按钮：单击该按钮，打开【加载多线样式】对话框，如图 4-19 所示。可以从中选取多线样式加载，也可以单击 文件... ，选择多线样式加载，默认情况下 AutoCAD 2008 提供的多线样式文件为 acad.mln。

（8）【保存】按钮：打开保存多线样式对话框，将当前的多线样式保存为一个多线文件，*.mln。

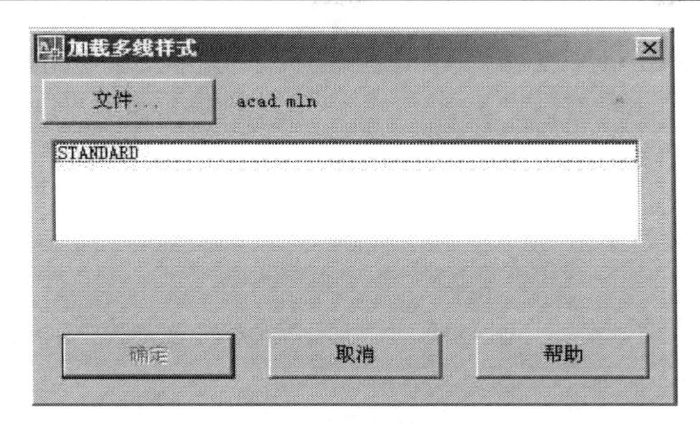

图 4-19 【加载多线样式】对话框

4.5.2 新建多线样式对话框

在图 4-17 所示的【多线样式】对话框中，单击 新建(N)... 按钮，则出现【创建新的多线样式】对话框，如图 4-18 所示。在新样式名处输入新样式的名称，单击继续按钮，出现【新建多线样式】对话框，如图 4-20 所示。

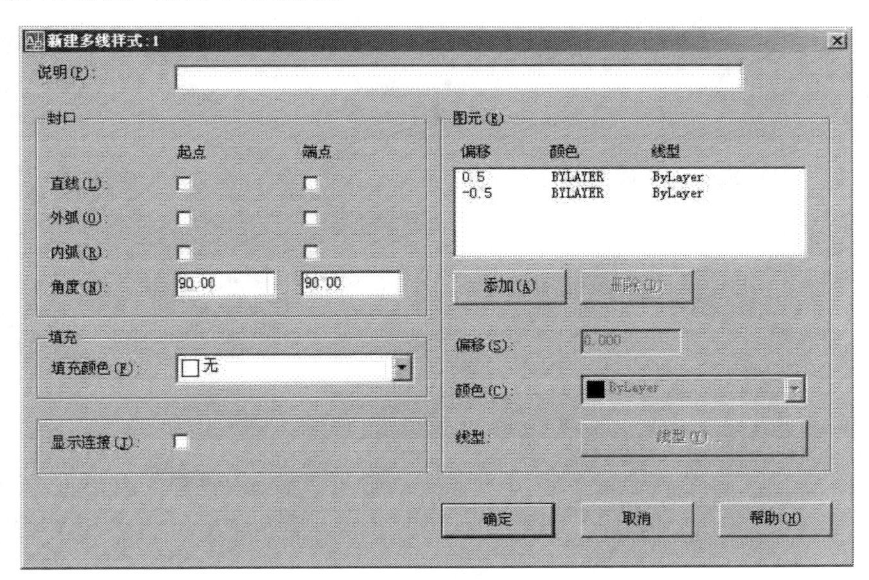

图 4-20 【新建多线样式】对话框

下面对图 4-20 所示对话框中的各选项进行说明：

(1)“说明”文本框：可以输入多线样式的文字说明。

(2)“封口”选区：用于控制多线起点和端点处的样式，如图 4-21 所示，其中角度选项均为 90°。

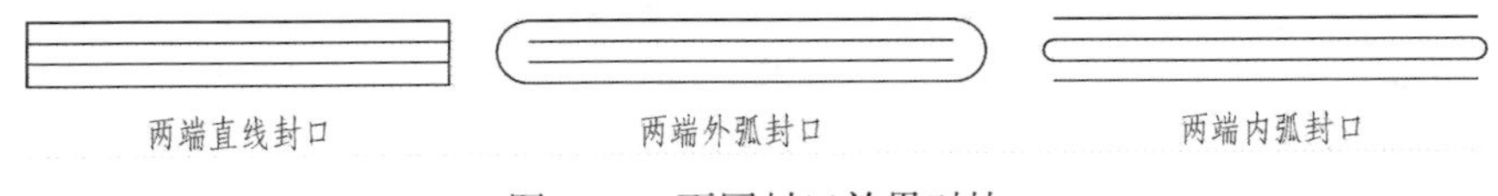

图 4-21 不同封口效果对比

（3）“显示连接”复选框：用于设置在多线的拐角处是否显示连接线，如图 4-22 所示。

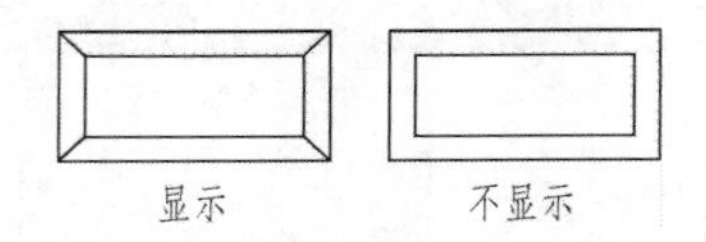

图 4-22 显示连接效果对比

（4）“填充”选区：用于设置是否填充多线的背景。可以选择一种添充色作为多线的背景。如果不使用填充色，则选“无”。

（5）“图元”选区：可以用来设置多线样式的元素特性，如线条的数目、线条的颜色、线型、间隔等。可通过图元选区的“添加”与“删除”按钮来调整多线线条数目，通过“偏移”选项来改变线条的偏移距离，通过颜色选项来改变线条颜色，线条默认的线型为连续实线，要想改变线型，可以单击 线型(Y)... 按钮，选择或加载线型。

通过对该对话框的设置，可以建立自己需要的多线样式。

4.5.3 绘制多线

启动【多线】命令的方法有：

- 下拉菜单：【绘图】/【多线】
- 命令行：mline
- 快捷命令：ml

当启动【多线】命令后，命令行提示如下：

命令：_mline //启动【多线】命令

当前默认设置：对正=上，比例=20.00，样式=STANDARD。

命令行：指定起点或 [对正(J)/比例(S)/样式(ST)]：

此时输入“j”并回车，命令行提示如下：

命令：输入对正类型[上(T)/无(Z)/下(B)]

可以根据命令行的提示设置多线对正方式；输入“s”并回车，可以根据命令行的提示设置多线的绘制比例，常取 1；输入“st”并回车，输入命名过的正要使用的多线样式名称。

> 对正类型 [上（T）/无（Z）/下（B）] 的含义是：“上”表示绘制多条线时，通过控制最上面一条线带动其他线一起绘制；“无”表示绘制多条线时，通过控制基准线带动其他线一起绘制；“下”表示绘制多条线时，通过控制最下面一条线带动其他线一起绘制。

【例 4-7】使用【多线】命令绘制如图 4-23 所示的一个房间墙体，房间的开间尺寸为 4500，进深尺寸为 3600，墙体厚度为 240。

绘图步骤

（1）设置240的墙体多线样式：从下拉菜单【格式】/【多线样式】启动图4-17所示【多线样式】对话框，单击 新建(N)... 按钮，则出现【创建新的多线样式】对话框，见图4-18，在新样式名处输入“Wall”，单击 继续 按钮，出现图4-20所示的【新建多线样式】对话框。在图元区域选中第一条线，将下方的【偏移】改为120，再选中第二条线，将【偏移】改为－120，然后单击 确定 按钮，完成多线设置，并置为当前样式。

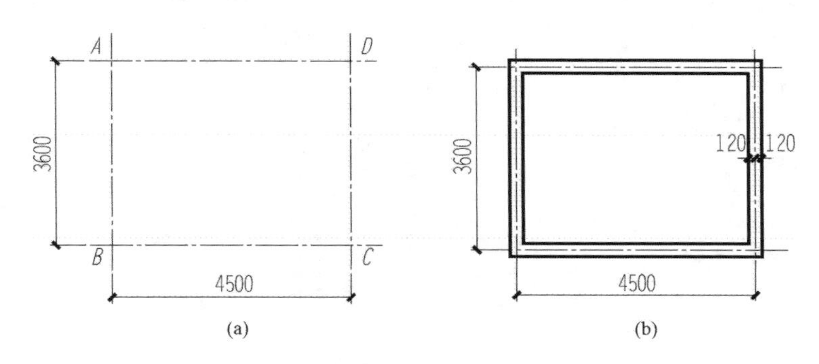

图4-23 房间轴线和墙体的绘制

（2）设置图层、线型如表4-1所示。

表4-1 图层、线型设置

名称	颜色	线型	线宽
墙体	黑色	Continuous	0.3mm
轴线	红色	Center	默认

（3）绘制轴线：将轴线图层置为当前，绘制图4-23（a）所示的定位轴线，应用坐标输入法确定3600和4500位置线。

（4）绘制墙体多线：将墙体图层置为当前，从下拉菜单【绘图】/【多线】启动【多线】命令。

（5）确定绘制多线方式：命令行输入“J”，回车，（修改对正方式），输入“Z”，回车，使光标始终位于多线的中线位置（在绘制建筑墙体时，通常选择该项）；输入“S”，回车，输入新的比例“1”，回车。

（6）打开【对象捕捉】功能，连续捕捉*A*、*B*、*C*、D点，命令行输入“C”（闭合），回车，完成墙体的绘制。

为绘制240厚的墙体，在该例中采用的方法是：将多线的偏移距离设为120和－120，同时在命令执行过程中将“比例”设置为1。

执行一次【多线】命令绘制的多线被视为一个对象，对其进行编辑时应注意，部分编辑命令不能使用（如偏移、修剪、延伸等）时可以使用分解命令，然后对其进行编辑。

4.5.4 编辑多线

多线编辑命令是专用于多线对象的编辑命令，执行方法有：

- 下拉菜单:【修改】/【对象】/【多线】
- 命令行：mledit

可以打开【多线编辑工具】对话框，如图 4-24 所示。

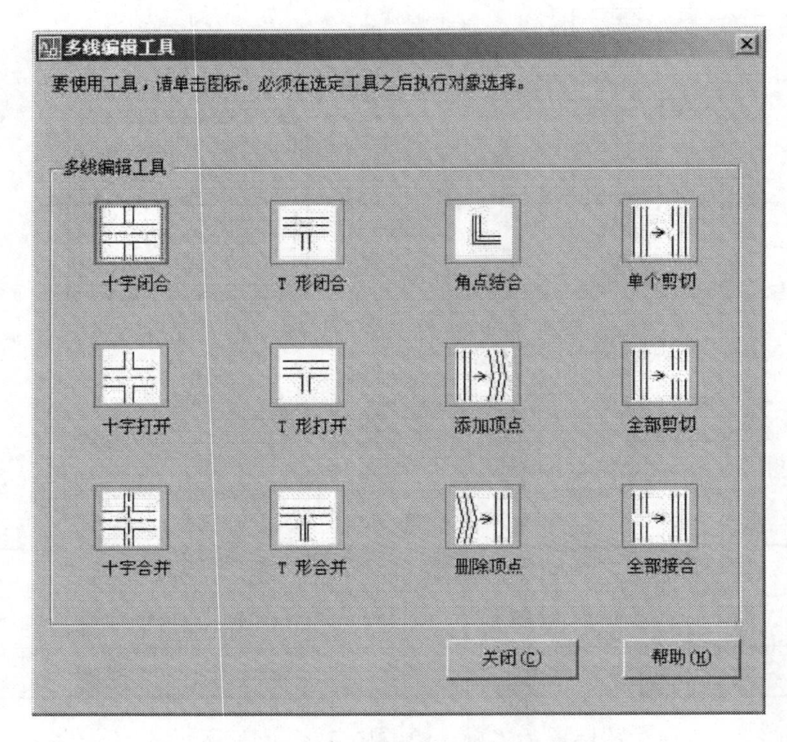

图 4-24 【多线编辑工具】对话框

设置一种四条平行线的多线样式，画两条互相垂直的多线，得到图 4-25（a）所示的多线对象，用多线编辑工具对它进行各种编辑。

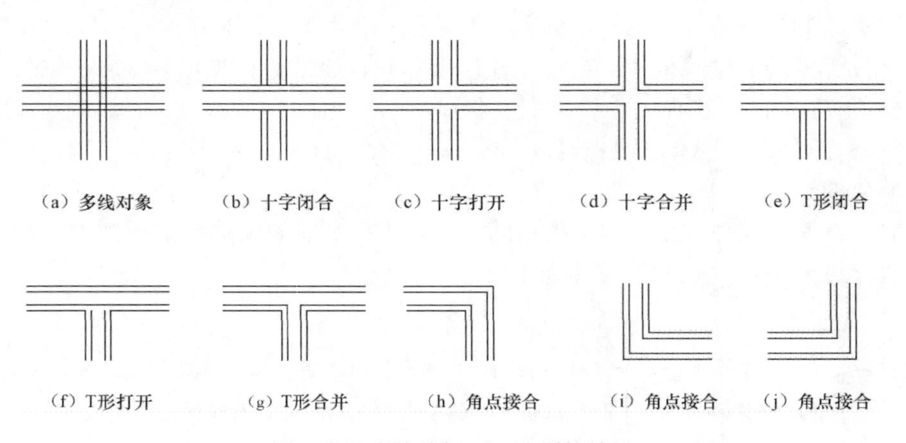

图 4-25 多线编辑不同选项的效果

当对多线进行编辑时，单击图 4-24 中的某个工具选项，命令行会提示："选择第一条多线："选择后，再提示"选择第二条多线："，多线选择的顺序不同时，编辑的效果是不尽相同的。图 4-25（b）～（g）是先选择竖向多线，又选择横向多线的效果；图 4-25（h）是"角点接合"选择多线时，单击横向多线的左半部和竖向多线的下半部的结果；图 4-25（i）是单击横向多线的右半部和竖向多线的上半部得到的；图 4-25（j）是单击横向多线左半部和竖向多线的上半部的效果；所以，角点接合总是保留用户单击到的那一部分。其余的选择方式和效果读者可自行实验。

利用多线编辑工具对话框还可以对多线进行添加顶点、删除顶点、单个剪切、全部剪切、全部接合等编辑。

4.6 样 条 曲 线

样条曲线是通过若干指定点生成的光滑曲线。在建筑图样中，可以用【样条曲线】命令来绘制波浪线。

启动【样条曲线】命令的方法有：

- 下拉菜单：【绘图】/【样条曲线】
- 工具栏按钮或面板选项板：
- 命令行：spline
- 快捷命令：spl

执行上述命令后，命令行提示如下：

```
命令: _spline
指定第一个点或 [对象(O)]:                                    //指定第一点
指定下一点:                                                  //指定第二点
指定下一点或 [闭合(C)/拟合公差(F)] <起点切向>:                //指定第三点或选择"闭合"等选项
指定下一点或 [闭合(C)/拟合公差(F)] <起点切向>:                //回车结束点的输入
指定起点切向:                                                //指定起点的切线方向
指定端点切向:                                                //指定终点的切线方向
```

样条曲线至少需要输入三个点，当输入最后一点时，用 Enter 键结束点的输入。这时命令行会提示确定起点和终点的切线方向，切线方向不同会改变样条曲线的形状，可以用鼠标或捕捉的方式来确定切线方向，也可以直接回车，按系统默认的切线方向确定。

4.7 图案填充和面域（钢筋混凝土材料图例的填充）

在绘制构件的剖面图和断面图时，经常需要在剖面和断面区域绘制材料图例。【图案填充】可以帮助用户将选择的图案填充到指定的区域内。

执行【图案填充】命令的方法：

- 下拉菜单：【绘图】/【图案填充】
- 工具栏按钮或面板选项板：

- 命令行：hatch 或 bhatch
- 快捷命令：h

执行上述命令后，会弹出如图 4-26 所示的【图案填充和渐变色】对话框。

图 4-26 【图案填充和渐变色】对话框

该对话框有【图案填充】、【渐变色】两个选项卡。如果要填充渐变色，【渐变色】选项卡可以用来对渐变色样式及配色进行设置。

4.7.1 图案填充

【图案填充】选项卡是用来设置填充图案的类型、图案、角度、比例等特性。对话框中各功能选项的含义如下。

1. 【类型】、【图案】、【样例】及【自定义图案】

（1）【类型】。单击【类型】下拉列表，有“预定义”“用户定义”“自定义”三种图案填充类型。

1）预定义：AutoCAD 已经定义的填充图案。

2）用户定义：基于图形的当前线型创建直线图案。

3）自定义：按照填充图案的定义格式定义自己需要的图案，文件的扩展名为“. PAT”。

（2）【图案】。单击【图案】下拉列表，罗列了 AutoCAD 已经定义的填充图案的名称。对于初学者来说，这些英文名称不易记忆与区别。这时，可以单击后面的 ... 按钮，会弹出如图 4-27 所示的【填充图案选项板】对话框。该对话框将填充图案分成四类，分别列于四个选项卡当中。其中，【ANSI】是美国国家标准学会建议使用的填充图案；【ISO】是国际标准化组织建议使用的填充图案;【其他预定义】是世界许多国家通用的或传统的符合多种行业标准的填充图案;【自定义】是由用户自己绘制定义的填充图案。【ANSI】、【ISO】和【其他预定义】三类填充图案，在选择“预定义”类型时才能使用。

(3)【样例】。【样例】显示框用来显示选定图案的图样，它是一个图样预览效果。在显示框中单击一下，也可以调用如图4-27所示的【填充图案选项板】对话框。

(4)【自定义图案】。只有选择“自定义”类型时才能使用，在显示框中显示自定义图案的图样。

2. 【角度】和【比例】

(1)【角度】。该项是用来设置图案的填充角度。在【角度】下拉列表中选择需要的角度或填写任意角度。

(2)【比例】。该项是用来设置图案的填充比例。在【比例】下拉列表中选择需要的比例或填写任意数值。比例值大于1，填充的图案将放大，反之则缩小。

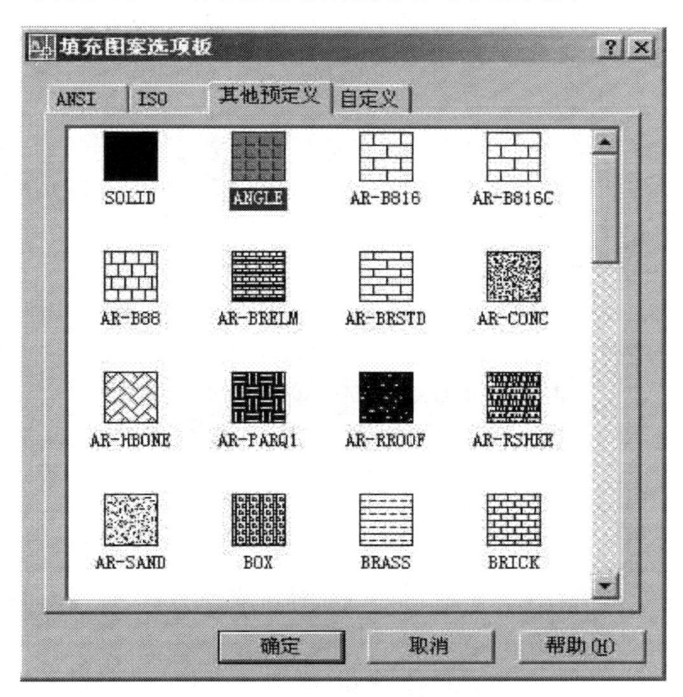

图4-27 【填充图案选项板】对话框

(3)【相对图纸空间】。相对图纸空间单位缩放填充图案。

(4)【双向】。该项可以使“用户定义”类型图案由一组平行线变为相互正交的网格。只有选择“用户定义”类型时才能使用该项。

(5)【间距】。在【间距】编辑框中填写用户定义的填充图案中直线之间的距离。只有选择“用户定义”类型时才能使用该项。

(6)【ISO笔宽】。该项是基于用户选定的笔宽来缩放ISO预定义图案。只有选择“预定义”类型，并且选择ISO中的图案时才能使用该项。

3.【图案填充原点】

可以设置图案填充原点的位置，因为许多图案填充需要对齐边界上的某一个点。

（1）【使用当前原点】。可以使当前的原点（0，0）作为图案填充原点。

（2）【指定的原点】。可以通过指定点作为图案填充原点。

4.【边界】

在边界区域，有【拾取点】、【选择对象】等按钮。

（1）【拾取点】。通过光标在填充区域内任意位置单击来使 AutoCAD 系统自动搜索并确定填充边界。方法为单击【拾取点】左侧的按钮，根据命令行提示在图案填充区域内任意位置单击来确定填充边界。

（2）【选择对象】。通过拾取框选择对象并将其作为图案填充的边界。方法为单击【选择对象】左侧的按钮，根据命令行提示选择对象来确定填充边界。

（3）【删除边界】。该项可以对封闭边界内检验到的孤岛执行忽略样式。方法为在使用【拾取点】确定填充边界后，单击删除边界按钮，【边界图案填充】对话框暂时消失，在绘图区域选择孤岛边界，回车后又会出现【边界图案填充】对话框，然后单击 确定 按钮，则孤岛予以忽略。

（4）【查看选择集】。单击【查看选择集】按钮，【边界图案填充】对话框暂时消失，在绘图区域显示已选择的图案填充边界，如果检查所选边界无误，回车后又会出现【边界图案填充】对话框，然后单击 确定 按钮进行图案填充。

5.【选项】及其他功能

（1）【继承特性】。单击按钮，可以将已填充图案的特性赋予指定的边界。单击按钮后，用户可以在已填充的图案中单击，再单击需要填充的边界即可实现特性继承。

（2）【绘图次序】。该选框是 AutoCAD 2005 以后版本的新增内容。绘图次序是指在绘图时，重叠对象都以它们的创建顺序显示，即新创建的对象在已创建对象之前。该选框可以更改填充图案的显示和打印顺序。如果将图案填充"置于边界之后"，可以更容易地选择图案填充边界。

（3）【注释性】是将图案定义为可注释性对象；【关联】就是修改其边界时，填充的图案随之更新，否则填充图案相对边界是独立的；【创建独立的图案填充】是指所创建的图案填充是独立的。

（4） 预览 按钮。单击 预览 按钮，【边界图案填充】对话框暂时消失，在绘图区域可以对图案填充效果进行预览，如果不满意可以使用光标单击填充图案或按 Esc 键返回到【边界图案填充】对话框进行修改。

在进行图案填充的【拾取点】确定填充区域时要注意两个问题：一个是边界图形必须封闭，若不封闭 AutoCAD 系统弹出提示；另一个是边界不能够重复选择。当填充区域确定不封闭时，可以先做辅助线把区域封闭，待填充完毕后，删除辅助线即可。

单击【图案填充和渐变色】对话框右下角更多选项按钮，可以展开对话框，在【允许的间隙】文本框中，用户可以在此输入一个数值，如果未封闭区域的间隙小于该数值，系统可以认为它是封闭的，仍然可以进行图案填充。

用户可以通过选择对象的方法选择填充区域（使用选择对象按钮）。如图 4-28 显示了两者的区别。

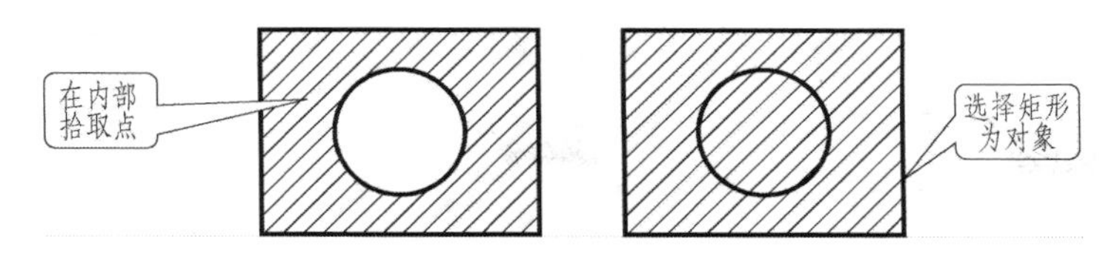

图 4-28 拾取点和选择对象的区别

4.7.2 复杂填充

进行图案填充时，如果遇到较大的填充区域内还有一个或者几个较小的封闭区域，这些区域被形象地称为“孤岛”，AutoCAD 提供了孤岛解决方案，使用户可以自己决定哪些孤岛要填充，哪些孤岛不要填充。

1. 删除边界

例如，要完成如图 4-29 所示的填充，就要忽略方形内部的小圆形“岛”（即边界），在选择填充区域时要按下面的步骤进行。

（1）单击拾取点按钮，在方形和小圆形之间区域单击鼠标，然后回车，返回【边界图案填充】对话框。

（2）单击删除边界按钮，对话框隐去，移动鼠标到小圆上单击，小圆由虚变实。这样在填充过程中会忽略小圆区域，回车返回【图案填充和渐变色】对话框。

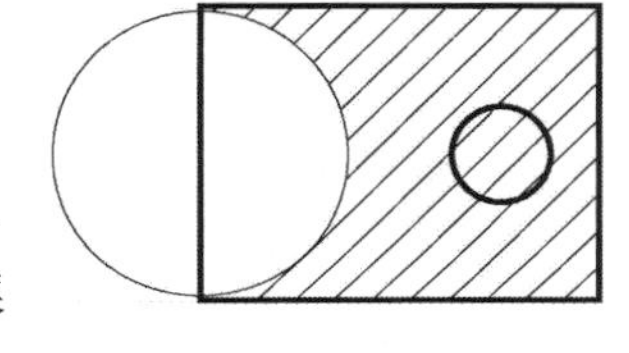

图 4-29 删除边界

2. 孤岛检测

单击【图案填充和渐变色】对话框右下角更多选项按钮，可以展开对话框，显示【图案填充编辑】对话框，见图 4-30。

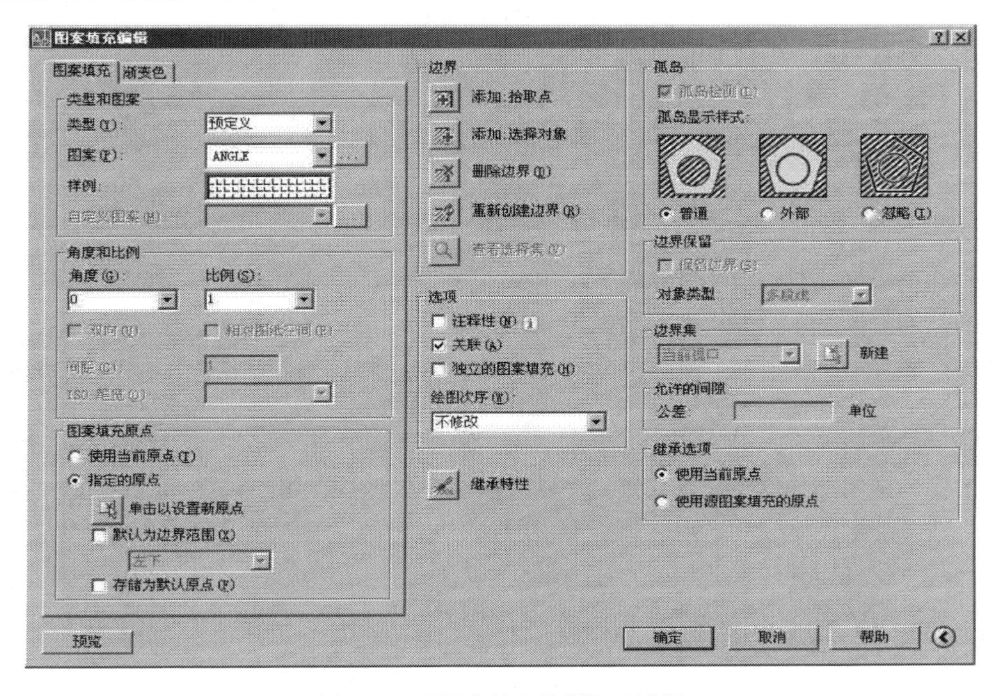

图 4-30 【图案填充编辑】对话框

其中有孤岛检测选项，这是 AutoCAD 提供的处理多重区域剖面线常用到的三种选项。系统缺省的设置为【普通】。用孤岛检测中的“普通”“外部”“忽略”三种样式分别给图 4-31（a）填充剖面线，来形象地观察这三种设置的区别。在大圆与六边形之间拾取点，看看用这三种方法填充的剖面线是否如图 4-31 所示。

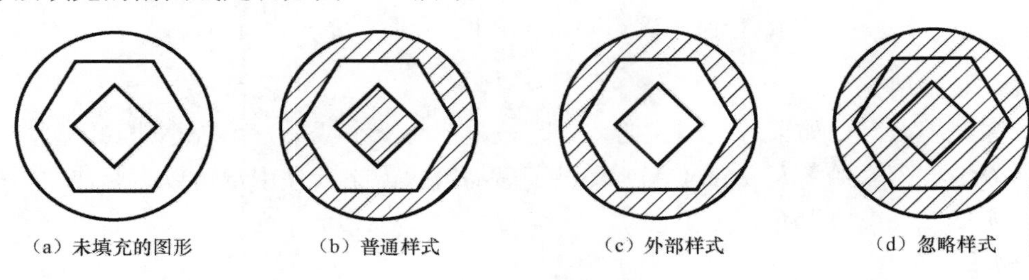

图 4-31　三种设置的区别

- 【普通】：由外部边界向内填充，如果碰到岛边界，填充断开直到碰到内部的另一个岛边界为止，又开始填充。对于嵌套的岛，采用填充与不填充的方式交替进行。
- 【外部】：仅填充最外层的区域，内部的所有岛都不填充。
- 【忽略】：忽略内部所有的岛。

只有了解了它们之间的区别，才能在图案填充过程中，根据具体情况进行有效的设置。

3. 使用【选项】

在【图案填充和渐变色】对话框有一个【选项】区，如图 4-26 所示，用于控制填充图案和填充边界的关系及多区域填充是否独立。

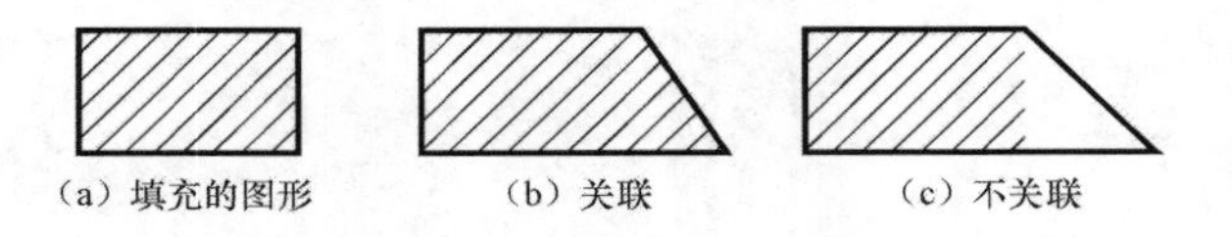

图 4-32 【关联】的使用

如果选择【关联】，当填充区域被修改时，填充图案也会随着更新，如果不选择【关联】，当填充区域被修改时，填充图案不会发生变化，如图 4-32 所示。

当一次填充多个区域时，选择【创建独立的图案填充】选项，可以使每个填充图案是独立的，可以单独选择。

4.7.3 渐变填充

使用【图案填充和渐变色】对话框中的【渐变色】选项卡可以定义要应用的渐变填充的外观。打开【渐变色】选项卡，如图 4-33 所示。

下面是各选项的使用方法：

- 单色：指定使用从较深着色到较浅色调平滑过渡的单色填充。选择【单色】时，AutoCAD 显示浏览颜色按钮 ... 和【色调】滑动条。
- 双色：指定在两种颜色之间平滑过渡的双色渐变填充。选择【双色】时，AutoCAD 分别为【颜色 1】和【颜色 2】显示带浏览按钮 ... 的颜色样本，如图 4-34 所示。

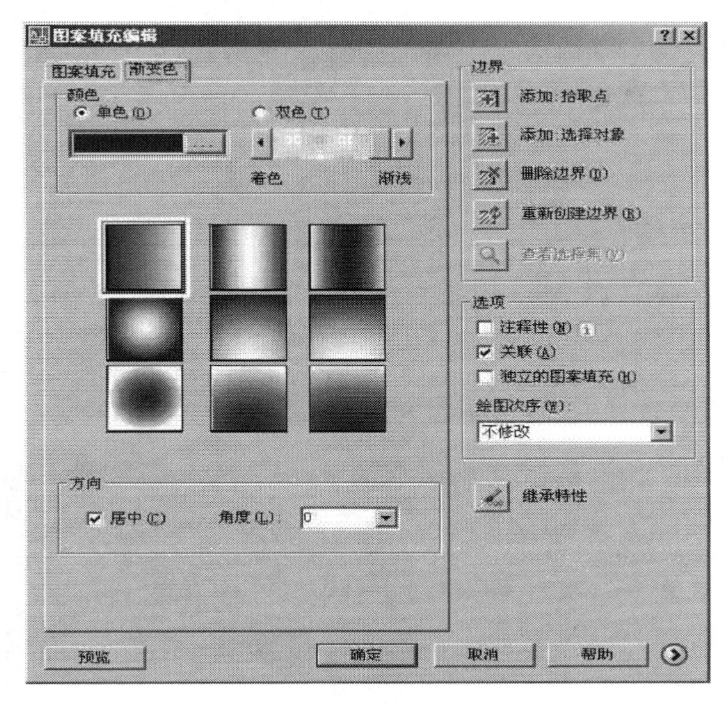

图 4-33　【渐变色】选项卡

图 4-34　选择【双色】

- 【居中】：指定对称的渐变配置。如果没有选定此选项，渐变填充将朝左上方变化，创建光源在对象左边的图案。
- 【角度】：指定渐变填充的角度，相对当前 UCS 指定角度。此选项与指定给图案填充的角度互不影响。
- 【渐变图案】：显示用于渐变填充的九种固定图案（如图 4-33 中的 9 个正方形图案）。这些图案包括线性扫掠状、球状和抛物面状等图案。

渐变色填充的打印与打印样式无关。

【例 4-8】绘制钢筋混凝土楼梯踏步剖面节点详图，并填充钢筋混凝土材料图例。

绘图步骤

（1）采用 1:1 的比例绘制钢筋混凝土楼梯踏步（规格 300×150）详图，如图 4-35 所示。
（2）单击【图案填充】按钮，进入【图案填充和渐变色】对话框，在【预定义】类型样式下的【ANSI】中，选择图案“ANSI31”，并输入【比例】600，【图案填充和渐变色】对话框设置见图 4-36；在对话框中单击【拾取点】按钮。

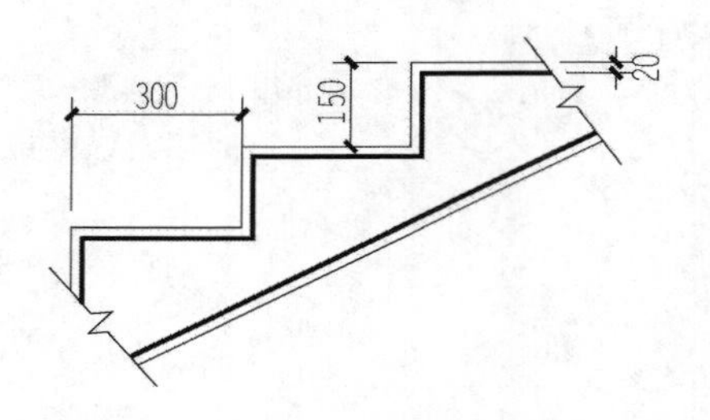

图 4-35 绘制楼梯踏步详图

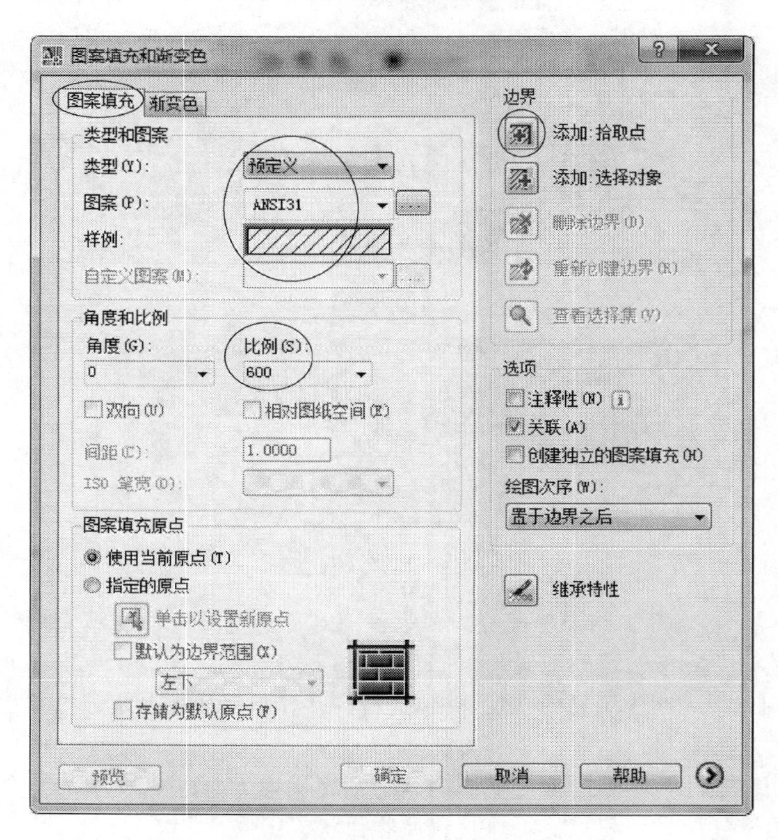

图 4-36 【图案填充和渐变色】对话框设置

（3）回到绘图界面，在图线框内任一处单击鼠标左键，回到对话框后单击【确定】，填充斜线如图 4-37 所示。

（4）按照上述方法，继续单击【图案填充】按钮，在【预定义】类型样式下的【其他预定义】中，选择图案“AR-CONC”，设定【比例】为 30，在踏步线框内填充混凝土图例，完成钢筋混凝土图例填充，如图 4-38 所示。

（5）再使用【图案填充】命令，在【预定义】类型样式下的【其他预定义】中，选择图案“AR-SAND”，设定【比例】为 20，在外框内填充砂浆面层图例，如图 4-39 所示。

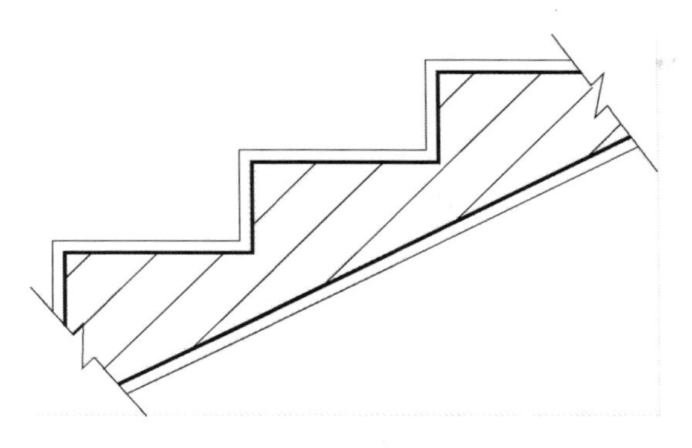

图 4-37 填充斜线

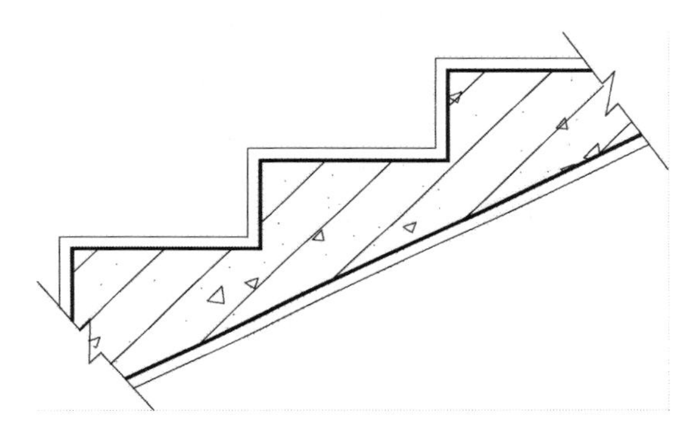

图 4-38 完成钢筋混凝土图例填充

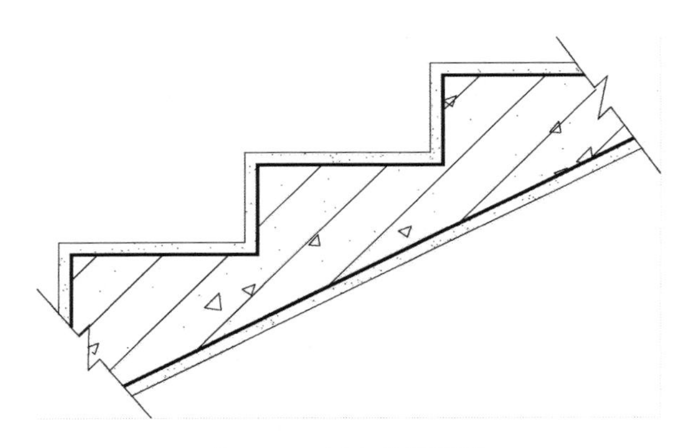

图 4-39 填充砂浆图例

钢筋混凝土材料图例在已有的图案中找不到一次完成的图案，只能分两次填充。需要说明的是，无论填充多大的比例图样，斜线和混凝土图案的比例不能一致，否则填充完的图案无法使用。正确的方法是斜线比混凝土图案的比例值大 20 倍左右最好，两次填充的顺序不受限制。

4.8 面　　域

在 AutoCAD 中，可以将某些对象围成的封闭的区域转化为面域，即形成一个对象进行编辑。应用面域，可以将二维图生成三维图。

启动面域的命令有以下方式：

- 下拉菜单：【绘图】/【面域】
- 工具栏按钮或面板选项板：
- 命令行：region

系统提示选择对象，然后将所选对象转换成面域。如果所选对象不是封闭的区域，系统会在命令行提示“已创建 0 个面域”，即没有创建面域。

另外，用户还可以对面域进行“并集”“差集”“交集”等布尔运算，也可以对面域进行拉伸、旋转等操作得到三维立体。面域的应用及三维图的画法在本书第 13 章绘制三维图中有详尽的介绍。

4.9 绘图样例（楼梯平面图绘制方法）

【例 4-9】绘制如图 4-40 所示楼梯标准层平面图。

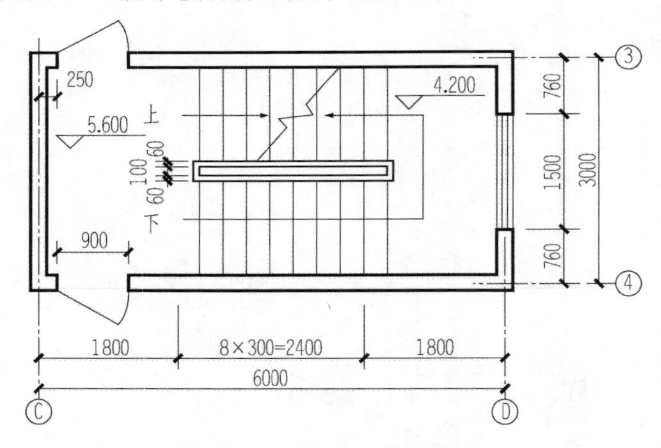

图 4-40　楼梯标准层平面图

绘图步骤

（1）设置三个图层“墙体”“门窗”、“辅助线”，如图 4-41 所示。

（2）绘制轴线网格。打开状态行的【极轴】、【对象捕捉】和【对象追踪】，在“辅助”图层下选择【直线】和【偏移】命令绘制轴线网格，偏移距离分别为 3000、6000，如图 4-42 所示。

（3）设置【多线样式】对话框。调用下拉式菜单【格式】/【多线样式】，弹出【多线样式】对话框，单击【新建】弹出【创建新的多线样式】对话框，在【新样式名称】栏中输入“240”。单击【继续】选项，则弹出【新建多线样式：240】对话框，将其中的元素偏移量设为 120 和－120，完成 240 墙体多线的设置，如图 4-43 所示。

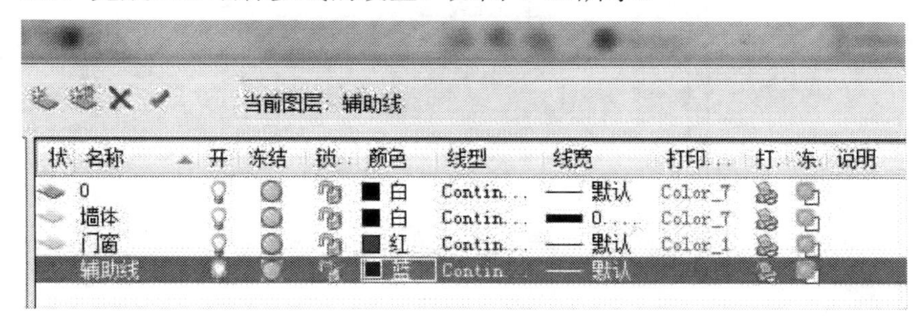

图 4-41　设置三个图层

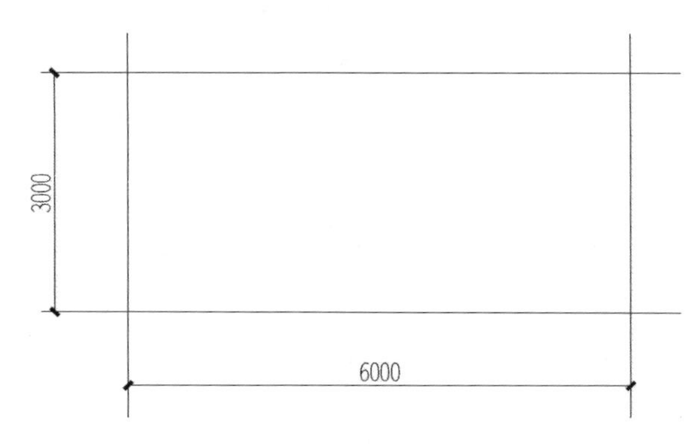

图 4-42　绘制轴线网格

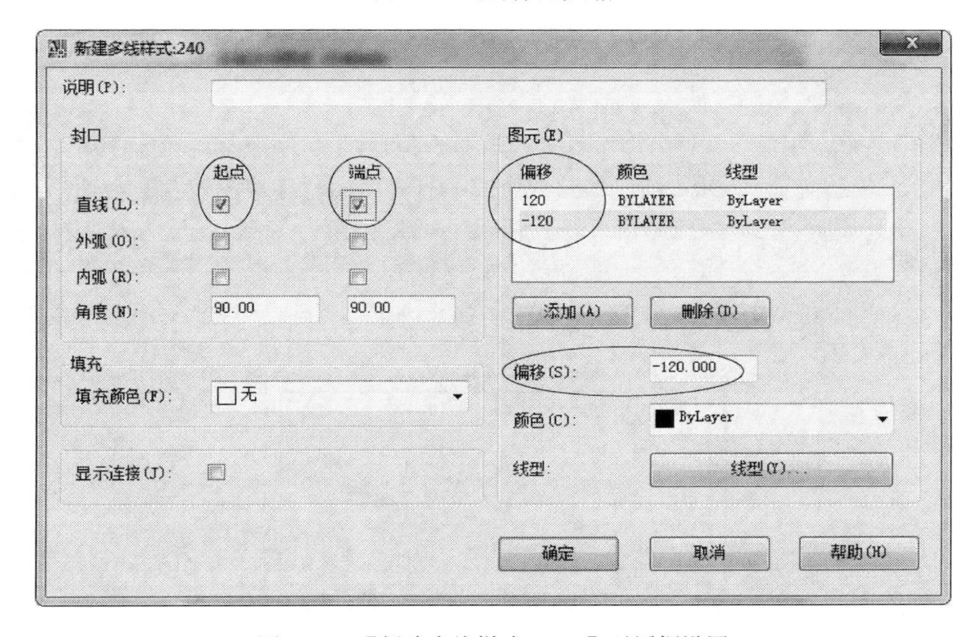

图 4-43　【新建多线样式：240】对话框设置

（4）绘制墙体平面图。在“墙体”图层下调用下拉式菜单命令【绘图】/【多线】，在命令行输入“J”（对齐），回车输入“Z”（无）；输入“ST”（样式），回车输入“240”；输入“S”（比例），回车输入“1”。根据轴线网格通过捕捉“交点”绘制 240 多线墙体，如图 4-44 所示。

图 4-44　绘制多线墙体平面

（5）确定门窗洞位置。单击下拉菜单【修改】/【对象】/【多线】打开【多线编辑工具】对话框，单击“角点接合”按钮后，回到绘图区域分别单击角点两内侧墙线，完成墙体绘制；选择“偏移”命令将竖直轴线向右侧偏移 250、900，再将水平轴线偏移 750，完成门窗洞的绘制，如图 4-45 所示。

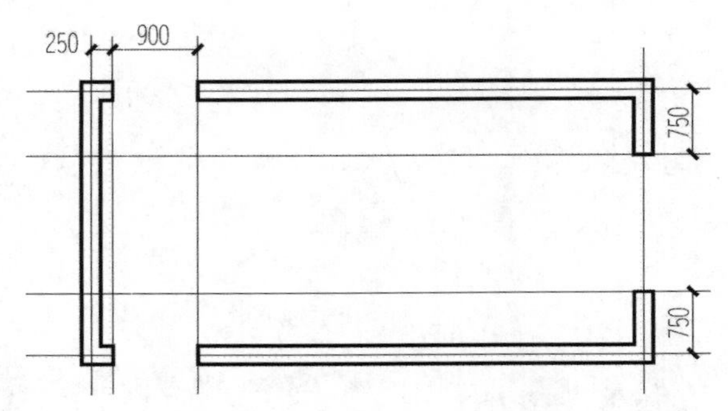

图 4-45　门窗洞的绘制结果

（6）绘制门窗扇平面。在“门窗”图层下，选择【直线】命令绘制窗户外框，单击【偏移】命令，偏移距离为 90，绘制窗户内侧线；打开状态行【草图设置】对话框，将极轴追踪【增量角】设置为 30°，应用【直线】命令绘制倾角为 30°、长度为 900 的门扇线，再单击【圆弧】命令绘制门的开启弧线，命令行输入“c”后选取圆心和起点、终点，完成门窗绘制，如图 4-46 所示。

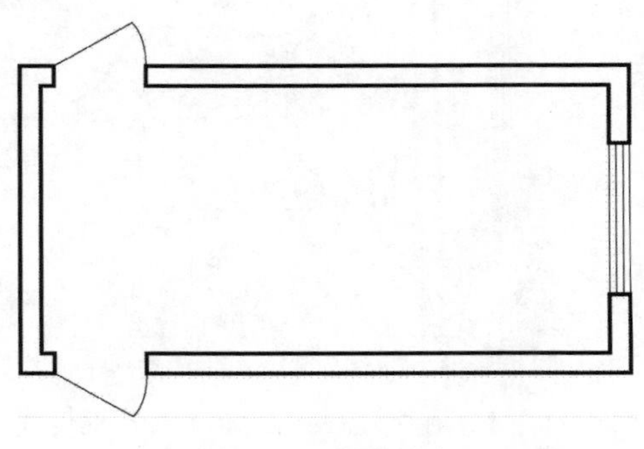

图 4-46　完成门窗

（7）绘制梯井平面。在平面图外侧应用【矩形】命令绘制 2400×100 矩形，状态行打开【极轴】、【对象捕捉】、【对象追踪】及【DYN】，点击【复制】命令后捕捉矩形短边中点，拖拽矩形至窗户中点的水平延长线上，输入1400，单击【确定】完成梯井的定位，如图4-47所示；再单击【偏移】命令，将矩形向外侧偏移80，完成梯井平面绘制。

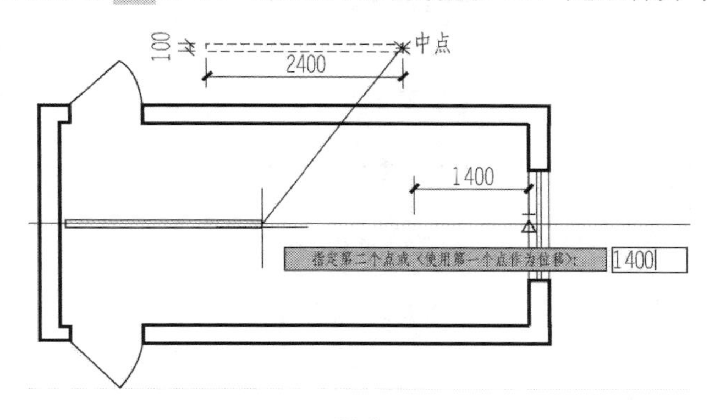

图4-47 梯井定位方法

（8）绘制楼梯踏步平面及指向线。应用【直线】、【偏移】和【镜像】命令绘制梯段踏步；单击【多段线】，命令行提示“指定起点:”，在绘图区域单击一点后，命令行提示下输入“w”，回车“起点宽度”默认为0，回车“端点宽度”输入50，回车后在绘图区域画出一定长度的箭头；继续在命令行输入“w”，回车“起点宽度”和“端点宽度”均输入0，画出一段直线，楼梯平面图绘制结果如图4-48所示。

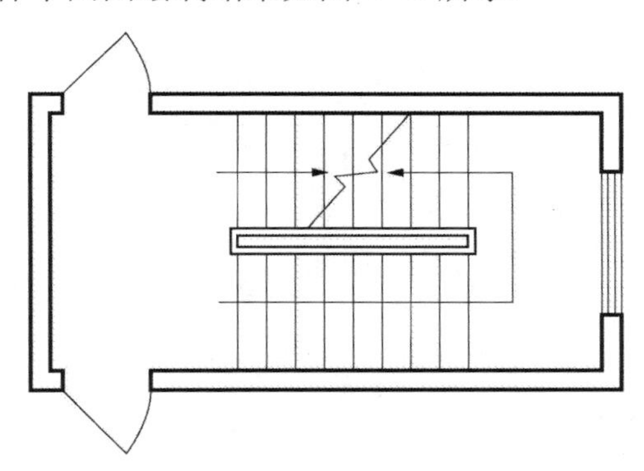

图4-48 楼梯平面图绘制结果

4.10 上机练习及图形分解图

（浴缸、洗菜池、沙发平面及其分解图，楼梯平面图）

（1）参考浴缸平面分解图4-49，按1:1比例绘制图4-50所示浴缸平面图（不标注尺寸）。

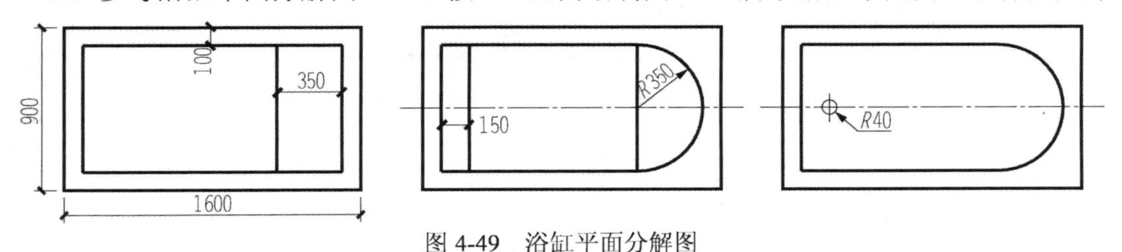

图4-49 浴缸平面分解图

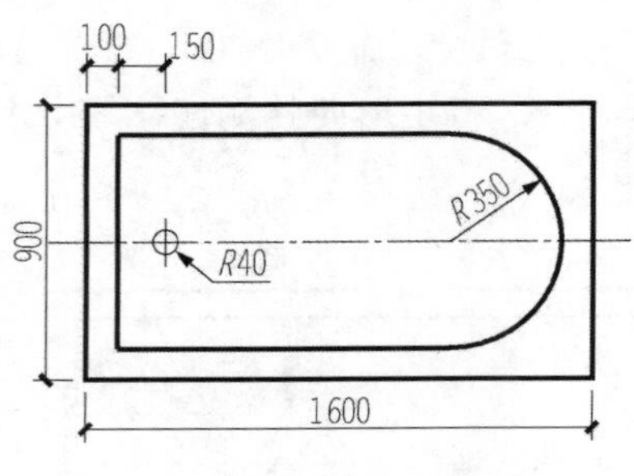

图 4-50 浴缸平面图

（2）参考洗菜池平面分解图 4-51，按 1:1 比例绘制图 4-52 所示洗菜池平面图（不标注尺寸）。

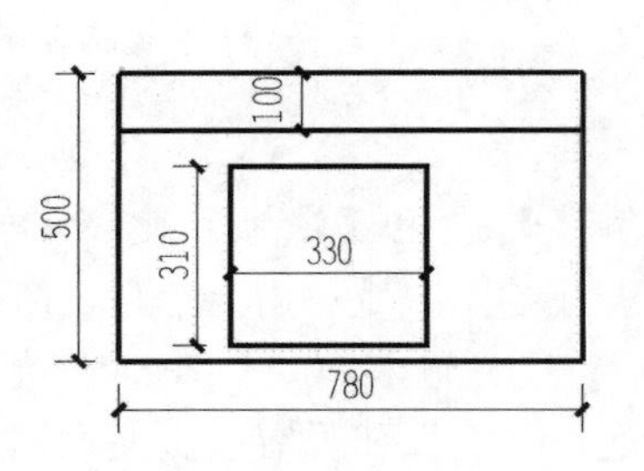

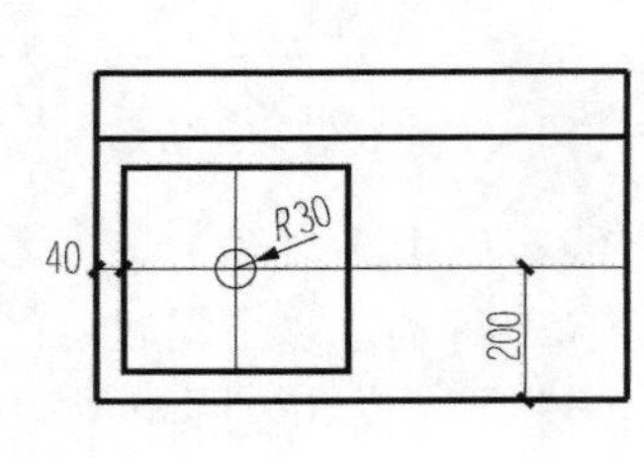

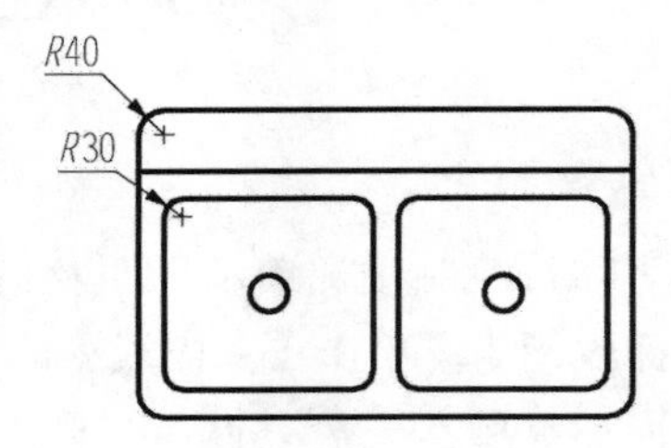

图 4-51 洗菜池平面分解图

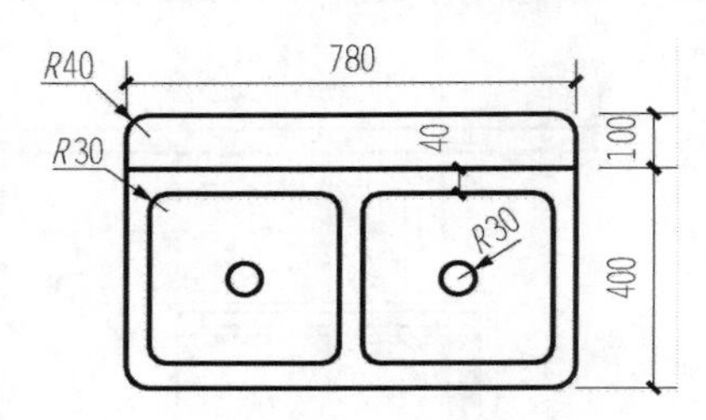

图 4-52 洗菜池平面图

（3）参考沙发平面分解图 4-53，按 1:1 比例绘制图 4-54 所示沙发平面图（不标注尺寸）。

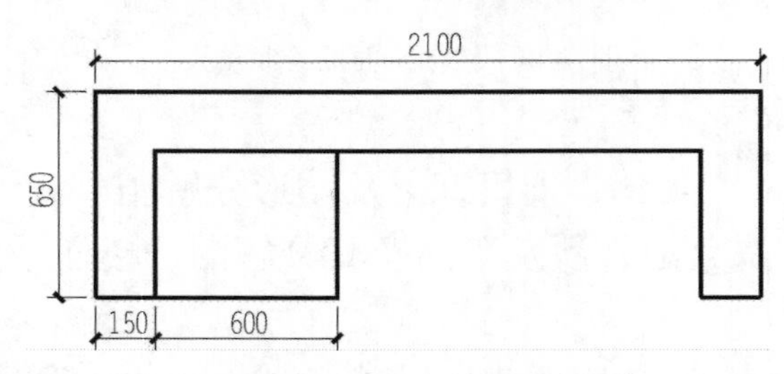

图 4-53 沙发平面分解图

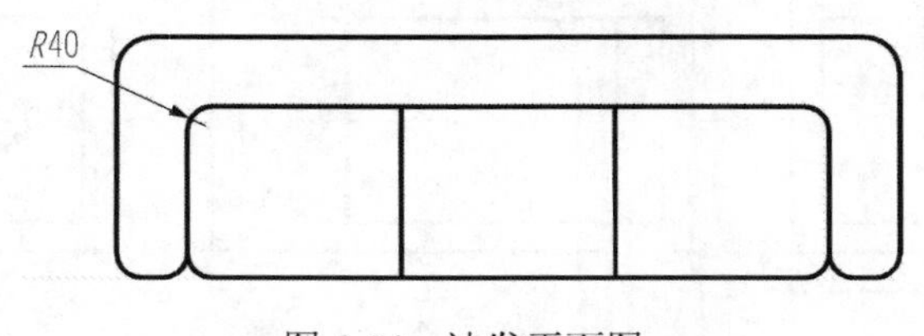

图 4-54 沙发平面图

（4）按 1:1 比例绘制图 4-55 所示条形基础断面图。

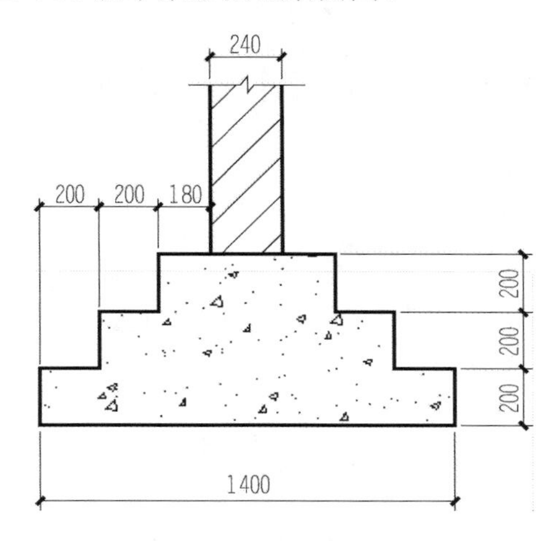

图 4-55　条形基础断面图

（5）不标注尺寸，按 1:50 比例绘制图 4-56 所示楼梯标准层平面图。（提示：绘图时先按 1:1 绘制，再使用【缩放】缩小 50 倍）

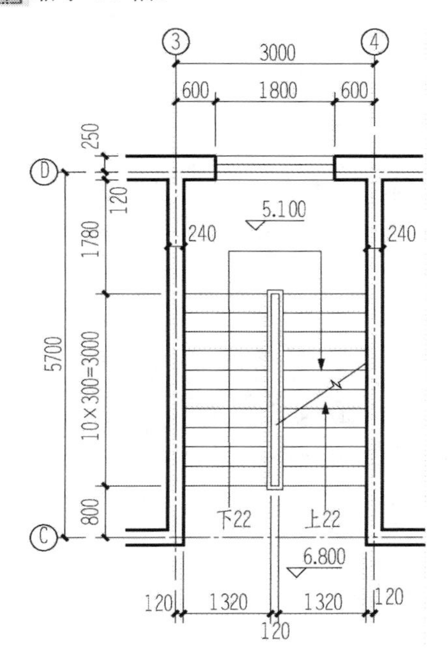

图 4-56　楼梯标准层平面图

第5章　常用编辑命令

单纯使用前面介绍的基本绘图命令，只能绘制一些基本图形对象和简单图样，要绘制复杂的图形，如一张房屋施工图，在许多情况下，用户还需要借助于图形修改与编辑命令。AutoCAD 同样向用户提供了高效的编辑命令，可以在瞬间完成一些复杂的工作。因此，掌握基本的修改与编辑命令，对于绘制各种工程图样都是非常有用和必要的。

5.1　删除与镜像

大部分常用编辑命令，在【修改】工具栏上都有相应按钮，见图 5-1。

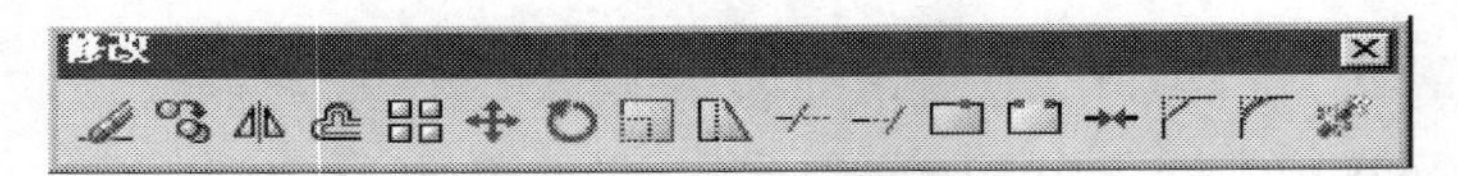

图 5-1　【修改】工具栏

5.1.1　删除

利用【删除】命令可以【删除】图形中的一个或多个对象。启动【删除】命令的方法有：

- 下拉菜单:【修改】/【删除】
- 【修改】工具栏按钮:
- 命令行: erase

执行上述命令后，命令行提示：

```
命令:_erase          //执行【删除】命令
选择对象:            //选择要删除的对象
选择对象:            //继续选择要删除的对象,如果不再增加要删除的对象,则单击鼠标右键或直接回车,
                       选中的对象被删除
```

5.1.2　镜像

【镜像】命令可以绕指定轴翻转对象创建对称的镜像图像。【镜像】对创建对称的对象非常有用，因为可以快速地绘制半个对象，然后将其镜像，而不必绘制整个对象。启动【镜像】命令的方法有：

- 下拉菜单:【修改】/【镜像】
- 工具栏按钮:
- 命令行: mirror
- 快捷命令: mi

执行上述命令后，命令行提示如下：

```
命令:_mirror
```

```
选择对象:                                   //选择对象
选择对象:                                   //继续选择对象或结束对象选择
指定镜像线的第一点:指定镜像线的第二点:         //指定两点确定镜像线
是否删除源对象? [是(Y)/否(N)]<N>:            //输入相应字母选择是否删除源对象
```

在 AutoCAD 中，可以通过系统变量 mirrtext 的值，来控制文本镜像的效果。命令行输入 mirrtext，命令行“输入 mirrtext 新值<0>”提示下，回车时，文本对象镜像后效果为正，可识读；当该变量的值取 1 时，文本对象参与镜像，即镜像效果为反，效果如图 5-2 所示，其中的点画线为镜像线。

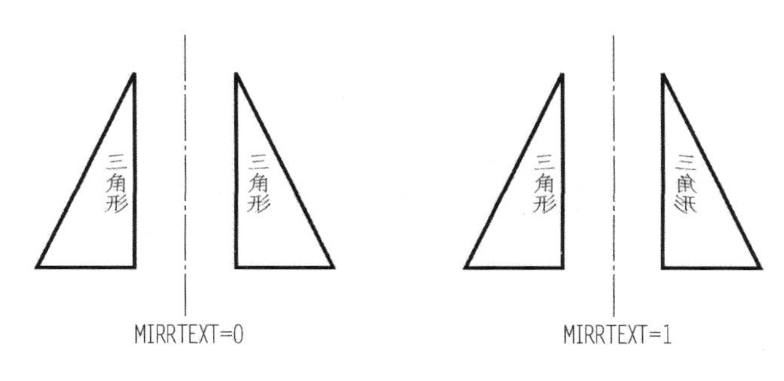

图 5-2　文本对象的镜像效果

5.2　复制、偏移和移动

5.2.1　复制

【复制】命令可以复制一个或多个相同的图形对象，并放置到指定的位置。当需要绘制若干个相同或相近的图形对象时，用户可以使用【复制】命令在短时间内轻松、方便地完成绘制工作，免去了以往手工绘图中的大量重复劳动。启动【复制】命令的方法：

- 下拉菜单:【修改】/【复制】
- 工具栏按钮:
- 命令行: copy
- 快捷命令: co，cp

执行上述命令后，依据命令行提示选取对象：

```
_copy
选择对象:找到 1 个                              //选取要复制的对象
选择对象:                                       //回车结束选择
当前设置:复制模式=多个                           //显示多重复制
指定基点或[位移(D)/模式(O)]<位移>:               //指定一点作为复制基点
指定第二个点或<使用第一个点作为位移>:             //指定复制到的一点或相对第一点的坐标
指定第二个点或[退出(E)/放弃(U)]<退出>:           //继续复制或回车结束复制
```

【例 5-1】绘制如图 5-3 所示的楼梯梯段。

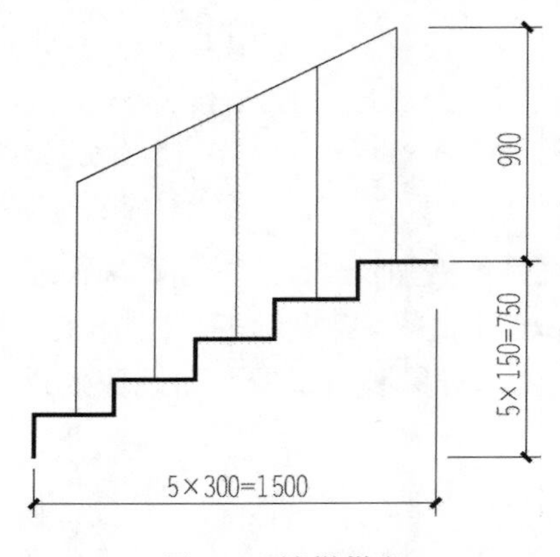

图 5-3 楼梯梯段

（1）单击【绘图】工具栏的【直线】按钮绘制一级踏步，如图 5-4 所示。

（2）单击【修改】工具栏的【复制】按钮，启动【复制】命令。

（3）选取图 5-4 为复制对象，回车结束选择。

（4）指定 *A* 点为基点。

（5）复制出 5 个踏步，应用【直线】命令连接栏杆顶点，即可得到图 5-3 所示的楼梯梯段。

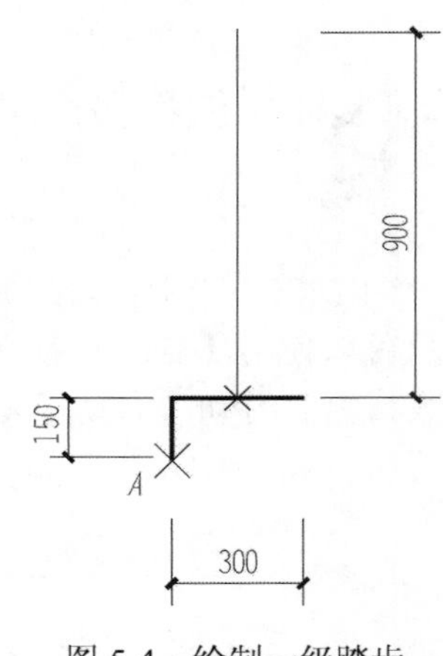

图 5-4 绘制一级踏步

5.2.2 偏移

利用【偏移】命令对直线、圆或矩形等图形对象进行偏移，可以绘制一组平行直线、一组同心圆或同心矩形等图形。启动【偏移】命令的方法有：

- 下拉菜单:【修改】/【偏移】
- 工具栏按钮:
- 命令行：offset
- 快捷命令：o

执行上述命令后，命令行提示如下：

```
命令:_offset                                    //执行【偏移】命令
当前设置:删除源=否  图层=源 OFFSETGAPTYPE=0
```

指定偏移距离或[通过(T)/删除(E)/图层(L)] <通过>:10 //输入偏移距离或输入"t"选择"通过"选项(即在屏幕上指定偏移位置)

选择要偏移的对象,或[退出(E)/放弃(U)]<退出>: //选择要偏移的对象

指定要偏移的那一侧上的点，或[退出(E)/多个(M)/放弃(U)]<退出>: //鼠标移至偏移一侧单击

选择要偏移的对象,或[退出(E)/放弃(U)]<退出>: //继续选择偏移对象或回车结束命令

使用【偏移】命令选择对象时，只能用点选的方式进行选择，且每次只能选择一个对象进行偏移。因此在对多边形或多条折线组成的图形进行偏移时，必须使用多边形、矩形或多段线绘图命令生成，因为它们生成的图形被视为单个对象。

AutoCAD 2008 增加了多重偏移功能，在偏移命令提示“指定要偏移的那一侧上的点，或［退出（E）/多个（M）/放弃（U）］<退出>:”时，输入M，可以以同样的距离一次偏移出多个对象。

【例 5-2】绘制如图 5-5 所示的指北针。

（1）打开状态行【极轴】、【对象捕捉】和【对象追踪】按钮。使用【圆】命令绘制一个直径为 24mm 的圆，如图 5-5（a）所示。

（2）单击【直线】命令过圆心绘制一条直径，单击【偏移】命令在直径两侧各偏移一条距离为 1.5mm 的直线，如图 5-5（b）所示。

（3）单击【直线】命令顺次连接交点 1、2、3 点，如图 5-5（c）所示。

（4）单击【删除】命令擦去多余的线；单击【填充】命令，打开【图案填充】对话框，选择【其他预定义】按钮下的“SOLID”图案，点击【拾取点】按钮进行填充，如图 5-5（d）所示，完成指北针符号的绘制。

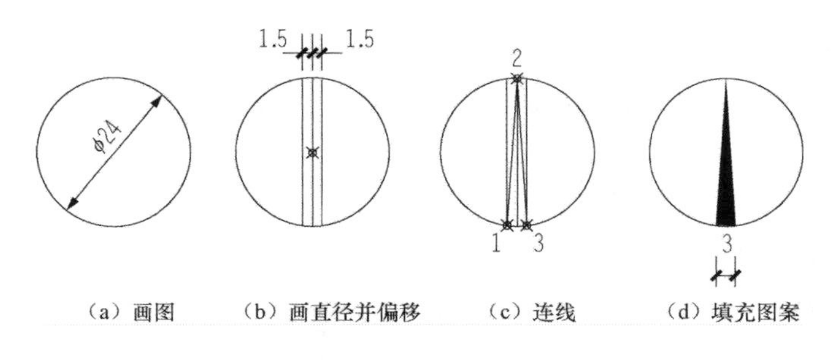

图 5-5 指北针

注意：如果矩形、折线使用【矩形】命令和【多段线】命令绘制，偏移的效果与用【直线】命令绘制偏移效果会不一样，读者可以自行练习。

5.2.3 移动

【移动】命令可以改变所选对象的位置。可以用以下几种方法启动【移动】命令：

- 下拉菜单：【修改】/【移动】
- 工具栏按钮：
- 命令行：move
- 快捷命令：m

执行上述命令后，命令行提示：

```
命令: _move
选择对象:                          //选择需要移动的对象
选择对象:                          //继续选择对象，如不再选择单击右键(或回车)结束对象选择
指定基点或[位移(D)]<位移>:          //指定移动的基点或位移
指定位移的第二点或<用第一点作位移>:
```

可以用两点法和位移法两种方法确定对象被移动的位移。

1. 两点法

用鼠标单击或坐标输入的方法指定基点和第二点，系统会自动计算两点之间的位移，并将其作为所选对象移动的位移。

2. 位移法

先指定第一点（即基点），在出现“指定位移的第二点或<用第一点作位移>：”的提示时回车，选择括号内的默认项，系统将第一点的坐标值作为对象移动的位移。

【移动】命令通常与【对象捕捉】和【对象追踪】共同使用，可以快速、准确地将对象移动到所需位置。

5.3 旋 转 和 阵 列

5.3.1 旋转

利用【旋转】命令可以将对象绕指定的旋转中心旋转一定角度。可以用以下几种方法启动【旋转】命令：

- 下拉菜单：【修改】/【旋转】
- 工具栏按钮或面板选项板：
- 命令行：rotate
- 快捷命令：ro

执行上述命令后，依据命令行提示选取对象，结束对象选择后命令行提示如下：

```
指定基点:                      //指定旋转中心
指定旋转角度或[复制(C)/参照(R)]<0>:
```

旋转角度的确定有两种方法：直接输入角度和使用参照角度。直接输入角度就是在出现“指定旋转角度或［参照（R）］：”提示时输入角度值即可，正值角度为逆时针旋转，负值角度为顺时针旋转。使用参照角度就是在上面的提示下输入“r”选择“参照”选项，它可以将一个对象的一条边与其他参照对象的边对齐。

【例 5-3】使用【旋转】命令将图 5-6（a）所示矩形旋转 30°，使 *AB* 边与直线 *AC* 对齐。

（1）单击【修改】工具栏中的【旋转】按钮，启动【旋转】命令。

（2）选择矩形的 4 条边为旋转对象，回车，结束对象选择。

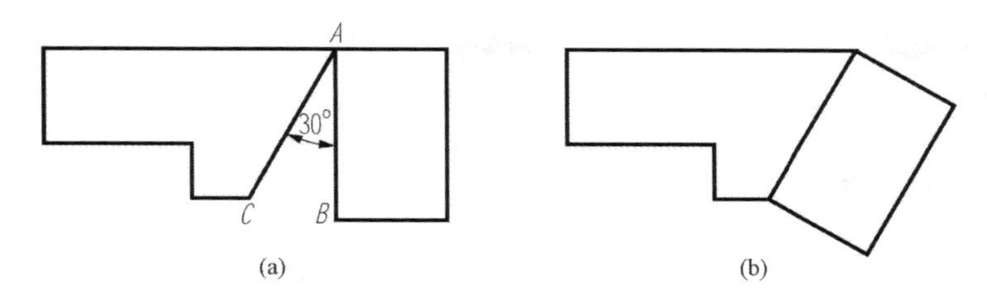

图 5-6 【旋转】命令的使用

（3）指定基点 *A* 点为旋转中心。

（4）使用参照角度，输入 r。

（5）捕捉第一点 *A*，再捕捉第二点 *B*，最后捕捉 *C* 点，完成矩形旋转，结果如图 5-6（b）所示。

5.3.2 阵列

在绘制工程图样时，经常遇到布局规则的各种图形，例如建筑立面图中门窗的排列、建筑装饰图中多个花饰的发布等。当它们成矩形或环形阵列布局时，AutoCAD 向用户提供了快速进行矩形或环形阵列复制的命令，即【阵列】命令。启动【阵列】命令的方法有：

- 下拉菜单：【修改】/【阵列】
- 工具栏或面板选项板：
- 命令行：array
- 快捷命令：ar

启动【阵列】命令后，屏幕弹出如图 5-7 所示的【阵列】对话框。阵列分为【矩形阵列】和【环形阵列】两种。

1. 矩形阵列

在【阵列】对话框中选择【矩形阵列】选框，如图 5-7 所示。对话框中的【行】和【列】的编辑框中需要填写矩形阵列的行数和列数。在【偏移距离和方向】选区分别填写行偏移距离、列偏移距离和阵列偏移角度，它们的数值也可以利用按钮通过鼠标在屏幕上单击来确定。

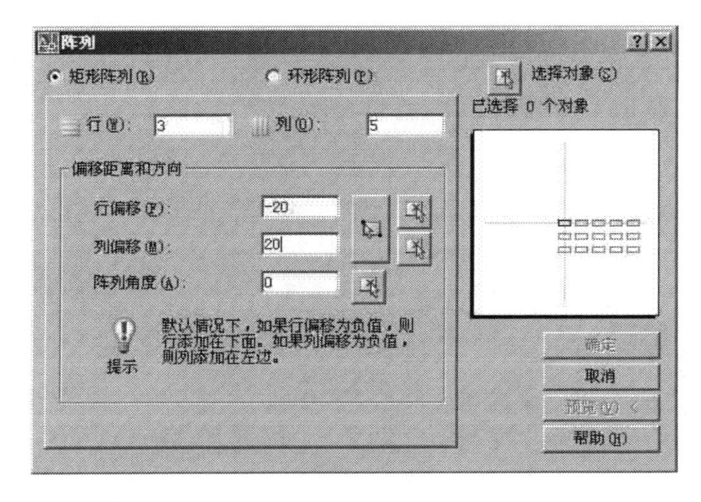

图 5-7 【阵列】对话框

单击【选择对象】左侧的按钮，【阵列】对话框暂时消失，十字光标变为拾取框，开始选择要阵列的对象，对象选择结束时单击右键，【阵列】对话框重新出现，单击 确定 按钮完成【矩形阵列】。

在阵列对话框选区的下方有对偏移距离正负的规定，即当行偏移为正值时，往上偏移；当列偏移为正值时，往右偏移。而行偏移为负值，则将行添加在下面；列偏移为负值，则将列添加在左边。

【例 5-4】利用【矩形阵列】命令完成图 5-8 所示房屋立面图窗户的绘制。

图 5-8　房屋立面图

（1）在图形外侧绘制一个窗户立面。在“门窗”图层下选择【矩形】命令，命令行输入“@2000×1800”绘制一矩形，再选择【偏移】命令（距离 100），单击【直线】命令绘制一条中线，窗户立面如图 5-9 所示。

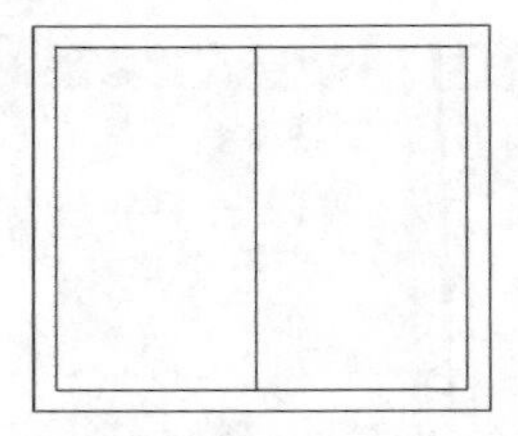

图 5-9　窗户立面

（2）选择【复制】命令，指定基点为窗下部中点，分别复制到立面图各等分点上，得到底层窗户立面如图 5-10 所示。

（3）选择【删除】命令，删除中间所有竖线。单击【阵列】命令，在【阵列】对话框中输入各种参数，【行】输入 4，【列】输入 1，【行偏移】输入 3200，【列偏移】输入 1，如图 5-11 所示。

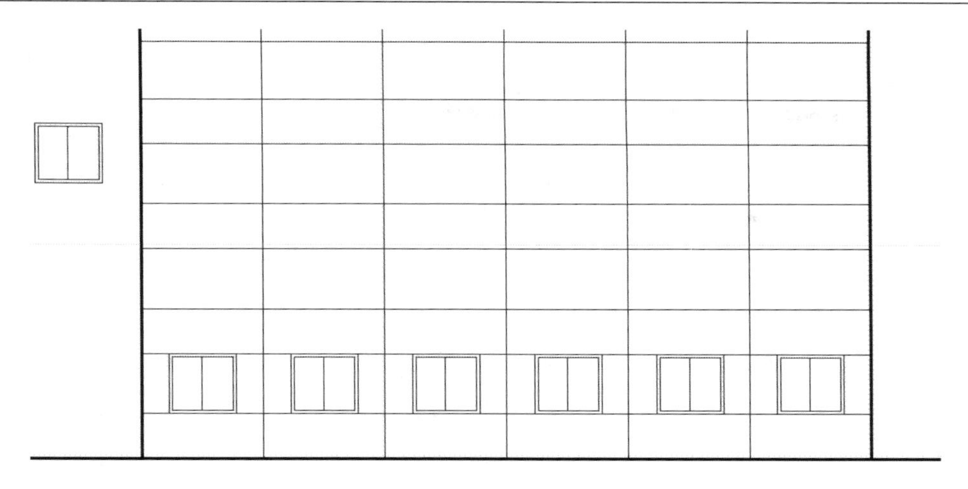

图 5-10 底层窗户立面

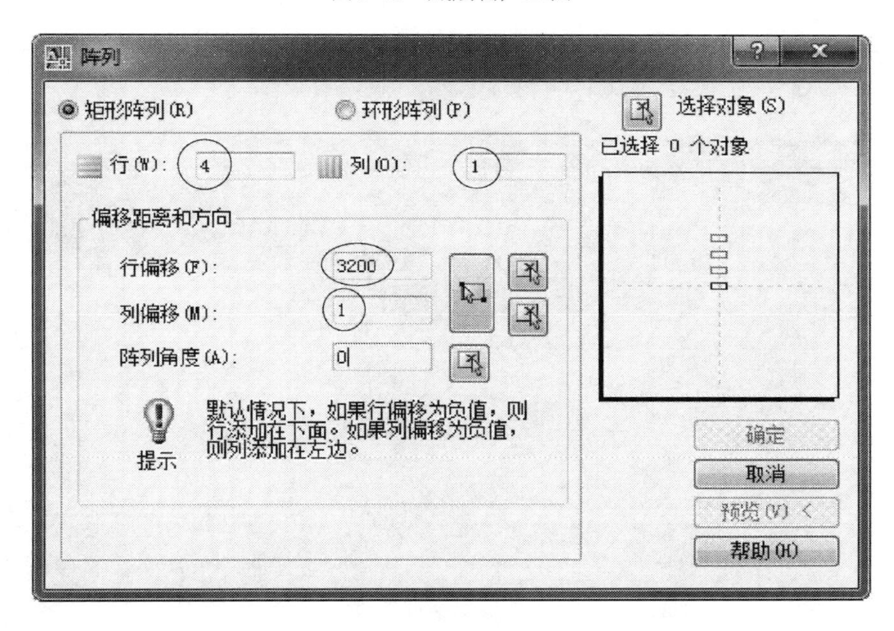

图 5-11 【矩形阵列】对话框参数

（4）点击【阵列】对话框中【选择对象】按钮，在屏幕上选取所有一层窗户，在对话框中单击【确定】，完成立面窗户的绘制，结果如图 5-12 所示。

2. 环形阵列

如果在【阵列】对话框中选择【环形阵列】选框，则对话框中的内容会有所改变，如图 5-13 所示。在【中心点】的【X】、【Y】编辑框中填写环形阵列中心点的 *X*、*Y* 坐标（也可以利用按钮通过鼠标在屏幕上单击确定）。在【方法和值】选区单击【方法】下拉列表，有“项目总数和填充角度”“项目总数和项目间的角度”“填充角度和项目间的角度”三个选项。选择其中一个选项后，该选区下方的相应编辑框亮显，填写相应的编辑框以确定环形阵列的复制个数和阵列范围。同样在选区的下方有对填充角度正负的规定，即正值为逆时针旋转，负值为顺时针旋转。选择要环形阵列的对象时，单击【选择对象】左侧的按钮，【阵列】

对话框暂时消失，十字光标变为拾取框，选择对象并在对象选择结束时单击右键，【阵列】对话框重新出现。单击 确定 按钮完成【环形阵列】。

图 5-12 【矩形阵列】立面窗户结果

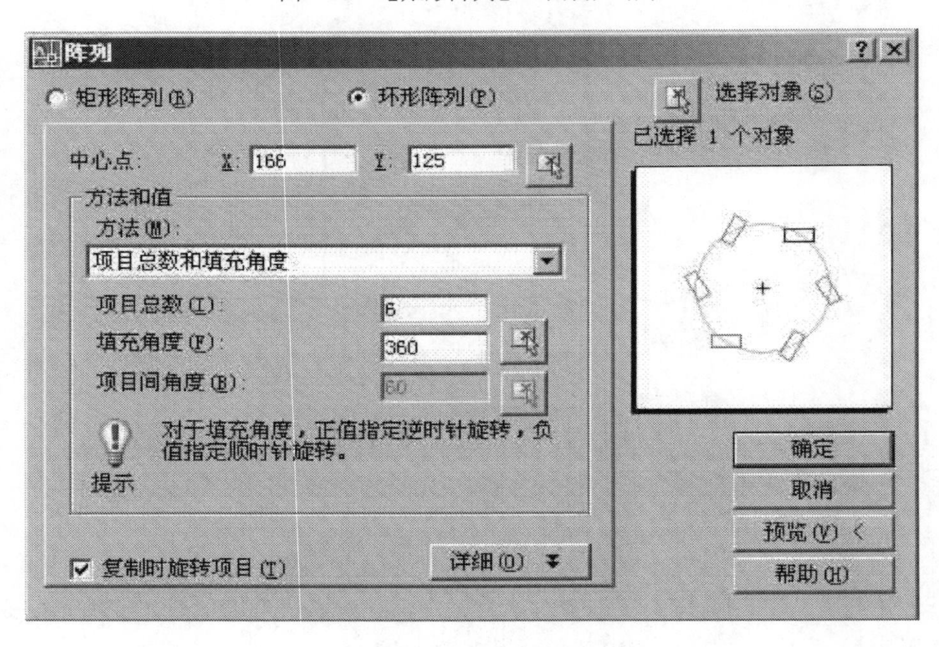

图 5-13 【环形阵列】对话框

【**例 5-5**】利用【环形阵列】命令完成如图 5-14 所示餐桌餐椅平面图。

（1）单击【矩形】命令绘制如图 5-14（b）所示的餐椅。

（2）单击【圆】命令绘制一个直径为 1200mm 的圆；应用【复制】命令，以餐椅下边线中点为基点复制一个餐椅平面，餐椅定位如图 5-14（c）所示。

（3）单击【阵列】按钮，弹出【阵列】对话框，如图 5-13 所示。

（4）选取对话框中【环形阵列】单选按钮 环形阵列(P)。

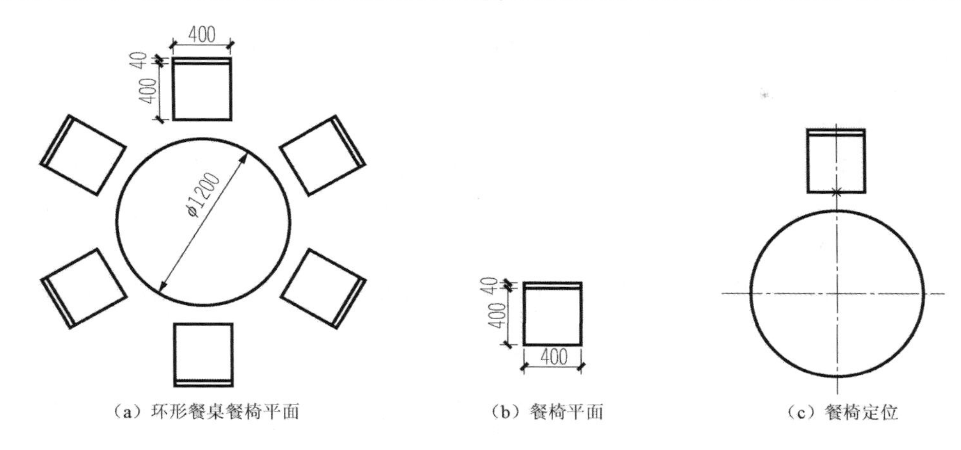

（a）环形餐桌餐椅平面　（b）餐椅平面　（c）餐椅定位

图 5-14 【环形阵列】餐桌餐椅平面图

（5）单击对话框中【选择对象】按钮，回到屏幕选取图 5-14 中的餐椅。

（6）选取对话框中的【中心点】按钮，指定阵列的中心点为圆桌中心（即圆心）。

（7）在对话框【项目总数】选项中输入 6，其中包含源对象。

（8）默认对话框【填充角度】使用缺省值 360°。

（9）默认【复制时旋转项目】被选择。

（10）单击【确定】按钮，形成环形阵列。

> 环形阵列对话框左下角的【复制时旋转项目】复选框对阵列效果也有影响，是否勾选该复选框阵列效果是不同的，读者可以自行实验。

5.4 比例缩放和拉伸

【缩放】命令可以将图形对象按指定比例因子进行放大或缩小。它只改变图形对象的大小而不改变图形的形状，即图形对象在 X、Y、方向的缩放比例是相同的。启动【缩放】命令的方法有：

- 下拉菜单：【修改】/【缩放】
- 工具栏按钮：
- 命令行：scale
- 快捷命令：sc

执行上述命令后，命令行提示：

```
命令:_scale                //启动缩放命令
选择对象:找到 1 个          //选择对象
选择对象:                  //继续选择对象或结束选择
指定基点:                  //指定基点以确定缩放中心的位置和缩放后图形对象的位置
指定比例因子或[复制(C)/参照(R)]<1.0000>:
```

然后根据提示给定比例因子或进行复制缩放或者参照缩放，输入的比例因子大于 1 为放大，小于 1 为缩小。

5.4.1 比例缩放

比例缩放就是在命令行提示“指定比例因子或［复制（C）/参照（R）］<1.0000>：”时，直接输入已知的比例因子。比例因子大于 1 时，图形放大；小于 1 时，图形缩小。这种方法适用于比例因子已知的情况。

【例 5-6】使用【缩放】命令将如图 5-15（a）所示的浴缸平面放大 2 倍。

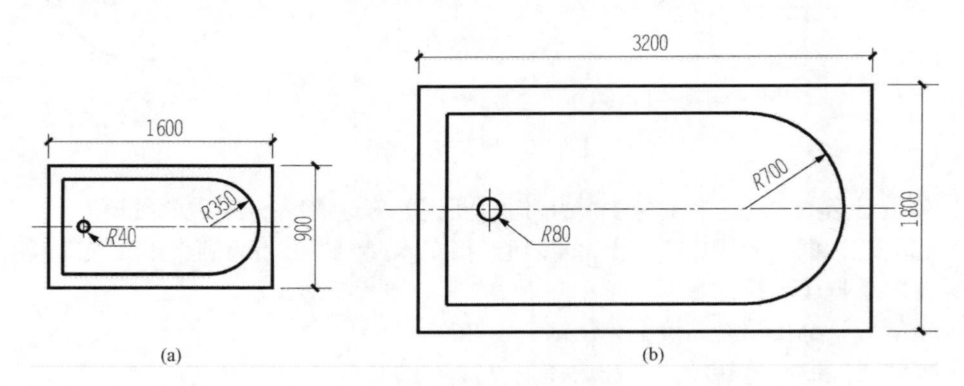

图 5-15 比例缩放实例

（1）单击【修改】工具栏的【缩放】按钮，启动【缩放】命令。

（2）选取整个图形为对象，回车结束对象选择。

（3）指定圆心点为基点。

（4）输入比例因子 2，回车，图形被放大 2 倍，如图 5-15（b）所示。

复制缩放就是在命令行提示“指定比例因子或 ［复制（C）/参照（R）］<1.0000>：”时，输入 C，然后再输入比例因子或参照缩放，就会在原有对象仍然存在不变的情况下，再产生一个新的缩放后的对象。

5.4.2 参照缩放

如果用户不能事先确定缩放比例，只知道缩放后的尺寸或缩放前后的尺寸都不知道，可以使用参照缩放使图形对象缩放后与图中某一边对齐。

【例 5-7】使用【缩放】命令将如图 5-16 所示窗户的 *AB* 边放大到与窗洞口的 *AC* 边重合。

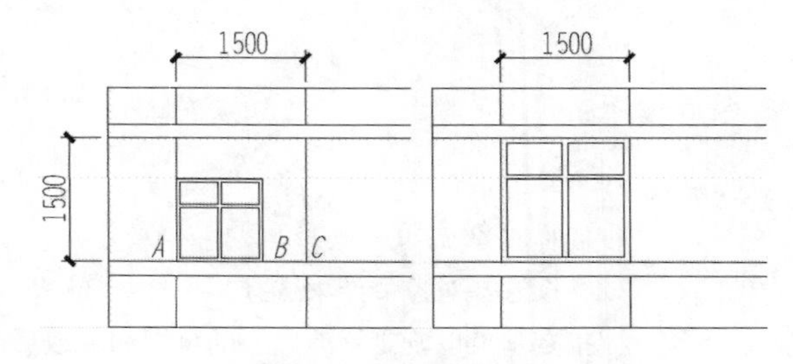

图 5-16 参照缩放实例

（1）单击【修改】工具栏中的【缩放】按钮，启动【缩放】命令。

（2）选择整个窗图形为缩放对象，回车结束对象选择。

（3）指定基点 *A* 点，回车。

（4）选择“参照”选项：输入 r。

（5）先捕捉 *A* 点，再捕捉 *B* 点。

（6）输入缩放后的长度 1500，回车。结果如图 5-16 右图所示。（如果不知道长度可以捕捉 *C* 点）。

缩放与视图缩放不同。视图缩放只是改变图形对象在屏幕上的显示大小，并不改变图形本身的尺寸；缩放将改变图形本身的尺寸。

5.4.3 拉伸

【拉伸】命令可以拉伸对象中选定的部分，没有选定的部分保持不变。启动【拉伸】命令的方法有：

- 下拉菜单：【修改】/【拉伸】
- 工具栏按钮板：
- 命令行：stretch
- 快捷命令：s

在选择拉伸对象时，只能使用交叉窗口或交叉多边形的方式选择对象。包含在选择窗口内的所有点都可以移动，在选择窗口外的点保持不动。

【例 5-8】使用【拉伸】命令将图 5-17（a）所示散热板的散热槽由 *P* 点拉伸到 *R* 点。

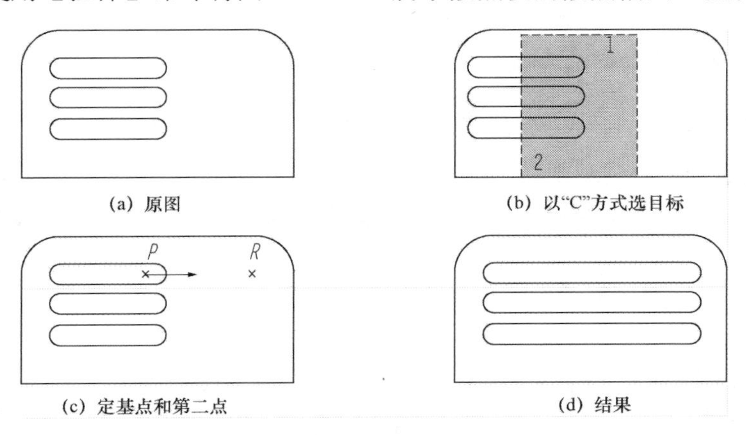

(a) 原图　(b) 以“C”方式选目标　(c) 定基点和第二点　(d) 结果

图 5-17 【拉伸】实例

（1）单击【修改】工具栏的【拉伸】按钮，启动【拉伸】命令。

（2）用交叉窗口选择（1、2）确定拉伸对象，如图 5-17（b）所示。

（3）指定拉伸的基点（点 *P*）和位移量（线段 *PR*），如图 5-17（c）所示。拉伸结果如图 5-17（d）所示。

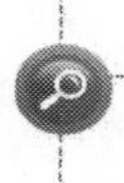

选择对象时，只能选择图形对象的一部分，当对象全部位于选择窗口内时（即全部选中），此时【拉伸】命令等同于【移动】命令。应注意圆、文本、图块等对象不能被拉伸。

5.5 修剪与延伸

5.5.1 修剪

【修剪】命令可以准确地剪切掉选定对象超出指定边界的部分，这个边界称为剪切边。启动【修剪】命令的方法有：

- 下拉菜单：【修改】/【修剪】
- 工具栏按钮：
- 命令行：trim
- 快捷命令：tr

执行【修剪】命令后，命令行提示：

```
命令:_trim
当前设置:投影=UCS，边=无
选择剪切边...
选择对象或 <全部选择>:找到 1 个                    //选择剪切边
选择对象:                                          //继续选择剪切边或回车结束选择
选择要修剪的对象,命令行提示:
[栏选(F)/窗交(C)/投影(P)/边(E)/删除(R)/放弃(U)]:   //选择需要修剪的对象(选择对象的同时
                                                     执行【修剪】命令)
继续选择要修剪的对象，命令行提示:
[栏选(F)/窗交(C)/投影(P)/边(E)/删除(R)/放弃(U)]:   //继续选择要修剪的对象,回车结束命令
```

执行【修剪】命令的过程中，需要用户选择两种对象。首先选择作为剪切边的对象，可以使用任何对象选择方式来选择；继而选择需要修剪的对象，这时要选择被剪切对象需要剪掉的一侧。

命令行出现的“选择要修剪的对象，或按住 Shift 键选择要延伸的对象，或[栏选（F）/窗交（C）/投影（P）/边（E）/删除（R）/放弃（U）]：”提示中其余选项的含义为：

（1）按住 Shift 键选择要延伸的对象。在上述命令行的提示下，按住 Shift 键单击选择的对象，可以将该对象延伸到指定的边界，即由【修剪】命令切换到【延伸】命令。

（2）栏选（F）：可以采用栏选的方式选择被剪切对象。

（3）窗交（C）：可以采用窗交的选择方式选择被剪切对象，选择完成立即执行修剪命令。

（4）投影（P）。该选项可以设置 AutoCAD 系统在选择修剪对象时使用哪种投影模式。在上述命令行的提示下，输入 p 回车，命令行提示：

```
输入投影选项[无(N)/UCS(U)/视图(V)]<UCS>:
```

其中，【无】表示 AutoCAD 系统是在三维空间进行无投影修剪，即只修剪在三维空间中与剪切边相交的对象；【UCS】表示在当前的用户坐标系 *XY* 平面进行二维修剪，即 *XY* 平面上的二维对象及空间三维对象在 *XY* 平面上的投影，都可以进行修剪，不管空间是否相交，该项为系统默认选项；【视图】表示在当前视图平面进行二维修剪。

（5）边（E）。当修剪对象与剪切边没有相交形成交点时，使用上述【修剪】命令不能对其进行修剪。这时可以使用该选项对没有交点（但延长线相交）的对象进行隐含修剪设置。在上述命令行的提示下，输入 e 回车，命令行提示：

```
输入隐含边延伸模式[延伸(E)/不延伸(N)]<不延伸>:
```

其中，【不延伸】表示不能进行隐含修剪，该项为系统默认选项；【延伸】表示可以进行隐含修剪。

（6）删除（R）。切换到删除命令，继续选择的对象将被整体删除。

（7）放弃（U）。取消最后一次修剪操作。

【例 5-9】使用【修剪】命令绘制图 5-18 所示圆椅。

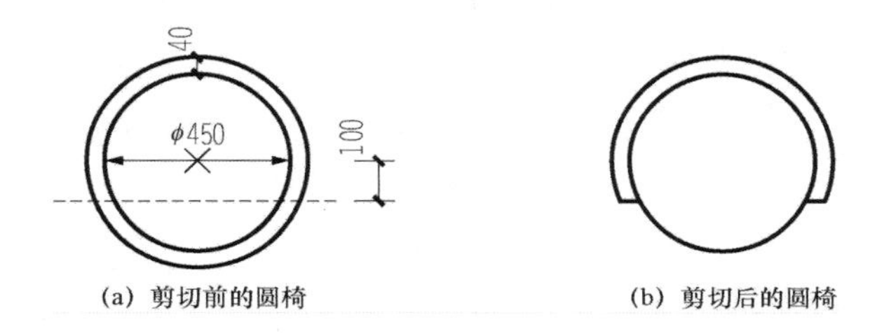

(a) 剪切前的圆椅　　(b) 剪切后的圆椅

图 5-18　圆椅平面图

（1）单击【圆】按钮绘制两个圆，直径分别为 450 和 530，如图 5-18（a）所示。

（2）使用【直线】命令绘制一条距离圆心 100 的水平线，见图 5-18（a）中虚线。

（3）单击【修改】工具栏中的【修剪】按钮，启动【修剪】命令。

（4）选择剪切边界：点取图 5-18 中的虚线，回车结束边界选择。

（5）选择要修剪的对象，点取图 5-18 中大圆的下方任意位置，回车结束剪切，结果如图 5-18（b）所示。

5.5.2 延伸

【延伸】命令可以将图形对象延长到指定的边界。启动【延伸】命令的方法有：

- 下拉菜单：【修改】/【延伸】
- 工具栏按钮：
- 命令行：extend
- 快捷命令：ex

执行【延伸】命令后，命令行提示：

```
选择对象或<全部选择>:              //选择边界
选择对象:                          //继续选择或回车结束选择
选择要延伸的对象,命令行提示 [栏选(F)/窗选(C)/投影(P)/边(E)/放弃(U)]:
                                   //选择需要延伸的对象(选择对象的同时执行【延伸】命令)
```

```
继续选择需要延伸的对象,命令行提示[栏选(F)/窗选(C)/投影(P)/边(E)/放弃(U)]:
                              //继续选择需要延伸的对象，回车结束命令
```

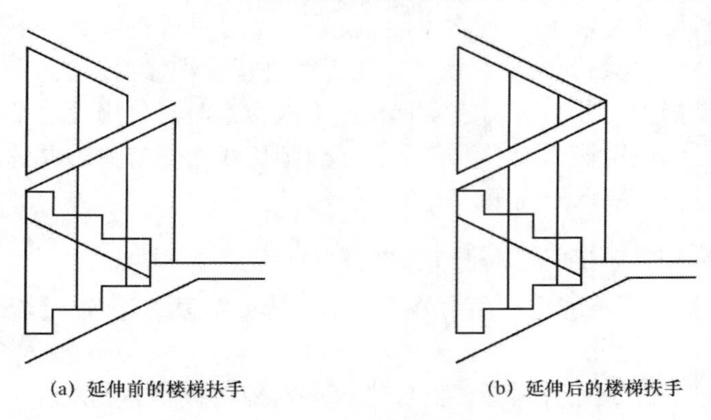

(a) 延伸前的楼梯扶手　　(b) 延伸后的楼梯扶手

图 5-19 【延伸】实例

图 5-19 是楼梯扶手延伸的实例。【延伸】命令提示中的各选项含义与【修剪】命令相类似，在执行命令的过程中也需要选择两种对象。首先选择作为边界的对象，可以使用任何对象选择方式来选择；继而选择需要延伸的对象，同样，这时也只能使用点选和栏选两种方式选择对象。

执行【延伸】与【修剪】命令时，命令行提示“选择对象”，直接回车后，在命令行提示“[栏选（F）/窗选（C）/投影（P）/边（E）/放弃（U）]:”下，可以直接选取要延伸和修剪的所有对象。

5.6 打断、合并与分解

5.6.1 打断

【打断】命令可以删除对象上指定两点之间的部分，如果两点重合，则对象被分解为两个实体对象，相当于【打断于点】的命令。

启动【打断】命令的方法有：

- 下拉菜单：【修改】/【打断】
- 工具栏按钮：（打断）、（打断于点）
- 命令行：break
- 快捷命令：br

执行上述命令后，命令行提示：

```
命令:_break 选择对象                         //选择对象
指定第二个打断点或[第一点(F)]:
```

指定打断点有两种方法：

- 在命令行提示“指定第二个打断点或 [第一点（F）]:”时，直接指定一点。此时系统会把该点作为第二个打断点，选择对象时的拾取点作为第一个打断点。

- 在命令行提示“指定第二个打断点或 [第一点 (F)]:”时，输入f回车。命令行继续给出如下的提示，根据提示重新指定第一个和第二个打断点。

```
指定第一个打断点:                    //指定第一个打断点
指定第二个打断点:                    //指定第一个打断点
```

【例5-10】使用【打断】命令将图5-20（a）修改为图5-20（b）所示图形。

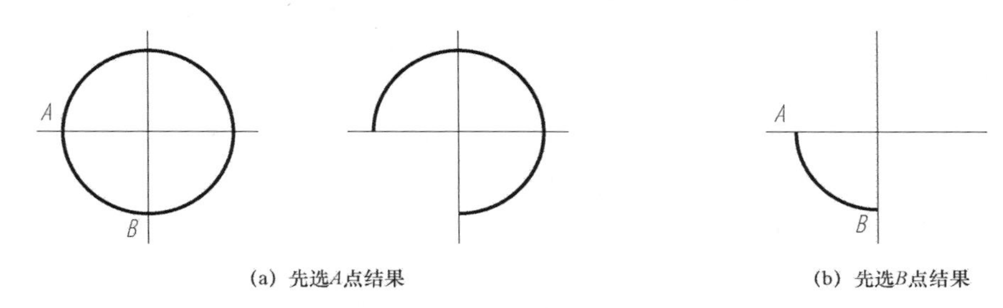

图5-20 【打断】命令的使用

（1）单击【修改】工具栏的【打断】按钮，启动【打断】命令。

（2）选择圆作为打断对象。

（3）输入f选项，捕捉第一个点A和捕捉第二个B点，打断结果如图5-20（a）所示。

这里要注意的是，A点和B点选择顺序不一样，对圆来讲，打断效果就不一样。如果先选B点作为第一点，A点作为第二点，效果如图5-20（b）所示，即圆的打断总是逆时针进行。当两个打断点重合时，对象被分解为两个对象，与【打断于点】命令等效。

5.6.2 合并

【合并】命令可以将某一图形上的两个部分进行连接，或某段圆弧闭合为整圆。如将位于同一直线上的两条直线段进行接合。

启动【合并】命令的方法有：

- 下拉菜单：【修改】/【合并】
- 工具栏按钮：
- 命令行：join

命令行提示：

```
_join 选择源对象:
```

这时选择要合并的某一对象，按照提示进行进一步操作。

【例5-11】将图5-21（a）所示两段圆弧分别合并成图5-21（b）、（c）、（d）所示图形。

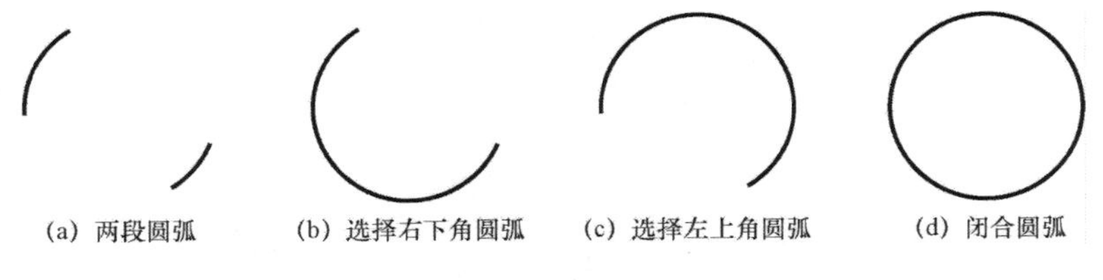

图5-21 圆弧的合并

（1）单击【修改】工具栏的【合并】按钮，启动【合并】命令。

（2）选择源对象，即选择左上角圆弧。

（3）选择要合并到源的圆弧，即选择右下角圆弧，回车结束选择，已将一个圆弧合并到源；以上操作，得到的图形效果如图 5-21（b）所示。如果在选择对象过程中，先选择右下角圆弧作为源，再选择左上角圆弧，合并效果如图 5-21（c）所示。如果在命令行提示“选择圆弧，以合并到源或进行［闭合（L）]：”时，直接输入 L 回车，则圆弧将闭合为圆，如图 5-21（d）所示。

5.6.3 分解

对于矩形、多边形、块等组合对象，有时需要对里面的单个对象进行编辑，这时可使用【分解】命令将其分解为多个对象。启动【分解】命令的方法有：

- 下拉菜单：【修改】/【分解】
- 工具栏按钮：
- 命令行：explode
- 快捷命令：x

启动分解命令后，根据提示，选择要分解的对象就可以了。例如，对【矩形】命令绘制的一个矩形执行【分解】命令后，矩形由原来的一个整体对象分解为组成它的四个直线对象。

5.7 倒角和圆角

5.7.1 倒角

【倒角】命令是为两个不平行的对象的边加倒角，可以用于【倒角】命令的对象有直线、多段线、构造线、射线。启动【倒角】命令的方法有：

- 下拉菜单：【修改】/【倒角】
- 工具栏按钮：
- 命令行：chamfer
- 快捷命令：cha

启动该命令后，命令行提示：

```
命令：_chamfer
当前倒角距离 1=0.0000，距离 2=0.0000              //当前倒角模式
选择第一条直线或 [放弃(U)/多段线(P)/距离(D)/角度(A)/修剪(T)/方式(E)/多个(M)]：
                                                  //选择要进行倒角的直线或其他选项
```

命令行出现的“选择第一条直线或［放弃（U）/多段线（P）/距离（D）/角度（A）/修剪（T）/方式（E）/多个（M）]：”提示中各选项含义分别为：

（1）放弃（U）。放弃倒角操作。

（2）多段线（P）。该选项可以对整个多段线全部执行【倒角】命令。在上述命令行的提示下，输入 p 回车，命令行提示：

```
选择二维多段线:                                   //选择对象
```

在选择对象时，除了可以选择利用【多段线】命令绘制的图形对象外，还可以选择【矩形】命令、【正多边形】命令绘制的图形对象。

（3）距离（D）。可以改变或指定倒角的两个距离。

（4）角度（A）。在上述命令行的提示下，输入 a 回车，命令行提示：

```
指定第一条直线的倒角长度<0.0000>:               //给定倒角的一个距离
指定第一条直线的倒角角度<0>:                     //给定倒角倾斜角度
选择第一条直线或[放弃(U)/多段线(P)/距离(D)/角度(A)/修剪(T)/方式(E)/多个(M)]:
选择第二条直线:
```

“角度”选项要求用户通过输入第一个倒角长度和倒角的角度来确定倒角的大小。

（5）修剪（T）。该选项用来设置执行【倒角】命令时是否使用修剪模式。在上述命令行的提示下，输入 t 回车，命令行提示：

```
输入修剪模式选项[修剪(T)/不修剪(N)]<修剪>:
```

在执行【倒角】命令的开始，命令行会显示系统当前采用的修剪模式。图 5-22 所示为是否使用修剪模式的效果对比。

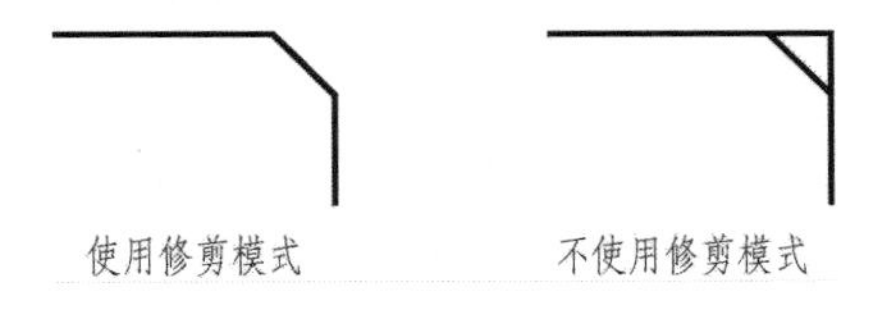

图 5-22 是否使用修剪模式效果对比

（6）方式（E）。在上述命令行的提示下，输入 E 回车，命令行会有如下的提示，根据提示选择相应选项来确定倒角的方式。

```
输入修剪方法[距离(D)/角度(A)]<距离>:
```

（7）多个（M）。选择该选项可以连续进行多次倒角处理，当然这些倒角的大小是一致的。

当两个倒角距离都为 0 时，对于两个相交的对象不会有倒角效果；对于不相交的两个对象，系统会将两个对象延伸至相交，如图 5-23 所示。

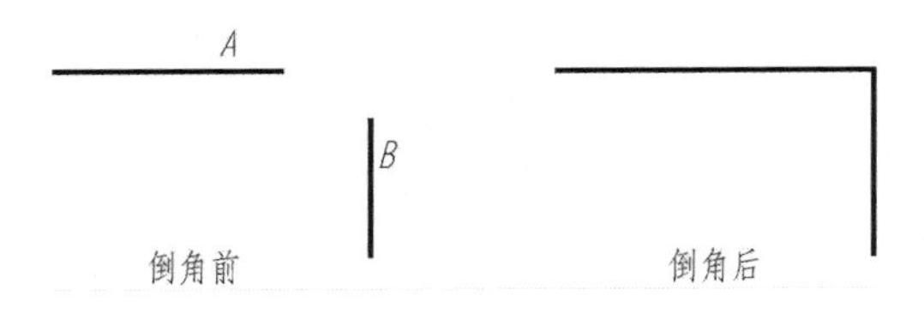

图 5-23 倒角距离为 0 的倒角效果

5.7.2 圆角

【圆角】命令可以用指定半径的圆弧将两个对象光滑地连接起来。可以用于【圆角】命令的对象有直线、多段线、构造线、射线。启动【圆角】命令的方法有：

- 下拉菜单:【修改】/【圆角】
- 工具栏按钮:
- 命令行: fillet
- 快捷命令: f

执行【圆角】命令后，命令行提示:

```
命令:_fillet
当前设置:模式=修剪,半径=0.0000                //显示系统当前的模式和圆角半径
选择第一个对象或[放弃(U)/多段线(P)/半径(R)/修剪(T)/多个(M)]:
```

其中各选项的含义:

(1) 放弃（U)。放弃圆角操作。

(2) 多段线（P)。该选项可以对整个多段线全部执行【圆角】命令。在上述命令行的提示下，输入 p 回车，命令行提示:

```
选择二维多段线:                              //选择二维多段线
```

(3) 半径（R)。在执行【圆角】命令的开始，命令行会显示系统当前的圆角半径，如果对半径值不满意，可以在上述命令行的提示下，输入 r 回车，重新输入需要的半径值。

(4) 修剪（T)。用来设置执行【圆角】命令时是否使用修剪模式。其使用效果与【倒角】命令相似。

(5) 多个（M)。可以连续进行多次圆角处理，且每次都采用相同的圆角半径。

【例 5-12】 使用【圆角】命令绘制一个长 80、宽 50、“圆角” R 为 10 的圆角矩形，如图 5-24 所示。

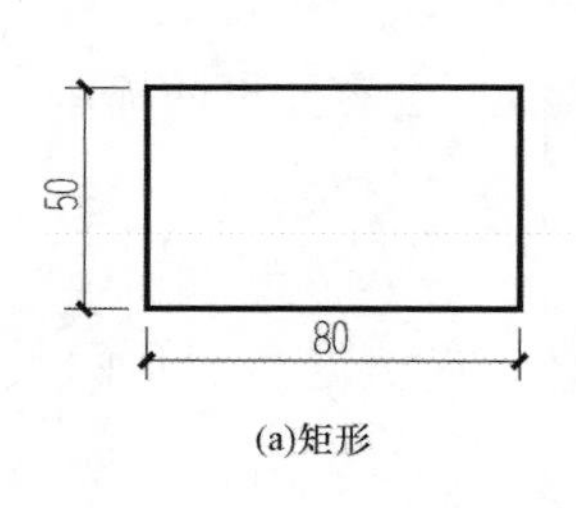

(a)矩形

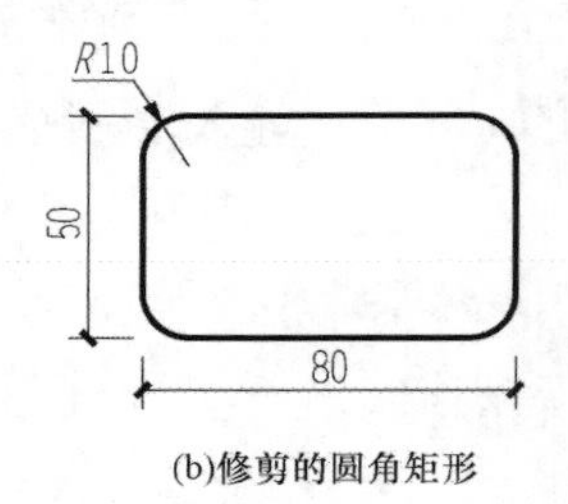

(b)修剪的圆角矩形

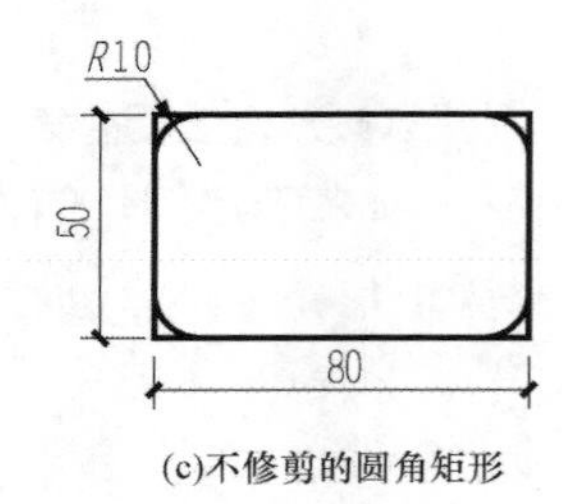

(c)不修剪的圆角矩形

图 5-24 【圆角】命令的使用

(1) 单击【矩形】按钮，在屏幕绘图区域单击一点。

(2) 命令行输入: @80，50，完成矩形绘制，如图 5-24（a）所示。

(3) 单击【圆角】按钮，启动【圆角】命令。

(4) 命令行输入 r，回车。

(5) 输入圆角半径 10。

(6) 选择第一个对象，点取一个直角边；选择第二个对象，拾取另一个直角边，完成圆角绘制。

(7) 依次修改其他三个直角，结果如图 5-24（b）所示。

在命令行提示“[放弃（U）/多段线（P）/半径（R）/修剪（T）/多个（M)]”下，输入“T”，回车，并输入“N”（不修剪）后得到的圆角结果如图 5-24（c）所示。

5.8 夹点编辑

如果在未启动命令的情况下，单击选中某图形对象，那么被选中的图形对象就会以虚线显示，而且被选中图形的特征点（如端点、圆心、象限点等）将显示为蓝色的小方框，如图5-25所示。这样的小方框被称为夹点。

夹点有两种状态：未激活状态和被激活状态。如图5-25所示，选择某图形对象后出现的蓝色小方框，就是未激活状态的夹点。如果单击某个未激活夹点，该夹点就被激活，以红色小方框显示，这种处于被激活状态的夹点又称为热夹点，以被激活的夹点为基点，可以对图形对象执行拉伸、平移、拷贝、缩放和镜像等基本修改操作。

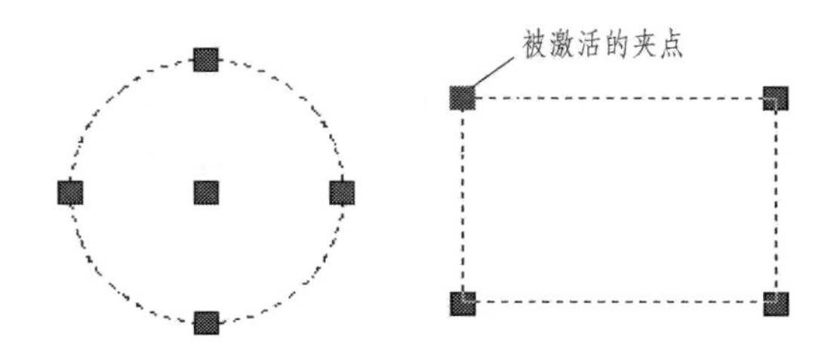

图5-25　夹点的显示状态

使用夹点编辑功能，可以对图形对象进行各种不同类型的修改操作。其基本的操作步骤是“先选择，后操作”，分为三步：

- 在不输入命令的情况下，单击选择对象，使其出现夹点。
- 单击某个夹点，使其被激活，成为热夹点。
- 根据需要在命令行输入拉伸（st）、移动（mo）、复制（co）、缩放（sc）、镜像（mi）等基本操作命令的缩写，执行相应的操作。

5.8.1 夹点拉伸

拉伸是夹点编辑的默认操作，不需要再输入拉伸命令st。当激活某个夹点以后，命令行提示如下：

```
屏幕上激活夹点
命令:指定拉伸点或 [基点(B)/复制(C)/放弃(U)/退出(X)]://拉动鼠标,就可以将热夹点拉伸到
                                                    需要位置,如图5-26所示
```

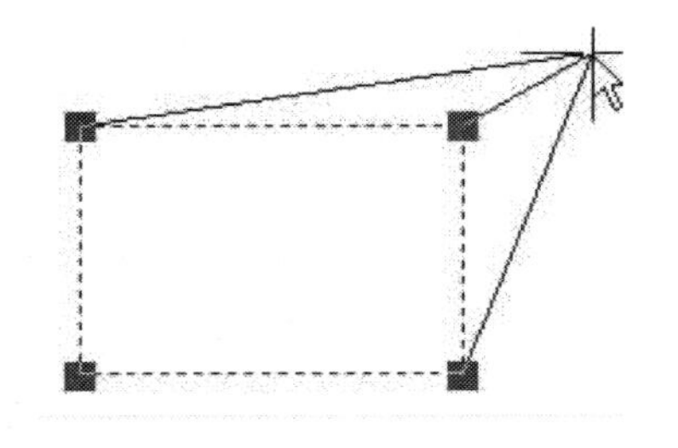

图5-26　夹点拉伸

如果不直接拖动鼠标，还可以选择中括号中的选项：

【基点】：选择其他点为拉伸的基点，而不是以选中的夹点为基准点。

【复制】：可以对某个夹点进行连续多次拉伸，而且每拉伸一次，就会在拉伸后的位置上复制留下该图形，如图 5-27 所示。该操作实际上是拉伸和复制两项功能的结合。

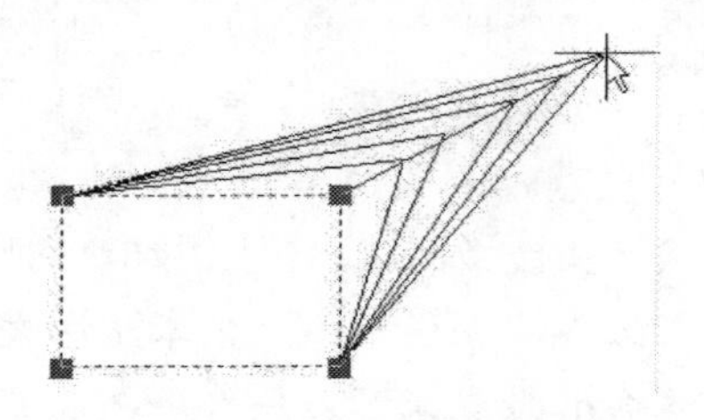

图 5-27　拉伸和复制的结合

5.8.2　夹点平移

激活图形对象上的某个夹点，在命令行输入平移命令的简写“mo”，或者点击线的位置后拖动鼠标移动图形就可以平移该对象。命令行提示如下：

屏幕上点击夹点,激活夹点所在线

命令:指定拉伸点或[基点(B)/复制(C)/放弃(U)/退出(X)]:mo　　//输入命令"mo",切换到移动方式

指定移动点或[基点(B)/复制(C)/放弃(U)/退出(X)]:　　//拖动鼠标移动图形,如图 5-28 所示,单击鼠标把图形放在合适位置

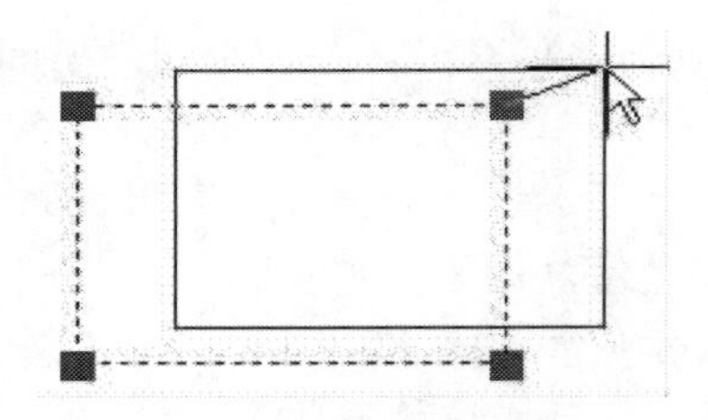

图 5-28　平移图形

如果不直接拖动鼠标，还可以选择中括号中的选项：

【基点】：选择其他点为平移的基点，而不是以选中的夹点为基准点。

【复制】：可以对某个夹点进行连续多次平移，而且每平移一次，就会在平移后的位置上复制留下该图形。该操作实际上是平移和复制两项功能的结合。

5.8.3　夹点旋转

激活图形对象上的某个夹点，在命令行输入旋转命令的简写“ro”，就可以绕着热夹点旋转该对象。命令行提示如下：

屏幕上激活夹点

命令:指定拉伸点或[基点(B)/复制(C)/放弃(U)/退出(X)]:ro//输入命令"ro",切换到旋转方式

指定旋转角度或 [基点(B)/复制(C)/放弃(U)/参照(R)/退出(X)]://拖动鼠标旋转图形,如图 5-29 所示,通过单击鼠标或输入角度的方法把图形转到需要位置

如果不直接拖动鼠标，还可以选择中括号中的选项：

【基点】：选择其他点为旋转的基点，而不是以选中的夹点为基准点。

【复制】：可以绕某个夹点进行连续多次旋转，而且每旋转一次，就会在旋转后的位置上复制留下该图形，如图 5-30 所示。该操作实际上是旋转和复制两项功能的结合。

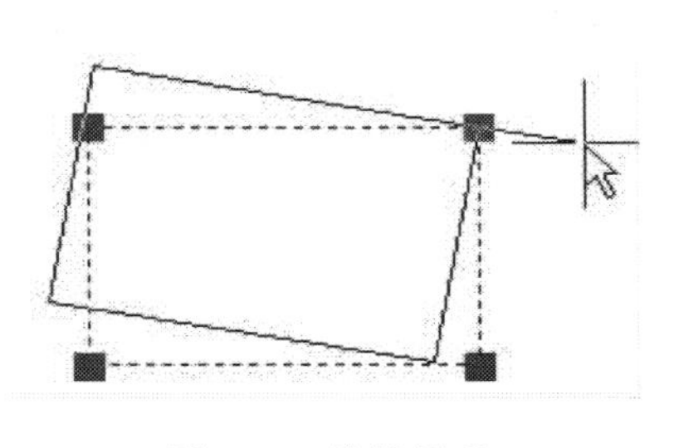

图 5-29　旋转图形

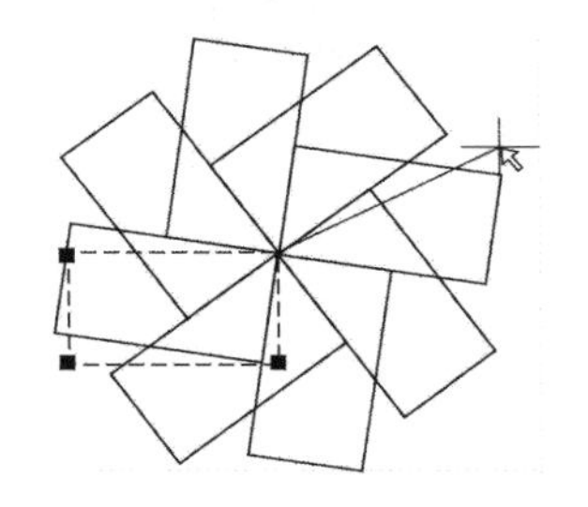

图 5-30　旋转与复制的结合

5.8.4　夹点镜像

激活图形对象的某个夹点，然后在命令行输入镜像命令的简写 mi，可以对图形进行镜像操作。其中热夹点已经被确定为对称轴上的一点，只需要确定下一点，就可以确定对称轴位置。具体操作方法如下：

```
屏幕上激活夹点
命令:指定拉伸点或 [基点(B)/复制(C)/放弃(U)/退出(X)]: mi  //指定镜像轴上一点
指定第二点或 [基点(B)/复制(C)/放弃(U)/退出(X)]:          //指定镜像轴的第二点,从而得
                                                         到镜像图形,如图 5-31 所示
```

【基点】：选择其他点为镜像的基点，而不是以选中的夹点为基准点。

【复制】：可以绕某个夹点进行连续多次镜像，而且每镜像一次，就会在镜像后的位置上复制留下该图形，如图 5-32 所示。该操作实际上是镜像和复制两项功能的结合。

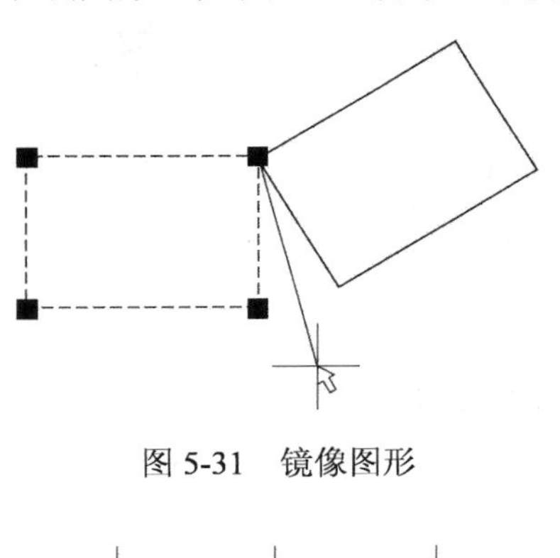

图 5-31　镜像图形

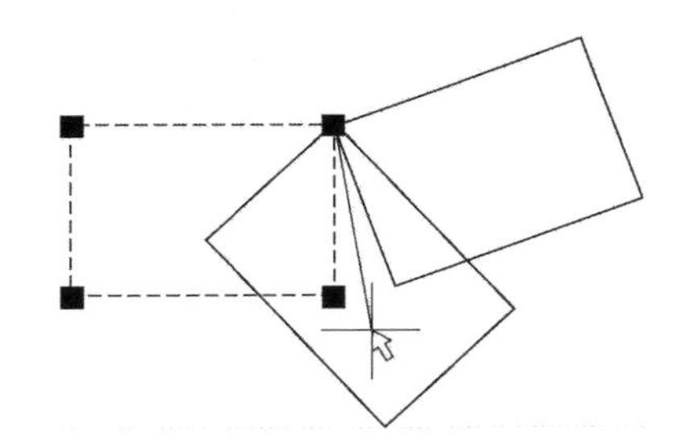

图 5-32　镜像与复制的结合

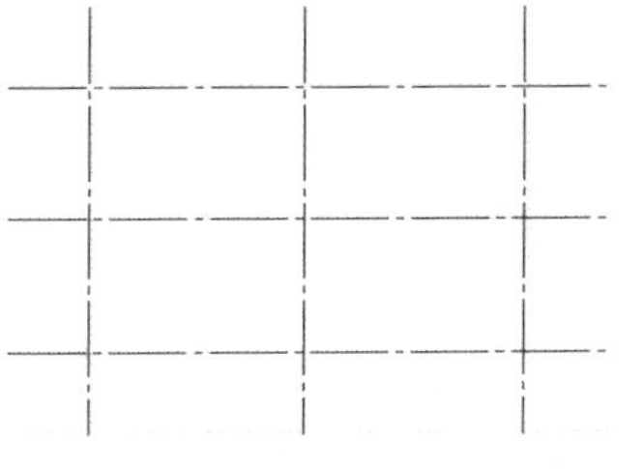

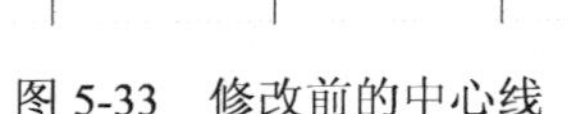

图 5-33　修改前的中心线

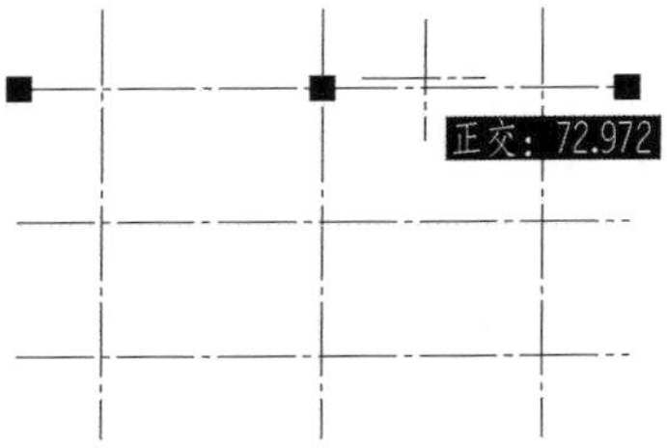

图 5-34　夹点拉伸直线

【例 5-13】将图 5-33 所示图形用夹点拉伸修改为图 5-36 所示图形。

选中上部横向直线，则该直线出现三个夹点，单击右边夹点使其变为热态，如图 5-34 所示；然后将鼠标向左移动，到合适位置单击，则确定出该线条新的右端点，如图 5-35 所示。类似地，可以将该线条的左端点右移，线条变短。其余线条也都可以通过夹点拉伸进行编辑，得到图 5-36 所示图形。

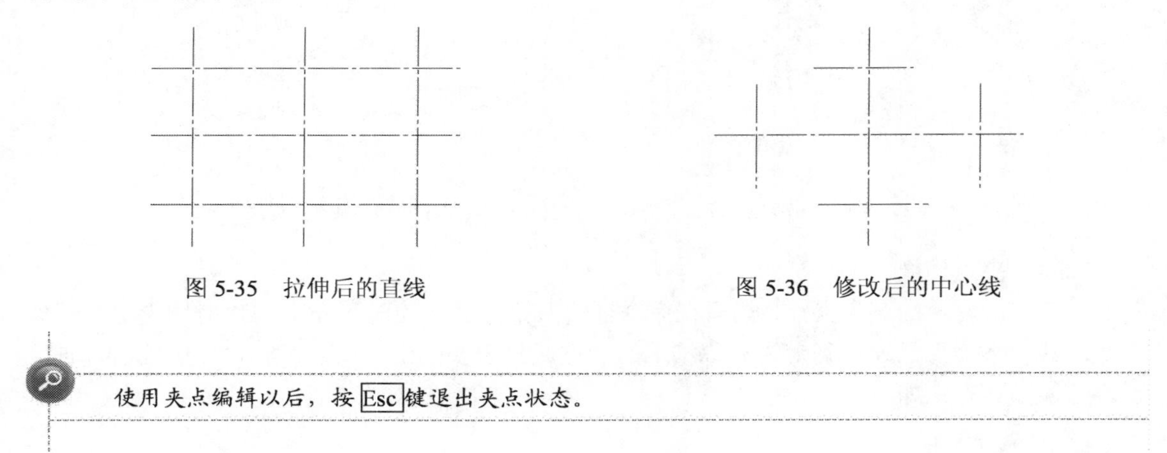

图 5-35　拉伸后的直线　　　　图 5-36　修改后的中心线

使用夹点编辑以后，按 Esc 键退出夹点状态。

5.9 对 象 特 性

5.9.1 【特性】工具栏

利用【特性】工具栏，可以快捷地对当前图层上的图形对象的颜色、线型、线宽、打印样式进行设置或修改。对象【特性】工具栏见图 5-37。

图 5-37 【特性】工具栏

通常，在【特性】工具栏的四个列表框中，均采用随层（Bylayer）控制选项，也就是说，在某一图层绘制图形对象时，图形对象的特性采用该图层设置的特性。利用【特性】工具栏可以随时改变当前图形对象的颜色、线型和线宽特性，而不使用当前图层已经设置好的特性。

不建议用户在对象【特性】工具栏中对图形对象进行修改，这样不利于图层对象的统一管理。

5.9.2 【特性】选项板

所有的图形、文字和尺寸，都称为对象。这些对象所具有的图层、颜色、线型、线宽、坐标值、大小等属性都称为对象的特性。用户可以通过如图 5-38 所示的【特性】选项板来显示选定对象或对象集的特性并修改任何可以更改的特性。

启动【特性】选项板的方法有：

- 下拉菜单：【修改】/【特性】
- 工具栏按钮：
- 命令行：properties
- 快捷菜单：选中对象后单击右键选择快捷菜单中的【特性】选项或双击图形对象

5.9.3 显示对象特性

首先在绘图区域选择对象，然后使用上述方法启动【特性】选项板。如果选择的是单个对象，则【特性】选项板显示的内容为所选对象的特性信息，包括基本、几何图形或文字等内容；如果选择的是多个对象，在【特性】选项板上方的下拉列表中显示所选对象的个数和对象类型，如图 5-39 所示，选择需要显示的对象，这时【特性】选项板中显示的才是该对象的特性信息；如果同时选择多个相同类型的对象，如选择了两个圆，则【特性】选项板中的几何图形信息栏显示为“*多种*”，如图 5-40 所示。

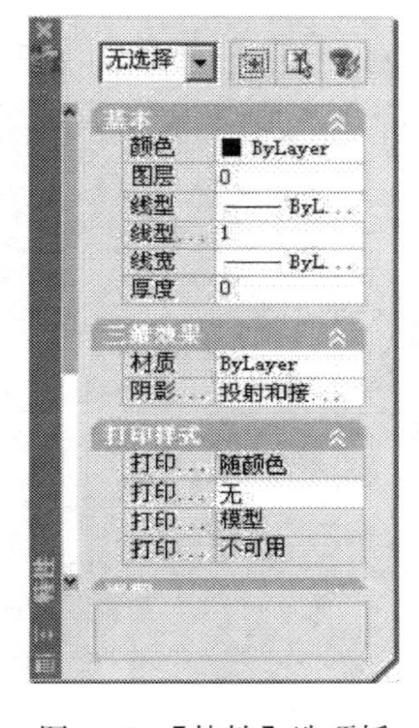

图 5-38 【特性】选项板对话框

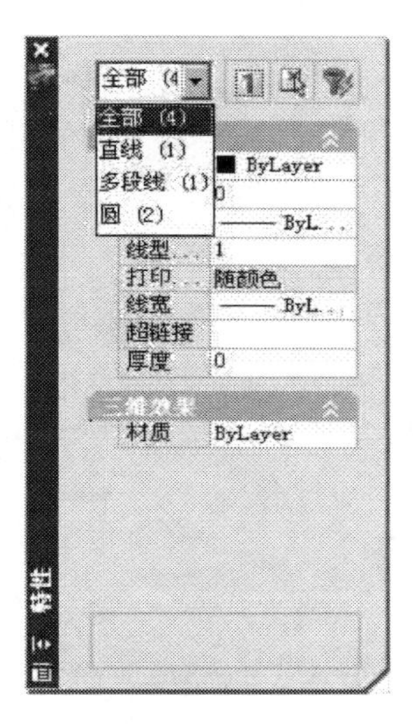

图 5-39 选择多个对象下拉列表

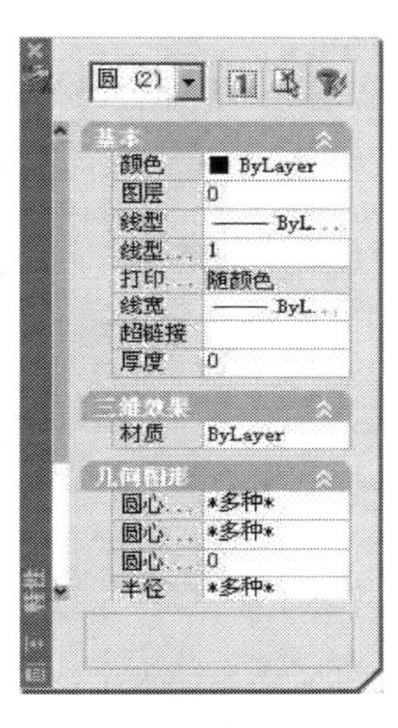

图 5-40 选择相同类型对象信息显示

在【特性】选项板的右上角还有三个功能按钮，它们分别具有下述功能：

（1）按钮：用来切换 pickadd 系统变量的值。当按钮图形为时，只能选择一个对象，如果使用窗选或交叉窗选同样可以一次选择多个对象，但只选中最后一次执行窗选或交叉窗选选择的对象；当按钮图形为时，可以选择多个对象。两个按钮图形可以通过鼠标单击进行切换。

（2）按钮：用来选择对象。单击该按钮，【特性】选项板暂时消失，选择需要的对象，单击右键、按 Enter 键或空格键结束选择，返回【特性】选项板，在选项板中显示所选对象的特性信息。

（3）按钮：用来快速选择对象。

另外，为了节省【特性】选项板所占空间，便于用户绘图，可以对其进行移动、关闭、允许固定、自动隐藏、说明等操作。方法为：在标题栏处单击右键，将显示快捷菜单，在快捷菜单中选择相应的操作。

5.9.4 修改对象特性值

利用【特性】选项板还可以修改选定对象或对象集的任何可以更改的特性值。当选项板显示所选对象的特性时，可以使用标题栏旁边的滚动条在特性列表中滚动查看，然后单击某一类别信息，在其右侧可能会出现不同的显示，如下拉箭头、可编辑的编辑框、...按钮或按钮。可以使用下列方法之一修改其特性值：

- 单击右侧的下拉箭头，从列表中选择一个值。
- 直接输入新值并回车。
- 单击...按钮，并在对话框中修改特性值。
- 单击按钮，使用定点设备修改坐标值。

在完成上述任何操作的同时，修改将立即生效，用户会发现绘图区域的对象随之发生变化。如果要放弃刚刚进行的修改，在【特性】选项板的空白区域单击鼠标右键，选择【放弃】选项即可。

5.9.5 对象特性的匹配

将一个对象的某些或所有特性复制到其他对象上，在 AutoCAD 中被称为对象特性的匹配。可以进行复制的特性类型包括（但不仅限于）：颜色、图层、线型、线型比例、线宽、打印样式等。这样，用户在修改对象特性时，就不必逐一修改，可以借用已有对象的特性，使用【特性匹配】命令将其全部或部分特性复制到指定对象上。

启动【特性匹配】命令的方法有：

- 下拉菜单：【修改】/【特性匹配】
- 工具栏按钮：
- 命令行：matchprop 或 painter

执行上述命令后，命令行提示：

```
命令: '_matchprop              //执行【特性匹配】命令
选择源对象:                    //选择源对象
当前活动设置:颜色 图层 线型 线型比例 线宽 厚度 打印样式 标注 文字 填充图案 多段线 视口
表格材质 阴影显示 多重引线      //显示当前选定的特性匹配设置
选择目标对象或 [设置(S)]:       //选择目标对象
选择目标对象或 [设置(S) ]       //继续选择目标对象或输入"s"调用【特性设置】对话框,或回车结束选择
```

其中，源对象是指需要复制其特性的对象；目标对象是指要将源对象的特性复制到其上的对象；【特性设置】对话框是用来控制要将哪些对象特性复制到目标对象，哪些特性不复制。在系统默认情况下，AutoCAD 将选择【特性设置】对话框中的所有对象特性进行复制。如果用户不想全部复制，可以在命令行提示"选择目标对象或［设置（S)]："时，输入 s 回车或单击鼠标右键选择快捷菜单的【设置】选项，调用如图 5-41 所示的【特性设置】对话框来选择需要复制的对象特性。

在该对话框的【基本特性】选区和【特殊特性】选区中勾选需要复制的特性选项，然后单击 确定 按钮即可。

特性匹配是一种非常高效有用的编辑工具，它的作用如同 word 中的格式刷。

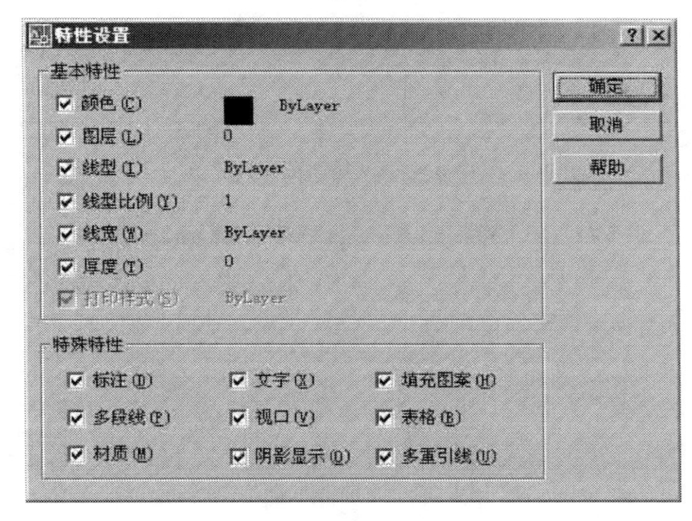

图 5-41 【特性设置】对话框

5.10 绘图样例（装饰花格立面、楼梯剖面图绘制方法）

【例 5-14】绘制如图 5-42 所示的花格立面图。

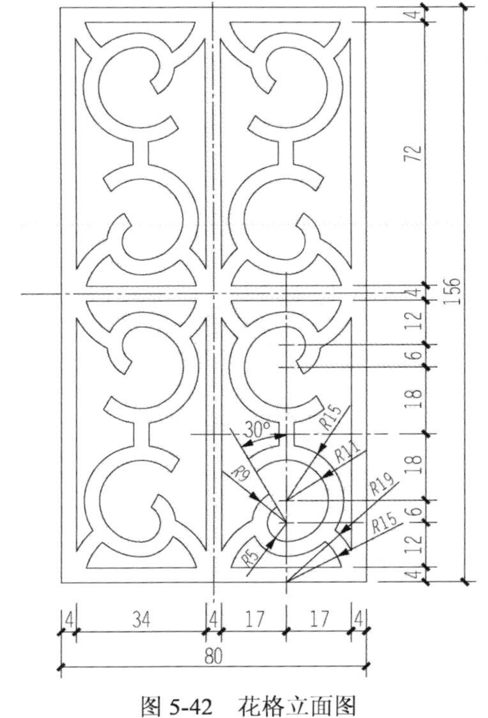

图 5-42 花格立面图

绘图步骤

（1）选择 在【图层特性管理器】中设立图层，如图 5-43 所示。

状	名称	开	冻结	锁定	颜色	线型	线宽	打印样式	打	说明
✓	0				白	Contin...	—— 默认	Color_7		
	Defpoints				白	Contin...	—— 默认	Color_7		
	尺寸线				白	Contin...	—— 0....	Color_7		
	辅助线				红	CENTER	—— 默认	Color_1		

图 5-43　设立图层

（2）在“0”图层下单击【矩形】命令，绘制 80×156 的矩形；打开状态行【正交】，在“辅助线”图层下，单击【直线】命令绘制矩形中线，如图 5-44 所示。

（3）同第 2 步绘图步骤，在矩形的右下角位置绘制一个 34×72 小矩形和中线，结果如图 5-45 所示。

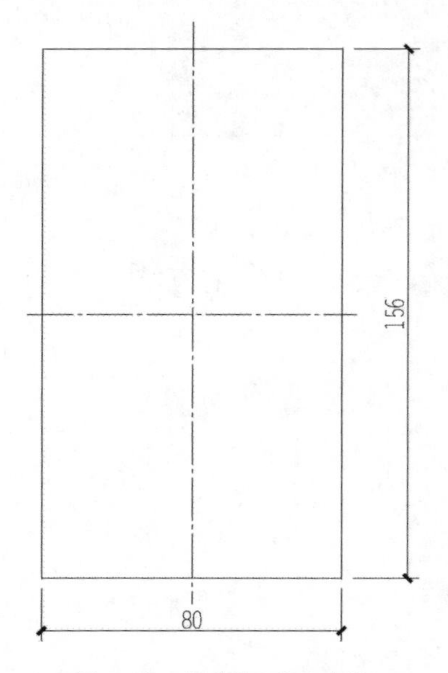

图 5-44　绘制矩形及中线

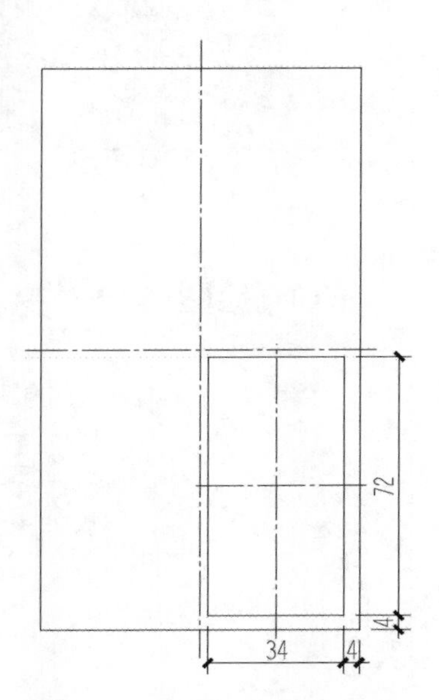

图 5-45　绘制小矩形和中线

（4）在【辅助线】图层下单击【直线】命令，绘制圆心位置辅助线，如图 5-46 所示。

（5）单击【圆】命令，分别绘制半径为 15、19 的圆，结果如图 5-47 所示。

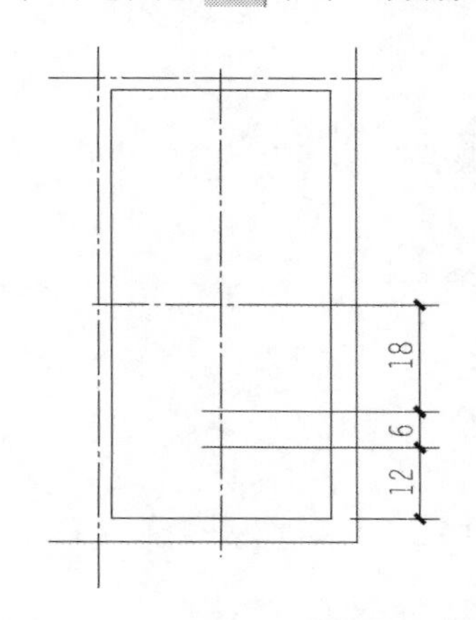

图 5-46　绘制圆心位置辅助线

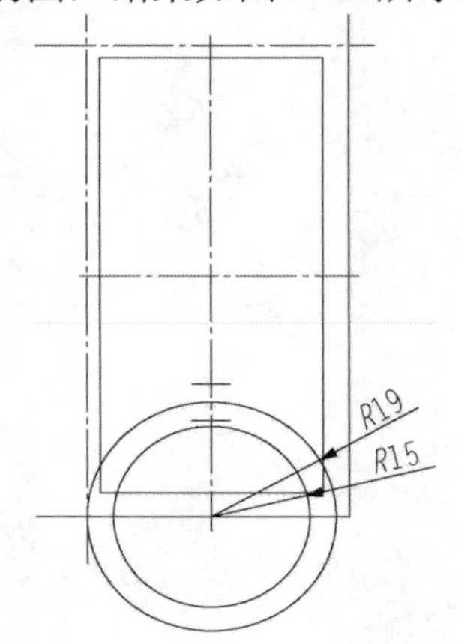

图 5-47　绘制半径为 15、19 的圆

（6）单击【圆】命令，继续绘制半径分别为5、9的圆，结果如图5-48所示。

（7）单击【圆】命令，继续绘制半径分别为11、15的圆，结果如图5-49所示。

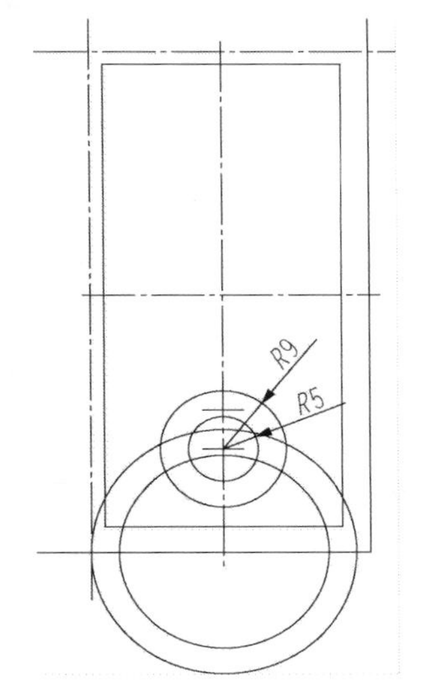

图5-48 绘制半径为5、9的圆

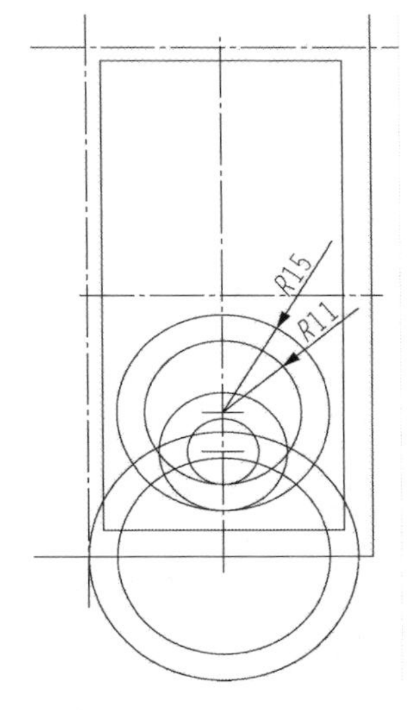

图5-49 绘制半径为11、15的圆

（8）状态行【极轴】设置为30°，单击【直线】命令，过半径为5的圆心绘制角度为120°的直线，结果如图5-50所示。

（9）单击【修剪】命令，剪切多余线，结果如图5-51所示。

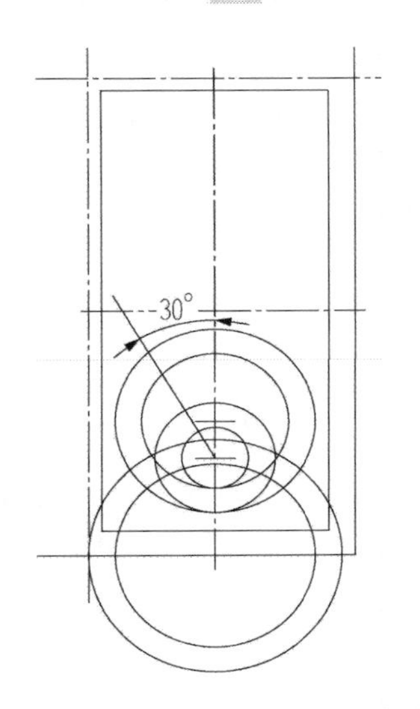

图5-50 绘制角度为120°的直线

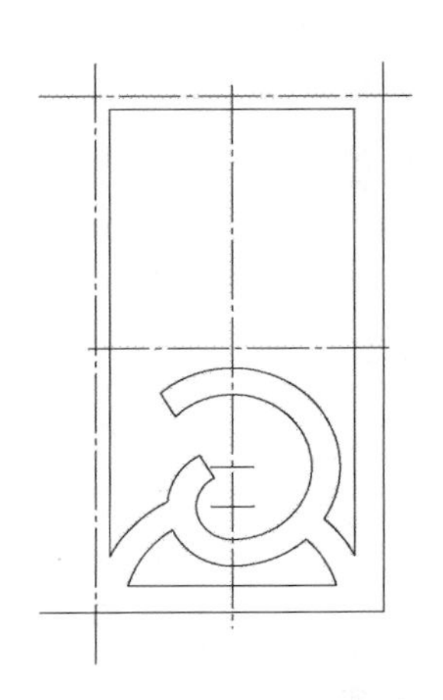

图5-51 剪切多余线

（10）单击【旋转】命令，以辅助中线交点*A*为旋转中点，注意在命令行选择复制“c”后再将花饰旋转180°，保留源对象，结果如图5-52所示。

（11）单击【偏移】命令，将辅助中线向左右两侧各偏移2；应用【修剪】命令剪切多余线，完成1/4花格的绘制，结果如图5-53所示。

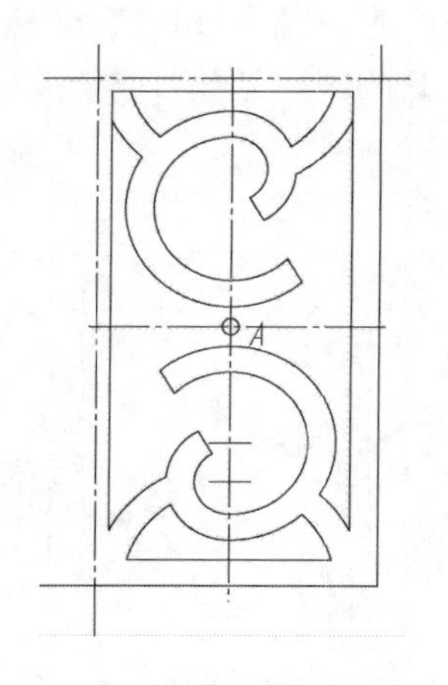

图 5-52　将花饰旋转 180°

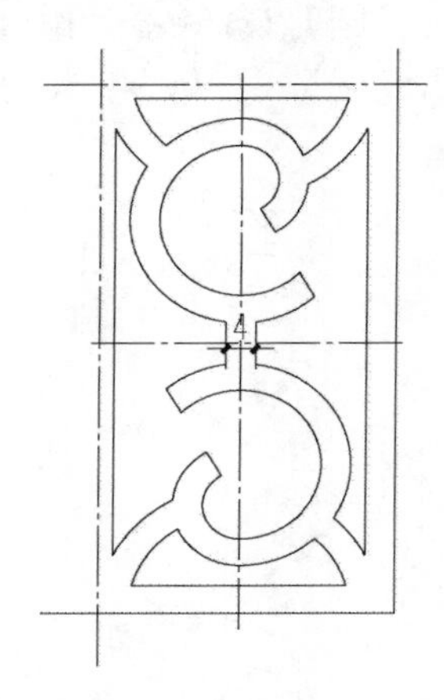

图 5-53　完成 1/4 花格的绘制

（12）单击【镜像】命令，以辅助中线为镜像线，镜像所得图形，花格立面绘制结果如图 5-54 所示。

图 5-54　花格立面绘制结果

【例 5-15】用 1:1 比例绘制如图 5-55 所示的楼梯剖面图。

绘图步骤

（1）设置四种图层，如图 5-56 所示。

（2）建立绘图区域和基线。单击【矩形】命令绘制 8000×13000 线框，命令行输入“Z”，回车输入“E”后，线框充满屏幕；单击【分解】命令后选取线框，擦去线框的顶线和右侧线，剩下的底线和左侧线作为基线，绘图区域设置完成。

10.800
9.000
7.200
5.400
3.600
1.800
±0.000
2100
1500
2100
1500
2100
1100
1800
12×150=1800
12×150=1800
12×150=1800
12×150=1800
12×150=1800
12×150=1800
1080
11×300=3300
1920
6300
D
E

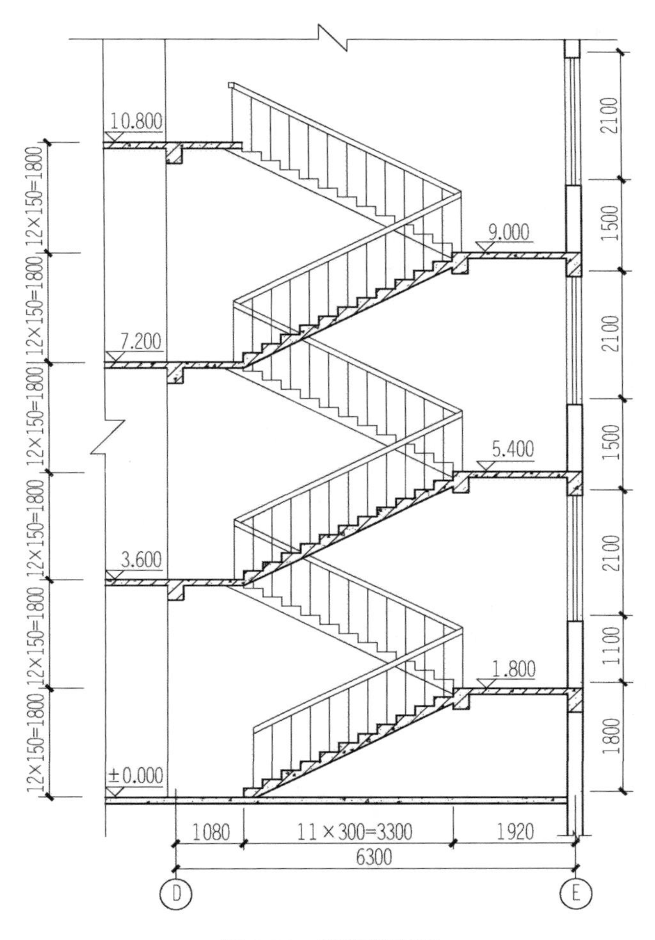

图 5-55 楼梯剖面图

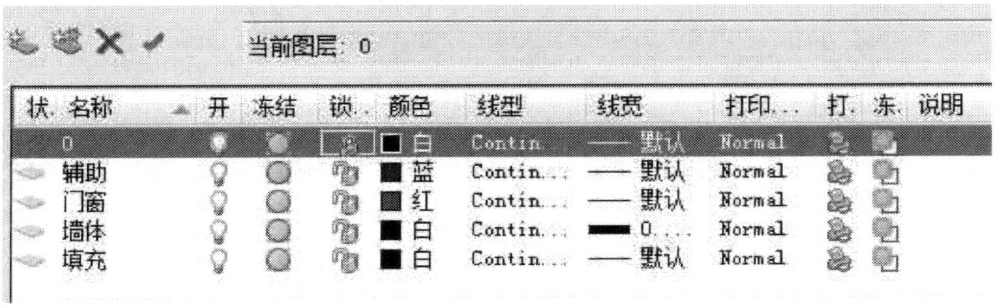

当前图层: 0
状. 名称 开 冻结 锁. 颜色 线型 线宽 打印... 打. 冻. 说明
0 白 Contin... 默认 Normal
辅助 蓝 Contin... 默认 Normal
门窗 红 Contin... 默认 Normal
墙体 白 Contin... 0.... Normal
填充 白 Contin... 默认 Normal

图 5-56 图层设置

（3）绘制墙轴线和楼面线网格。单击【偏移】命令，绘制墙轴线及楼地面位置线，偏移距离见图 5-57。

（4）绘制墙体和梯段起止位置线。单击【偏移】命令，绘制墙体和梯段起止位置线，偏移距离如图 5-58 所示。

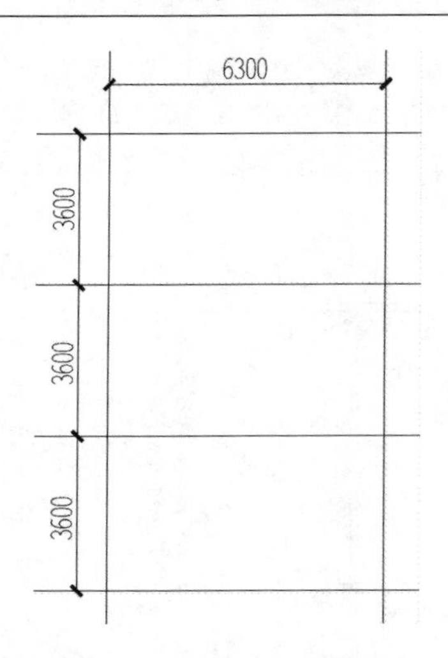

图 5-57 墙轴线及楼地面位置线

（5）确定梯段的起止点。单击【修剪】命令，确定梯段的起止点，擦去多余的线，修剪结果如图 5-59 所示。

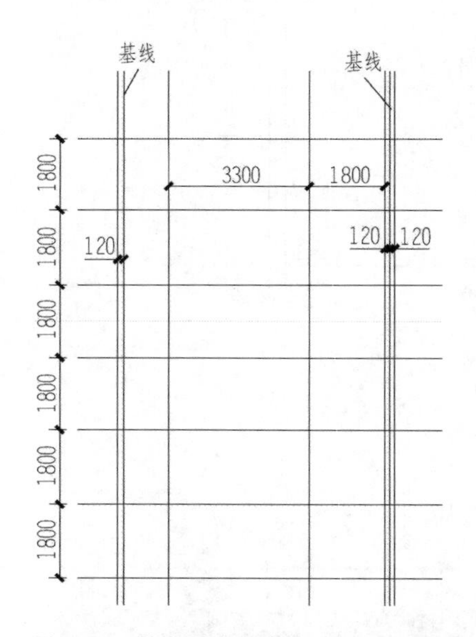

图 5-58 绘制墙体和梯段起止位置线

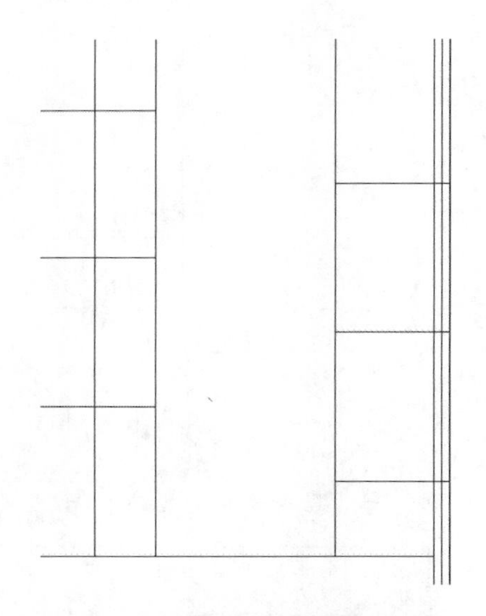

图 5-59 确定梯段的起止点

（6）绘制单个踏步剖面图。状态行打开【极轴】、【对象捕捉】、【对象追踪】，单击【多段线】命令，在图形外侧绘制 150×300 的单个踏步及 900 高的楼梯栏杆，如图 5-60 所示。

（7）绘制双向梯段图。单击【复制】命令，连续复制 11 级楼梯踏步，分别连接梯段和栏杆两个端点，再应用【复制】命令将连线分别向下和向上各复制一条斜线，距离为 100，完成一个梯段的绘制；单击【直线】命令绘制一条直线作为对称轴，再点击【镜像】命令完成另一方向梯段的绘制，结果如图 5-61 所示。

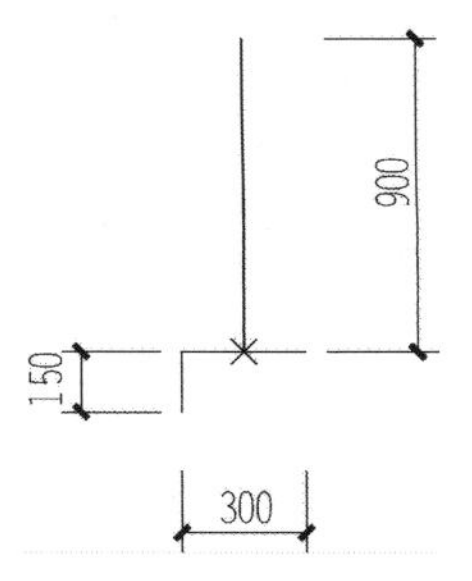

图 5-60 单个踏步剖面及栏杆

图 5-61 双向梯段的绘制

（8）安放梯段并绘制楼板。单击【复制】命令，分别选择 *A*、*B* 两点为基点，将已绘制好的梯段复制到各层楼面；再单击【偏移】命令将楼板线向下偏移 100，结果如图 5-62 所示。

（9）绘制平台梁。单击【矩形】命令，在图形空白处绘制 250×350 矩形梁断面，应用【复制】命令，将矩形梁安放到位；应用【多段线】命令绘制折断线，结果如图 5-63 所示。

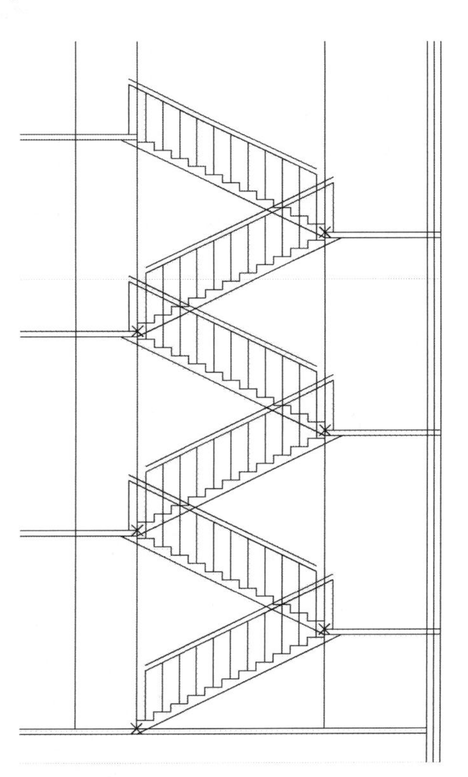

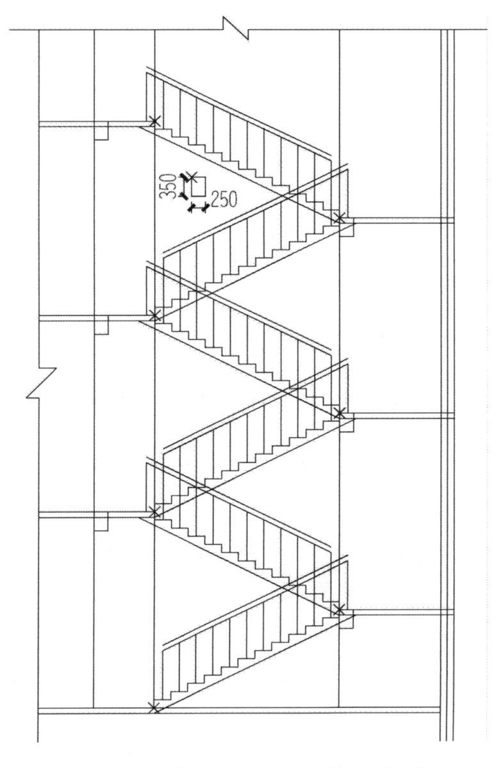

图 5-62 复制各梯段结果

图 5-63 绘制平台梁断面和折断线

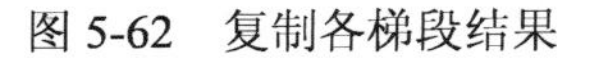

（10）编辑整理梯段和平台梁轮廓线。单击【删除】，擦去多余的线；单击【延伸】将扶手和栏杆延伸后汇交；单击【修剪】命令，编辑修剪多余点线，矩形梁要先分解再修剪；再点击【直线】命令绘制窗过梁，梁高 400，距离平台顶面 3200，修改编辑结

果如图 5-64 所示。

（11）绘制窗户，填充钢筋混凝土剖面图例。点击【修剪】命令，打开门窗洞，在“门窗”图层下单击【直线】、【偏移】和【复制】命令绘制三个窗户剖面，高度均为 2100；打开“填充”图层，单击【填充】命令，选择图案“ANSI31”，设定比例为 1200；再选择图案“AR-CONC”，设定比例为 60，完成楼梯剖面图绘制，结果如图 5-65 所示。

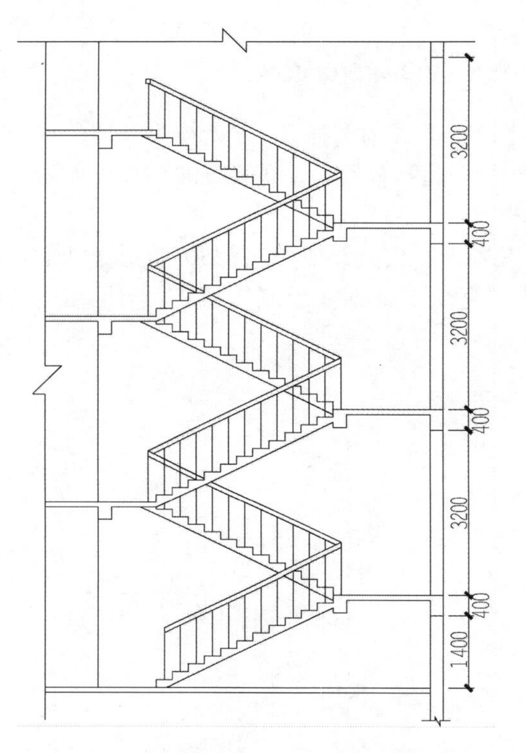

图 5-64 梯段及平台梁整理结果

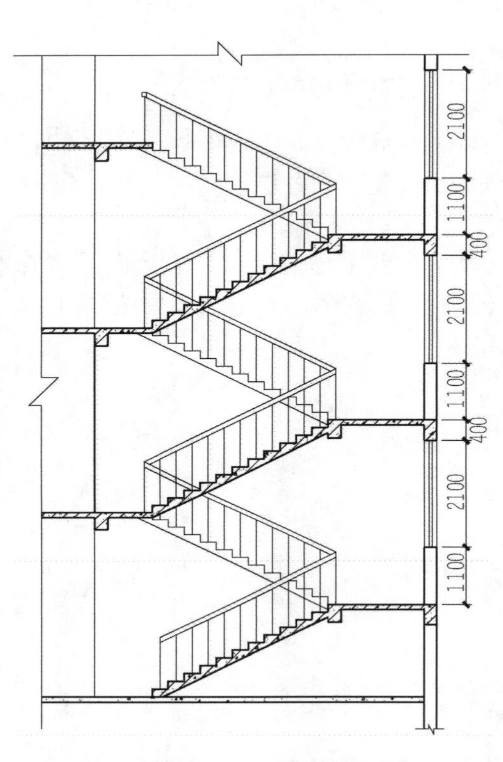

图 5-65 完成楼梯剖面图

5.11 上机练习及图形分解图（煤气灶、餐桌椅、座便平面及其分解图；电视墙、低柜、花格立面及其分解图；楼梯剖面图）

（1）参考图 5-66 所示煤气灶平面分解图，按 1:1 比例绘制如图 5-67 所示的煤气灶平面图。（不标注尺寸）

（2）参考座便平面分解图，按 1:1 比例绘制如图 5-68 所示的座便平面图。（不标注尺寸）

（3）参考餐桌椅平面分解图，按 1:1 比例绘制如图 5-69 所示的餐桌椅平面图。（不标注尺寸）

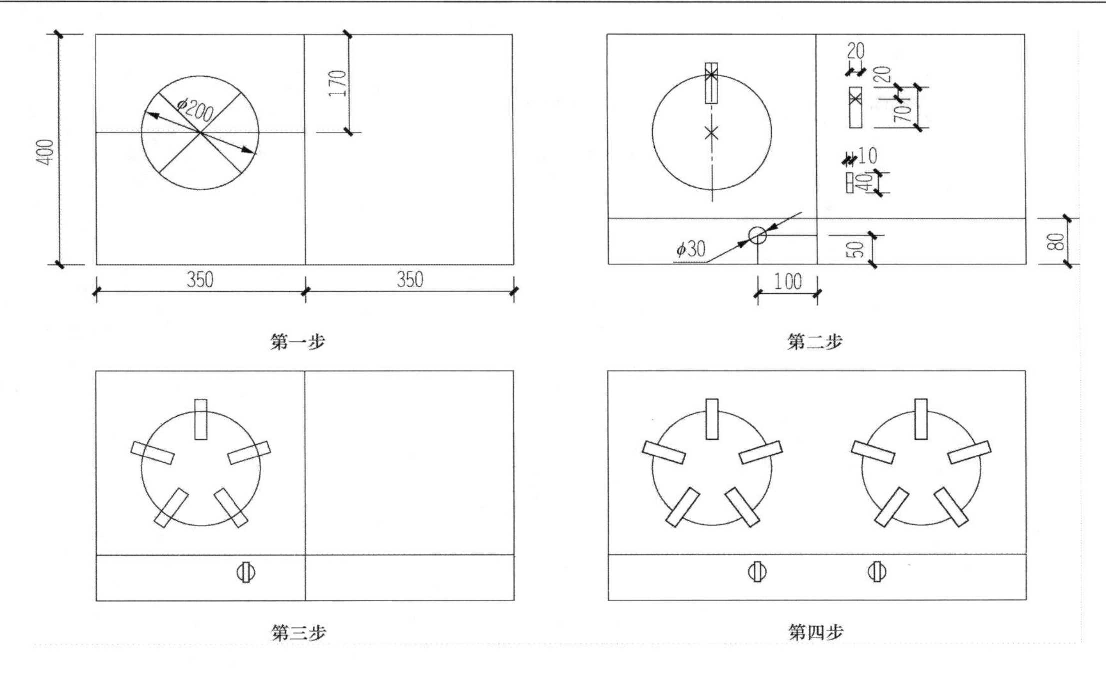

图 5-66　煤气灶平面及其分解图

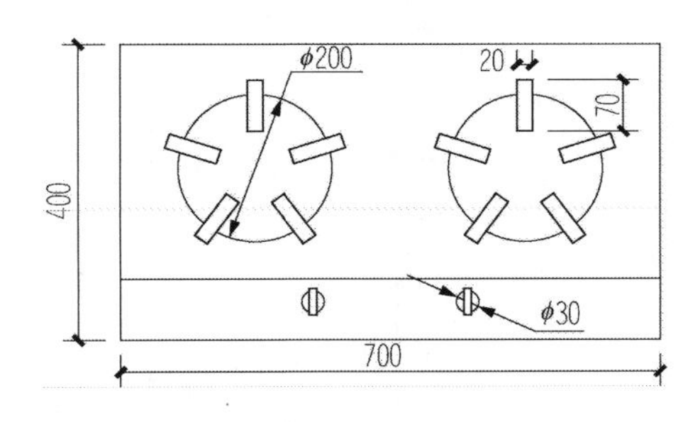

图 5-67　煤气灶平面图

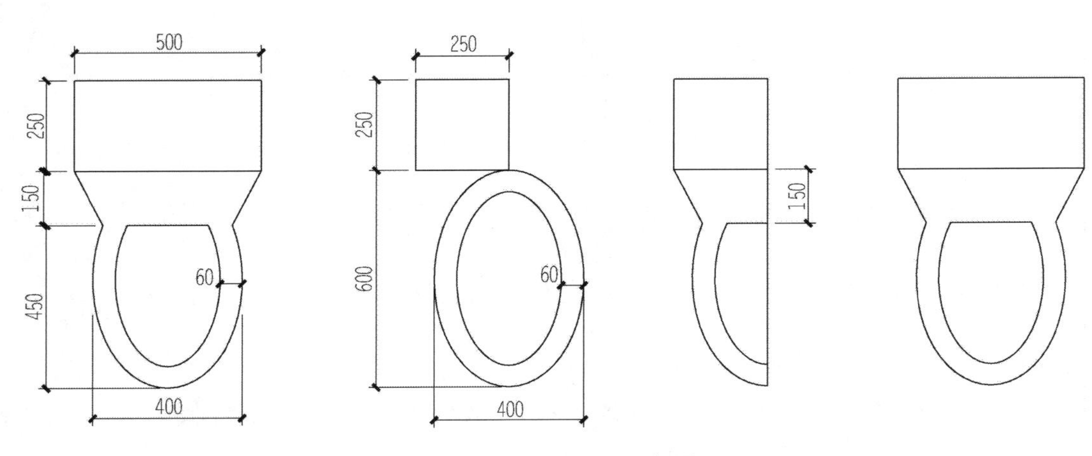

图 5-68　座便平面及分解图

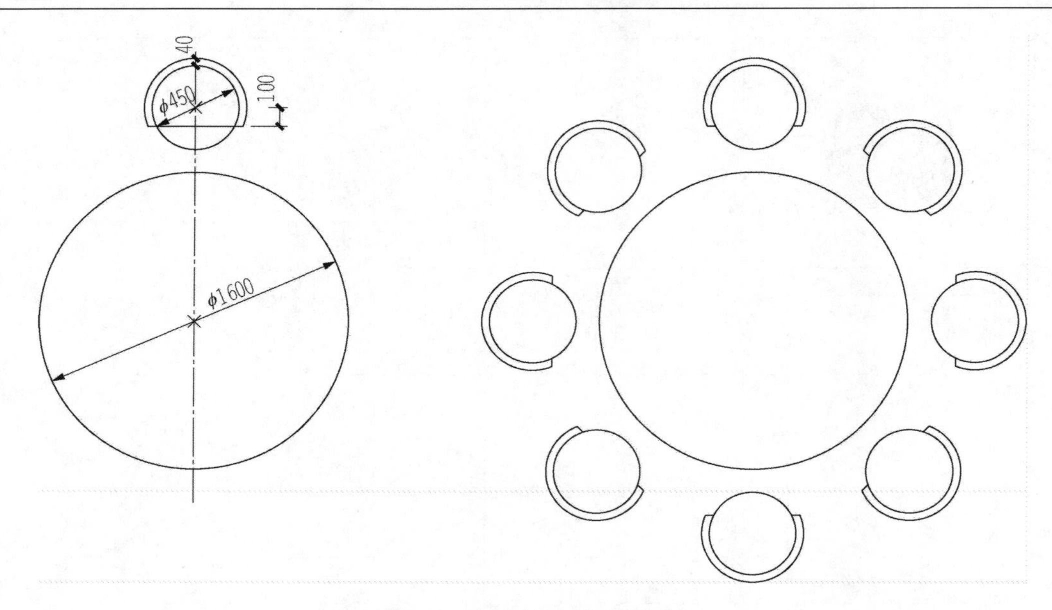

图 5-69 餐桌椅平面及分解图

（4）参考电视墙立面分解图，按 1:1 比例绘制如图 5-70 所示的电视墙立面图。（不标注尺寸）

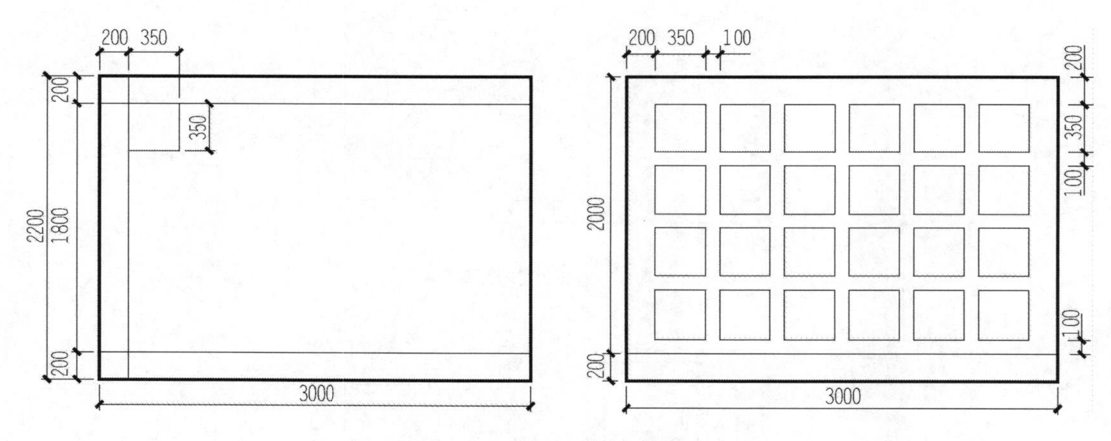

图 5-70 电视墙立面及分解图

（5）参考低柜立面分解图 5-71，按 1:1 比例绘制如图 5-72 所示的低柜立面图。（不标注尺寸）

（6）参考花格立面分解图 5-73，按 1:1 比例，绘制图 5-74 所示的花格立面图。（不标注尺寸）

（7）按 1:1 比例，绘制图 5-75 所示的带盖座便平面图。（不标注尺寸）

（8）按 1:50 比例抄绘如图 5-76 所示的楼梯剖面图，不同的图线放在不同的图层上。（不标注尺寸）

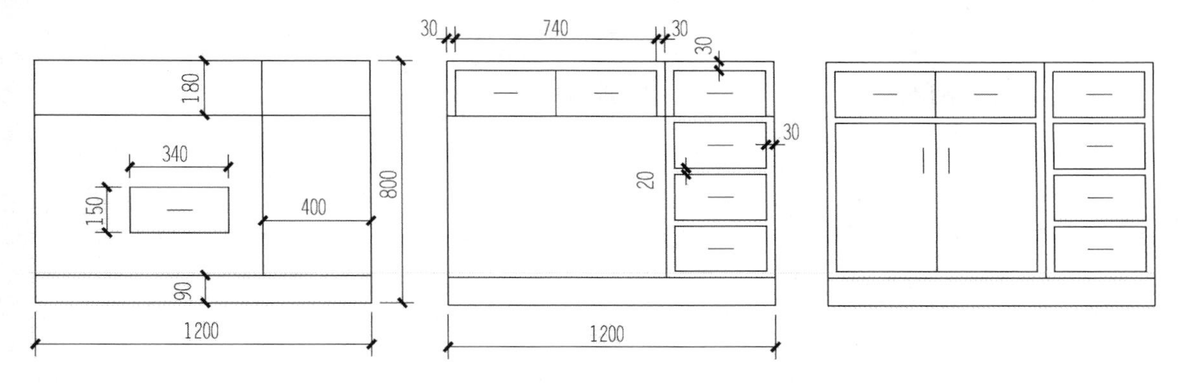

图 5-71　低柜立面分解图

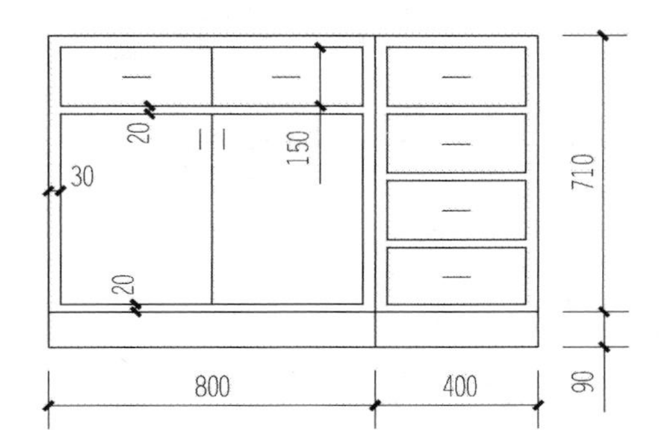

图 5-72　低柜立面图

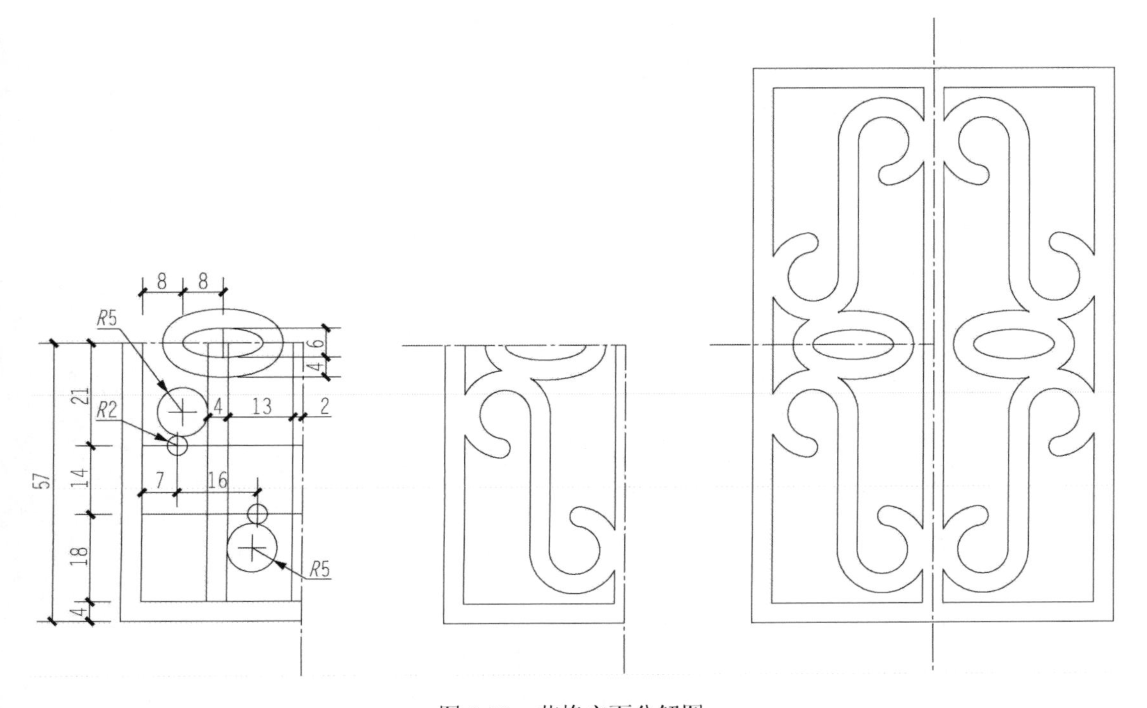

图 5-73　花格立面分解图

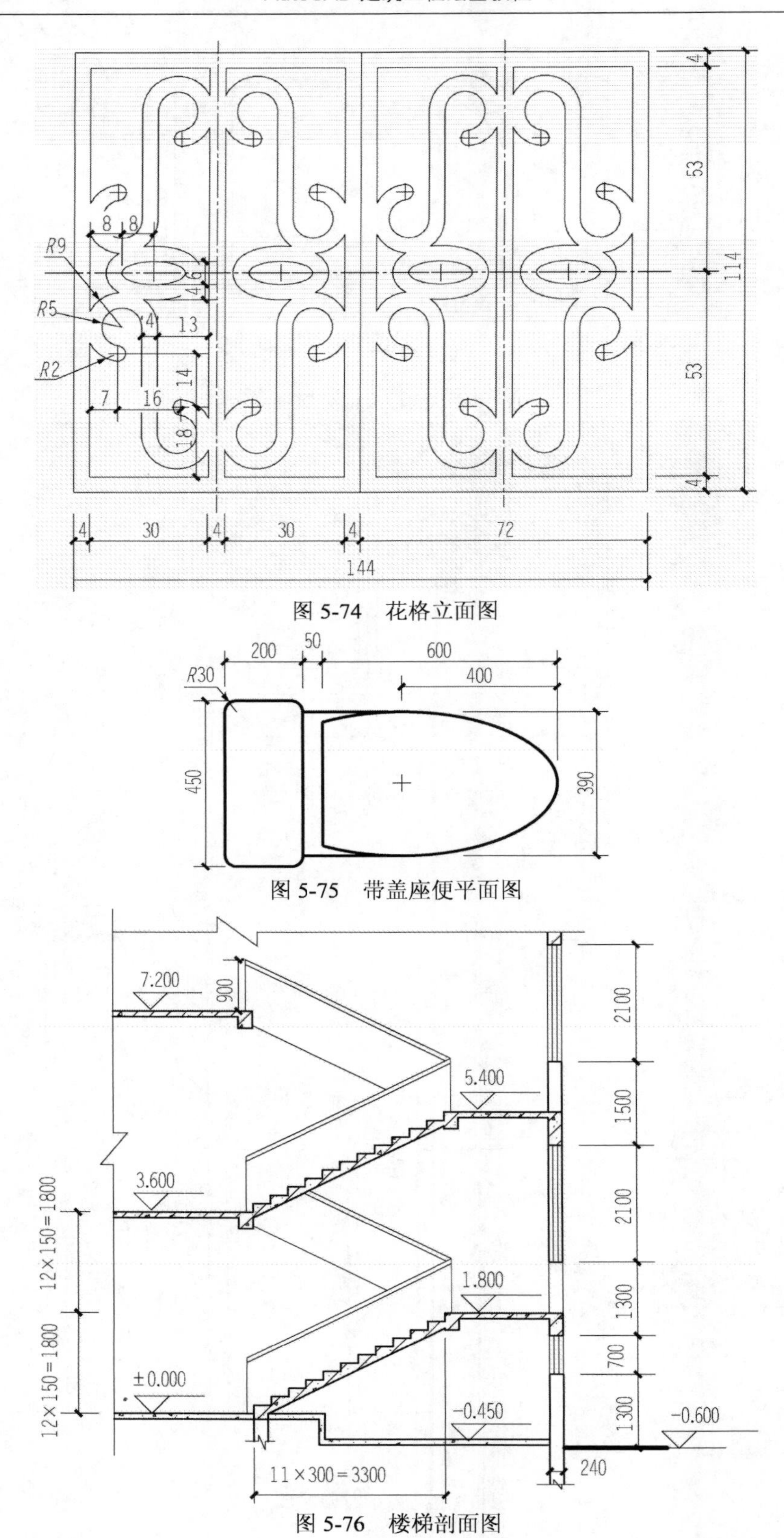

图 5-74　花格立面图

图 5-75　带盖座便平面图

图 5-76　楼梯剖面图

第6章 文字与表格

工程图中不仅有图形，还包含文字和表格，如技术要求、标题栏和明细表等。在AutoCAD 2004及以前的版本中，没有提供专门绘制及编辑表格的功能，需要设计人员用【直线】命令绘制表格，然后对每个单元格进行文字输入编辑，后期的修改非常不便。为此，AutoCAD 2006版本开始提供了非常强的文字注写及编辑文字功能和绘制表格功能。

AutoCAD 2008提供了两种文字输入的方式：【单行文字】和【多行文字】。所谓的单行文字，并不是用该命令每次只能输入一行文字，而是输入的文字，每一行单独作为一个实体对象来处理。相反，多行文字就是不管输入几行文字，AutoCAD都把它作为一个实体对象来处理。

创建表格的功能，用户可以使用【插入表格】对话框方便地创建表格、向表格中添加文字或块、添加单元及调整表格的大小，还可以修改单元内容的特性。

6.1 文字样式设置

在工程图样中输入的文字，必须符合国家标准，《房屋建筑制图统一标准》(GB/T 5001—2010)中规定的文字样式：汉字为长仿宋体或黑体，长仿宋体的字高与字宽的比例约为$\sqrt{2}$:1，字体高度有20、14、10、7、5、3.5、2.5mm七种，汉字高度不小于3.5mm，字母和数字高度不小于2.5mm。字母和数字可写为直体和斜体字，若文字采用斜体字体，文字须向右倾斜，与水平基线成75°夹角。

AutoCAD 2008默认的文字样式是Standard，字体文件是txt.shx。在用AutoCAD进行文字输入之前，应该先定义一个文字样式，输入文字时，用户可以使用AutoCAD提供的当前文字样式进行输入，该样式需要设置文字的字体、字号、倾斜角度、方向及其他特征，输入的文字将按照这些设置在屏幕上显示。

用户可以定义多个文字样式，不同的文字样式用于输入不同的字体。要修改文本格式时，不需要逐个文本进行修改，而只要对该文本的样式进行修改，就可以改变使用该样式书写的所有文本的格式。

6.1.1 文字样式设置

文字样式的创建是通过【文字样式】对话框完成的。启动【文字样式】对话框的方法有：

- 下拉菜单：【格式】/【文字样式】
- 【样式】工具栏中【文字】工具栏按钮（如图6-1所示）：
- 命令行：style

图6-1 【文字】工具栏

执行上述命令后，弹出如图6-2所示的【文字样式】对话框。AutoCAD 中文字样式的缺省设置是标准样式（Standard）。这一种样式不能满足使用者的要求，用户可以根据需要创建一个新的文字样式。下面以工程图中使用的“长仿宋体”样式为例，讲述文字样式的设置。

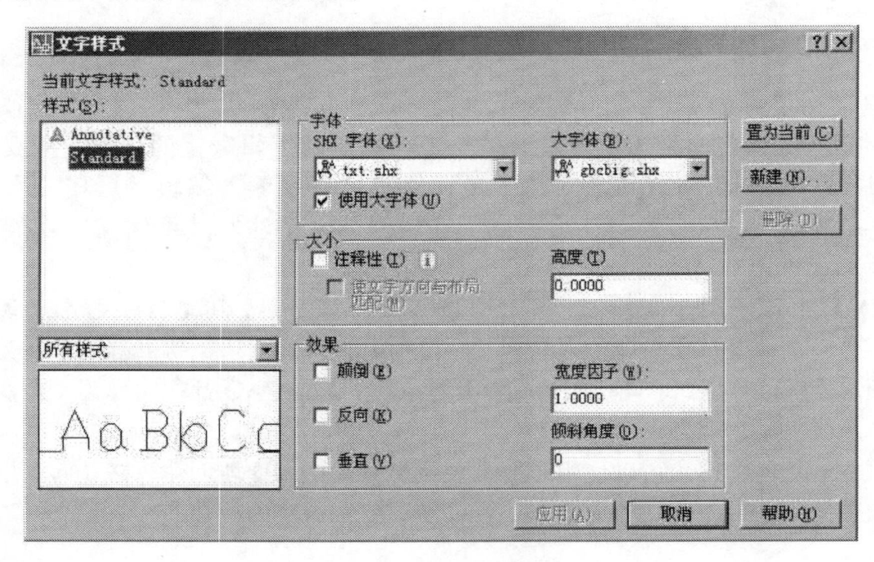

图 6-2 【文字样式】对话框

（1）执行下拉菜单【格式】/【文字样式】，弹出如图 6-2 所示的【文字样式】对话框。在【样式】下拉列表中显示的是当前所应用的文字样式。AutoCAD 默认的文字样式是“Standard”，用户可以在此基础上，修改新建文字样式。

（2）单击 新建(N)... 按钮：弹出如图 6-3 所示的【新建文字样式】对话框。在该对话框的【样式名】编辑框中填写新建的文字样式名，文字样式名最长可以用 255 个字符，其中包括字母、数字、空格和一些特殊字符（如美元符号、下划线、连字符等），如填写“长仿宋体”。然后单击 确定 按钮，返回【文字样式】对话框。这时，在【文字样式】对话框的【样式名】下拉列表中已经增加了“长仿宋体”样式名。

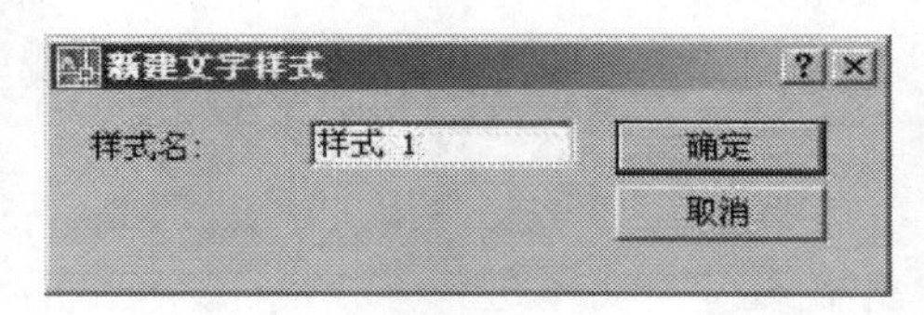

图 6-3 【新建文字样式】对话框

（3）在【文字样式】对话框中对新建的“长仿宋体”样式进行设置。

【字体】选区，用来设置所用字体：

1）字体名：在【字体】下拉列表中显示了所有的 True Type 字体和 AutoCAD 的矢量字体。

- TrueType 即 ttf，用该字体标注中文，一般不会出现中文显示不正常的问题。它具有字体清晰、美观、占有内存空间大、出图速度慢的特点。ttf 字体的左边带有 图标。
- shx 字体，是一种用线划来描述字符轮廓的字体。它具有占有内存空间小、打印速度快的特点。它分为小字体和大字体，小字体用于标注西文，大字体用于标准亚洲语言文字。shx 字体前面带有 图标。

在定义“长仿宋体”时字体选区选用仿宋-GB2312。

2）字体样式：用来选择字体的样式。

- 使用 TrueType 字体定义文字样式时，在【字体】下拉列表中选择一种 TrueType 字体，这时【使用大字体】的复选框不可用，在【字体样式】下拉列表中默认为常规。
- 使用 shx 字体定义文字样式时，在【字体】下拉列表中选择一种 shx 字体，再选中【使用大字体】复选框，这时，【字体】下拉列表变为【SHX 字体】列表，【字体样式】下拉列表变为【大字体】列表。选中其中的 gbcbig.shx 大字体，它是 Autodesk 公司专为中国用户开发的字体，“gb”代表“国家标准”，“c”代表“Chinese-中文”，要是用 shx 字体显示中文，必须选择 gbcbig.shx 大字体。如果遇到中英文字体高度和宽度不一致的问题，用户可以在【SHX 字体】列表中选择 gbenor.shx（控制英文直体）或 gbeitc.shx（控制英文斜体、中文不斜体）来解决。

（4）【大小】选区：

1）注释性复选框：是指设定文字是否为注释性对象。

2）高度：用来设置字体的高度。通常将字体高度设为 0，这样，在单行文字输入时，系统会提示输入字体的高度。

（5）【效果】选区：用来设置字体的显示效果，包括颠倒、反向、垂直、宽度比例和倾斜角度。通过勾选相应的选框来进行设置，同时在预览框中显示效果。

垂直对齐显示字符功能对 True Type 字体不可用。宽度比例：默认值是 1，如果输入值大于 1，则文本宽度加大，按照制图标准，将长仿宋体其余默认不勾选，宽度比例设置为 0.7。

设置好以后，在图 6-2 所示的【文字样式】对话框左下角窗口内，会出现预览指定文字的效果。

完成了上述的文字样式设置后，单击 应用(A) 按钮，系统保存新创建的文字样式并应用。然后退出【文字样式】对话框完成一个新文字样式的创建。

在【文字样式】对话框中，还有一些按钮：

删除(D) 按钮：用来删除不用的文字样式。其中正在使用的样式和“Standard”样式不能被删除。

置为当前(C) 按钮：将某种样式置为当前使用。当某种字体样式设置完成后，就会显示在【样式】工具栏上的文字样式下拉列表中，如图 6-4 所示，以供用户方便文字样式的切换，在这里也可以方便地把某种字体样式设为当前样式。如果单击绘图区域上部的文字样式管理器按钮，可以快速打开【文字样式】对话框，进行文字样式定义和修改。

图 6-4 【样式】工具栏

也可以通过执行 text 或 mtext 命令，在命令行选择【样式（s）】选项，通过输入样式名来作为当前样式。

6.1.2　修改文字样式

在【文字样式】对话框中，显示了所有已创建的文字样式。用户可以随时修改某一种已建文字样式，并将所有使用这种样式输入的文字特性同时进行修改；也可以只修改文字样式的定义，使它只对以后使用这种样式输入的文字起作用，而不修改之前使用该样式输入的文字特性。

在【样式名】列表中选择需要修改的文字样式，并在【文字样式】对话框的【字体】选区和【效果】选区进行修改，如果修改了其中任何一项，对话框中的 应用(A) 按钮就会被激活。如果先单击 应用(A) 按钮，系统会将更新的样式定义保存，同时更新所有使用这种样式输入的文字的特性，然后退出【文字样式】对话框；如果在修改完某一文字样式后先单击 置为当前(C) 按钮，屏幕上会弹出如图 6-5 所示的系统提示，单击 是(Y) 按钮就可以保存当前样式的修改并退出对话框，但此时系统只是保存更新的样式定义，并不修改之前使用该样式输入的文字特性。

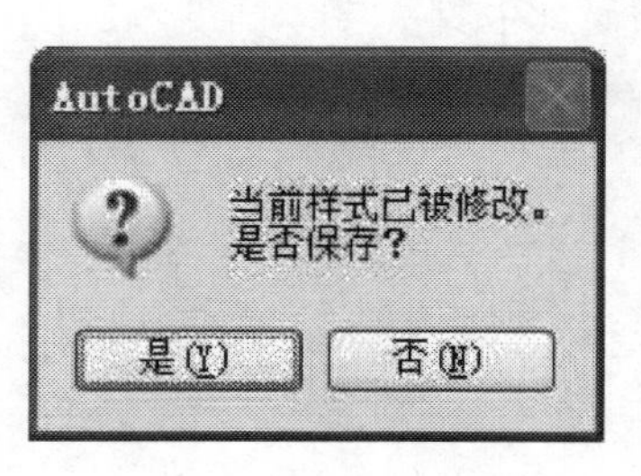

图 6-5　样式修改的提示

6.2　注　写　文　字

6.2.1　单行文字的注写

单行文字的每一行就是一个单独的整体，不可分解，只能具有整体特性，不能对其中的字符设置另外的格式。单行文字除了具有当前使用文字样式的特性外，还具有内容、位置、对齐方式、字高、旋转角度等特性。

执行【单行文字】输入命令的方法有：

- 下拉菜单：【绘图】/【文字】/【单行文字】（如图 6-6 所示）
- 文字工具栏按钮（见图 6-7）：AI
- 命令行：text 或 dtext

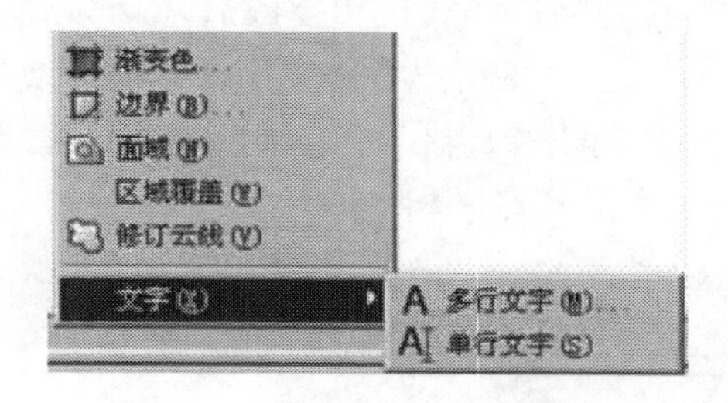

图 6-6　单行文字下拉菜单

图 6-7　文字工具栏

执行上述命令后，命令行提示：

```
命令：_dtext                                  //执行【单行文字】输入命令
```

```
当前文字样式:"长仿宋体"文字高度:0.2000 注释性:否  //显示当前文字样式信息
指定文字的起点或[对正(J)/样式(S)]:                //指定文字起点或选择其余选项
指定高度<0.2000>:100                              //输入文字高度
指定文字的旋转角度<0>:0                           //输入文字旋转角度
输入文字:                                         //继续输入所需文字,或回车结束命令
```

在命令行提示“指定文字的起点或［对正（J）/样式（S）]:”时，如果输入“j”选择【对正】选项，可以用来指定文字的对齐方式；如果输入“s”选择【样式】选项，可以用来指定文字的当前输入样式。下面详细介绍各选项的使用。

1.【对正（J）】选项

在命令行提示“指定文字的起点或［对正（J）/样式（S）]:”时，如果输入“j”回车，命令行提示：

```
输入选项
[对齐(A)/调整(F)/中心(C)/中间(M)/右(R)/左上(TL)/中上(TC)/右上(TR)/左中(ML)/正中(MC)/右中(MR)/左下(BL)/中下(BC)/右下(BR)]:
```

其中各选项的含义分别为：

- 对齐（A）：将文字限制在指定基线的两个端点之间。输入的文字正好嵌入在指定的两个端点之间，文字的倾斜角度由指定的两个端点决定，高度由系统计算得到，而不需用户来指定，注意文字的高宽比保持不变。
- 调整（F）：也是将文字限制在指定基线的两个端点之间，与“对齐”不同的是，需要用户指定文字高度，字符的宽度因子由系统计算得到。
- 中心（C）：以指定点为中心点对齐文字，文字向两边缩排。需要用户指定基线的中心点、文字高度和旋转角度。
- 中间（M）：文字基线的水平中点与文字高度的垂直中点重合，需要用户指定文字的中间点、文字高度和旋转角度。
- 右（R）：在基线上以指定点为基准右对齐文字，需要用户指定文字的右端点、文字高度和旋转角度。
- 正中（MC）：以指定点作为文字高度上的中点，并且以该点为基准居中对齐文字，需要用户指定文字的中间点、文字高度和旋转角度。“中间”选项与“正中”选项不同，“中间”选项使用的中点是所有文字包括下行文字在内的中点，而“正中”选项使用大写字母高度的中点。
- 其余选项作用类似，读者可以自行实验。

文字的对正方式还可以在【特性】选项板中进行调整。

2.【样式（S）】选项

在命令行提示：

```
指定文字的起点或[对正(J)/样式(S)]:s       //输入s回车
输入样式名或[?]<样式4>:                   //输入样式名或回车默认括号中的文字样式
```

6.2.2　特殊符号的输入

在使用单行文字输入时，常常需要输入一些特殊符号，如直径符号“ϕ”，角度符号“°”等。根据当前文字样式所使用的字体不同，特殊符号的输入分用 ttf 字体输入特殊字符和用 shx 字体输入特殊字符两种情况。

1. 用 ttf 字体输入特殊字符

如果当前的文字样式使用的是 ttf 字体，就可以使用 Windows 提供的软键盘进行输入。任选一种输入法，例如智能 ABC 输入法，在输入法状态条的按钮上，单击鼠标右键，出现键盘快捷菜单，如图 6-8 所示。例如，选择【希腊字母】，就会出现如图 6-9 所示的软键盘，软键盘的用法与硬键盘一样，在需要的字母键上单击鼠标，就可以输入对应的字母。

图 6-8　键盘快捷菜单

图 6-9　软键盘

2. 用 shx 字体输入特殊字符

如果当前样式使用的字体是 shx 字体，并且勾选了如图 6-2 所示的【使用大字体】复选框，依然可以使用上述软键盘进行输入；如果没有勾选【使用大字体】复选框，就不能用上述方法输入特殊符号，因为输入的符号 AutoCAD 系统不认，显示为“?”。这时可以使用 AutoCAD 提供的控制码输入，控制码由两个百分号（%%）后紧跟一个字母构成。表 6-1 中是 AutoCAD 中常用的控制码。

表 6-1　**AutoCAD 控制码**

控制码	功能	控制码	功能
%%o	加上划线	%%p	正、负符号
%%u	加下划线	%%c	直径符号
%%d	度符号	%%%	百分号

【例 6-1】 使用控制码输入如图 6-10 所示的特殊符号。

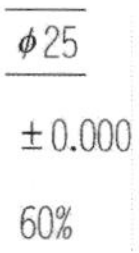

ϕ25

±0.000

60%

图 6-10　特殊符号的输入

（1）命令_dtext，执行【单行文字】输入命令，当前文字样式为“数字”，即文字选择“geniso.shx”。

（2）在绘图区单击一点作为文字的起点。

（3）指定高度：文字高度为 100，回车。

（4）指定文字的旋转角度：回车默认文字旋转角度为 0。

（5）输入文字：%%u%%o%%c25%%o%%u，即输入直径符号，同时加上划线和下划线。

（6）输入文字：%%p0.000，即输入正负号。

（7）输入文字：60%%%，即输入百分号。

6.3　编　辑　文　字

6.3.1　单行文字的编辑与修改

用户既可以编辑已输入单行文字的内容，也可以修改单行文字对象的特性。

1. 编辑单行文字的内容

对单行文字的编辑有以下几种方法：

- 单击下拉菜单【修改】/【对象】/【文字】/【编辑】，这时命令行提示“选择注释对象或 [放弃（U):”，用拾取框选择要进行编辑的单行文字，文字就处于可编辑状态，如图 6-11 所示。这时，直接输入修改后的文字即可。

建筑制图

图 6-11　文字的可编辑状态

- 在命令行输入 ddedit 或 ed 命令，也可以启动文字的编辑命令。
- 在绘图区域选中单行文字对象，单击鼠标右键选择快捷菜单中的【编辑】选项，作用与方法同上。
- 双击单行文字对象，也可编辑文字。

2. 修改单行文字特性

除了编辑单行文字的内容，用户还可以通过【特性】工具栏来修改文字的样式、高度、对正方式等特性。选中文字对象，单击右键选择快捷菜单中的【特性】选项，屏幕上将弹出【特性】选项板，在选项板中修改对象的特性。同时单击选项板中【文字】的【内容】类别，还可以对内容进行编辑。

6.3.2 多行文字的注写

多行文字可以包含任意多个文本行和文本段落，并可以对其中的部分文字设置不同的文字格式。整个多行文字作为一个对象处理，其中的每一行不再为单独的对象。但是多行文字可以使用 explode 命令进行分解，分解之后的每一行将重新作为单个的单行文字对象。

执行【多行文字】输入命令的方法有：

- 下拉菜单：【绘图】/【文字】/【多行文字】
- 【文字】工具栏或【绘图】工具栏按钮：A
- 命令行：mtext
- 快捷命令：mt

执行上述命令后，命令行提示：

```
命令：_mtext 当前文字样式："长仿宋体"文字高度：0.2000 注释性：否
                                //执行【多行文字】输入命令，并显示系统当前文字样式信息
指定第一角点：                    //指定第一角点
指定对角点或[高度(H)/对正(J)/行距(L)/旋转(R)/样式(S)/宽度(W)/栏(C)：
                                //指定第二角点或选择相应选项
```

如果在上述命令行提示下，直接指定第二个角点，屏幕会弹出如图 6-12 所示的多行文字编辑器。指定的两个角点是文字输入边框的对角点，用来定义多行文字对象的宽度。

多行文字编辑器由上面的【文字格式】工具栏和下面的内置多行文字编辑窗口组成。多行文字编辑窗口类似于 Word 等文字编辑工具，用户对它的使用应该比较熟悉。输入文字并设置好后，单击确定按钮，即可关闭多行文字编辑器，屏幕指定位置处就输入了相应格式的文字。

图 6-12 多行文字编辑器

下面分别介绍【文字格式】工具栏中常用控件的功能：

1. 样式下拉列表

列出所有定义的文字样式，当前样式保存在 textstyle 系统变量中。

2. 字体下拉列表

为新输入的文字指定字体或改变选定文字的字体。

3. 字体高度下拉列表

按图形单位设置新文字的字符高度或更改选定文字的高度。多行文字对象可以包含不同高度的字符。

4. 粗体B

为新输入文字或选定文字打开或关闭粗体格式。此选项仅适用于使用 TrueType 字体的字符。

5. 斜体I

为新输入文字或选定文字打开或关闭斜体格式。此选项仅适用于使用 TrueType 字体的字符。

6. 下划线U

为新输入文字或选定文字打开或关闭下划线格式。

7. O

为新输入文字或选定文字打开或关闭上划线格式。

8. 放弃

在多行文字编辑器中撤消操作，包括对文字内容或文字格式的更改；也可以使用 Ctrl+Z 组合键。

9. 重做

在多行文字编辑器中重做操作，包括对文字内容或文字格式的更改；也可以使 Ctrl+Y 组合键。

10. 文字堆叠按钮

控制文字是否堆叠。当文字中包含“/”“^”“#”符号时，如 9/8，可以先选中这三个字符，然后单击按钮，就会变成分数形式；如果选中堆叠成分数形式的文字，单击按钮，可以取消堆叠。用户可以编辑堆叠文字、堆叠类型、对齐方式和大小。

11. 文字颜色

为新输入文字指定颜色或修改选定文字的颜色。

12. 确定 按钮

关闭多行文字编辑器并保存所做的任何修改，也可以在编辑器外的图形中单击或使用 Ctrl+Enter 组合键。要关闭多行文字编辑器而不保存修改，按 Esc 键。

6.3.3 多行文字的编辑与修改

用户可以使用下面介绍的多种方法对多行文字进行编辑与修改。当光标位于多行文字编辑器中时，也常会用到鼠标右键快捷菜单完成对多行文字的相关操作。

1. 对多行文字的编辑方法

（1）单击下拉菜单【修改】/【对象】/【文字】/【编辑】，这时命令行提示“选择注释对象或［放弃（U)]:”，用拾取框选择要进行编辑的多行文字，屏幕将弹出如图 6-12 所示的多行文字编辑器和【文字格式】工具栏。在多行文字编辑器中重新填写需要的文字，然后单击 确定 按钮。这时，命令行继续提示“选择注释对象或［放弃（U)]:”，可以连续执行多个文字对象的编辑操作。

（2）在命令行输入 ddedit 或 ed 命令，命令行的提示与操作同上。

（3）在绘图区域选中多行文字对象，单击鼠标右键选择快捷菜单中的【编辑多行文字】

选项，命令行的提示与操作依然同上。

（4）双击多行文字对象，也可以用同样的方法来编辑文字。但是这种方法只能执行一次编辑操作，如果要编辑其他多行文字对象需要重新双击对象。

2. 多行文字编辑器快捷菜单

在打开多行文字编辑器后，单击鼠标右键，会弹出一个多行文字编辑器快捷菜单。利用这个快捷菜单可以进行相关选项的操作，如“查找与替换”“插入符号”等操作。

多行文字编辑器仅显示 Microsoft Windows 能够识别的字体。由于 Windows 不能识别 AutoCAD 的 shx 字体，因此在选择 shx 或其他非 TrueType 字体进行编辑时，AutoCAD 在多行文字编辑器中提供等效的 TrueType 字体。

6.3.4 创建并插入字段

字段是被设置为显示随图形变化而变化的图形特性的可更新文字。字段更新时，将显示最新的图形特性值。字段可以包含很多信息，如面积、图层、日期、文件名和页面设置大小等。例如，“文件名”字段的值就是文件的名称，如果该文件名修改，字段更新时将显示新的文件名。

字段可以插入到任意种类的文字中，其中包括表单元、属性和属性定义中的文字。激活任意文字命令后，快捷菜单上将显示【插入字段】选项。

字段的创建是通过【字段】对话框来完成的。调用【字段】对话框的方法有：

- 下拉菜单：【插入】/【字段】
- 命令行：field

执行上述命令后，弹出如图 6-13 所示的【字段】对话框。以在文字中插入字段为例，介绍创建字段并将其插入指定位置的操作步骤。

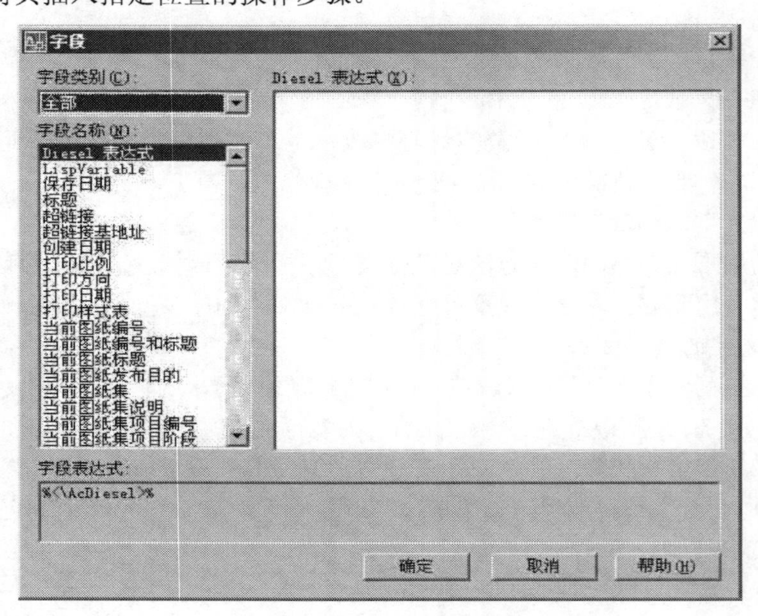

图 6-13 【字段】对话框

【例 6-2】在表格中插入字段以显示圆的面积，如图 6-14 所示。

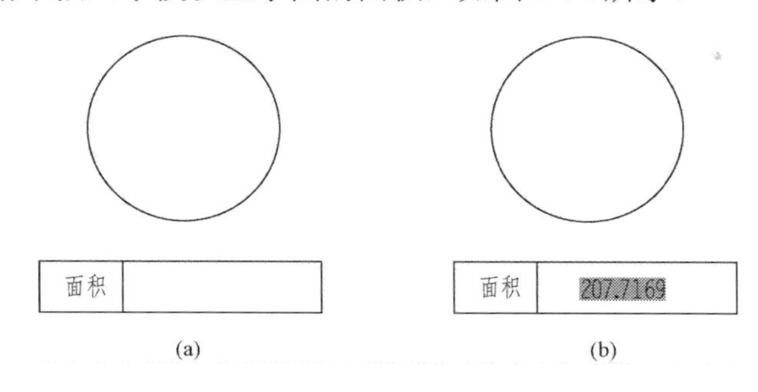

图 6-14 插入字段实例

绘图步骤

（1）单击下拉菜单【插入】/【字段】，弹出图 6-13 所示的【字段】对话框。

（2）在【字段】对话框的【字段类别】下拉列表中，选择“全部”；在【字段名称】列表中，选择“对象”。

（3）然后单击按钮，【字段】对话框暂时消失，在绘图区域拾取圆后，重新返回【字段】对话框。

（4）在【字段】对话框中的【特性】列表中选择“面积”，在【格式】列表中选择“当前单位”，如图 6-15 所示；单击确定按钮，退出【字段】对话框。这时出现面积数字，并跟随光标移动，将光标放到圆下方的表格中单击，就将圆的面积数字字段放到了表格中，字段的底色为灰色，如图 6-14（b）所示。

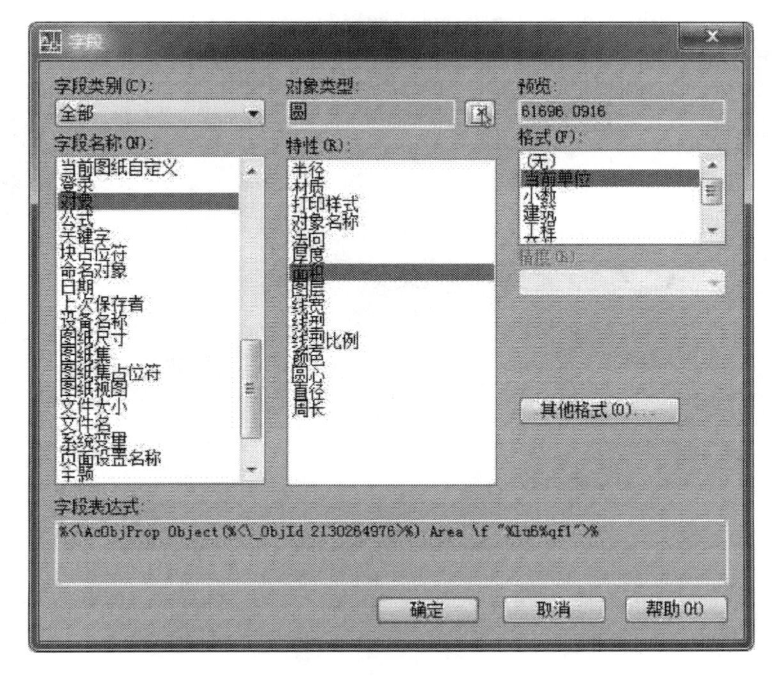

图 6-15 圆的面积【字段】对话框的设置

（5）当用夹点编辑改变了圆的大小后，然后执行【工具】/【更新字段】命令，表格中的字段会进行更新。

字段文字所使用的文字样式与其插入到的文字对象所使用的样式相同。默认情况下，字段用不会打印的浅灰色背景显示。

6.3.5 编辑字段

因为字段是文字对象的一部分，所以不能直接进行选择。必须选择该文字对象并激活编辑命令。编辑字段的方法为：双击插入字段的文字对象，显示相应的文字编辑对话框；单击鼠标右键，在快捷菜单上会出现【编辑字段】的选项；选择【编辑字段】将弹出【字段】对话框，在该对话框中重新设置字段，然后单击 确定 按钮，系统将会以新的设置显示字段。

如果不再希望更新字段，可以通过将字段转换为文字来保留当前显示的值（选择一个字段，在快捷菜单上选择【将字段转化为文字】）。

6.4 绘 制 表 格

在 AutoCAD 2008 中，可以创建表格，从 Microsoft Excel 中直接复制表格，并将其作为 AutoCAD 对象粘贴到图形中，也可以从外部直接导入表格对象，输出表格数据；还可以修改单元内容的特性，如类型、样式和对齐。

6.4.1 创建新的表格样式

表格样式控制一个表格的外观，用于保证标准的字体、颜色、文本、高度和行距。可以使用默认的表格样式，也可以根据需要自定义表格样式。

从下拉菜单【格式】/【表格样式】或命令行 tablestyle 可以打开【表格样式】对话框，见图 6-16。

在对话框的最上面显示当前表格样式名称。在【样式】显示框中显示所有样式，在【预览】显示框中显示选中样式的预览效果。使用右侧的编辑按钮，可以将所选表格样式置为当前样式，或者新建表格样式，或者对已有样式进行修改和删除。

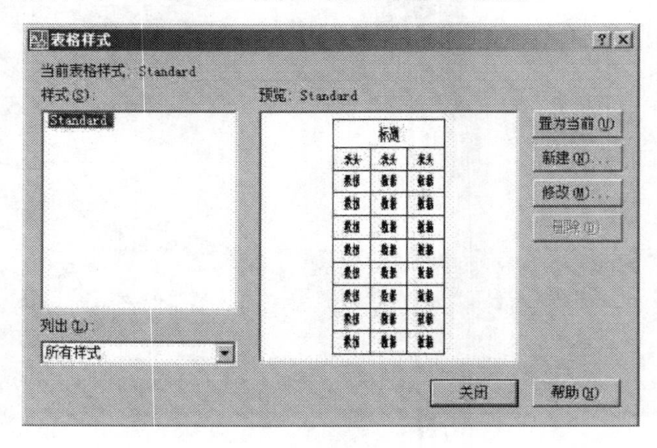

图 6-16 【表格样式】对话框

单击新建(N)...按钮，弹出【创建新的表格样式】对话框，如图 6-17 所示，在【新样式名】处输入新的表格样式名称，选好基础样式，单击继续按钮，弹出【新建表格样式】对话框，见图 6-18。

图 6-17 【创建新的表格样式】对话框

在【新建表格样式】对话框中，【单元样式】有“数据”“表头”“标题”三个选项，可以设置表格中数据表头标题的对应样式。另外 3 个选项卡内容相似。

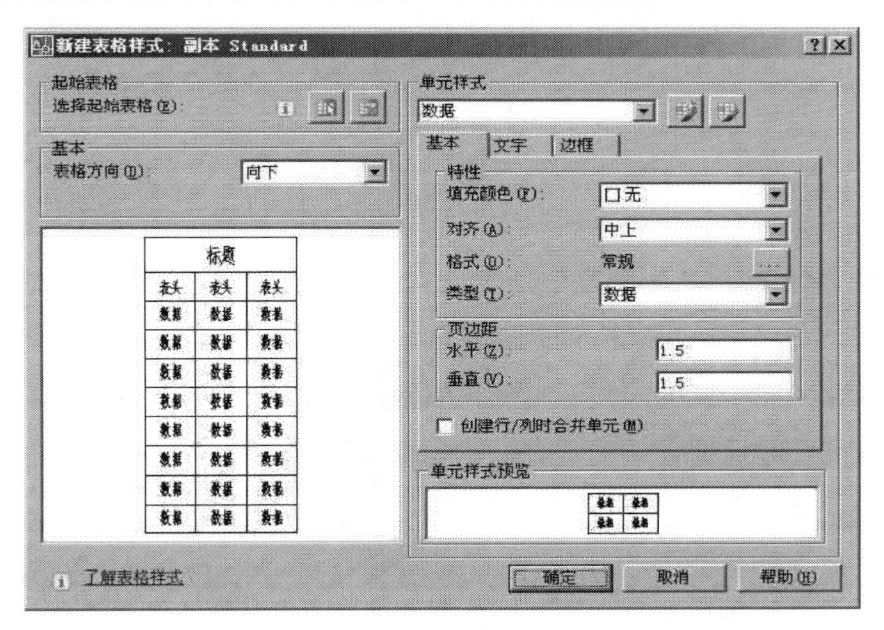

图 6-18 【新建表格样式】对话框

- 基本选项卡：可以对表格的填充颜色、对齐方向、格式、类型、页边距等特性进行设置。
- 文字选项卡：设置表格中的文字样式、高度、颜色和角度。
- 边框选项卡：设置表格是否有边框，以及有边框时的线宽、线型、颜色和间距等。

设置好表格样式后，单击确定按钮就创建好了表格样式。

6.4.2 编辑表格样式

当单击图 6-16【表格样式】对话框的修改(M)...按钮时，会弹出如图 6-19 所示的【修改表格样式】对话框。单击【数据】选项卡，根据选项卡中的选项内容对数据单元格进行设置。可以在【修改表格样式】对话框中，对表格样式进行修改设置。

如果单击图 6-16 中的删除按钮，也可以删除选定的表格样式。

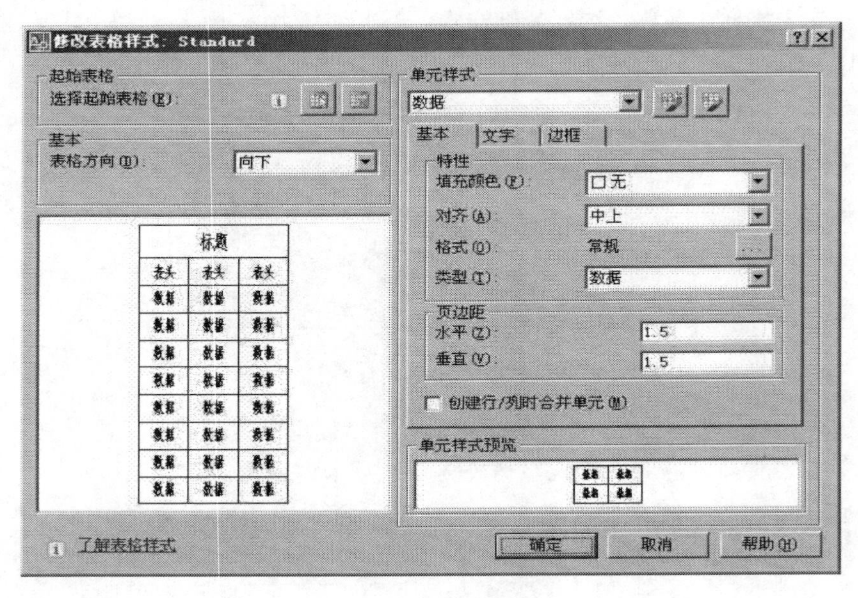

图 6-19 【修改表格样式】对话框

6.4.3 插入表格

执行插入表格的方法有：

- 下拉菜单：【绘图】/【表格】
- 工具栏按钮或面板选项板：
- 命令行：table

执行上述命令后，会弹出如图 6-20 所示的【插入表格】对话框。

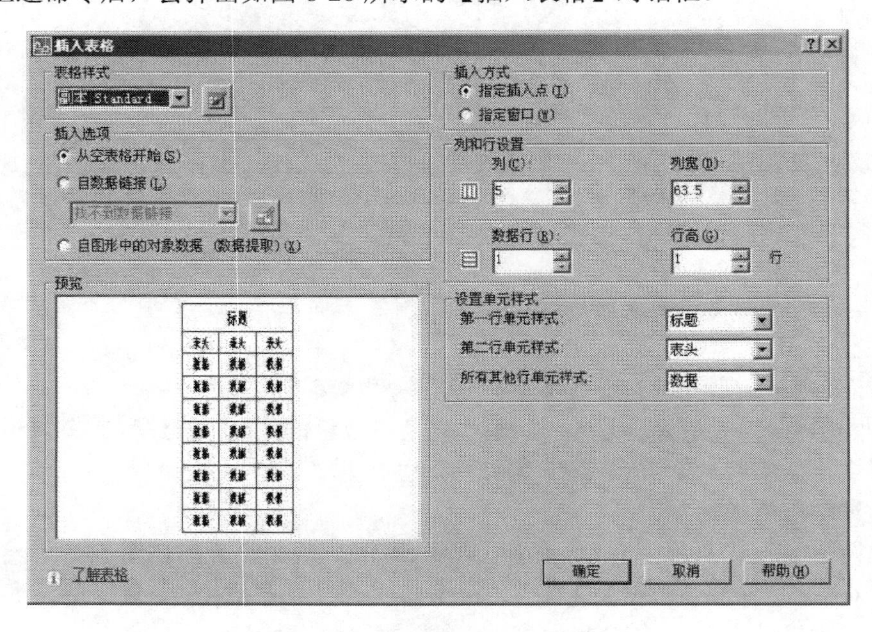

图 6-20 【插入表格】对话框

在【表格样式】选区，单击下拉列表，列表中提供了所有的表格样式，同时，在该选区的显示框中可以看到当前表格样式的图样。

在【插入选项】选区，选择“从空表格开始”可以创建一个空的表格。选择“自数据链接”可以从外部导入数据来创建表格；选择“自图形中的对象数据”选项，可以从可输出的表格或外部文件的图形中提取数据来创建表格。

在【插入方式】选区，选“指定插入点”，可以在绘图窗口中的某点插入固定大小的表格；选“指定窗口”，可以在绘图窗口中通过拖动表格边框来创建任意大小的表格。

在【列和行设置】选区，可以改变列数、列宽、行数、行高等。

设置好插入表格对话框后单击 确定 按钮，即可按照选定插入方式插入表格。

6.5 绘图样例（住宅正立面图绘制方法）

【例 6-3】按 1:100 比例抄绘房屋正立面图，房屋各开间尺寸均为 3600，层高 2800，其他尺寸见图 6-21（提示：先按 1:1 绘制，出图时再缩小为 1:100）。

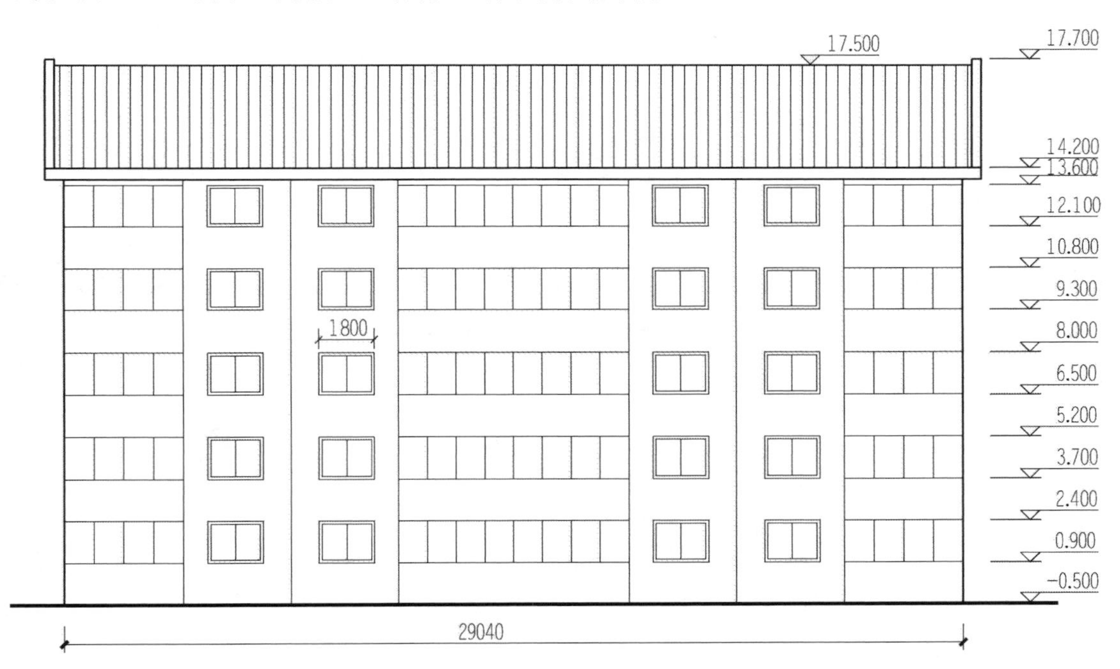

图 6-21 房屋正立面图

绘图步骤

（1）选择 在【图层特性管理器】中设立图层，如图 6-22 所示。

（2）设置绘图区域：打开状态行 极轴、对象捕捉 和 对象追踪，在辅助线图层下，选择【矩形】 命令，绘制 16000×15000 矩形；命令行输入“Z”回车，输入“E”回车后，矩形充满屏幕，应用【删除】 命令擦去矩形，完成绘图区域设置。

（3）单击【直线】 命令，画出长度为 16000 的水平线，过水平线中点绘制长度为 14300

的垂直线，辅助线绘制结果如图 6-23 所示。

状	名称	开	冻结	锁定	颜色	线型	线宽	打印样式	打	说明
	0				白	Contin...	—— 默认	Color_7		
	Defpoints				白	Contin...	—— 默认	Color_7		
	尺寸				白	Contin...	—— 默认	Color_7		
	地坪线				白	Contin...	0....	Color_7		
	辅助线				蓝	Contin...	—— 默认	Color_5		
	门窗				红	Contin...	—— 默认	Color_1		

图 6-22　设立图层

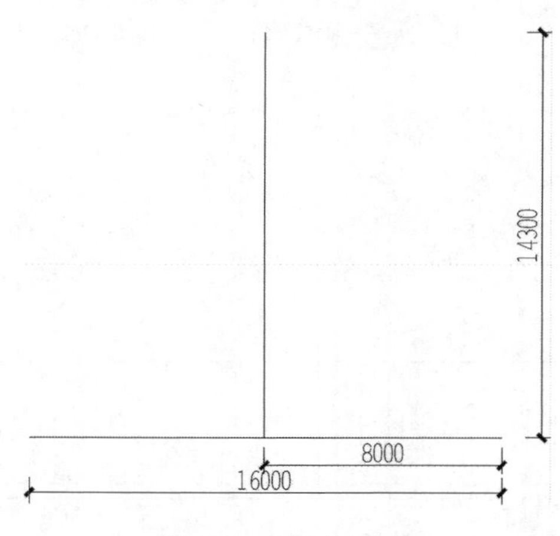

图 6-23　绘制辅助线

（4）单击【偏移】命令，分别将水平线偏移 1400 和 2800，将竖直线偏移 3600；单击【修剪】命令，修剪所得图形，格网线绘制结果如图 6-24 所示。

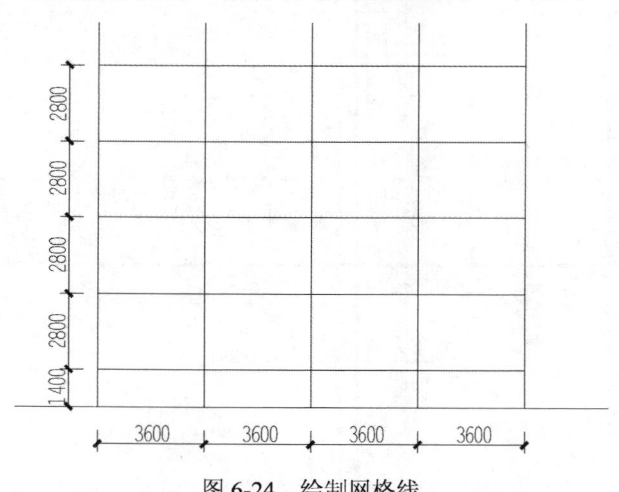

图 6-24　绘制网格线

（5）在“门窗”图层下，单击【矩形】命令，绘制窗户立面，并调用下拉菜单【绘图】/【点】/【定数等分】命令，将水平线分成 8 等分；单击【复制】命令，将窗户立面复制到等分点上，绘制一层窗户立面，结果如图 6-25 所示。

（6）单击【移动】命令，将线段 *A* 和 *C* 左移 120，线段 *B* 右移 120，并单击【延伸】

命令，延伸水平线段到竖线左端，墙线移动结果如图6-26所示。

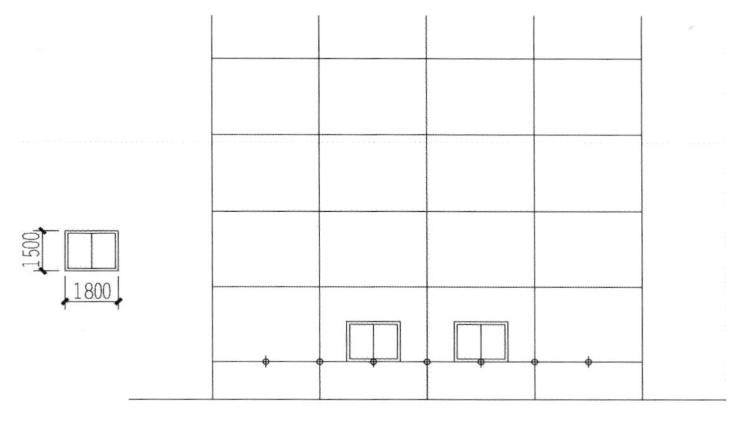

图6-25　绘制一层窗户立面

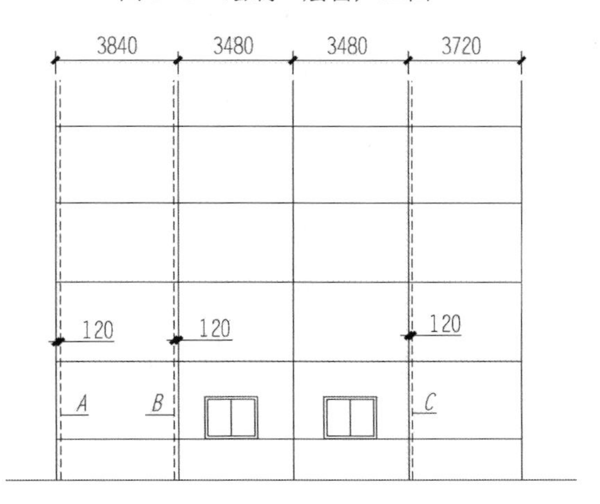

图6-26　墙线移动结果

（7）在辅助线图层下，单击【直线】命令，补充线段；单击下拉菜单【绘图】/【点】/【定数等分】命令，将补充的线段4等分；在“MC”图层中单击【直线】命令，经过等分点绘制各线段，一层阳台窗户绘制结果如图6-27所示。

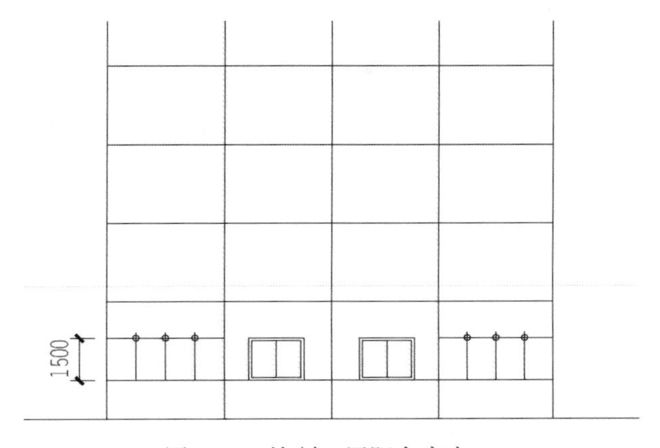

图6-27　绘制一层阳台窗户

（8）单击【修剪】命令，修剪墙线，结果如图 6-28 所示。

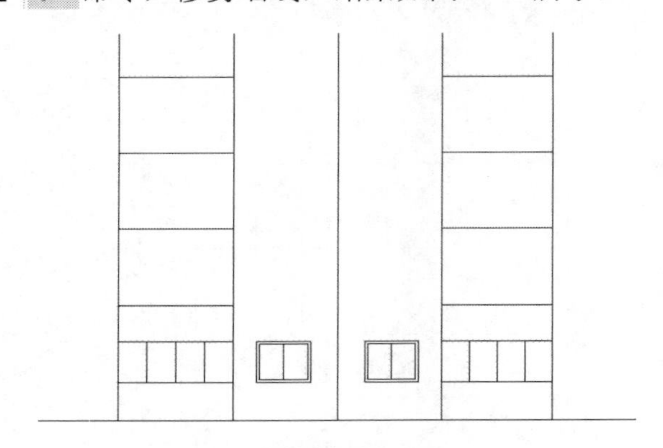

图 6-28　修剪墙线

（9）单击【复制】工具，将一层窗户复制到二～五层，结果如图 6-29 所示。

图 6-29　一层窗户复制到二～五层

（10）单击【镜像】命令，以线段 *AB* 为镜像线，镜像图形，结果如图 6-30 所示。

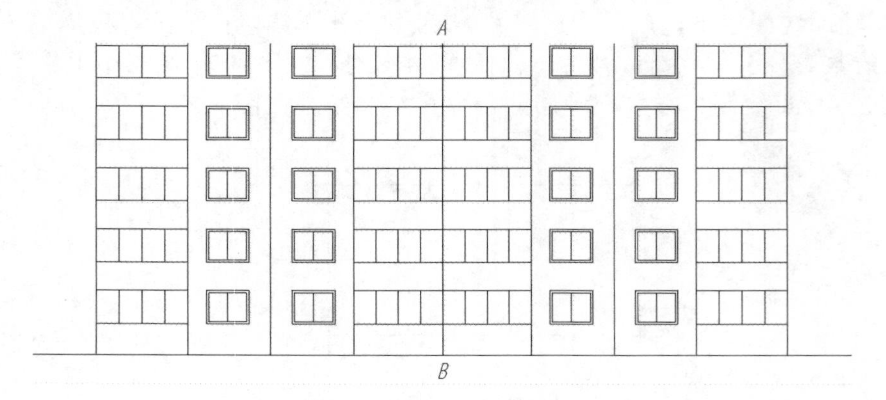

图 6-30　镜像图形

（11）单击【修剪】命令，剪切多余线条；在辅助线图层下，单击【直线】命令，绘制屋顶轮廓线，结果如图 6-31 所示。

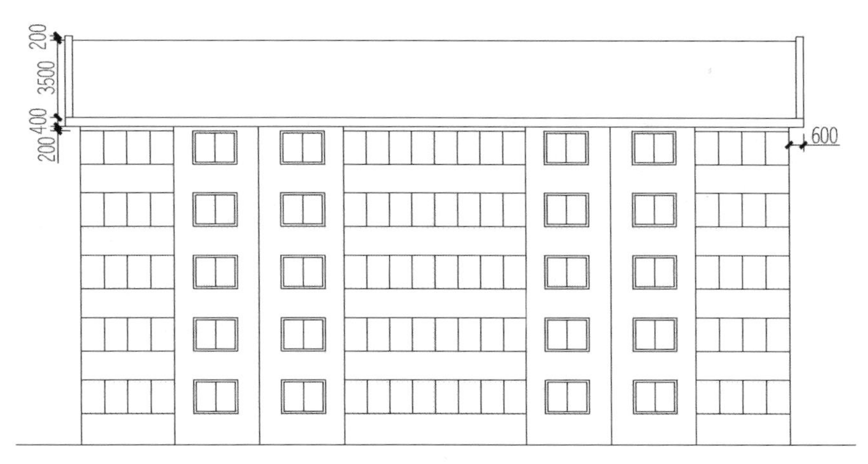

图 6-31 绘制屋顶轮廓线

（12）单击【图案填充】命令，打开【图案填充和渐变色】和【填充图案选项板】对话框，选择【其他预定义】中的图案“LINE”，【角度】取 90°，【比例】取 100，填充图案对话框设置如图 6-32 所示；图案填充结果如图 6-33 所示。

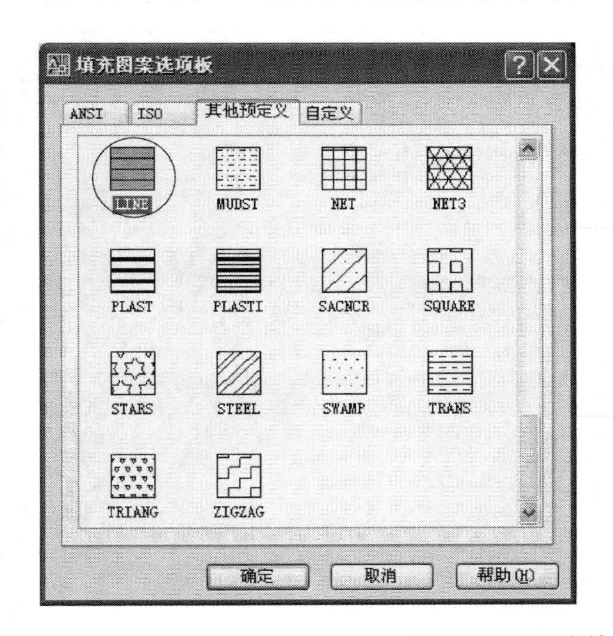

图 6-32 【图案填充】对话框设置

（13）将地坪线转换成特粗实线；在尺寸线图层下，单击【直线】命令，在图形左侧绘制标高符号；设置文字格式，字高取 400，应用【多行文字】A 命令，注写文字 0.900；单击【复制】命令，将绘制好的标高符号和尺寸复制到相关位置，标高尺寸复制结果如图 6-34 所示。

（14）双击标高文字，进行文字修改，完成房屋正立面图的绘制，结果如图 6-35 所示。

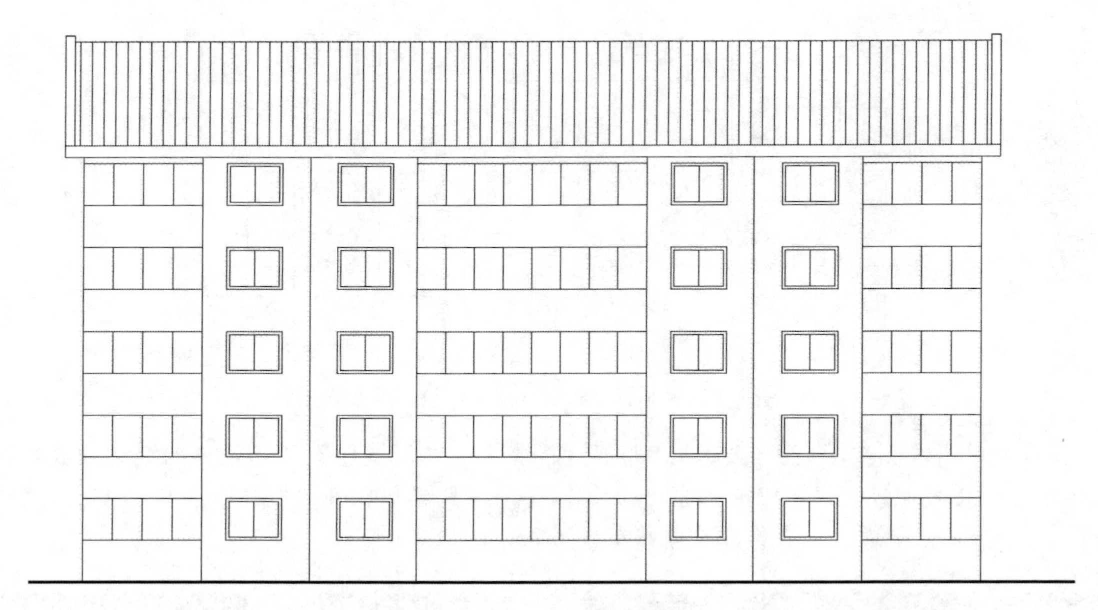

图 6-33 图案填充结果

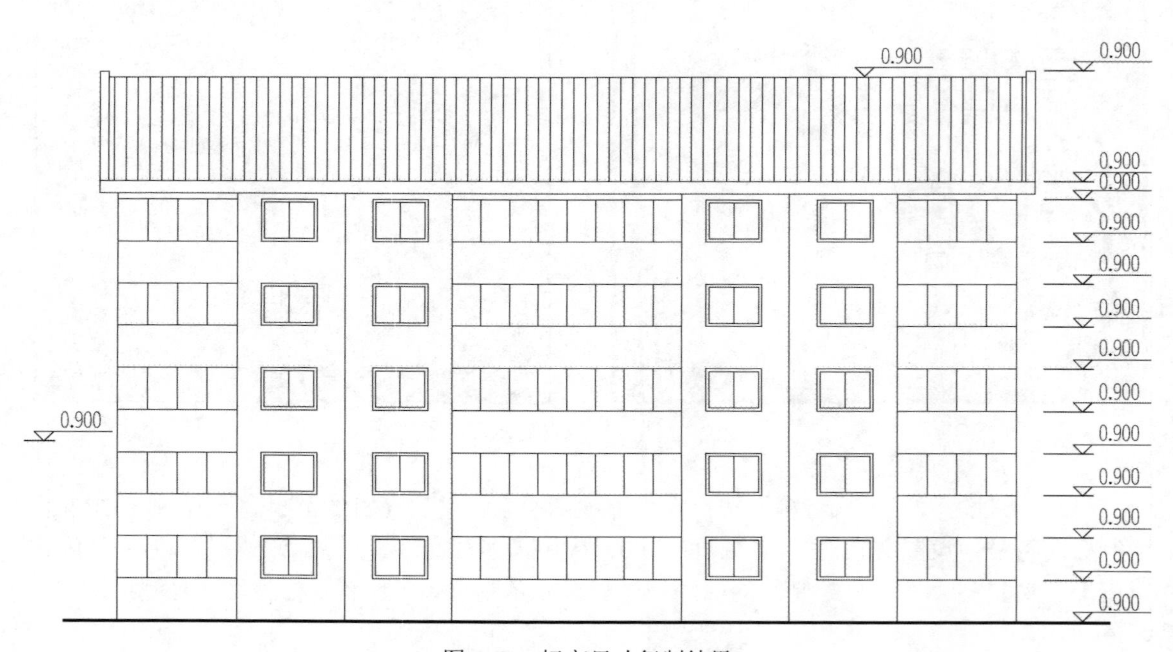

图 6-34 标高尺寸复制结果

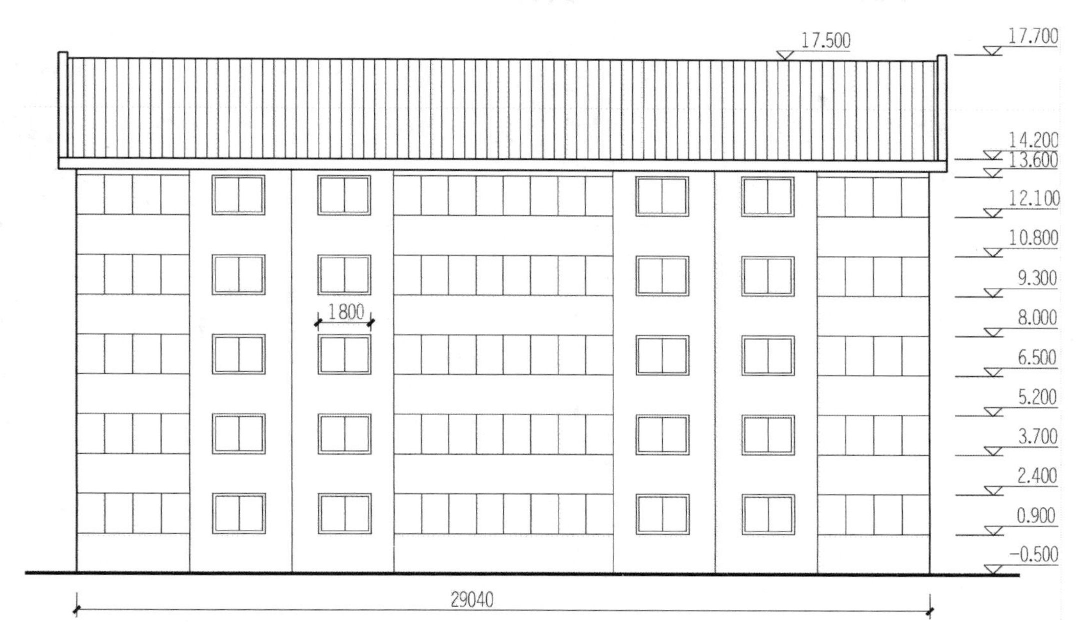

图 6-35 完成房屋正立面图的绘制

6.6 上机练习（房屋立面图）

（1）绘制如图 6-36 所示的办公楼立面图，轴线距离均为 3600，墙厚 240，其他尺寸见图。

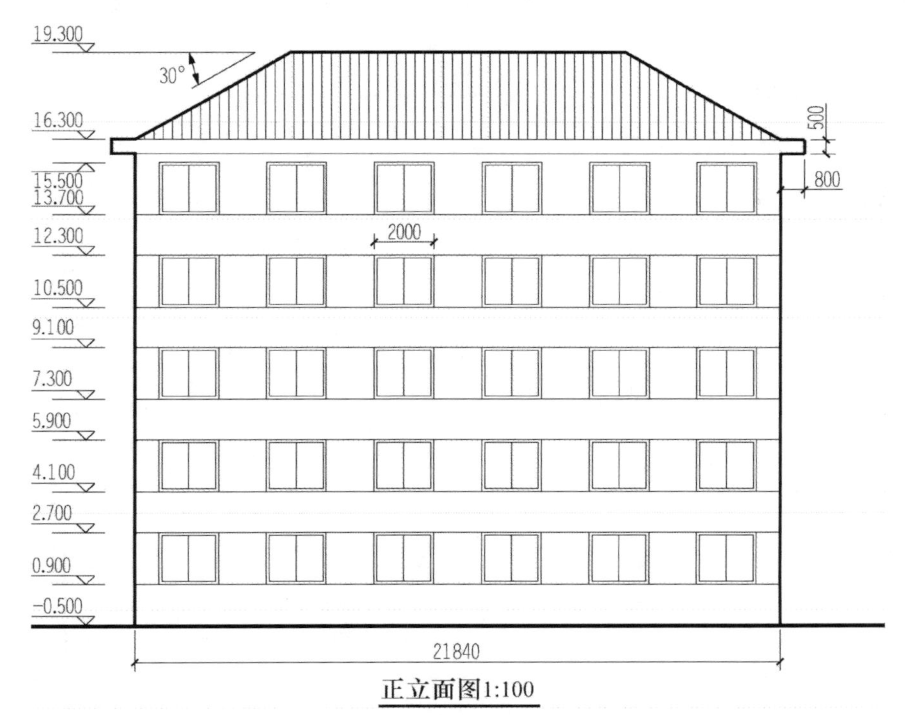

图 6-36 办公楼立面图

要求只绘制图样和标注标高，不标注尺寸，比例为 1:100（提示：先按 1:1 绘制，出图时再缩小为 1:100）

（2）绘制如图 6-37 所示的住宅背立面图。图中所有斜线均为 30°，各部尺寸见图，要求只绘制图样和标注标高，不标注尺寸，比例为 1:100。

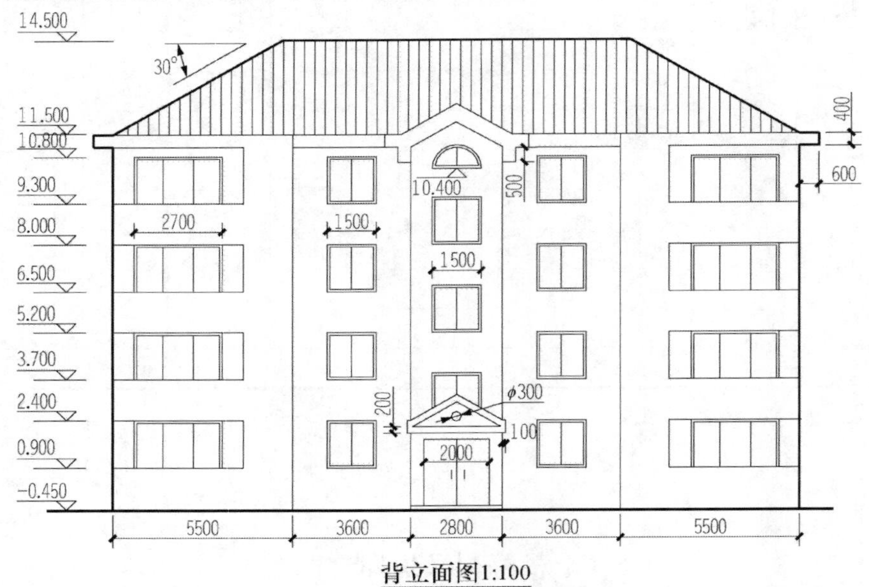

图 6-37　住宅正立面图

（3）绘制如图 6-38 所示的住宅正立面图。外墙面窗户水平方向布局和尺寸同本章【例 6-3】，竖向尺寸和屋顶尺寸见图，要求只绘制图样和标注标高，不标注尺寸，比例为 1:100。

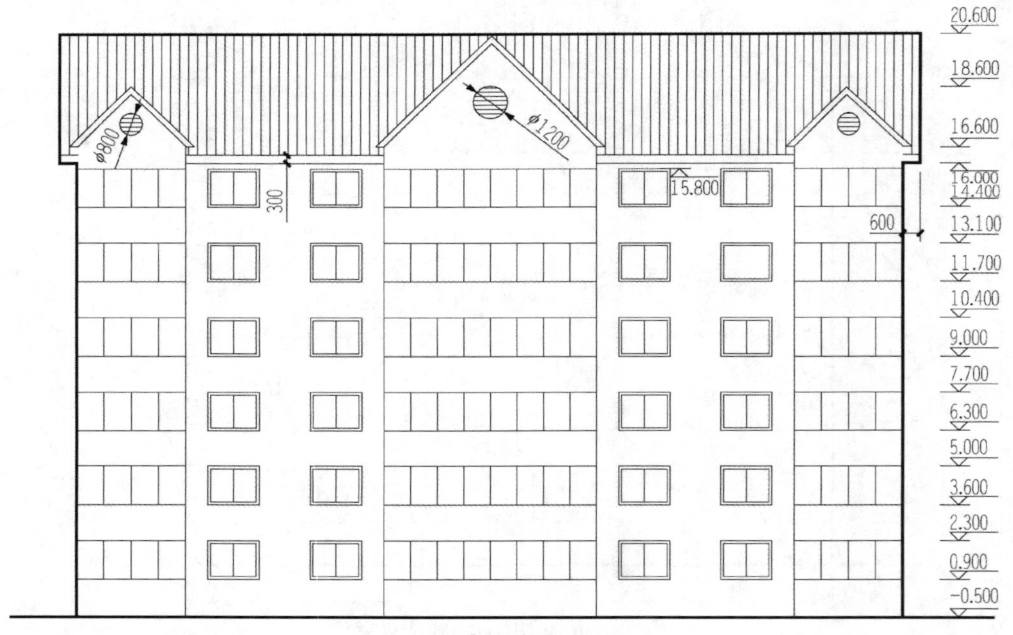

图 6-38　住宅背立面图

第7章 尺 寸 标 注

工程图样除了有图线之外，还要有尺寸标注，按照图样和尺寸施工，是施工过程的基本要求，尺寸也是施工人员建造房屋的重要依据。AutoCAD具有强大的文字输入、尺寸标注及编辑功能，用户可以根据不同专业、不同图样的各种要求，简单、快捷地进行尺寸标注。

7.1 尺寸标注样式设置

在建筑工程图中，图样用来表示房屋的形状，尺寸标注用来表示房屋的大小和相对位置关系，是现场施工的重要依据。

一个完整的尺寸标注一般是由尺寸线、尺寸界线、尺寸起止符号（建筑制图为倾斜 45°中粗斜短线）、尺寸数字四部分组成，如图7-1所示。标注以后这四部分作为一个对象来处理。

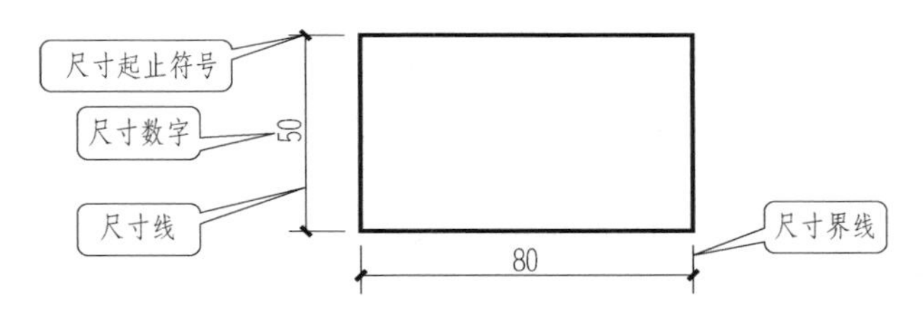

图7-1 尺寸标注的组成

在进行尺寸标注之前，先应根据需要设置几种尺寸标注样式，以满足不同专业、不同图样的要求。

7.1.1 标注样式管理器

AutoCAD允许用户自行设置需要的标注样式，它是通过【标注样式管理器】对话框来完成的。

启动【标注样式管理器】对话框的方法有：

- 单击下拉菜单：【标注】/【标注样式】
- 【标注】工具按钮（如图7-2所示）：
- 命令行：dimstyle
- 快捷命令：ddim

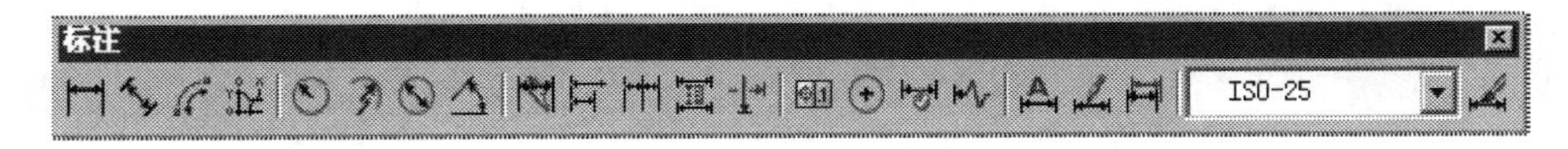

图7-2 【标注】工具栏

执行上述命令后，弹出如图7-3所示的【标注样式管理器】对话框。该对话框中各控件的功能为：

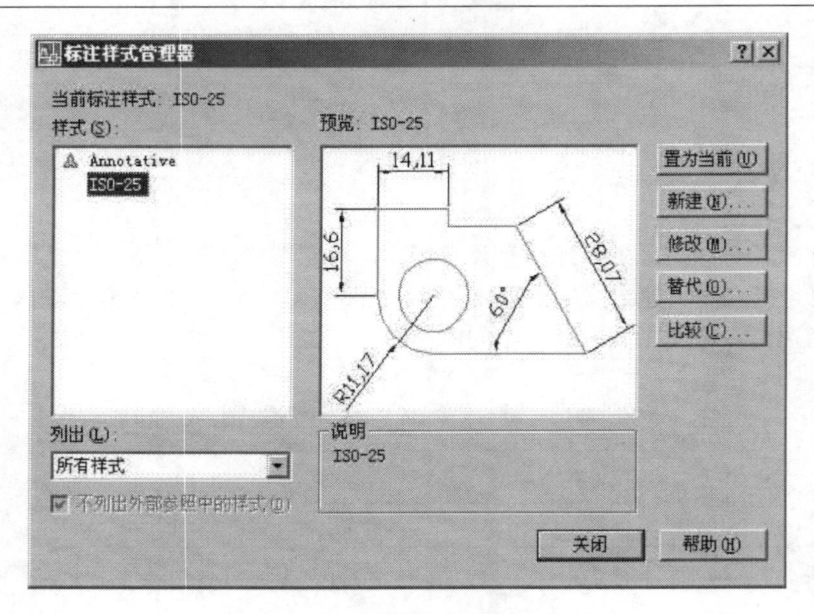

图 7-3 【标注样式管理器】对话框

1. 【样式】列表框

在【样式】列表框中显示所有满足筛选要求的标注样式。当前标注样式会加亮显示。

2. 【列出】下拉列表

设置显示标注样式的筛选条件，即通过下拉列表的选项来控制【样式】列表框中的显示范围。

3. 【预览】显示框

用来预览当前标注样式的效果。

4. 置为当前(U) 按钮

用来将【样式】列表框中的已有样式置为当前标注样式。

5. 新建(N)... 按钮

用来创建新的标注样式。

6. 修改(M)... 按钮

用来修改已创建的标注样式。

7. 替代(O)... 按钮

在当前样式的基础上更改某个或某些设置作为临时标注样式，来代替当前样式的使用，但不将这些改动保存在当前样式的设置中。

8. 比较(C)... 按钮

用来比较指定的两个标注样式之间的区别，也可以查看一个标注样式的所有标注特性。

7.1.2 新建标注样式对话框

当采用无样板方式打开一个新的文件时，系统通常会提供默认标注样式。采用公制测量单位时，默认的标注样式为 ISO-25 和 Annotative（可注解），这是我国采用的单位；采用英制测量单位时，默认的标注样式为 Standard。

通常默认的标注样式 ISO-25 不完全适合我国的制图标准，用户在使用时，必须在它的基础上进行修改来创建需要的尺寸标注样式。新的标注样式是在【标注样式管理器】对话框中创建完成的。

在【标注样式管理器】对话框，单击 新建(N)... 按钮，弹出如图 7-4 所示的【创建新标注样式】对话框。在该对话框的【新样式名】编辑框中填写新的标注样式名，如图填写“尺寸标注”；在【基础样式】下拉列表中选择以哪一个标注样式为基础创建新标注样式；在【用于】下拉列表中选择新的标注样式的适用范围，如选择“直径标注”选项，新的标注样式只能用于直径的标注。如果勾选注释性复选框，则用这种样式标注的尺寸成为注释性对象。单击 继续 按钮，弹出如图 7-5 所示的【新建标注样式：尺寸标注】对话框，对话框的标题栏中加入了新建样式的名称。

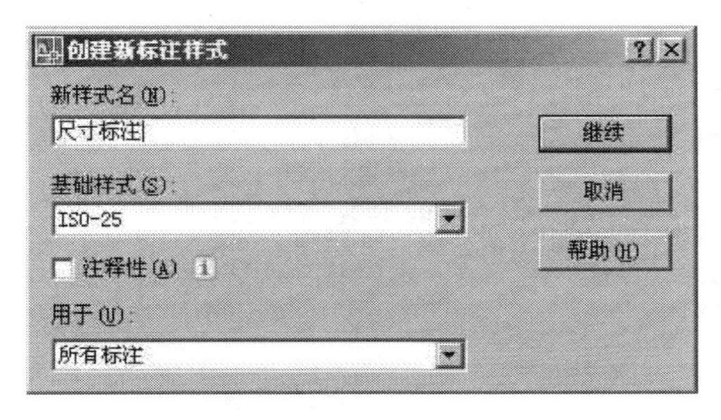

图 7-4　【创建新标注样式】对话框

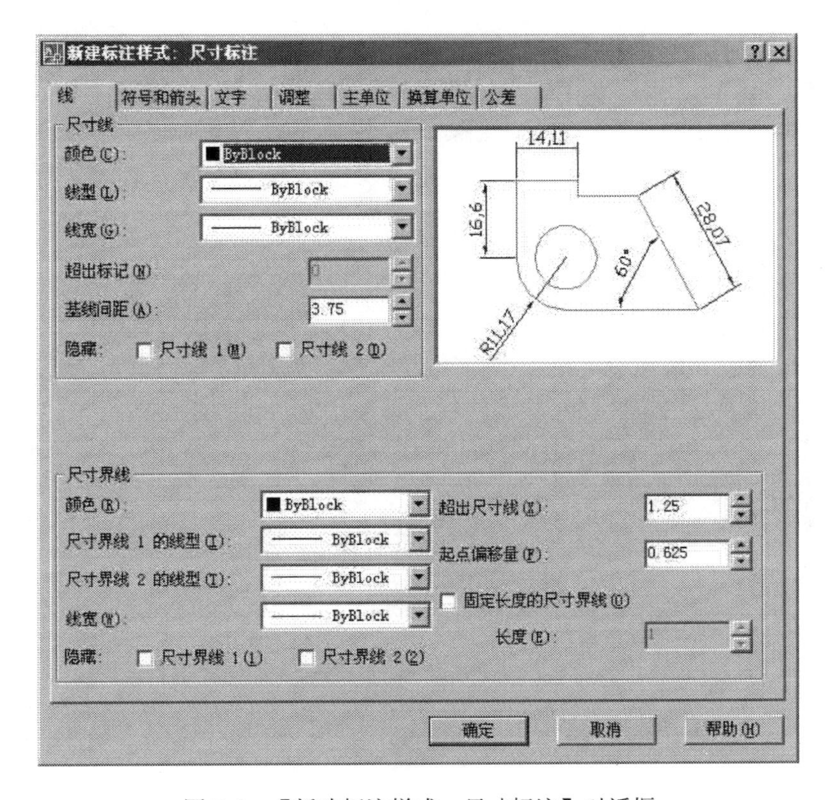

图 7-5　【新建标注样式：尺寸标注】对话框

【新建标注样式：尺寸标注】对话框中共有七个选项卡，分别对标注样式的相关内容进行设置。建筑尺寸标注样式只需要设定前五个选项卡。

1.【线】选项卡

选择【线】选项卡，如图 7-6 所示，选项卡中包括 4 个选区和一个预览框。

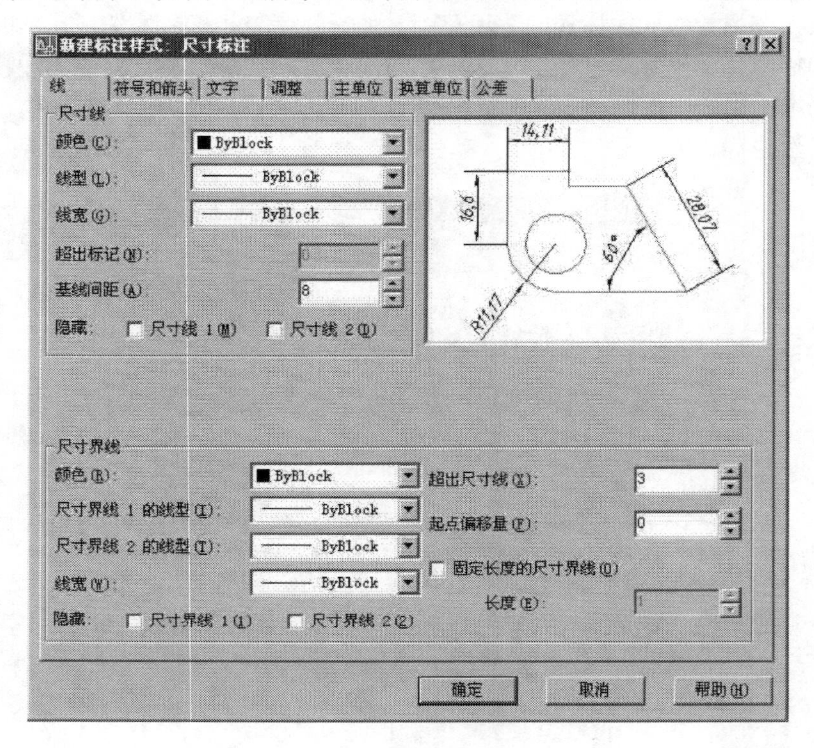

图 7-6 【线】选项卡

下面分别介绍各选区常用选项的功能。

（1）【尺寸线】选区。

【颜色】下拉列表：用于设置尺寸线的颜色，使用默认设置随层即可。

【线型】下拉列表：用于设置尺寸线的线型，使用默认设置随层即可。

【线宽】下拉列表：用于设置尺寸线的线宽，使用默认设置随层即可。

【超出标记】：指尺寸线超过尺寸界线的距离，如图 7-7 所示。只有当箭头选为建筑标记、小标记、完整标记时才可用。

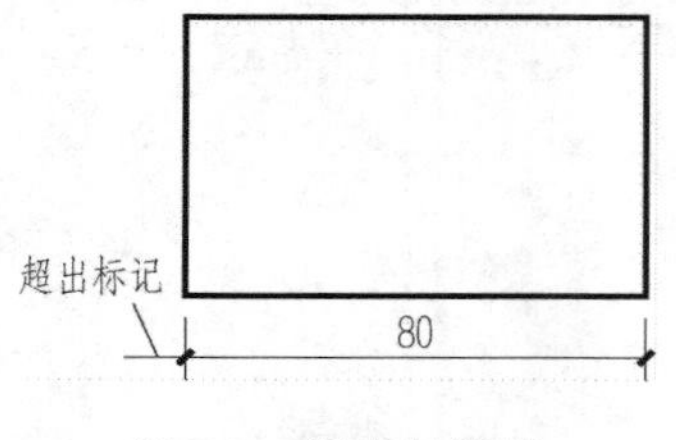

图 7-7 超出量设置

【基线间距】：用于【基线标注】时设置相邻两条尺寸线之间的距离，如图 7-8 所示，机械类尺寸标注样式用此设置较多。

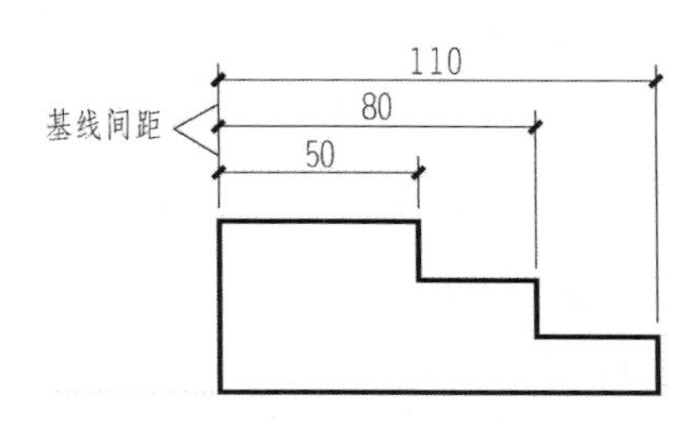

图 7-8 基线间距

（2）【尺寸界线】选区。

【颜色】下拉列表：用于设置尺寸界线的颜色，使用默认随层设置即可。

【尺寸界线的线型】：用于设置尺寸界线的线型，使用默认随层设置即可。

【线宽】下拉列表：用于设置尺寸界线的线宽，使用默认随层设置即可。

【超出尺寸线】：设置尺寸界线超出尺寸线的量，如图 7-9 所示。

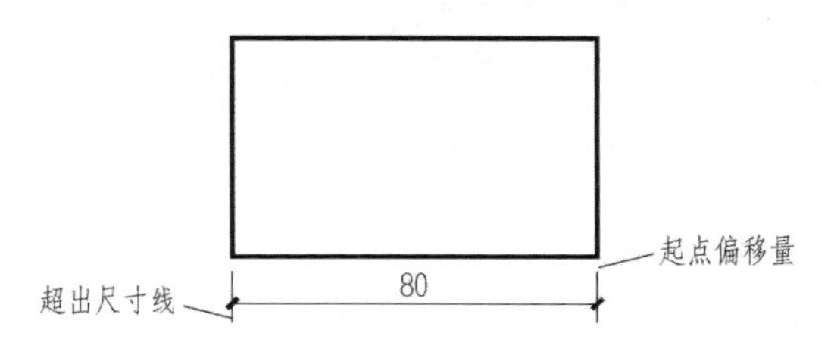

图 7-9 超出尺寸线和起点偏移量

【起点偏移量】：设置从图形中定义标注的点到延伸线起点的偏移距离，如图 7-9 所示。

【隐藏】：选中【尺寸界线 1】隐藏第一条尺寸界线，选中【尺寸界线 2】隐藏第二条尺寸界线（可以与【隐藏】尺寸线合用）。

【固定长度的尺寸界线】复选框用于设置尺寸界线从起点一直到终点的长度，不管标注尺寸线所在位置距离被标注点有多远，只要比这里的固定长度加上起点偏移量更大，那么所有的延伸线都是按固定长度绘制的。

2.【符号和箭头】选项卡

符号和箭头选项卡如图 7-10 所示：

（1）【箭头】选区。

【第一个】下拉列表：设置尺寸线的箭头类型。当改变第一个箭头的类型时，第二个箭头将自动改变以与第一个箭头相匹配。

【第二个】下拉列表：当两端箭头类型不同时，也可设置尺寸线的第二个箭头。

【引线】：设置引线箭头。

【箭头大小】：设置箭头的大小。

（2）【圆心标记】选区。在 AutoCAD 中可以单击【标注】工具栏上的【圆心标记】按钮⊕，迅速对圆或弧的中心进行标记。用此命令之前，可以在【圆心标记】选区设置圆心标记的样式。

（3）【弧长符号】：用于设置弧长符号的形式。

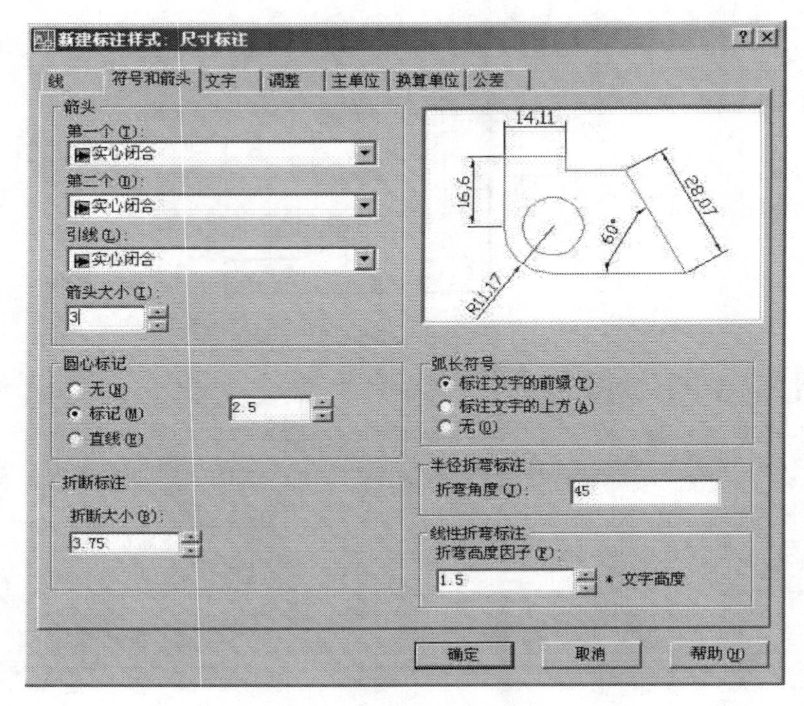

图 7-10 【符号和箭头】选项卡

（4）【半径折弯标注】：设置折弯标注的折弯角度。

3. 【文字】选项卡

单击【文字】选项卡，如图 7-11 所示，该选项卡中包括 3 个选区和一个预览框。

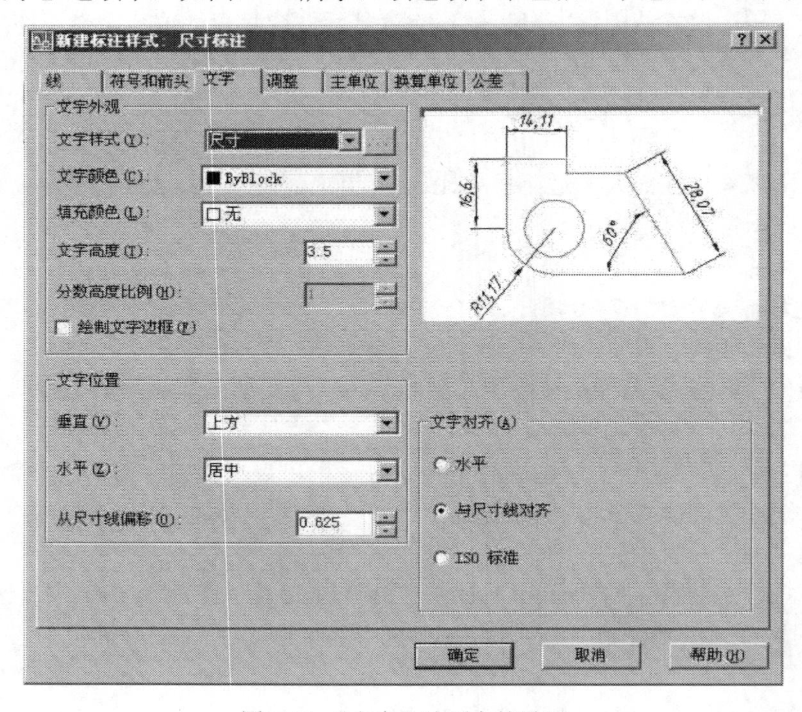

图 7-11 【文字】选项卡的设置

（1）【文字外观】选区。

【文字样式】：通过下拉列表选择文字样式，也可通过单击...按钮打开【文字样式】对话框设置新的文字样式。

【文字颜色】：通过下拉列表选择颜色，默认设置为随块。

【文字高度】：在文本框中直接输入高度值，也可通过按钮增大或减小高度值。需要注意的是，选择的文字样式中字高应设置为零（不能为具体值），否则在【文字高度】选区中输入的高度值无效。

【分数高度比例】：设置相对于标注文字的分数比例。仅当在【主单位】选项卡上选择“分数”作为【单位格式】时，此选项才可用。在此处输入的值乘以文字高度，可确定标注分数相对于标注文字的高度。

【绘制文字边框】：在标注文字的周围绘制一个边框。

（2）【文字位置】选区。

【垂直】：控制标注文字相对尺寸线的垂直位置。通常选择“上方”选项。

【水平】：控制标注文字相对于尺寸线和尺寸界线的水平位置。通常选择“居中”选项。

【从尺寸线偏移】：用于确定尺寸文本和尺寸线之间的偏移量，如图 7-12 所示。

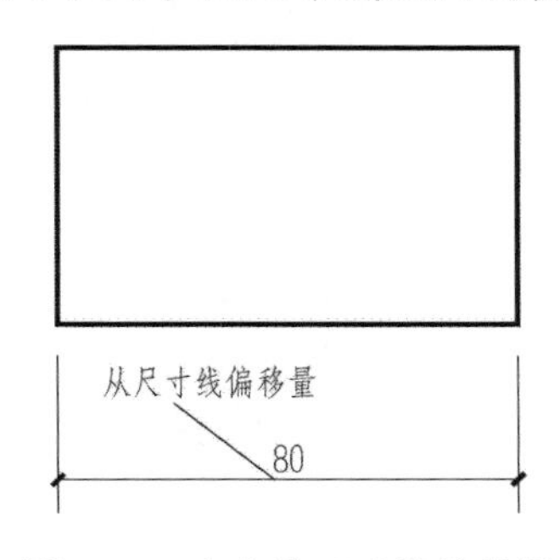

图 7-12 文字从尺寸线偏移量

（3）【文字对齐】选区。

【水平】：无论尺寸线的方向如何，尺寸数字的方向总是水平的。

【与尺寸线对齐】：尺寸数字保持与尺寸线平行。

【ISO 标准】：当文字在尺寸界线内时，文字与尺寸线对齐。当文字在尺寸界线外时，文字水平排列。

4. 【调整】选项卡

单击【调整】选项卡（如图 7-13 所示），选项卡中包括 4 个选区和一个预览框。

（1）【调整选项】选区。当尺寸界线的距离很小不能同时放置文字和箭头时，进行下述调整：

【文字或箭头（最佳效果）】：AutoCAD 根据最好的效果将文字或箭头放在尺寸界线之外，通常选择该选项。

【箭头】：首先移出箭头。

【文字】：首先移出文字。

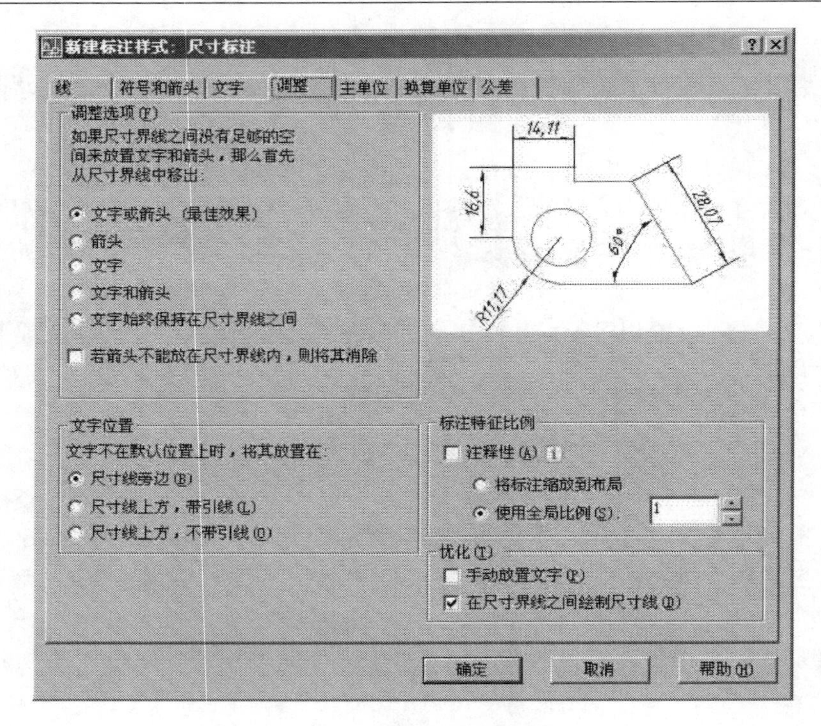

图 7-13 【调整】选项卡

【文字和箭头】：文字和箭头都移出。

【文字始终保持在尺寸界线之间】：不论尺寸界线之间能否放下文字，文字始终在尺寸界线之间。

【若箭头不能放在尺寸界线内，则将其消除】：若尺寸界线内只能放下文字，则消除箭头。

（2）【文字位置】选区。设置标注文字从默认位置移动时标注文字的位置。此项在编辑标注文字时起作用。

【尺寸线旁边】：编辑标注文字时，文字只可移到尺寸线旁边。

【尺寸线上方，带引线】：编辑标注文字时，文字移动到尺寸线上方时带引线。

【尺寸线上方，不带引线】：编辑标注文字时，文字移动到尺寸线上方时不带引线。通常选择该项。

（3）【标注特征比例】选区。

【注释性】复选框：选中后，将标注的尺寸设置为注释性对象，这是 AutoCAD 2008 的新增功能，可以方便地根据出图比例来调整注释比例，使打印出的图样中各项参数满足要求。当选中【注释性】复选框时，后面的【使用全局比例】和【将标注缩放到布局】选项不可用。

【使用全局比例】：输入的数值为缩放比例因子，是缩放标注特征的比例，会影响到文字的字高、箭头大小、超出尺寸线距离、起点偏移量值在图中的显示结果，它与绘图的比例有关。调整输入值的大小，不会改变标注的尺寸值。（在模型空间标注选用此项）

【将标注缩放到布局】：以当前模型空间视口和图纸空间之间的比例为比例因子缩放标注。

（在图纸空间标注选用此项）

（4）【优化】选区。

【手动放置文字】：进行尺寸标注时标注文字的位置不确定，需要通过拖动鼠标单击来确定。

【在尺寸界线之间绘制尺寸线】：不论尺寸界线之间的距离大小，尺寸界线之间必须绘制尺寸线。通常选择该项。

5. 【主单位】选项卡

【主单位】选项卡主要用来设置标注的主单位的格式和精度，以及标注文字的前缀和后缀。该选项卡中包括的选区及各功能选项如图 7-14 所示。

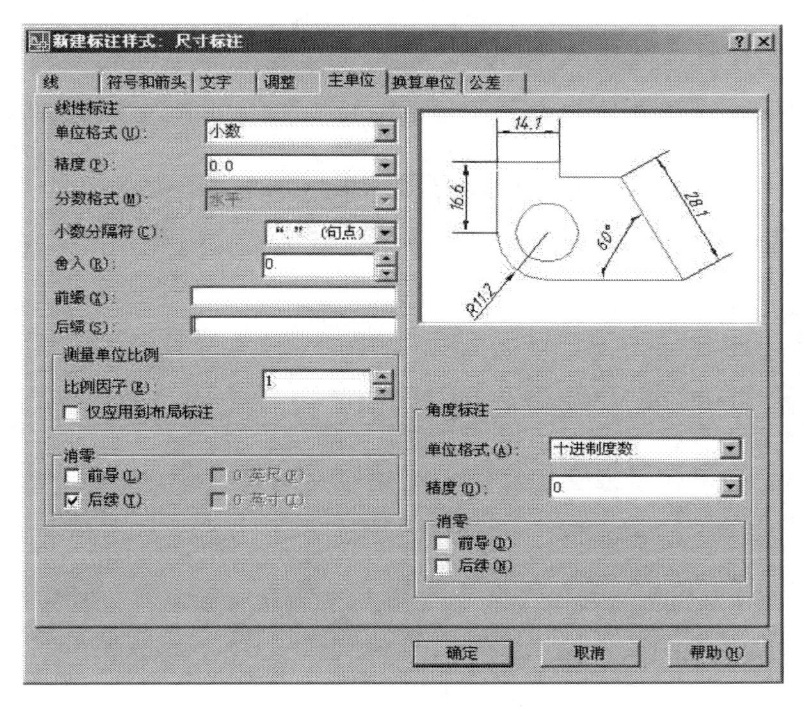

图 7-14 【主单位】选项卡

（1）【线性标注】选区。此选区，用来设置线性标注的单位格式、精度、小数分隔符号，以及尺寸文字的前缀与后缀。

【单位格式】下拉列表：用于设置标注文字的单位格式，可供选择的有小数、科学、建筑、工程、分数和 Windows 桌面等格式，工程制图中常用格式是小数。

【精度】下拉列表：用于确定主单位数值保留几位小数。

【分数格式】下拉列表：当【单位格式】采用分数格式时，用于确定分数的格式，有三个选择：水平、对角和非堆叠。

【小数点分隔符】下拉列表：当【单位格式】采用小数格式时，用于设置小数点的格式。

【前缀】：输入指定内容，在标注尺寸时，会在尺寸数字前面加上指定内容，如输入“%%c”，则在尺寸数字前面加上“ϕ”这个直径符号，这在非圆视图上标注圆的直径非常有效。

【后缀】：输入指定内容，在标注尺寸时，会在尺寸数字后面加上指定内容，注意前缀和后缀可以同时加。

（2）【测量单位比例】选区。设置线性标注测量值的比例因子。AutoCAD 按照此处输入的数值放大标注测量值。例如，如果画了一条 200 个绘图单位长度的线，直接默认标注，会标注 200；如果此线表示 100mm 长，则在此处设置测量单位比例为 0.5，AutoCAD 会在标注时自动标注为 100。

（3）【消零】选区。该选项用于控制前导零和后续零是否显示。选择【前导】，用小数格式标注尺寸时，不显示小数点前的零，如小数 0.500 选择【前导】后显示为.500。选择【后续】，用小数格式标注尺寸时，不显示小数后面的零，如小数 0.500 选择【后续】后显示为 0.5。

（4）【角度标注】选区。此选区用来设置角度标注的单位格式与精度及消零的情况，设置方法与【线性标注】的设置方法相同，一般【单位格式】设置为“十进制度数”，【精度】为“0”。

【新建标注样式】对话框中还有【换算单位】和【公差】两个选项卡。由于这两个选项卡在建筑工程绘图中很少使用，用户可以根据选项卡中的内容，在实践练习中学习，这里不再作介绍。

7.1.3 创建新的标注样式实例

1. 建筑线性尺寸标注样式

单击下拉菜单【标注】/【标注样式】，打开【标注样式管理器】对话框，单击 新建(N)... 按钮，弹出【创建新标注样式】对话框。在该对话框的【新样式名】编辑框中填写新的标注样式名“线性”；然后单击 继续 按钮，弹出【新建标注样式：线性】对话框，如图 7-15 所示，在对话框中进行设置。

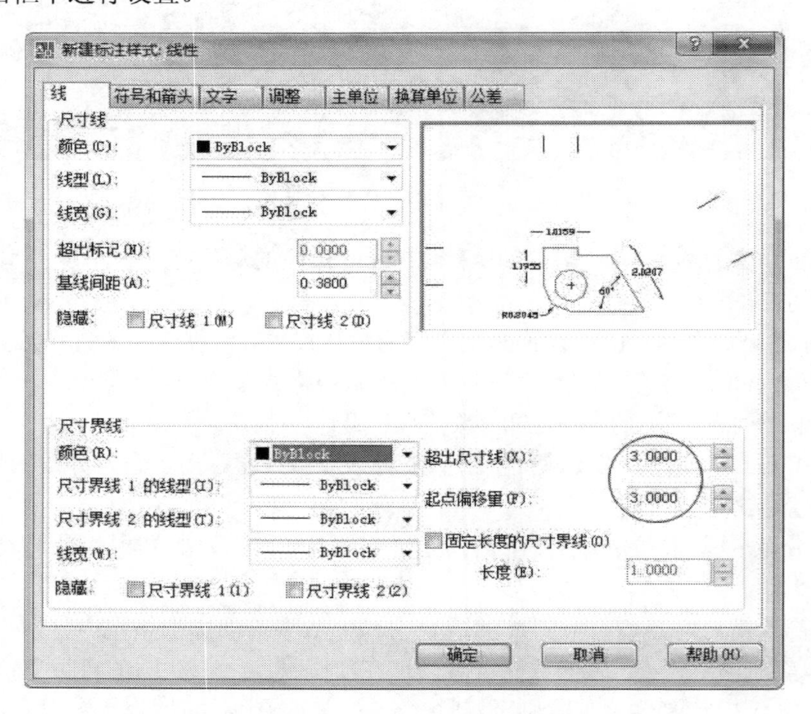

图 7-15　建筑线性标注样式中【线】选项的设置

（1）【线】选项卡：【超出尺寸线】3，【起点偏移量】3。

（2）【符号与箭头】选项卡：【箭头】在下拉框中选择【建筑标记】，【箭头大小】为2.5。

（3）【文字】选项卡：【文字高度】为3.5，【垂直】选择上方，【水平】选择居中，【从尺寸线偏移】为1，【文字对齐】与尺寸线对齐。创建文字样式为“数字”，文字选择geniso.shx或simplex.shx字体。

（4）【调整】选项卡：如果勾选【注释性】，应注意注释比例的选取，以使尺寸标注能够以正确的大小显示与打印。当采用1:1比例绘图时，而图样的出图比例是1:100，可选择【注释性】复选框，并将绘图界面右下角【注释比例】设为1:100。如果不勾选【注释性】，则应将【使用全局比例】设置与出图比例相反，如1:100的比例，即输入100，其余选项默认。

（5）【主单位】选项卡：【精度】为0，【舍入】为0，其余选项默认。

单击【确定】按钮，完成线性尺寸标注样式设置。线性尺寸标注见图7-16，图7-16（a）为选中【注释性】复选框后注释比例为1的结果；图7-16（b）的注释比例为2。

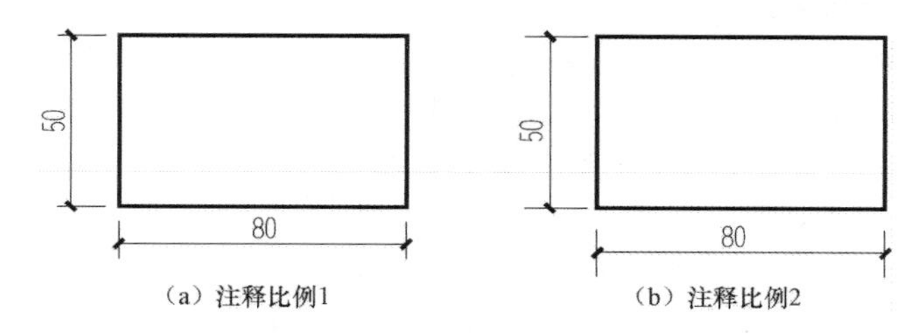

（a）注释比例1　（b）注释比例2

图7-16　线性尺寸标注

【注释性】复选框是AutoCAD 2008的新增功能，选中后，出图和显示比例可以在绘图界面右下角的【注释比例】中输入尺寸标注特征值的比例，如采用1:1绘制的图，出图比例是1:20，“注释比例”设为1:20。【注释比例】适用于一张图中有多种比例图样，可以只设置一种标注样式，通过修改注释比例，满足各种比例图样的显示效果，调整后的注释比例不会影响前面已经标注过的尺寸数字样式。

2. 直径尺寸标注样式

单击下拉菜单【标注】/【标注样式】，打开【标注样式管理器】对话框，单击【新建(N)...】按钮，弹出【创建新标注样式】对话框。在该对话框的【新样式名】编辑框中填写新的标注样式名“直径尺寸”；然后单击【继续】按钮，弹出【新建标注样式：直径尺寸】对话框，在对话框中进行设置。

（1）【线】选项卡：【起点偏移量】为0。

（2）【符号与箭头】选项卡：【箭头】为实心闭合，【箭头大小】为3。

（3）【文字】选项卡：【文字高度】为3.5，【文字对齐】为ISO标准，【从尺寸线偏移】为1。

（4）【调整】选项卡：【调整选项】勾选箭头，【标注特征比例】同线性标注样式，【优化】勾选手动放置文字，在尺寸界线之间绘制尺寸线。

（5）【主单位】选项卡：【精度】为0，【舍入】为0，其余选项默认。

单击 确定 按钮，完成直径尺寸标注样式设置，直径尺寸标注见图 7-17。

设置直径尺寸标注样式时，如果以本章介绍的线性尺寸标注样式为基础样式，只需要修改【箭头】为实心闭合，【文字对齐】为 ISO 标准，【调整选项】勾选箭头，【优化】选区勾选手动放置文字即可。

3. 角度尺寸标注样式

单击下拉菜单【标注】/【标注样式】，打开【标注样式管理器】对话框，单击 新建(N)... 按钮，弹出【创建新标注样式】对话框。在该对话框的【新样式名】编辑框中填写新的标注样式名“角度尺寸”；然后单击 继续 按钮，弹出【新建标注样式：角度尺寸】对话框，在对话框中进行设置。

（1）【线】选项卡：【起点偏移量】为 0。

（2）【符号与箭头】选项卡：【箭头】为实心闭合，【箭头大小】为 3。

（3）【文字】选项卡：【文字高度】为 3.5，【从尺寸线偏移】为 1，【文字对齐】勾选水平。

（4）【调整】选项卡：【调整选项】勾选箭头，【标注特征比例】同线性标注样式，【优化】勾选手动放置文字，在尺寸界线之间绘制尺寸线。

（5）【主单位】选项卡：【精度】为 0，【舍入】为 0，其余选项默认。

单击 确定 按钮，完成角度尺寸标注样式设置，角度尺寸标注见图 7-18。

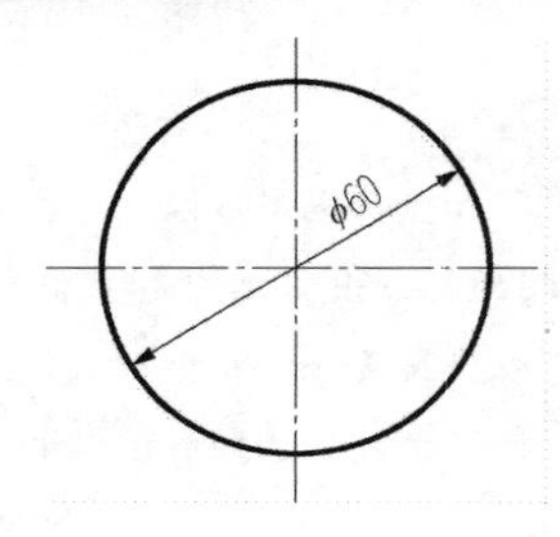

图 7-17 直径尺寸标注

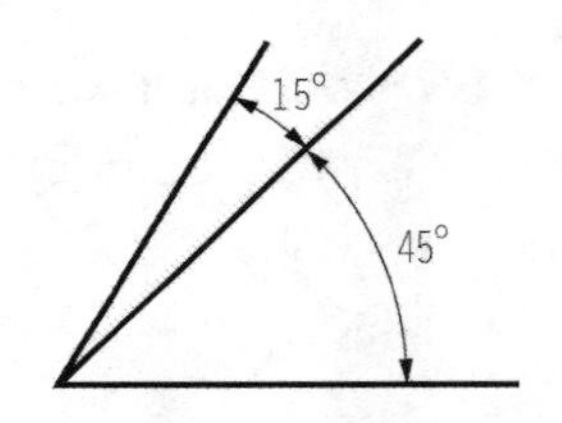

图 7-18 角度尺寸标注

设置角度尺寸标注时，如果以本章介绍的直径尺寸标注样式为基础样式，只需要修改【文字位置】垂直选择外部，【文字对齐】为水平，【比例因子】为 1（在任何比例的图样中均取 1）即可。注意角度尺寸注写时，根据国家标准规定，不论角度大小，尺寸数字一律水平书写。

7.1.4 设置当前标注样式

在进行尺寸标注时，总是使用当前标注样式标注的。将已有标注样式置为当前样式的方法为：

- 在【标注样式管理器】对话框的【样式】显示框中选中已有标注样式，单击 置为当前(U) 按钮。
- 在【标注样式管理器】对话框的【样式】显示框中选中已有标注样式，单击鼠标右键选择快捷菜单中的【置为当前】选项，如图 7-19 所示。

- 在【标注】工具栏或【样式】工具栏的【标注样式控制】下拉列表中，选择其中一种标注样式单击将其置为当前（常用），如图 7-20 所示。

图 7-19　【样式】快捷菜单

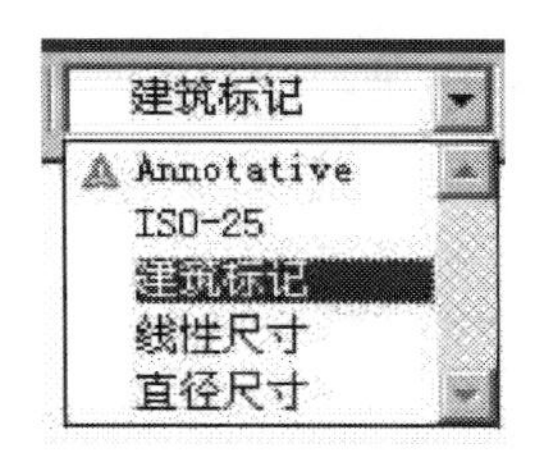

图 7-20　【标注】工具栏的【标注样式控制】下拉列表

7.1.5　修改、替代标注样式

在【标注样式管理器】对话框中可以修改、替代、删除已创建的标注样式。

1. 修改标注样式

在【标注样式管理器】对话框的【样式】显示框中选中一个标注样式，如选择“线性尺寸”样式，然后单击修改(M)...按钮，弹出【修改标注样式：线性】对话框。该对话框与【新建标注样式：线性尺寸】对话框的内容完全一样，在对话框的各选项卡中进行修改，然后单击确定按钮返回【标注样式管理器】对话框，再单击关闭按钮退出对话框，完成标注样式的修改。

2. 替代标注样式

替代标注样式只是临时在当前标注样式的基础上作部分调整，并替代当前样式进行尺寸标注。它并不是一个单独的新样式，同时所作的部分调整也不保存在当前样式中。当替代标注样式被取消后，当前标注样式的设置不会发生改变，并且不影响使用替代标注样式已经标注的尺寸样式。

只有当前标注样式，才能执行替代操作。因此，如果标注样式不为当前样式，首先在【标注样式管理器】对话框的【样式】显示框中选中一个标注样式，如“线性尺寸”样式。然后单击置为当前(U)按钮将其置为当前，这时替代(O)...按钮可用。单击替代(O)...按钮，弹出【当前标注样式：线性】对话框，该对话框与【新建标注样式：线性】对话框的内容完全一样，在对话框的各选项卡中作部分更改，然后单击确定按钮返回【标注样式管理器】对话框。这时，在【标注样式管理器】对话框的【样式】显示框中添加了“样式替代”的字样（如图 7-21 所示）。再单击关闭按钮退出对话框，完成标注样式的替代操作。

从设置替代样式为当前标注样式开始，以后的尺寸标注都采用该替代样式进行标注，直到将其他标注样式置为当前样式或将替代样式删除。

一旦将其他标注样式置为当前样式，替代样式将自动取消；也可以主动删除替代标注样式，方法为：在【标注样式管理器】对话框的【样式】显示框中选中替代标注样式，单击右键，选择快捷菜单中的【删除】选项，见图 7-22（a），弹出如图 7-22（b）所示的“是否确实要删除<样式替代>?”提示，单击是(Y)按钮完成删除操作。在快捷菜单中还可以选择【重命名】选项对替代样式重新起名；选择【保存到当前样式】选项将所作的更改保存到当前样式中。

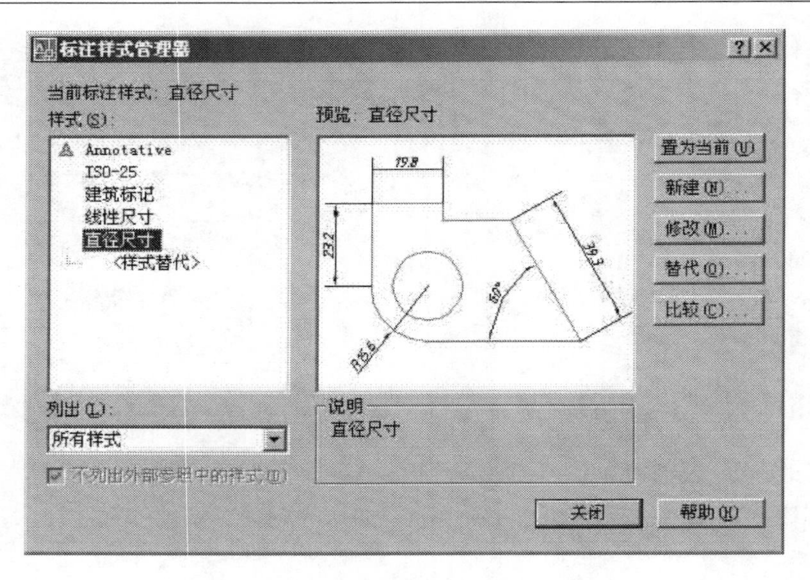

图 7-21 设置临时替代样式

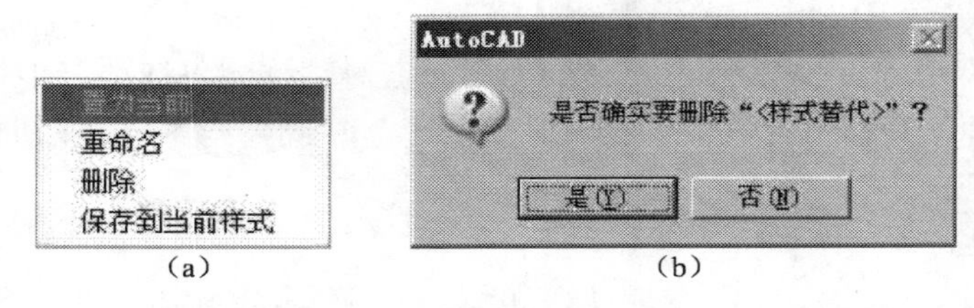

(a) (b)

图 7-22 【样式替代】快捷菜单和删除样式替代的提示

3. 删除标注样式

可以使用如图 7-19 所示的快捷菜单删除已有的标注样式。在【标注样式管理器】对话框的【样式】显示框中选中标注样式，单击鼠标右键，选择快捷菜单中的【删除】选项，屏幕上会弹出系统提示，单击 是(Y) 按钮完成删除操作。

应注意的是，当前标注样式和使用的标注样式不能删除，其鼠标右键快捷菜单的【删除】选项不可用。

7.2 标注尺寸（房屋细部尺寸的标注）

尺寸标注样式设置好后就可以进行尺寸标注了。AutoCAD 提供了多种尺寸标注的方式，每一种标注方式都有其对应的标注命令。下面分别介绍常用的几种尺寸标注方式。

7.2.1 线性标注

线性尺寸标注，是指标注对象在水平或垂直方向的尺寸。

启动【线性】标注命令的方法有：

- 下拉菜单：【标注】/【线性】（如图 7-23 所示）
- 【标注】工具栏按钮：（如图 7-24 所示）
- 命令行：dimlinear

在线性尺寸标注时，指定尺寸界线位置后，命令行提示“[多行文字（M）/文字（T）/

角度（A）/水平（H）/垂直（V）/旋转（R)]:”可以输入 H 或 V 选择尺寸标注的方向。其余选项的含义分别为：

图 7-23 【标注】下拉菜单

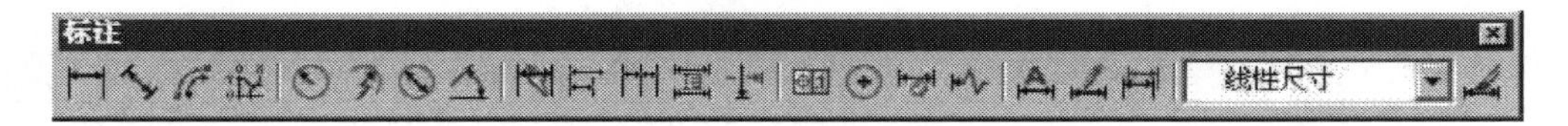

图 7-24 【标注】工具栏

【多行文字（M)】：在提示后输入“M”，就可以打开【文字格式】对话框，如图 7-25 所示，在文字框中显示可编辑状态的数字，代表的是 AutoCAD 自动测量的尺寸数字，用户可以在里面加上需要的字符。编辑完毕，单击 确定 按钮即可。

【文字（T)】：以单行文本形式输入尺寸文字内容。

【角度（A)】：设置尺寸文字的倾斜角度。

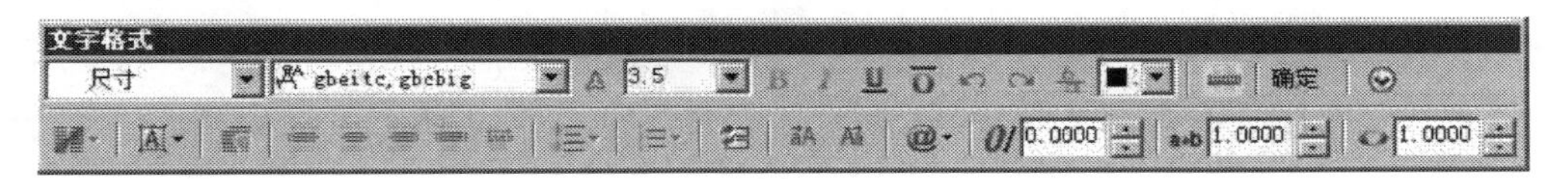

图 7-25 【文字格式】对话框

【水平（H）】和【垂直（V）】：用于选择水平或者垂直标注，或者通过拖动鼠标也可以切换水平和垂直标注。

【旋转 R】：将尺寸线旋转一定角度后进行标注。

7.2.2 对齐标注

对齐标注可以标注水平或垂直方向的尺寸，主要用于标注斜边的尺寸。启动【对齐标注】命令的方法有：

- 下拉菜单：【标注】/【对齐】
- 【标注】工具栏按钮：
- 命令行：dimaligned

【例 7-1】标注如图 7-26 所示三角形的尺寸，练习【对齐标注】的使用。

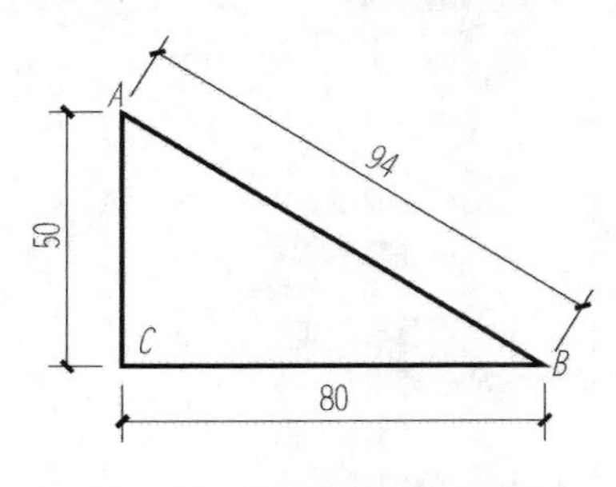

图 7-26 【对齐标注】实例

（1）点击菜单栏【标注】/【对齐标注】，启动【对齐标注】命令。

（2）先捕捉 *A* 点，再捕捉 *B* 点，移动光标，尺寸线始终保持与斜边 *AB* 平行来回移动，在合适位置单击，标注出 *AB* 边尺寸。

（3）再次启动【对齐标注】命令，捕捉 *C* 点、*B* 点，光标下移到合适位置单击，标注出 *CB* 边尺寸。

（4）使用同样方法标注出 *CA* 边尺寸。

这里的 *CB* 和 *CA* 边都是直角边，通常使用【线性标注】方式标注尺寸，也可以使用【对齐标注】方式标注尺寸。

7.2.3 连续标注

【连续标注】是建筑工程图常用的标注方式。可以在执行一次标注命令后，在图形的同一方向连续标注多个尺寸。【连续标注】命令必须在执行了【线性标注】、【对齐标注】、【角度标注】或【坐标标注】之后才能使用。启动【连续标注】命令后，系统将自动捕捉到上一个标注的第二条尺寸界线作为连续标注的起点；当需要标注的对象不是系统自动捕捉的对象时，可选择回车后再点取需要标注对象的尺寸界线，进行连续标注。

【连续标注】命令的启动方法有：

- 下拉菜单：【标注】/【连续】
- 【标注】工具栏按钮：
- 命令行：dimcontinue

【例 7-2】使用【线性标注】和【连续标注】对图 7-27 所示的房屋局部平面图进行细部尺寸标注。

绘图步骤

（1）按照图 7-27 所示尺寸采用 1:1 比例绘制平面图后，应用“缩放”命令缩小为 1:100，结果如图 7-28 所示。

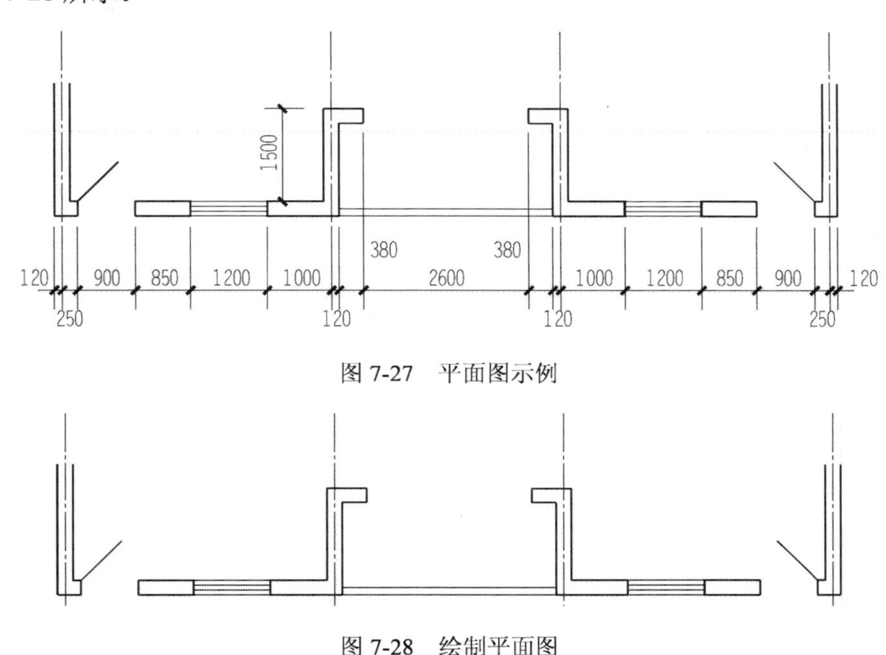

图 7-27　平面图示例

图 7-28　绘制平面图

（2）单击【标注样式】命令，系统弹出【标注样式管理器】对话框，见图 7-3；单击【新建】按钮，弹出【创建新标注样式】对话框，在【新样式名】中输入“线性”，单击【继续】如图 7-29 所示。

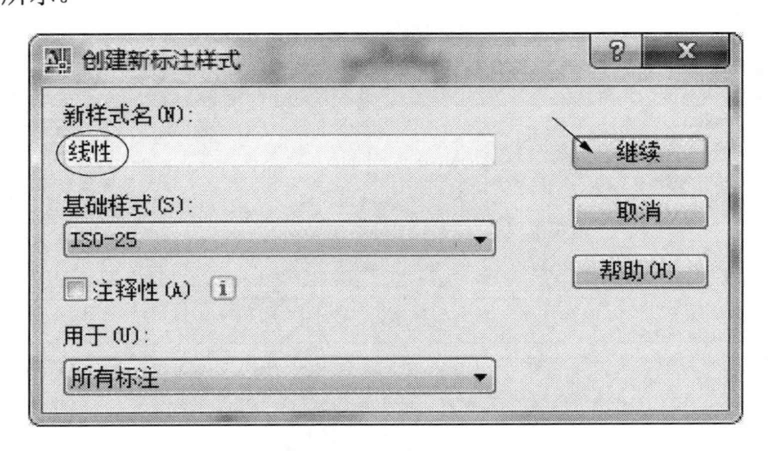

图 7-29　【创建新标注样式】对话框的输入

（3）在弹出【新建标注样式：线性】对话框中，单击【线】按钮，在【线】对话框中输入各项参数值，如图 7-30 所示圆圈内。

（4）继续单击对话框中【符号和箭头】按钮，在【符号和箭头】对话框中输入各项参数值，如图 7-31 所示圆圈处。

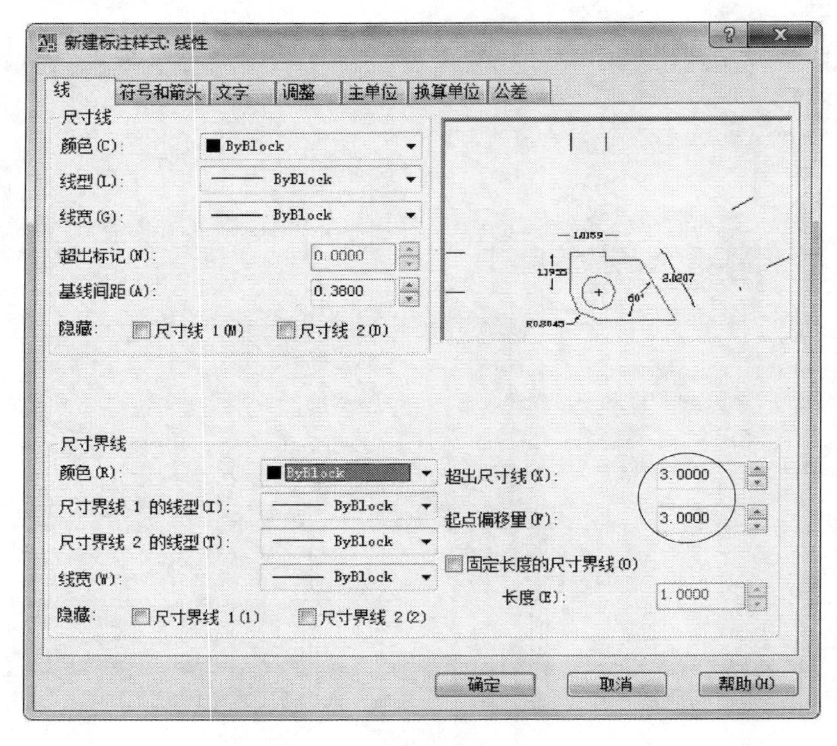

图 7-30 【线】对话框的输入

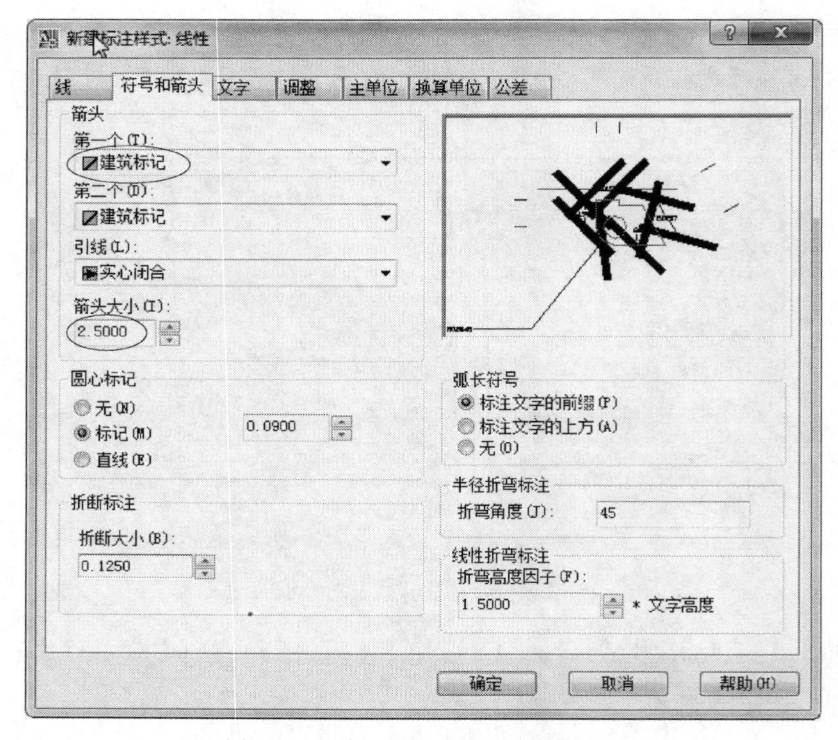

图 7-31 【符号和箭头】对话框的输入

（5）继续单击对话框中【文字】按钮，在【文字】对话框中输入各项参数值，如图 7-32 所示圆圈处。

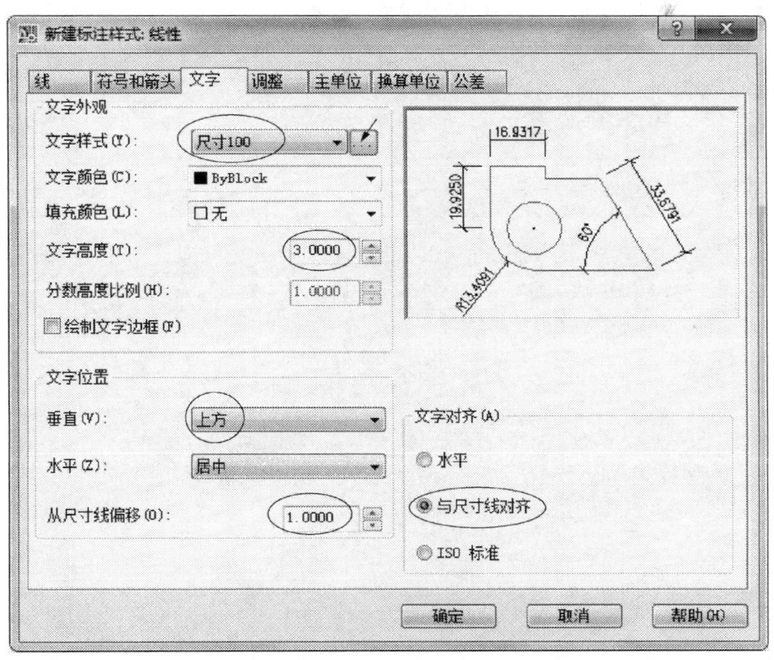

图 7-32 【文字】对话框的输入

设置尺寸数字时，应先将【文字样式】对话框中的【高度】设置为 0；也可在图 7-32【文字】对话框中的【文字样式】一项点击右侧按钮（箭头处），打开【文字样式】对话框，将【高度】设置为 0。此时，【尺寸标注样式】对话框中的文字高度值才被激活；否则在标注尺寸时，计算机将显示【文字样式】中的【高度】值，导致缩小后的图纸尺寸数字不能正常显示，这一点特别要注意。

图 7-32 所示【文字】对话框中【文字样式】按钮输入参数见图 7-33 中圆圈处。

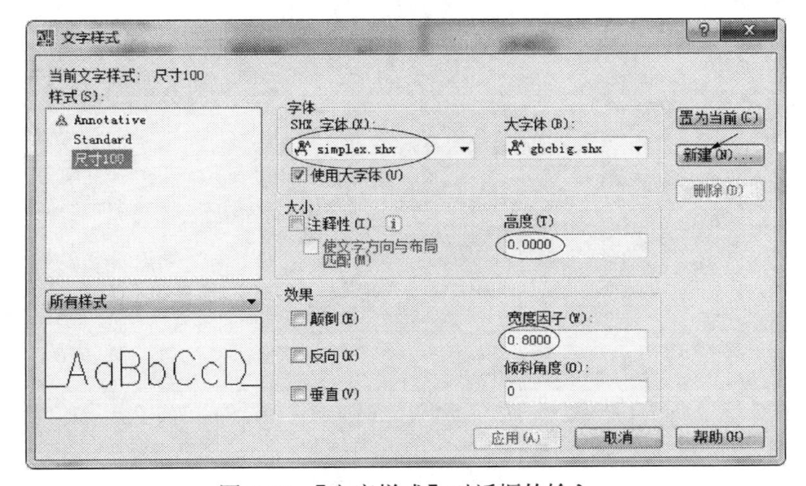

图 7-33 【文字样式】对话框的输入

（6）继续单击对话框中【调整】按钮，输入各项参数值，如图 7-34 所示圆圈处。

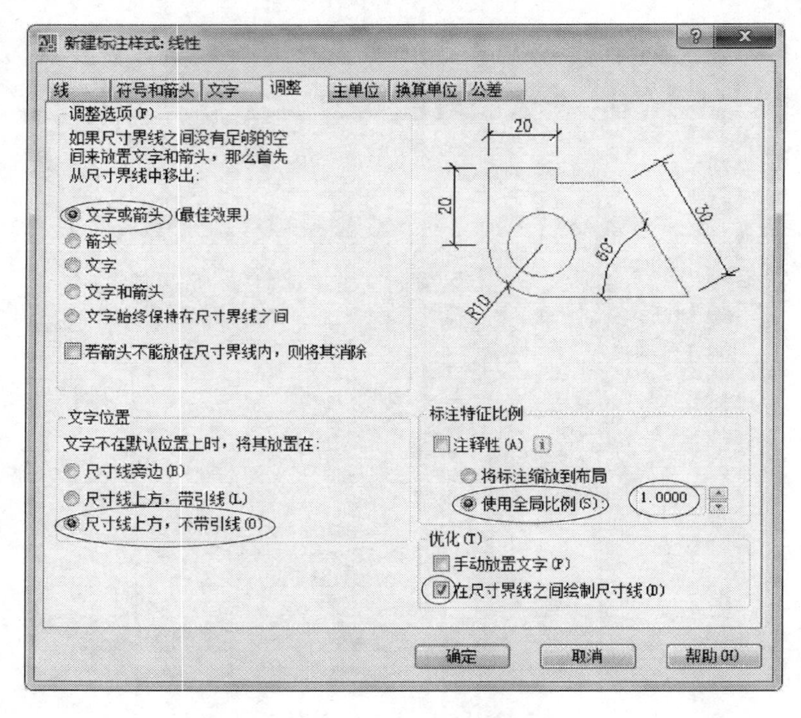

图 7-34 【调整】对话框的输入

（7）继续单击对话框中【主单位】按钮，输入各项参数值，如图 7-35 所示圆圈处。

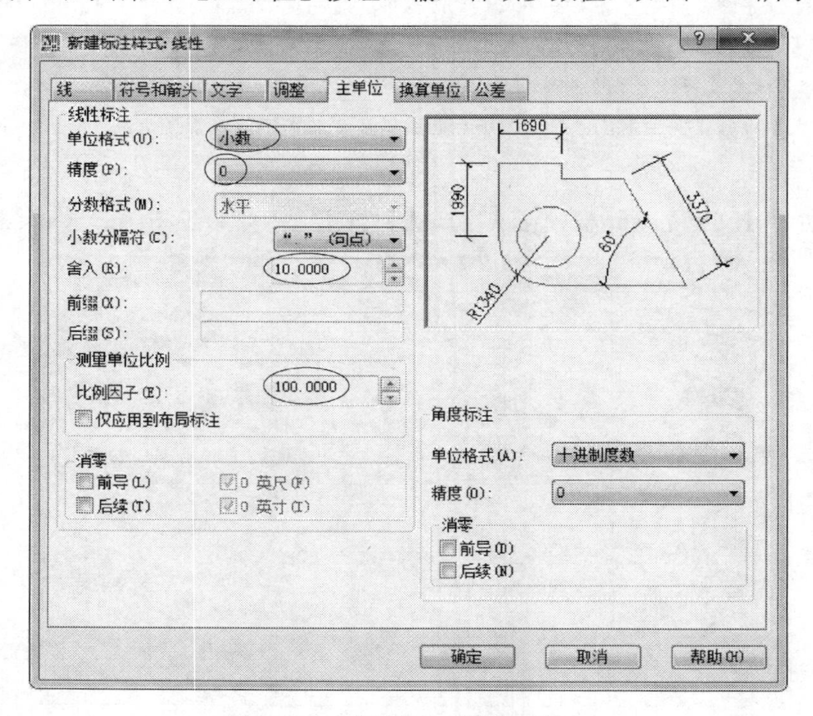

图 7-35 【主单位】对话框的输入

（8）下拉菜单栏【标注】/【线性】和【连续】命令，标注细部尺寸如图 7-36 所示。

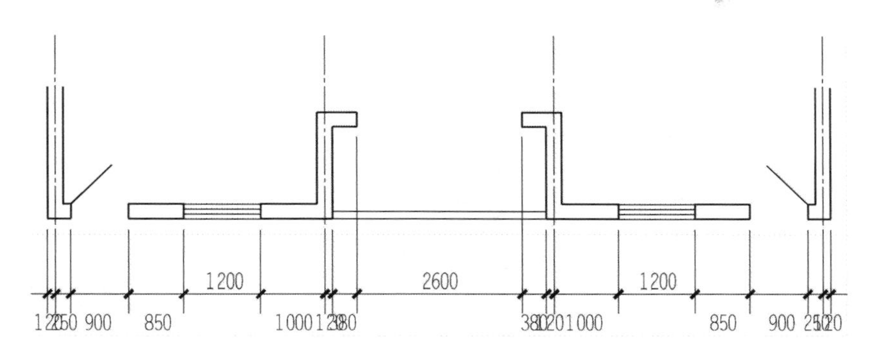

图 7-36 标注细部尺寸

（9）应用夹点功能调整数字位置。具体做法：在屏幕上选取各尺寸数字，按住夹点位置拖动数字放在合适的位置后单击鼠标左键确定，完成细部尺寸标注，如图 7-37 所示。

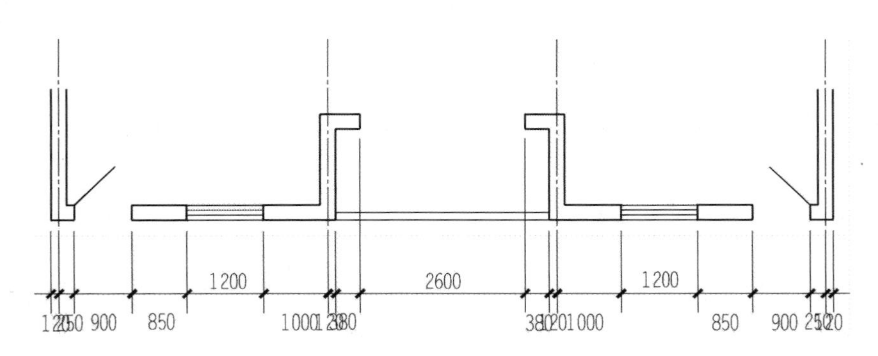

图 7-37 完成细部尺寸标注

7.2.4 基线标注

基线标注是机械工程图中常用的一种标注方法。基线标注是以上一个标注或指定的已完成的尺寸标注为标注基线，执行连续的基线标注，所有的基线标注共用一条基线。机械图样的尺寸标注执行的是基准线标注法，即以基准线为准向外延伸标注，要求各细部尺寸的总和不等于总尺寸，即各部位尺寸不得整体闭合。而建筑尺寸标注要求各部位细部尺寸之和要等于总尺寸，即各部位尺寸要整体闭合。

基线标注与连续标注相似，必须事先执行线性标注、对齐标注或角度标注。默认情况下，系统自动以上一个标注的第一条尺寸界线作为基线标注的基线；基线也可以由用户来指定，当需要标注的对象不是系统自动捕捉的对象时，可选择回车后再点取需要标注对象的尺寸界线，进行基线标注。

启动【基线标注】命令的方法有：

- 下拉菜单：【标注】/【基线】
- 【标注】工具栏按钮：
- 命令行：dimbaseline

【例 7-3】 对图 7-38 所示的图形指定基线，执行【基线标注】命令。

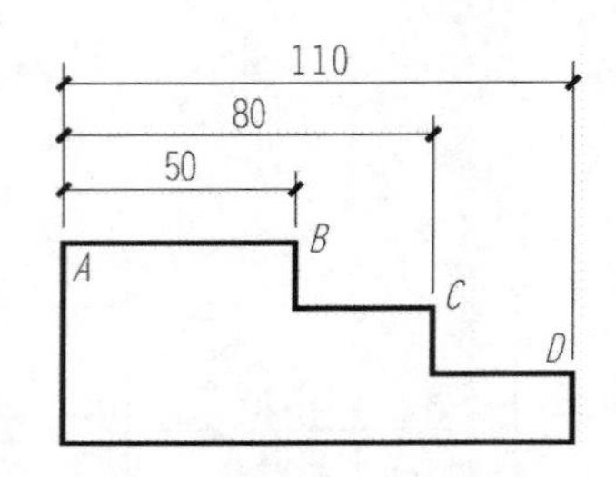

图 7-38 【基线标注】实例

首先使用【线性标注】方式对 *AB* 边进行标注。

（1）单击菜单栏【标注】/【线性标注】，启动【线性标注】命令；

（2）捕捉 *A* 点，捕捉 *B* 点，光标下移到合适位置单击，标注出 *AB* 边的尺寸；

（3）单击菜单栏【标注】/【基线标注】，启动【基线标注】命令；

（4）捕捉 *C* 点，然后捕捉 *D* 点，回车结束选择，再回车结束命令。

当用户对并联标注方式中的基线间距不满意时，可利用标注工具栏的按钮，进行调整。

7.2.5 半径标注

半径标注是指用来标注圆或圆弧的半径。启动【半径标注】命令的方法有：

- 下拉菜单:【标注】/【半径】
- 【标注】工具栏按钮:
- 命令行：dimradius

【例 7-4】 使用【半径标注】命令对图 7-39 所示的图形进行半径标注。

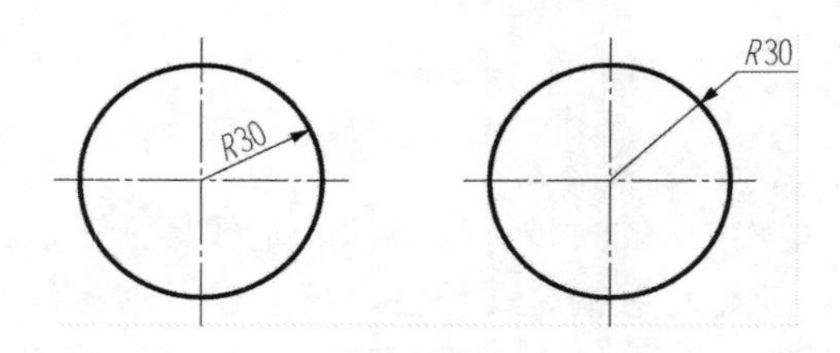

图 7-39 【半径标注】实例

（1）点击菜单栏【标注】/【半径标注】，启动【半径标注】命令；

（2）用拾取框单击圆，显示圆的半径长度，移动光标到合适位置单击确定，如图 7-39 所示。

系统会自动在半径标注的尺寸文字前加注字母 *R*，同时根据光标的位置可以将尺寸文字放置在圆的内部或外部。

7.2.6 直径标注

直径标注是指用来标注圆或圆弧的直径。启动【直径标注】命令的方法有：

- 下拉菜单：【标注】/【直径】
- 【标注】工具栏按钮：
- 命令行：dimdiameter

系统会自动在直径标注的尺寸文字前加注字母ϕ，同时根据光标的位置可以将尺寸文字放置在圆的内部或外部。

7.2.7 圆心标注

平时绘制圆或圆弧，它们的圆心位置并不显现。【圆心标记】命令可以对圆心进行标记，使得圆心位置非常明显。启动【圆心标记】命令的方法有：

- 下拉菜单：【标注】/【圆心标记】
- 【标注】工具栏按钮：
- 命令行：dimcenter

7.2.8 角度标注

角度标注是指标注圆弧对应的圆心角、两条不平行直线之间的角度（两直线相交或延长线相交均可）。启动【角度标注】命令的方法有：

- 下拉菜单：【标注】/【角度】
- 【标注】工具栏按钮：
- 命令行：dimangular

国家标准规定，在标注角度尺寸时角度数字一律水平书写。在进行角度尺寸标注之前，要将【角度标注】样式置为当前。标注方法如下：

下拉菜单：【标注】/【角度标注】
命令行：选择圆弧、圆、直线或<指定顶点>：　　//用拾取框单击角度的水平边
选择第二条直线：　　//用拾取框单击角度的斜边
指定标注弧线位置或 [多行文字(M)/文字(T)/角度(A)]：
　　//移动光标可以标注角度的内角（锐角）或补角（钝角），在合适位置单击标注角度
命令行输入：45　　//拖动光标到合适位置点击

标注结果如图 7-18 所示。

角度标注时，要注意拾取夹角边的顺序，系统默认逆时针方向，要改变方向需要重新设置，否则标注出来的结果将不符合要求。

7.2.9 快速标注

快速标注是通过选择图形对象本身来执行一系列的尺寸标注。当标注多个圆、圆弧的直径或半径时，快速标注显得十分有效。启动【快速标注】命令的方法有：

- 下拉菜单：【标注】/【快速标注】
- 【标注】工具栏按钮：
- 命令行：qdim

【例 7-5】如图 7-40 所示，对图形执行【快速标注】命令。

（1）点击菜单栏【标注】/【快速标注】，启动【快速标注】命令；

（2）选择要标注的几何图形，用拾取框单击大圆、小圆和圆弧，回车结束选择；

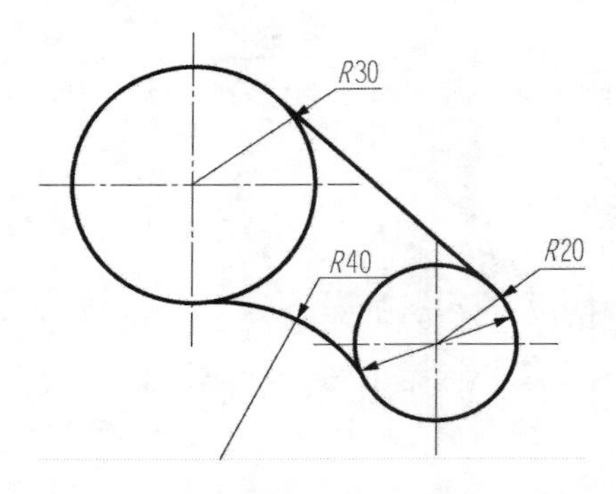

图 7-40 【快速标注】实例

（3）命令行输入 R，回车；

（4）指定尺寸线位置，光标上移在大圆心右上部位置单击，标注出半径尺寸。

在命令行提示“指定尺寸线位置或［连续（C）/并列（S）/基线（B）/坐标（O）/半径（R）/直径（D）/基准点（P）/编辑（E）/设置（T）］<连续>：”时，输入相应的字母来选择需要的标注方式。

7.2.10 多重引线标注

引线标注功能，专门设置了【多重引线】工具栏。可以在任意工具栏上单击鼠标右键选中调出，也可在【二维草图与注释】界面中的面板选项板中直接找到，如图 7-41 所示。启动【快速引线标注】命令的方法有：

图 7-41 【多重引线】工具栏

- 下拉菜单:【标注】/【多重引线】
- 【多重引线】工具栏按钮:
- 命令行: mleader

启动该命令后，命令行提示：

指定引线箭头的位置或［引线基线优先(L)/内容优先(C)/选项(O)］<选项>:

这时，直接单击确定引线箭头的位置，然后在打开的文字输入窗口中输入注释内容即可。

当用户对目前默认的引线标注样式不满意时，可以进行修改，或者建立自己需要的引线标注样式。这些操作都可以通过【多重引线样式管理器】来实现。打开该管理器的方法有：

- 下拉菜单:【格式】/【多重引线样式】

- 【多重引线】工具栏：
- 命令行：mleaderstyle

【多重引线样式管理器】对话框见图7-42。

与【标注样式管理器】类似，通过【多重引线样式管理器】，用户可以新建、修改、删除相应的多重引线样式。

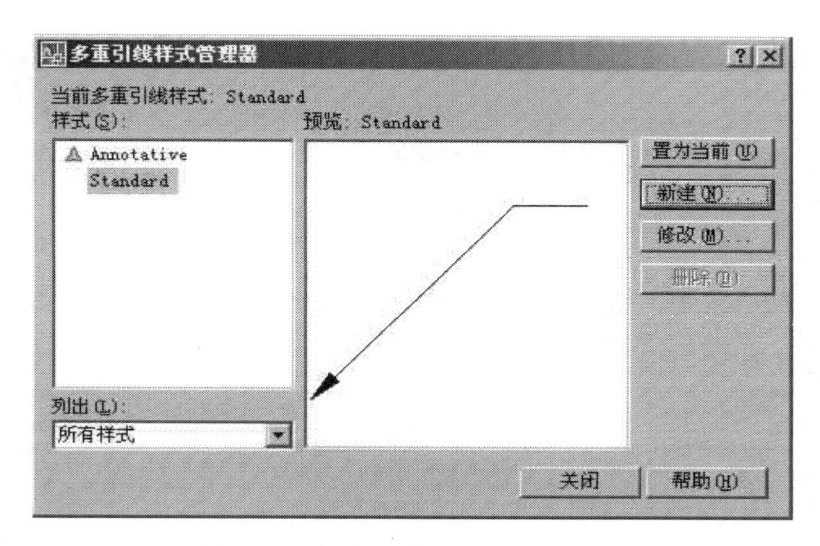

图7-42 【多重引线样式管理器】对话框

单击 新建(N)... 按钮，出现【创建新多重引线样式】对话框，如图7-43所示。在【新样式名】中输入要创建的新样式的名称，然后单击 继续(O) 按钮，弹出【修改多重引线样式】对话框，见图7-44。

图7-43 【创建新多重引线样式】对话框

在【修改多重引线样式】对话框中，有【引线格式】、【引线结构】、【内容】三个选项卡。在【引线格式】选项卡中，可以设置引线的线型、颜色、类型、线宽及箭头的符号、大小等。在【引线结构】选项卡中，可以设置引线的约束数目和角度、基线样式及引线比例、是否设置为注释性对象等。在【内容】选项卡中，可以对文字类型样式、引线连接方式进行设置。

当用户进行多重引线标注后，还可以通过【多重引线】工具栏中的 按钮进行引线的添加、删除、对齐、合并等操作。

7.2.11　坐标标注

坐标标注是指用来标注某点 *X*、*Y* 的坐标。启动【坐标标注】命令的方法有：

- 下拉菜单：【标注】/【坐标】
- 【标注】工具栏按钮：

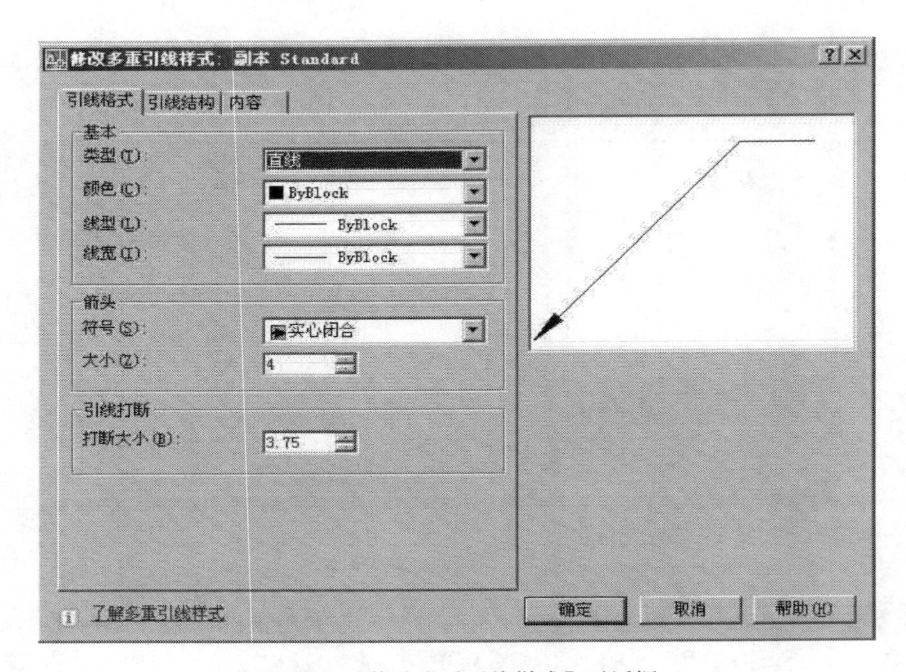

图 7-44 【修改多重引线样式】对话框

- 命令行：dimordinate

命令行会提示“指定引线端点或［X 基准（X）/Y 基准（Y）/多行文字（M）/文字（T）/角度（A）]：”时，可在图形中选择，也可以输入 *X* 或 *Y* 来选择标注 *X* 坐标或 *Y* 坐标。提示中的其余选项含义与【线性标注】相同。

7.2.12　折断标注

尺寸标注结果有时会出现尺寸界线或尺寸线之间相交的情况，如图 7-45（a）所示，这会使标注显得较乱，为了使标注更加清晰，层次分明，AutoCAD 2008 新增加了折断标注编辑功能，可利用【折断标注】进行修改编辑。

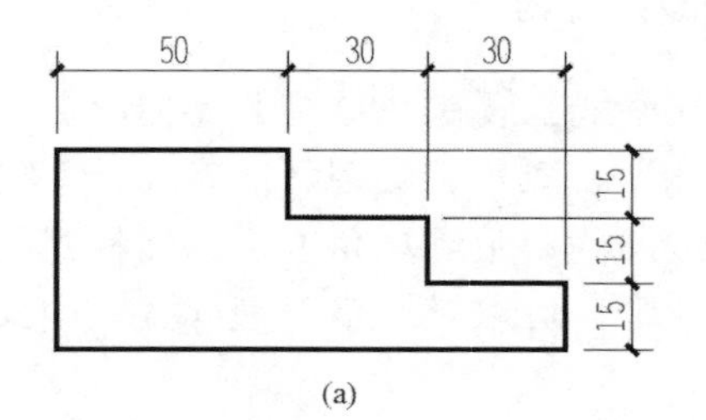

(a)

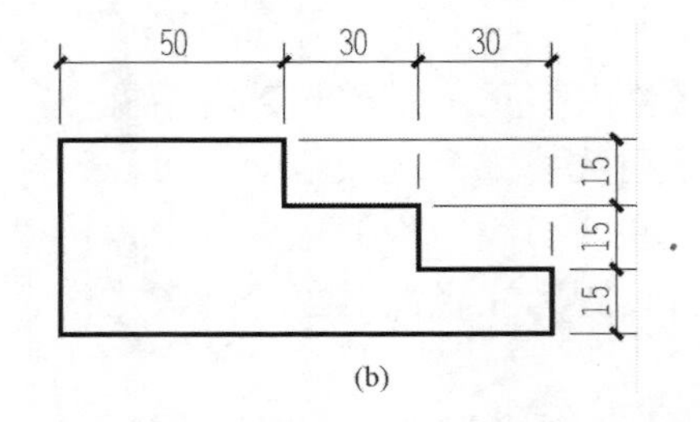

(b)

图 7-45　折断标注实例

启动【折断标注】命令的方法有：

- 下拉菜单：【标注】/【折断标注】
- 【标注】工具栏按钮：
- 命令行：dimbreak

```
命令：_ dimbreak                          //启动标注折断命令
选择标注或[多个(M)]：                      //选择一个或多个要被打断的标注
选择要打断标注的对象或[自动(A)/恢复(R)/手动(M)]<自动>：        //选择要保留的对象
选择要打断标注的对象：                      //进一步选择或回车结束选择
```

图 7-45（b），是先选择横向 30 作为被打断的对象，然后选择竖向的 15 作为保留对象的结果。

7.2.13 折弯线性标注

折弯线性标注也是 AutoCAD 2008 新增编辑功能。因为构件较长，尺寸标注有时需要用到【折弯线性】命令，它是修改编辑尺寸标注结果的命令。启动【折弯线性】命令的方法有：

- 下拉菜单：【标注】/【折弯线性】
- 【标注】工具栏按钮：
- 命令行：dimjogline

启动该命令后，命令行提示：

```
命令：dimjogline
选择要添加折弯的标注或 [删除(R)]：          //选择要添加折弯的标注
指定折弯位置(或按 ENTER 键)：               //指定折弯位置或回车默认折弯位置
```

图 7-46 所示为添加【折弯线性】标注后的效果。

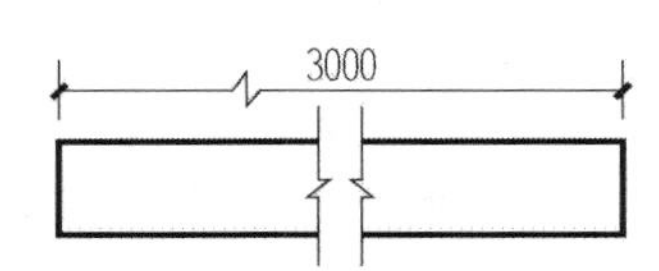

图 7-46 折弯线性标注效果

7.3 修 改 尺 寸

当用户需要修改已有的尺寸标注时，可以通过多种方法来实现。可以使用编辑标注命令 dimedit 对标注的文字内容和尺寸界线进行修改；可以使用编辑标注文字命令 dimtedit 修改标注文字的位置和旋转角度；也可以通过更新标注样式将所有采用该样式的尺寸标注全部进行修改；还可以将部分尺寸标注的标注样式套用另一种标注样式，从而使所选尺寸标注完全符合另一种样式的设置。前两种方法是对尺寸标注中的组成部分进行修改；后两种方法是对整个尺寸标注的样式进行修改。

7.3.1 编辑标注

编辑标注命令可以修改尺寸标注的文字和尺寸界线的旋转角度等，这个命令先设置修改的元素，然后选择对象。用户可以使用 dimedit 命令来修改一个或多个尺寸标注中的标注文字内容、旋转角度和尺寸界线的倾斜角度。

启动 dimedit 命令的方法有：

- 下拉菜单：【标注】/【对齐文字】/【默认】
- 【标注】工具栏按钮：编辑标注
- 命令行：dimedit

执行上述命令后，命令行提示：

```
命令：dimedit                                  //执行编辑标注命令
输入标注编辑类型 [默认(H)/新建(N)/旋转(R)/倾斜(O)] <默认>:
```

其中各选项的含义：

【默认】：按默认方式放置尺寸文字。

【新建】：选择此选项会打开多行文字编辑器，在编辑器中修改编辑尺寸文字，注意编辑器中显示的“<>”是默认尺寸数字。

【旋转】：将尺寸数字旋转指定角度，如图 7-47 中的尺寸数字“80”。

【倾斜】：将尺寸界线倾斜指定角度，如图 7-47 中垂直尺寸标注。

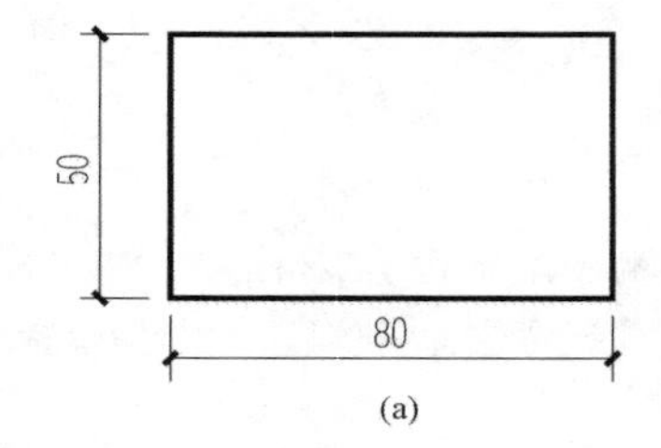

(a)

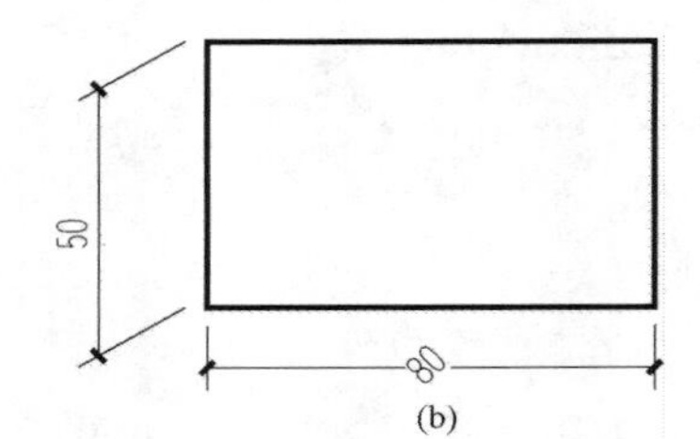

(b)

图 7-47 编辑标注实例

【例 7-6】将图 7-47（a）中的尺寸标注修改为图 7-47（b）所示的样子。其中，将标注文字 80 旋转 45°，将垂直尺寸标注的尺寸界线倾斜 30°。

（1）单击下拉菜单栏【标注】/【文字对齐】/【角度】按钮，启动【编辑标注】命令；

（2）命令行“选择标注”提示下，点击水平尺寸 80，命令行“指定标注文字的角度：”，输入 45，回车结束命令；

（3）再次点击下拉菜单【标注】/【倾斜】，启动【编辑标注】命令；

（4）命令行“选择标注”提示下，点击竖直尺寸 50，命令行“输入倾斜角度：”，输入 30，回车结束命令。

7.3.2 编辑标注文字

用户可以使用 dimtedit 命令来修改标注文字的位置及旋转角度。启动 dimtedit 命令的方法有：

- 下拉菜单：【标注】/【对齐文字】/除【默认】外的其他选项之一
- 【标注】工具栏按钮：
- 命令行：dimtedit

执行上述命令后，命令行提示：

```
命令: dimtedit          //执行编辑标注文字命令
选择标注:               //选择标注
指定标注文字的新位置或 [左(L)/右(R)/中心(C)/默认(H)/角度(A)]:
```

其中各选项的含义：

【左】和【右】：尺寸文字靠近尺寸线的左边或右边。

【中心】：尺寸文字放置在尺寸线的中间。

【默认】：按照默认位置放置尺寸文字。

【角度】：将标注的尺寸文字旋转指定角度，如图 7-48 所示。

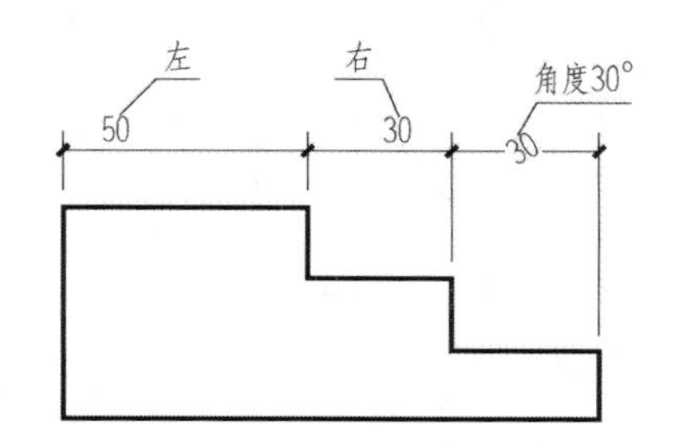

图 7-48　编辑标注文字实例

7.3.3　更新标注样式

更新标注样式有以下几种方法：

1. 更新尺寸标注样式

要修改用某一种样式标注的所有尺寸，用户可以在【标注样式管理器】对话框中进行修改。在完成修改的同时，绘图区域中所有使用该样式的尺寸标注都将随之更改。

2. 套用另一种标注样式

在绘图区域选中需要修改的一个或多个尺寸标注时，单击【标注】工具栏中【标注样式控制】下拉表的▾按钮，在列表中选中另外一种标注样式，然后按 Esc 键，则所选尺寸标注完全按照另一种标注样式显示。

3. 用【标注】工具栏的标注更新按钮

首先将要修改以后的标注样式置为当前样式，然后单击【标注】/【更新】按钮，在系统的提示下选择被修改的尺寸标注。

除以上介绍的多种修改尺寸标注的方法外，还可以使用【特性】选项板来进行修改。

7.4　绘图样例（房屋平面图、交叉道路平面图绘制方法）

【例 7-7】绘制如图 7-49 所示住宅标准层平面图。

绘图步骤

（1）先设置六种线型图层，将“轴线”层设为当前层，如图 7-50 所示。

（2）建立绘图区域。单击【矩形】命令绘制 14000×15000 线框，命令行输入“Z”，回车，输入“E”后，线框充满屏幕，擦去线框，绘图区域设置完成。

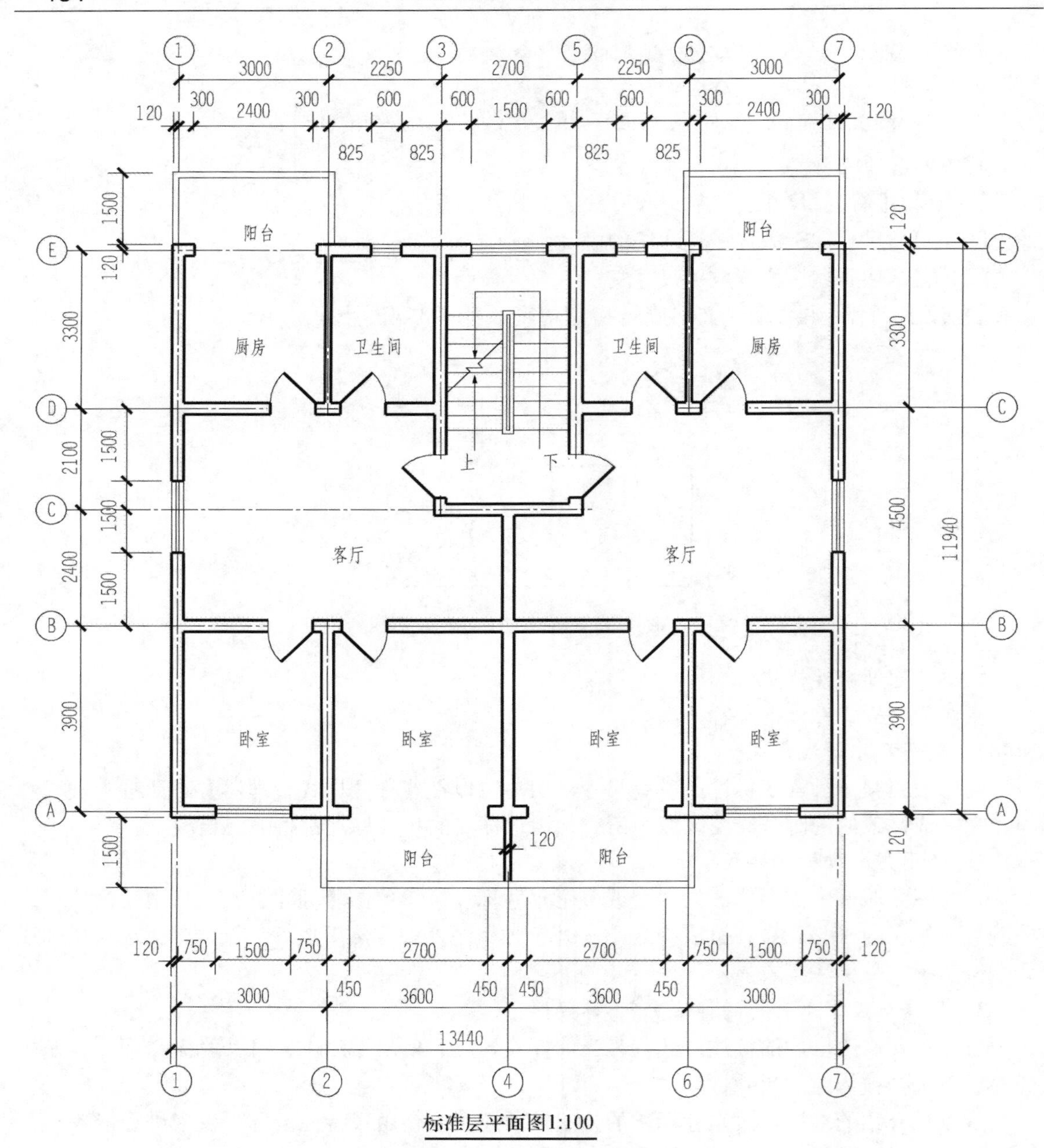

图 7-49 住宅标准层平面图

状	名称	开	冻结	锁...	颜色	线型	线宽	打印...	打.	冻.	说明
	0				白	Contin...	—— 默认	Color_7			
	尺寸				白	Contin...	—— 默认	Color_7			
	辅助				蓝	Contin...	—— 默认	Color_5			
	门窗				洋红	Contin...	—— 默认	Color_6			
	墙体				白	Contin...	—— 0....	Color_7			
	文字				白	Contin...	—— 默认	Color_7			
	轴线				红	CENTER2	—— 默认	Color_1			

图 7-50 设置图层

（3）绘制轴线网格。打开状态行【正交】、【对象捕捉】和【对象追踪】，在“轴线”图层下选择【直线】 和【偏移】 命令绘制轴线网格，尺寸如图 7-51 所示。

（4）设置多线样式。调用下拉菜单【格式】/【多线样式】命令，弹出【多线样式】对话框，单击【新建】，弹出【创建新的多线样式】对话框，在【新样式名称】栏中输入“240”。单击【继续】选项，则弹出【新建多线样式：240】对话框，将其中的图元【偏移】设为 120 和–120，完成 240 墙体多线的设置，如图 7-52 所示。

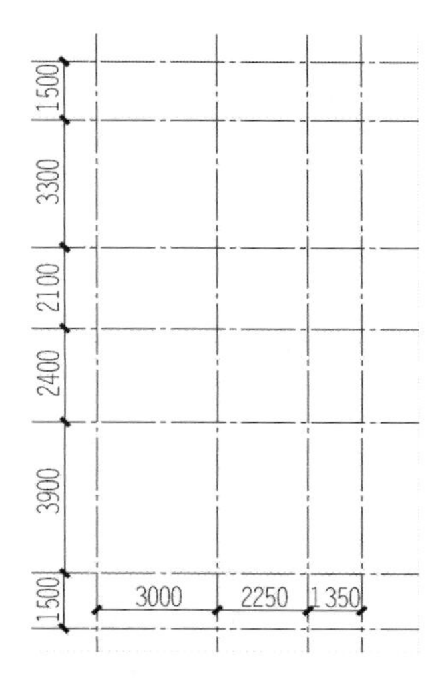

图 7-51　绘制轴线网格

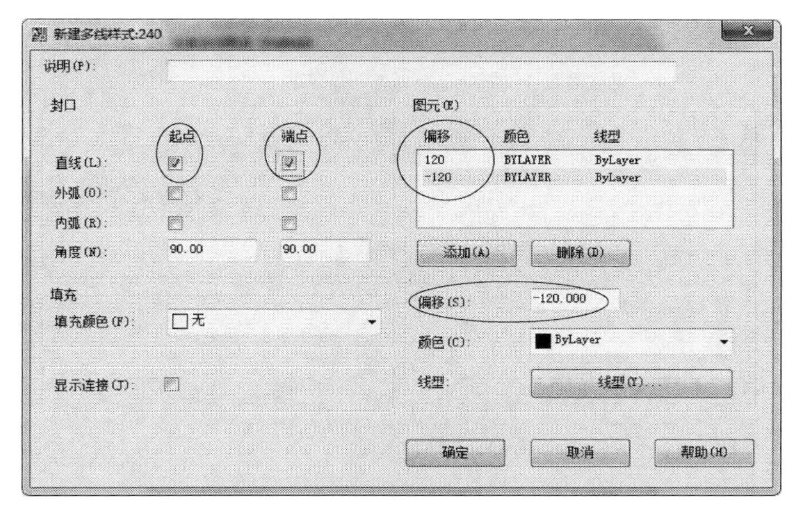

图 7-52　【新建多线样式：240】对话框

用同样方法设置【新样式名称】为“120”，图元【偏移】设为 60 和–60 多线样式，完成 120 墙体多线的设置。

（5）绘制墙体平面图。在“墙体”图层下调用下拉菜单命令【绘图】/【多线】，在命令行输入“J”（对齐），回车，输入“Z”（无）；输入“ST”（样式），回车，输入“240”；输入“S”（比例），回车，输入“1”。根据轴线网格捕捉“交点”，绘制 240 多线墙体；用同样方法绘制 120 多线墙体；然后在“辅助”图层下单击【多段线】 和【偏移】 命令（距离 120），绘制阳台栏板，结果如图 7-53 所示。

（6）对墙体进行修剪编辑。单击下拉菜单【修改】/【对象】/【多线】，打开【多线编辑工具】对话框，如图 7-54 所示，分别单击【角点结合】及【T 形打开】按钮后，回到屏幕绘图区域进行修剪编辑。注意：单击角点修剪时应选取内侧墙线；单击 T 形接口修剪时应先选取“T”字的竖向墙内侧线，再选取横向墙内侧线，修剪结果如图 7-55 所示。

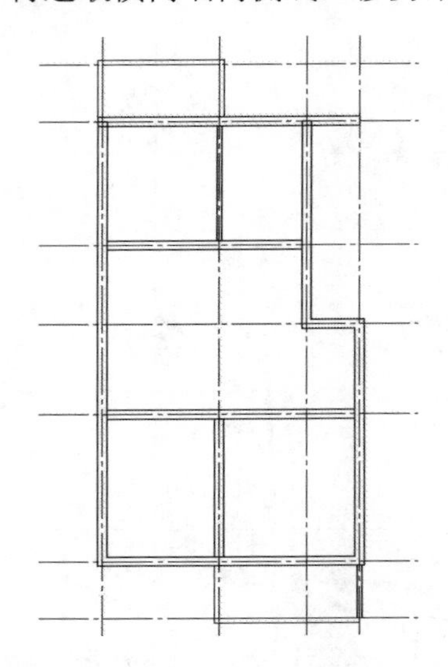

图 7-53 用【多线】绘制墙体

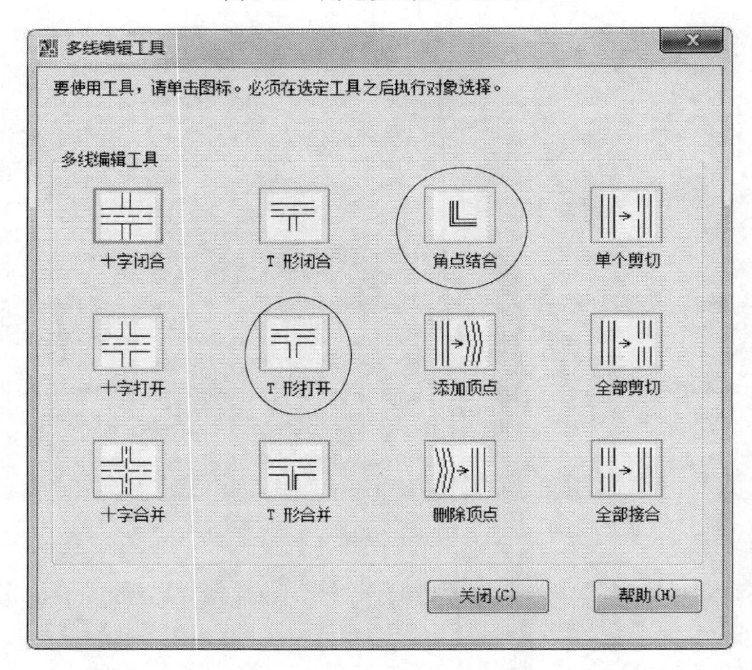

图 7-54 【多线编辑工具】对话框

（7）确定门窗洞位置。先关闭“轴线”图层，打开“辅助”图层，选择【直线】和【偏移】命令，绘制门窗位置线，偏移距离见图 7-56。

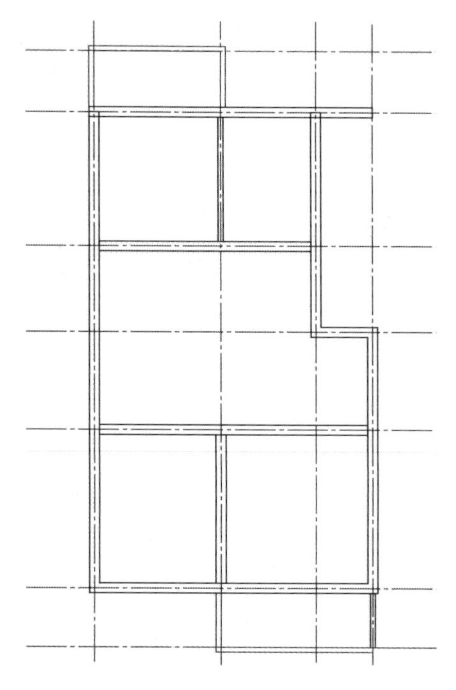

图 7-55　墙体修剪结果

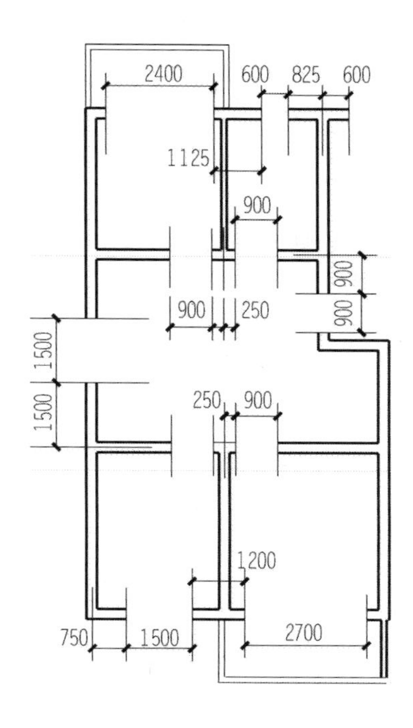

图 7-56　绘制门窗位置线

（8）设置窗户单元样式。打开“门窗”图层，在图形外侧绘制窗户平面图，其画法有多种，这里介绍三种简便画法：

1）应用多线功能绘制窗户平面图，具体步骤为：与设置“240”多线样式的方法相同，在【新建多线样式：窗户】对话框中，将图元偏移量再添加 30 和−30，完成“窗户”多线样式的设置，如图 7-57 所示。

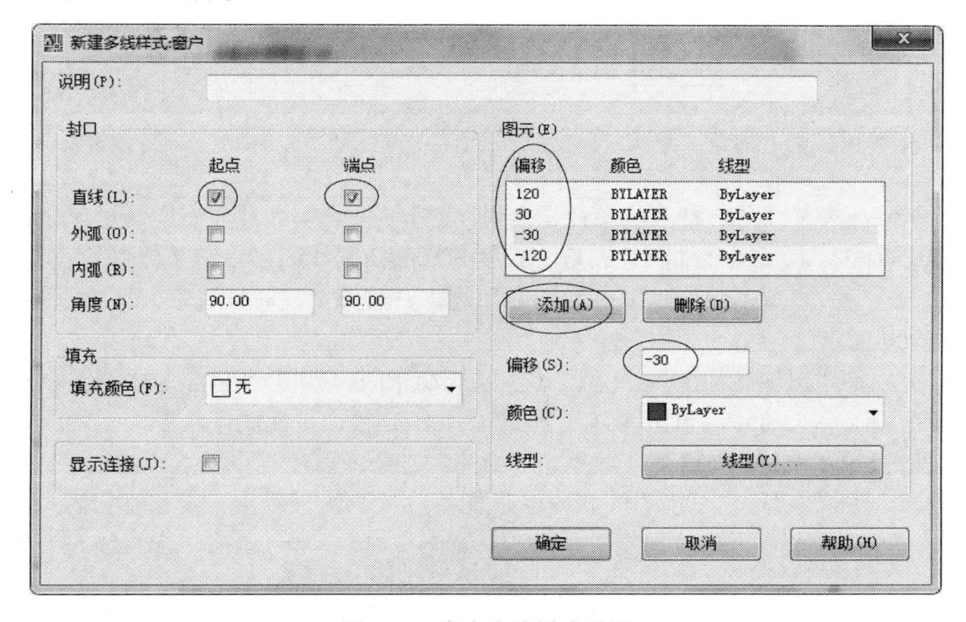

图 7-57　窗户多线样式设置

2）另两种窗户平面的简便画法见本书第 8 章图块的应用示例。

（9）绘制窗户平面图。在“门窗”图层下调用下拉菜单【绘图】/【多线】命令，在命令行输入“J”（对齐），回车，输入“T”（上）；输入“ST”（样式），回车，输入“窗户”；输入“S”（比例），回车，输入“1”。根据窗洞位置捕捉“交点”，绘制各窗户平面图，结果如图 7-58 所示。

（10）绘制楼梯平面图。在“辅助”图层下，选择【直线】、【矩形】和【偏移】命令绘制楼梯左侧平面，其中休息平台宽 1200，梯井宽 60，扶手宽 80，梯段长 8×300=2400。楼梯平面绘制结果如图 7-59 所示，具体画法见本书第 4 章绘图样例中楼梯平面图绘图步骤。

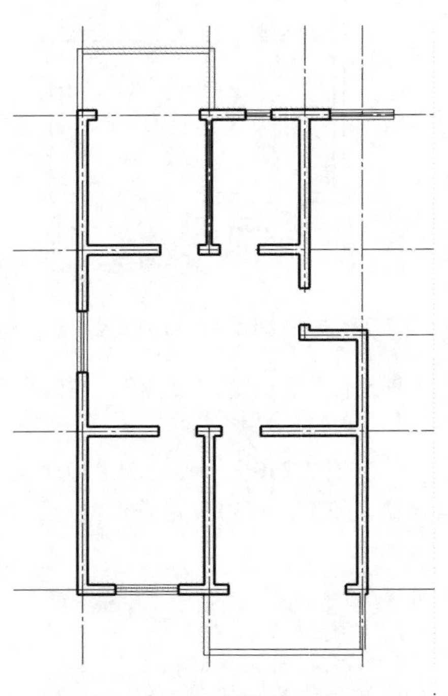

图 7-58　窗户平面绘制结果

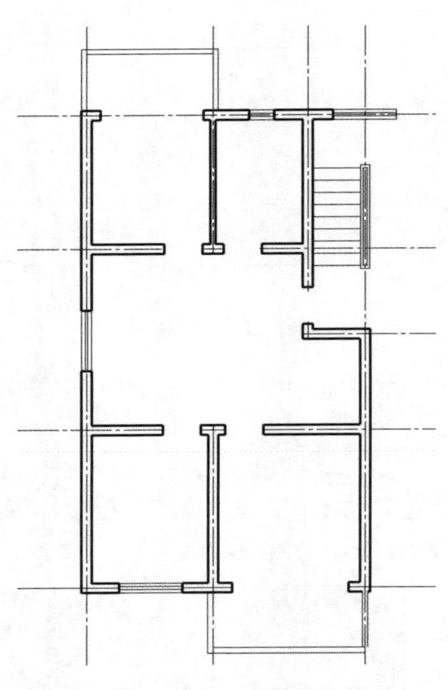

图 7-59　楼梯平面绘制结果

（11）绘制门扇平面图。打开状态行【草图设置】对话框，将极轴追踪【增量角】设置为 30°，应用【直线】命令绘制 30°夹角、长度 900 的门扇线；再单击【圆弧】命令绘制门的开启弧线，命令行输入“c”后选取圆心和起点、终点（逆时针选取），完成门扇绘制，结果如图 7-60 所示。

（12）完成整个房屋平面图形。单击【镜像】命令得到整个房屋的平面图，使用【修剪】命令删除多余的线。单击【直线】命令绘制楼梯折断线。绘制箭头线的方法为：点击【多段线】命令，在绘图区域单击一点后，在命令行提示下输入“w”，回车，“起点宽度”输入 0，回车，“端点宽度”输入 60，回车后在绘图区域画出一定长度的箭头；继续在命令行输入“w”，回车，“起点宽度”和“端点宽度”均输入 0，画出一段直线，绘图结果如图 7-61 所示。

（13）标注尺寸。设置线型尺寸标注，具体步骤见【例 7-2】应用示例。打开标注工具栏，点击【线性】和【连续】命令，打开【捕捉】和【正交】对话框，标注各细部尺寸，应用夹点调整尺寸数字位置。

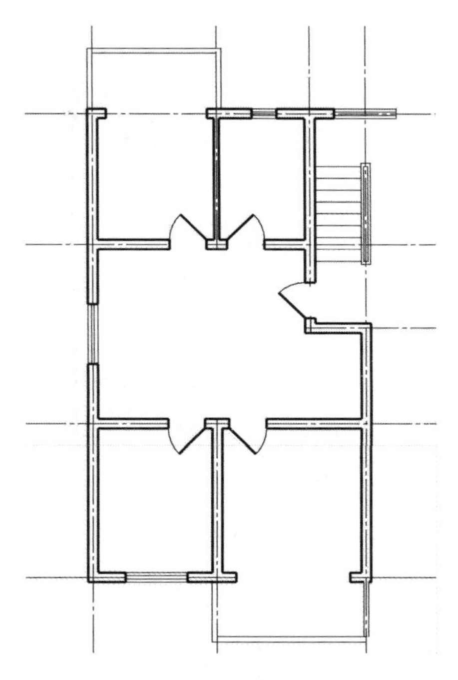

图 7-60 门扇平面绘制

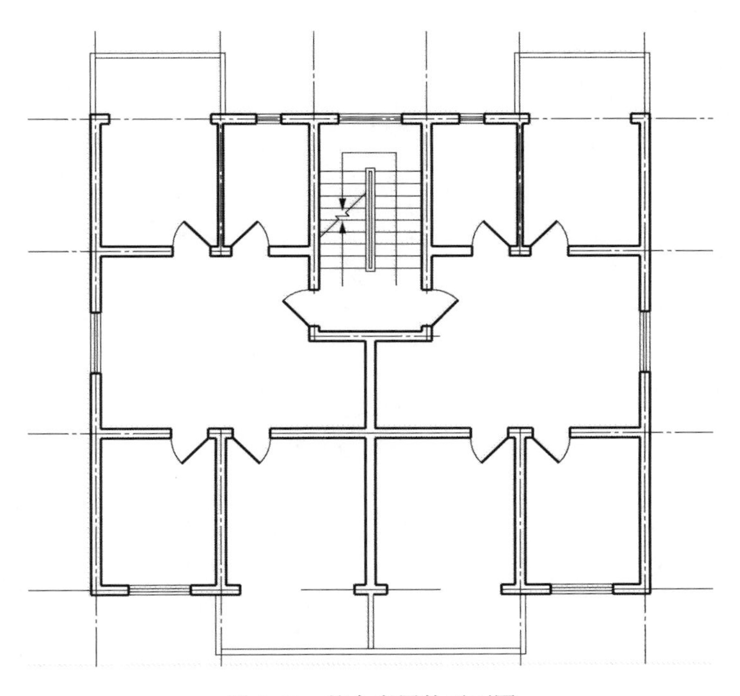

图 7-61 整个房屋的平面图

（14）绘制轴线编号。在平面图外侧绘制轴线编号。应用【圆】命令绘制半径为“400”的圆，创建带属性的块，单击【插入块】命令，绘制轴线编号。具体步骤详见本书第 8 章【例 8-6】，完成平面图尺寸标注，见图 7-62。

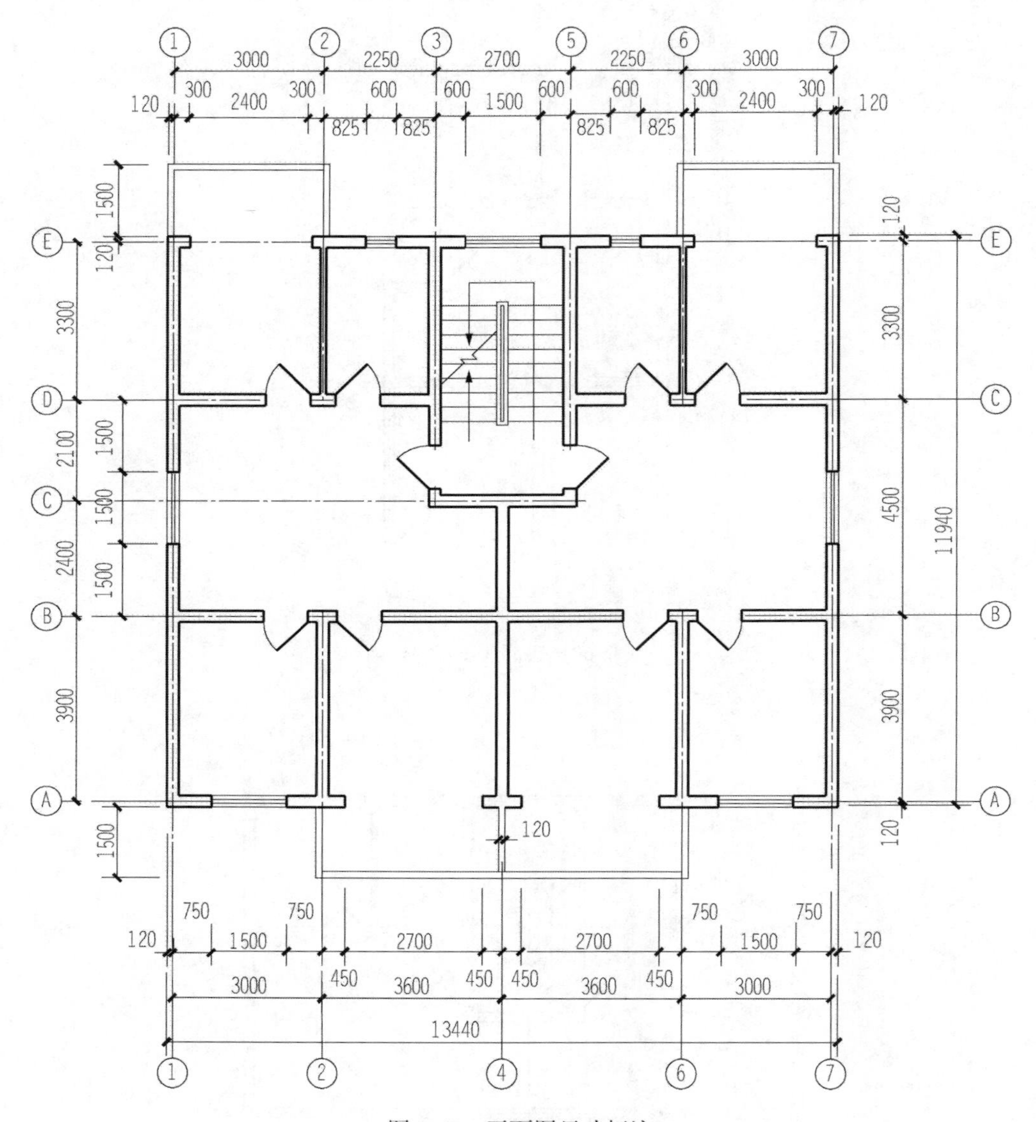

图 7-62 平面图尺寸标注

（15）注写文字。调用下拉菜单【格式】/【文字格式】，在对话框中，不勾选【使用大字体】，【字体名】选择“宋体”，【高度】设为“500”和“350”，单击【多行文字】**A** 命令，标注各房间名称，注写图名和比例，完成平面图的绘制，如图 7-63 所示。

【例 7-8】 应用 1:1000 的比例绘制如图 7-64 所示的道路平面图，图中的单位为 m。

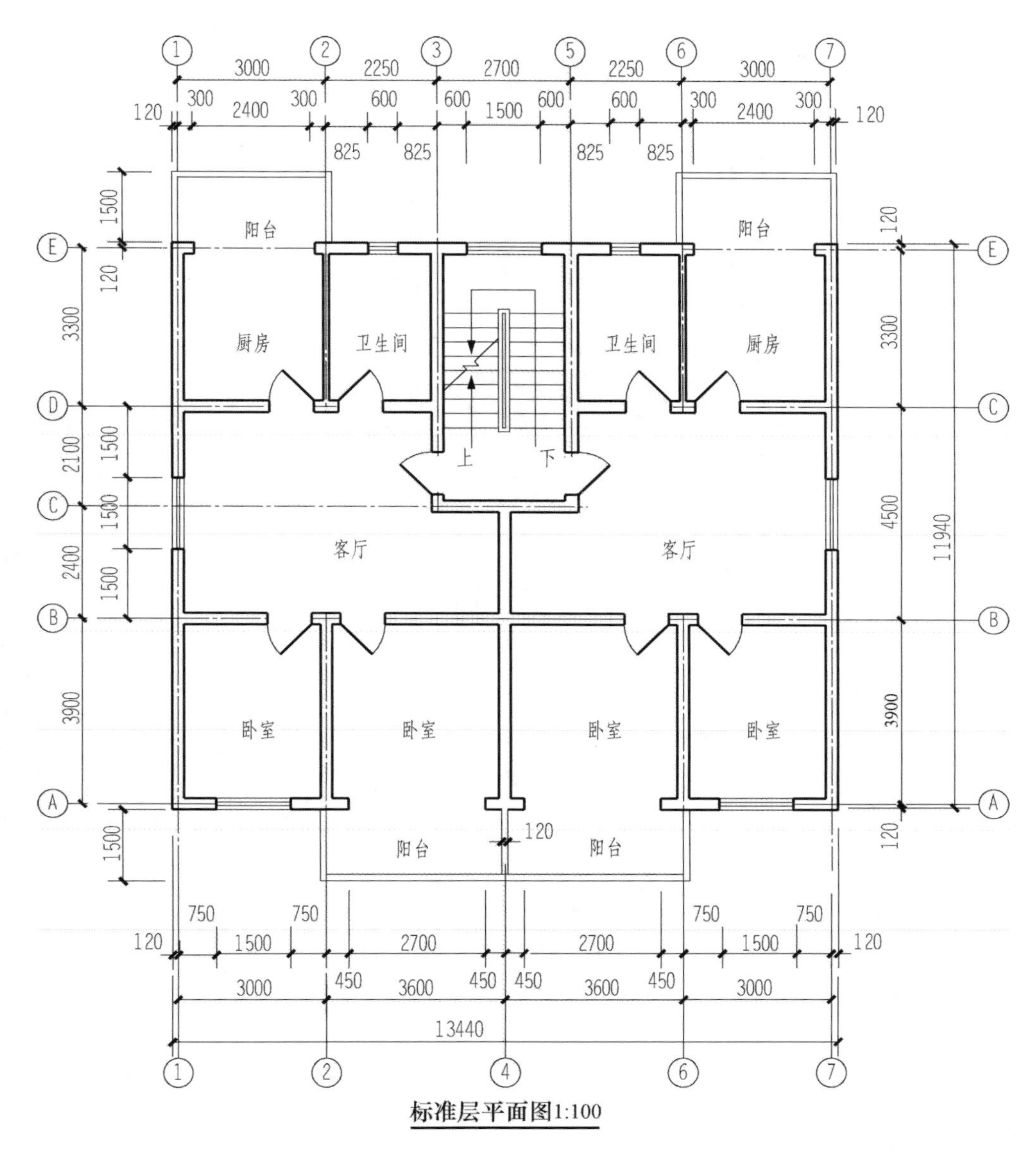

图 7-63 完成平面图的绘制

绘图步骤

（1）应用【图层特性管理器】，建立图层，如图 7-65 所示。

（2）打开“道路中线”图层，单击【直线】命令，绘制一条长度为 550 的水平线；将状态行的极轴【增量角】设置为 30°，绘制一条 30°斜线，并绘制道路中线，如图 7-66 所示。

（3）单击【偏移】命令，分别将水平道路中线上下偏移 6，倾斜道路中线上下偏移 12，修改图层为道路边线，如图 7-67 所示。

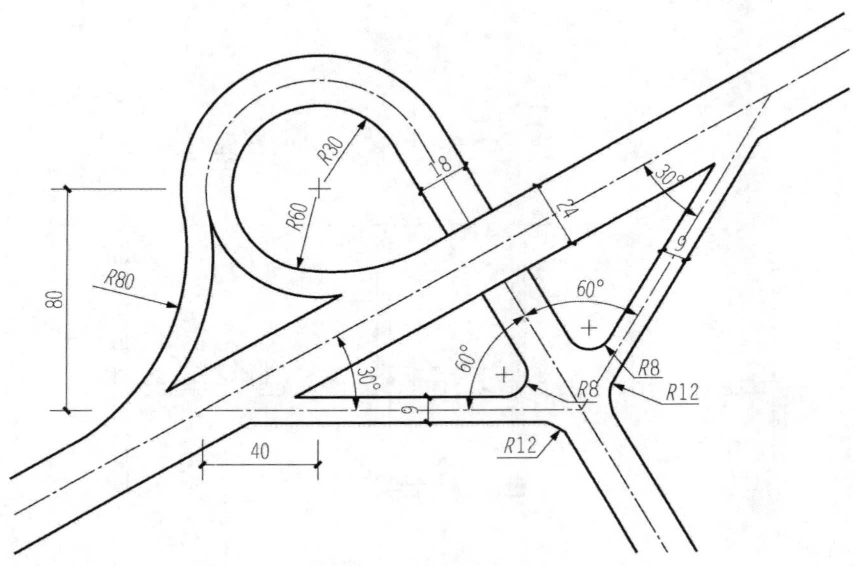

图 7-64 道路平面图

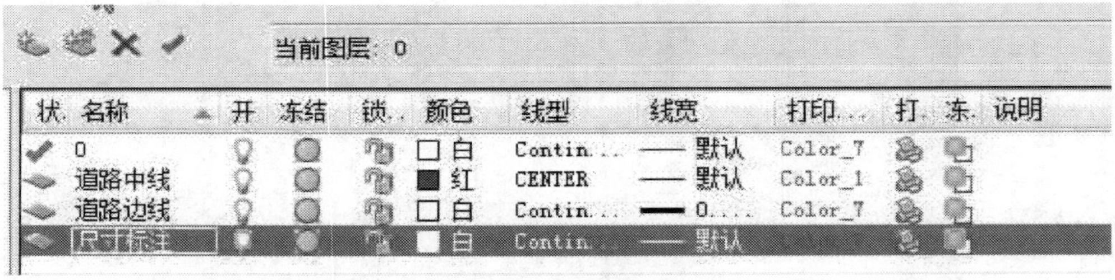

当前图层：0

状.	名称	开	冻结	锁.	颜色	线型	线宽	打印...	打.	冻.	说明
✔	0				白	Contin...	—— 默认	Color_7			
	道路中线				红	CENTER	—— 默认	Color_1			
	道路边线				白	Contin...	—— 0....	Color_7			
	尺寸标注				白	Contin...	—— 默认	Color_7			

图 7-65 建立图层

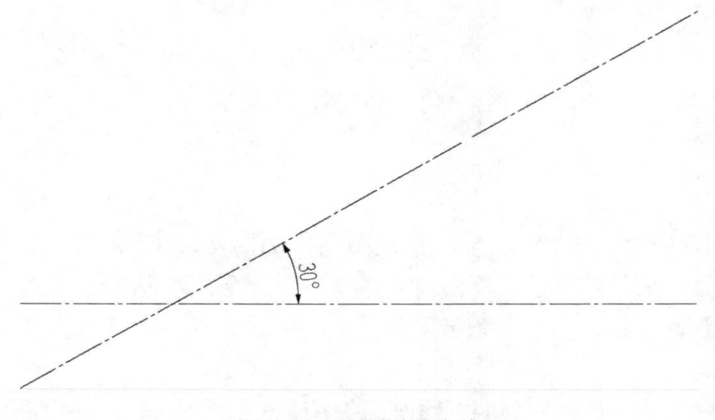

图 7-66 绘制道路中线

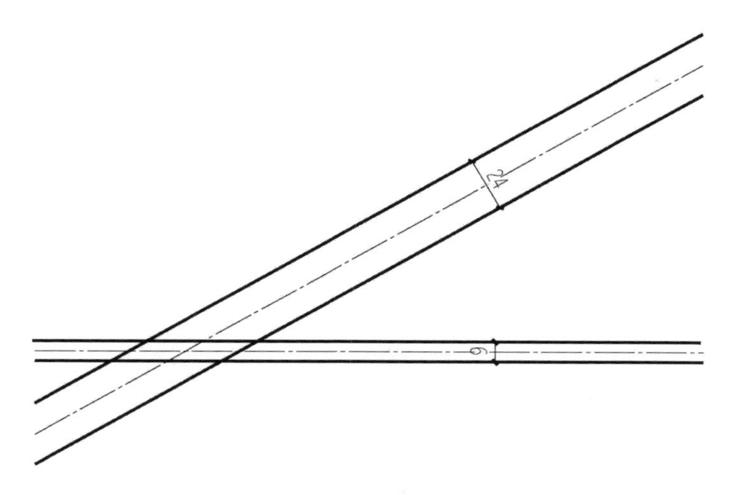

图 7-67 绘制道路边线

（4）打开“道路边线”图层，单击【圆】命令，绘制匝道部分，命令行提示指定圆心时，输入“from”，指定基点为左下角道路中线交叉点，*X* 和 *Y* 方向偏移 40 和 80，半径为 30，绘制出匝道内圆，如图 7-68 所示。

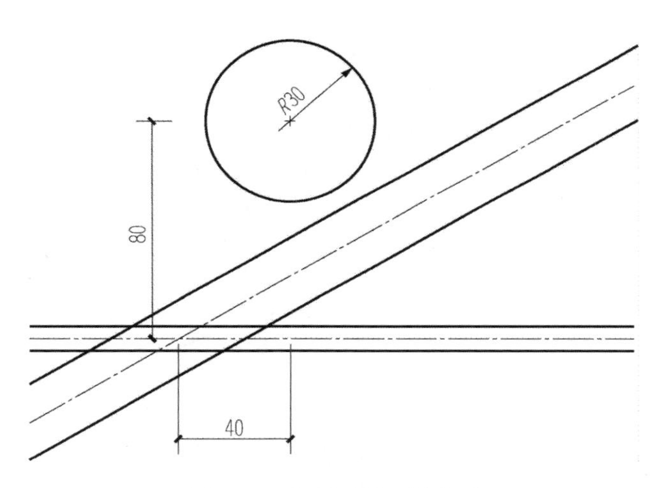

图 7-68 绘制匝道内侧小圆

（5）单击【圆】命令，命令行输入“T”，选择“相切、相切、半径”模式，切点选择圆和倾斜道路边线，输入半径 60，绘制相切圆，即匝道内侧大圆，如图 7-69 所示。

（6）单击【修剪】命令，对图 7-69 所示匝道进行修剪；单击【偏移】命令，偏移匝道圆和相切曲线，偏移量为 9 和 18。单击【圆】命令，命令行输入“T”，应用“相切、相切、半径”绘制相接匝道圆，匝道圆半径为 80；再点击【偏移】命令，向外侧偏移 9，绘制弧线匝道圆，如图 7-70 所示。

（7）单击【修剪】命令，修剪匝道和路面线结果如图 7-71 所示。

（8）单击【直线】命令，按住键盘 Ctrl 键和鼠标右键，选择【切点】，见图 7-72；将直线第一点定在圆上，继续按住 Ctrl 键和鼠标右键，选择【垂足】，将直线第二点定在倾斜道路中线处，同理绘制另外直线；单击【延伸】命令，延伸三条直线，绘制垂直匝道，如图 7-73 所示。

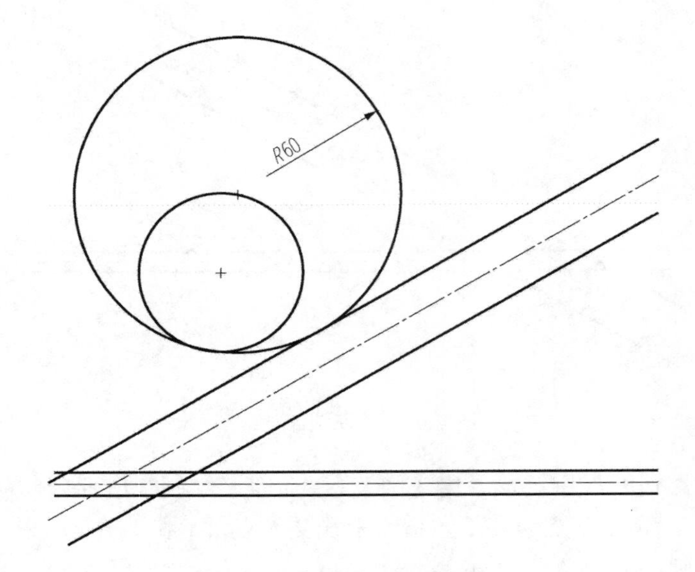

图 7-69　绘制匝道内侧大圆

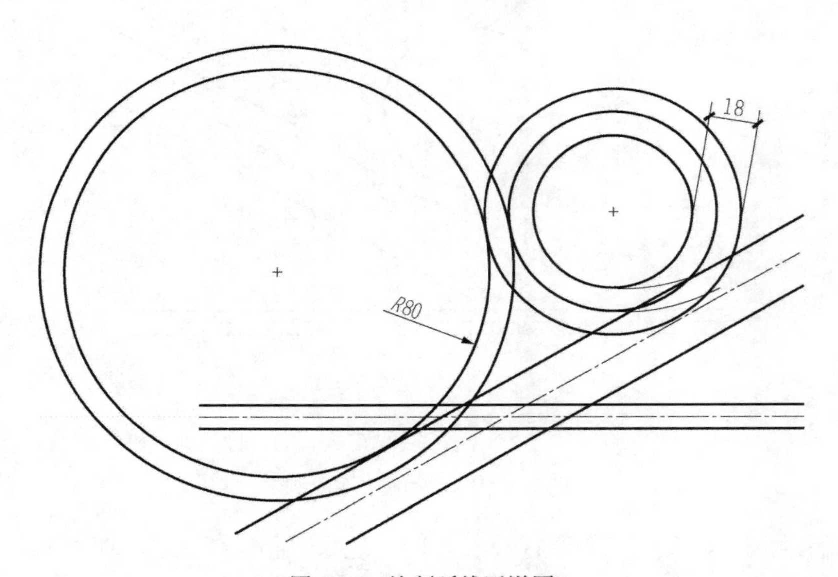

图 7-70　绘制弧线匝道圆

（9）单击【修剪】命令进行修剪，使用【打断于点】命令，将匝道中线从交叉点打断，修改图层为“道路边线”，修剪垂直匝道结果如图 7-74 所示。

（10）单击【镜像】命令，将水平道路进行镜像；单击【圆角】命令，命令行输入圆角半径“R”为“8”，输入“T”选择修剪模式为“不修剪”，绘制上侧交叉路口圆角，同理绘制半径为 12 的圆角，结果如图 7-75 所示。

（11）单击【修剪】命令进行修剪，完成交叉道路平面图的绘制，如图 7-76 所示。

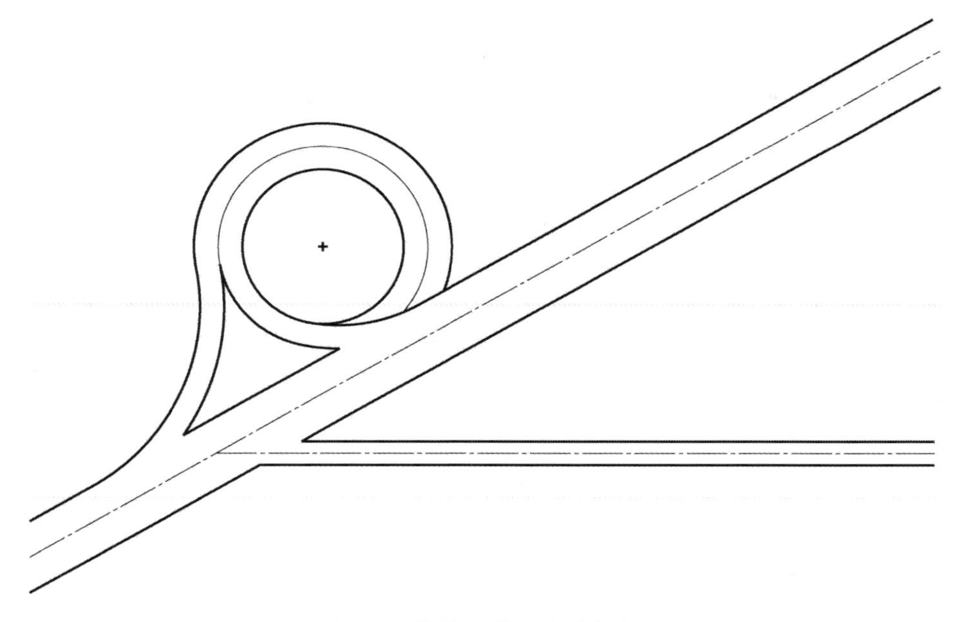

图 7-71　修剪匝道和路面线结果

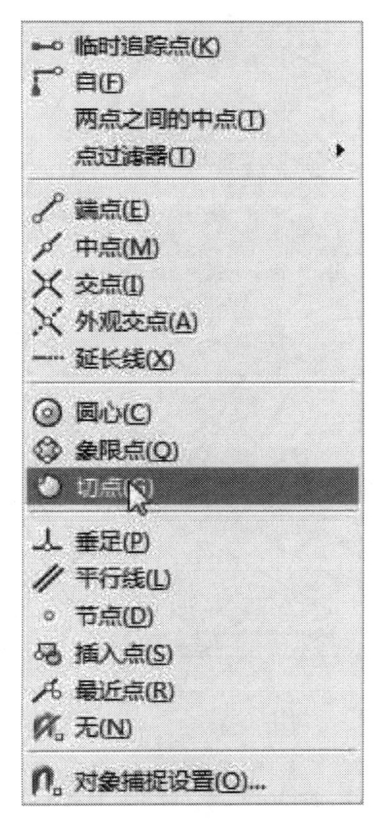

图 7-72　选择【切点】和【垂足】

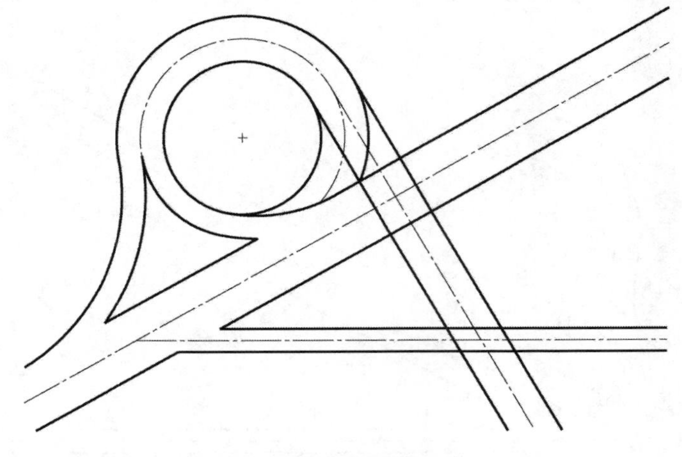

图 7-73 绘制垂直匝道

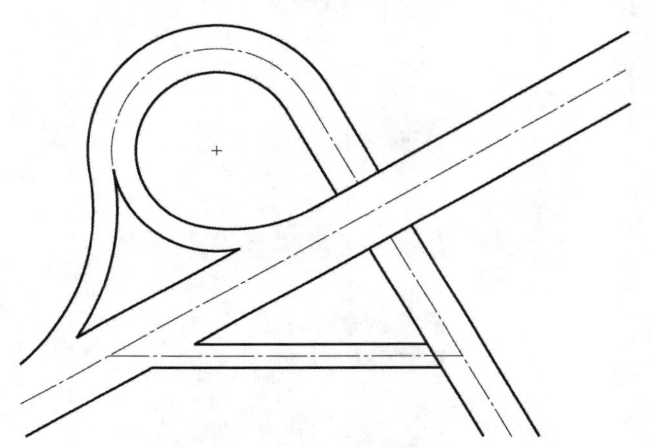

图 7-74 修剪垂直匝道结果

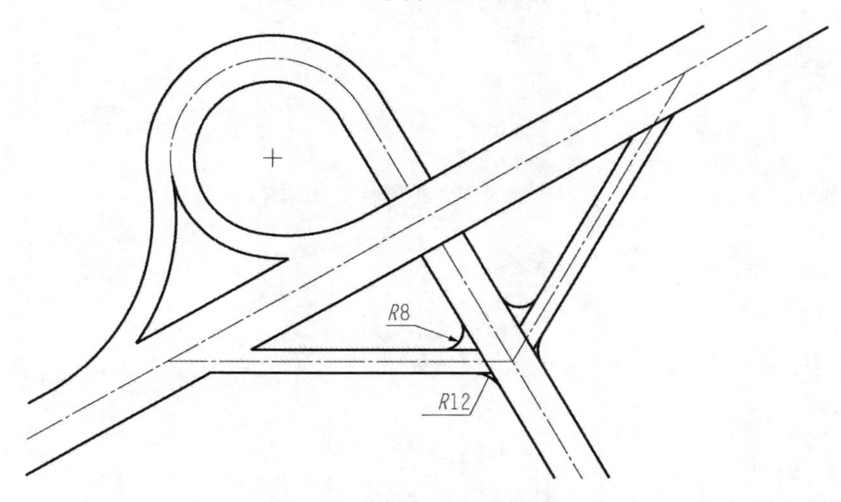

图 7-75 镜像匝道并绘制圆角

（12）单击【样式】工具条【标注样式】按钮，打开【标注样式】对话框，分别设置“建筑线性尺寸标注样式”“圆形尺寸标注样式”“角度尺寸标注样式”，对道路平面图各部位进行尺寸标注，交叉道路平面图绘制结果如图 7-77 所示。

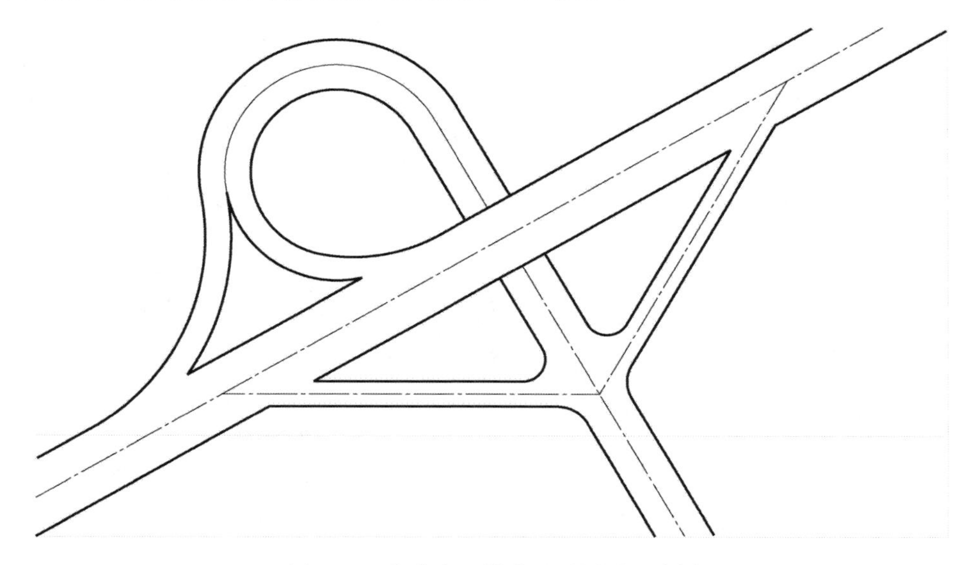

图 7-76 完成交叉道路平面图图形绘制

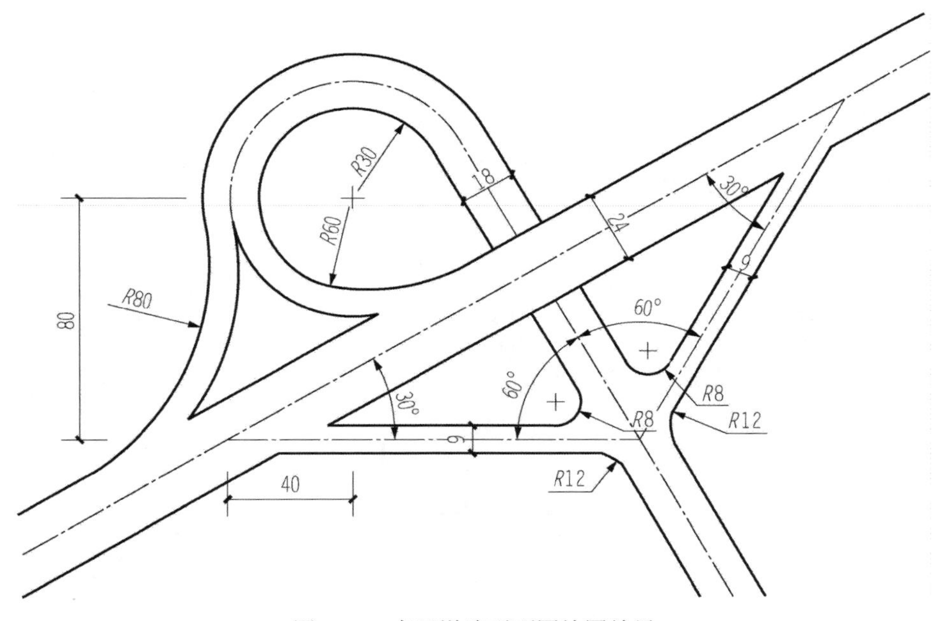

图 7-77 交叉道路平面图绘图结果

7.5 上机练习（房屋平面图）

（1）应用 1:50 比例，绘制图 7-78 所示传达室平面图，门宽 900，其余尺寸见图。

（2）应用 1:100 比例，绘制如图 7-79 和图 7-80 所示的房屋平面图，图中的卧室和书房门宽 900，厨房和卫生间门宽为 800，门垛自轴线外挑 240；楼梯部分的尺寸：休息平台宽 1200，梯井宽 120，扶手宽 80，踏步宽 300。

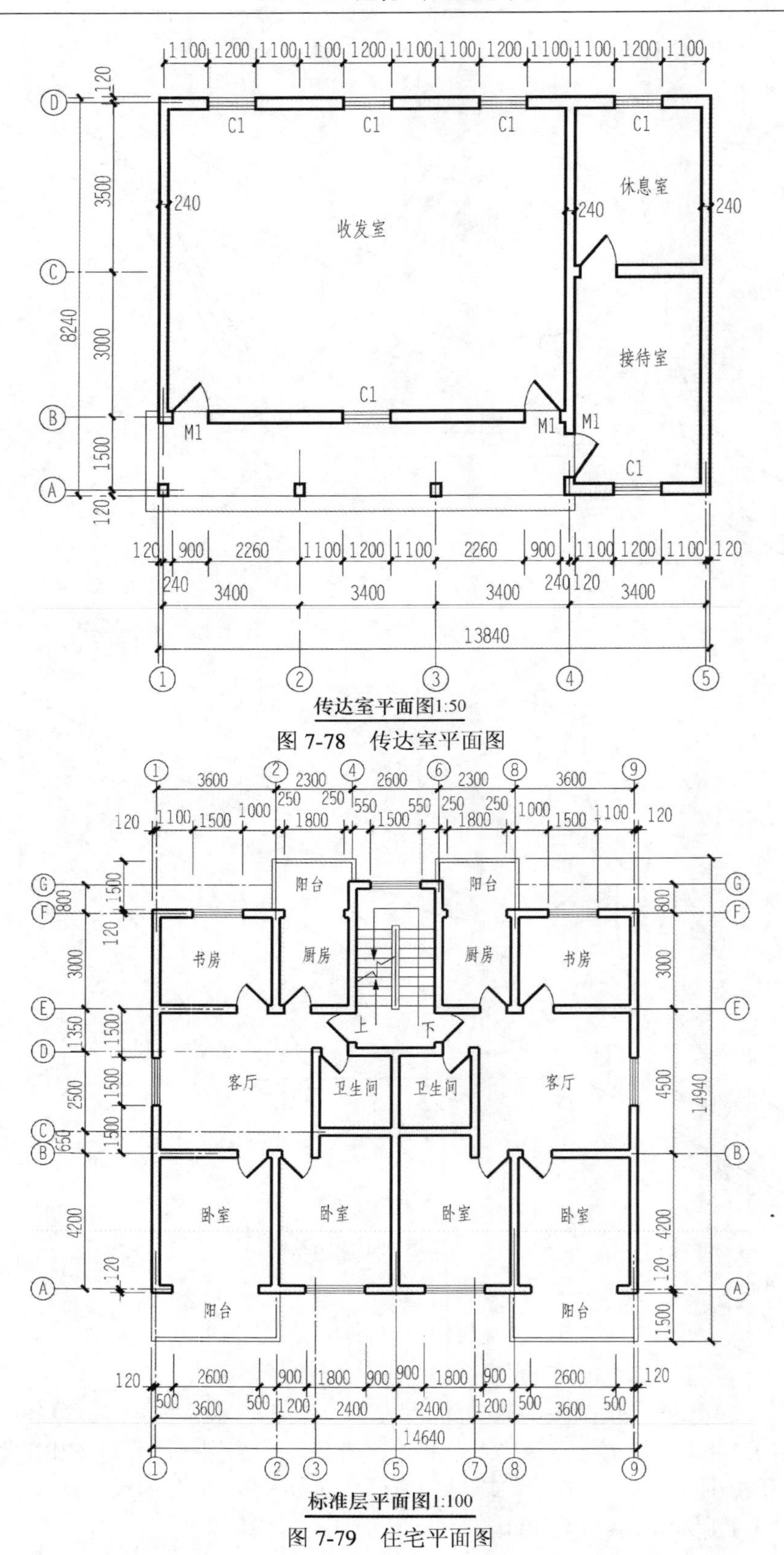

图 7-78 传达室平面图

图 7-79 住宅平面图

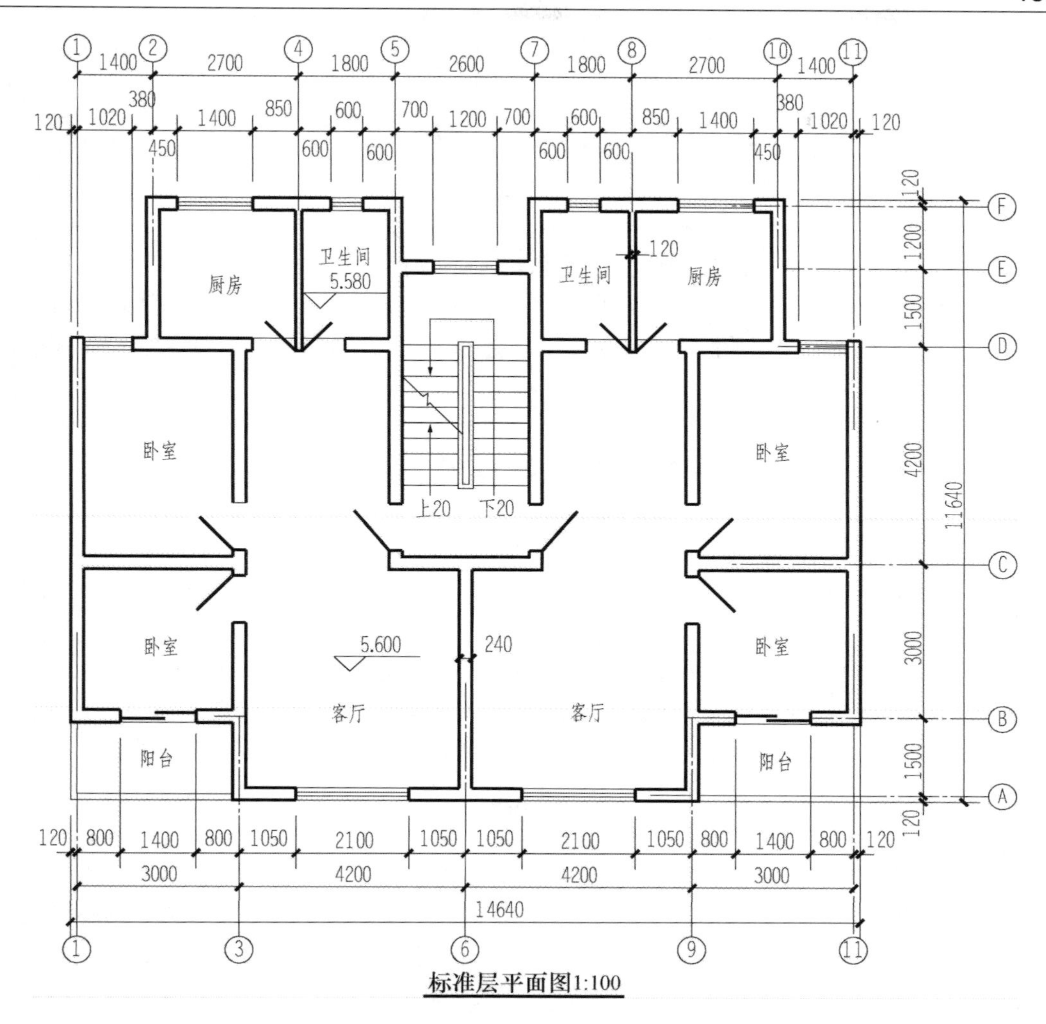
厨房
卫生间
5.580
卫生间
厨房
卧室
卧室
卧室
卧室
5.600
240
客厅
客厅
阳台
阳台
上20
下20
14640
标准层平面图1:100

图 7-80 住宅平面图

第8章　图 块 的 应 用

块是将一组图形或文本作为一个实体的总称，在块中，每个图形实体仍有其独立的图层、线型和颜色特征，但 AutoCAD 把块中所有实体作为一个整体来处理。应用块可以进一步提高绘图效率，简化相同或者类似结构的绘制，减少文件的储存空间。还可以给块添加属性，并进行修改。

8.1　图 块 的 概 念

前面介绍过的【复制】命令和【阵列】命令，可以完成相同对象的多重复制。如果要复制沿 *X*、*Y* 轴具有不同缩放比例或旋转角度的相似对象时，除了使用【复制】命令和【阵列】命令外，还需要使用【比例缩放】和【旋转】命令进行二次处理。这样不仅增加了操作步骤，而且复制的每一个对象都要占用一定的储存空间。为了解决这一问题，AutoCAD 提供了“块”的处理方法，将创建好的“块”以不同的比例因子和旋转角度插入到图形中，AutoCAD 系统只记录一次定义“块”的图形数据，对于插入图形中的“块”，系统只记录插入点、比例因子和旋转角度等数据。因此“块”的内容越复杂、插入的次数越多，越节省储存空间。“块”在工程图样绘制中的使用非常普遍。

要正确地使用块，就必须很好地理解块的真正含义。块就是将一个或多个对象结合起来形成的单一对象，并保存在图形符号表中。通过执行块的插入命令，将块插入到图形的需要位置。块的每次插入都称为块参照，它不仅仅是从块定义复制到绘图区域，更重要的是，它建立了块参照与块定义间的链接。因此，如果修改了块定义，所有的块参照也将自动更新。同时，每一个插入的块参照都是作为一个整体对象进行处理的。

8.1.1　图块的作用

1．提高绘图效率

用 AutoCAD 绘制建筑图样时，经常遇到一些重复出现的建筑符号、常用图例等图形。如果把经常使用的图形组合制作为块，绘制它们时以插入块的方式实现，可以大大提高绘图效率。

2．节省存储空间

AutoCAD 需要保存图中每一个对象的相关信息，如对象的类型、位置、图层、线型、颜色等，这些信息要占用存储空间。例如，标高符号和标高值，它们是由直线和数字等多个对象构成，保存它们要占用存储空间。如果一张图上有较多的标高符号，就会占据较大的磁盘空间。如果把标高符号定义为带属性的块，绘图时把它插到图中各个相应位置并给定属性值，这样既满足绘图要求，又可以节约磁盘空间。

3．便于图形的修改

如果图中用块绘制的图样有错误，可以按照正确的方法重新修改定义块，图中插入的所有块均会自动修改。

4. 加入图块属性

每一个标高符号可能有不同参数值，如果对不同参数值的标高符号都单独制作为块是很不方便的，也是不必要的，AutoCAD 允许用户为块创建某些文字属性，这个属性是一个变量，可以根据用户的需要输入，这就大大丰富了块的内涵，使块更加实用。

5. 用户交流方便

用户可以把常用的块保存好，与别的用户交流使用。

8.1.2 图块的性质

1. 图块的嵌套

图块可以嵌套，即一个图块中可以包含对其他图块的引用。块可以多层嵌套，系统对每个块的嵌套层数没有限制。例如在建筑设计中，将洗脸盆定义成块，在绘制洗漱台时引用了块，如果在设计中经常用到这两个图的嵌套，可以将其再定义一个新块，块中含块，即块的嵌套。

2. 图块与图层、线型、颜色的关系

可以把不同图层上颜色和线型各不相同的对象定义为一个图块，并可以在图块中保持对象的图层、颜色和线型信息。每次调用块时，块中每个对象的图层、颜色和线型的属性将不会变化。

3. 图库修改的一致性

在绘制建筑施工图时，通常把建筑图样中常用的图例、符号建成图库，需要时应用插入块的方法将图例、符号插到有关图纸中。如果修改了某个图例，该图纸中与之有关的图例全部自动修改。

8.2 创建图块（窗户块的创建）

要使用块，首先建立块。AutoCAD 提供了两种创建块的方法：一种是使用 block 命令通过【块定义】对话框创建内部块；另一种是使用 wblock 命令通过【写块】对话框创建外部块。前者是将块储存在当前图形文件中，只能本图形文件调用或使用设计中心共享。后者是将块写入磁盘保存为一个图形文件，所有的 AutoCAD 图形文件都可以调用共享。

8.2.1 内部块的创建（block 命令）

启动 block 命令创建块的方法有：

- 下拉菜单：【绘图】/【块】/【创建】
- 工具栏按钮：创建块
- 命令行：block
- 快捷命令：b

执行上述命令后，弹出如图 8-1 所示的【块定义】对话框。通过该对话框可以对每个块定义都应包括的块名、一个或多个对象、用于插入块的基点坐标值和所有相关的属性数据进行设置。

【块定义】对话框中各选项的意义如下：

1. 【名称】编辑框

在【名称】编辑框中输入块的名称。如果输入的名称与已有块的名称相同，在完成块定

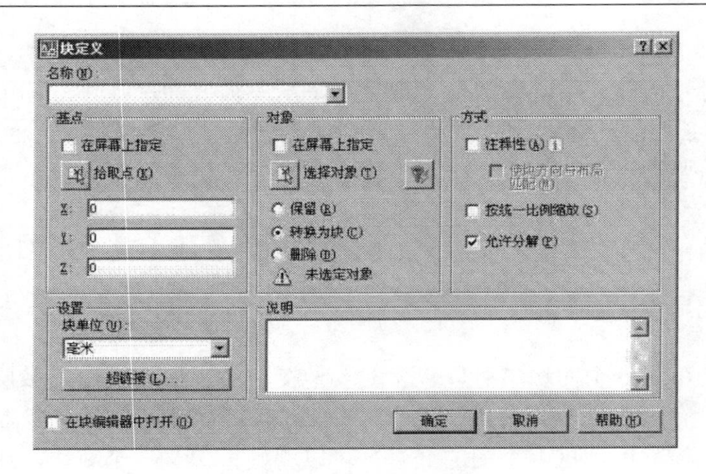

图 8-1 【块定义】对话框

义后，单击【块定义】对话框的 确定 按钮时，系统会给出如图 8-2 所示的提示。如果单击 否(N) 按钮，可以在【名称】编辑框中重新填写块的名称，如果单击 是(Y) 按钮，则原有块的定义被更新。

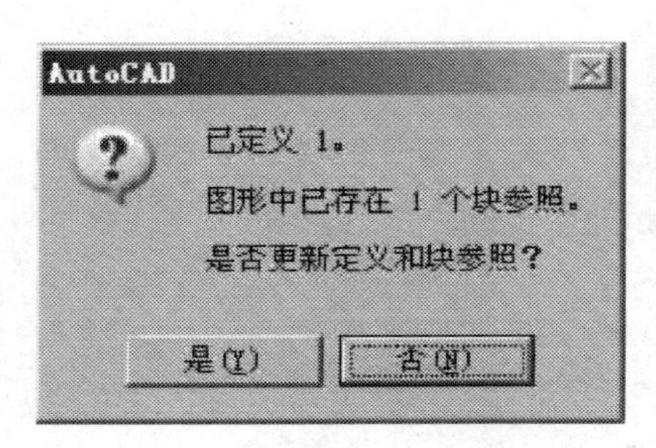

图 8-2 块名称相同的提示

2. 【基点】选区

用来指定基点的位置。基点是指插入块时，光标附着在图块的哪个位置。指定基点的方法有两种：一种是点击该选区的【选择对象】按钮，对话框临时消失，用光标捕捉要定义为块的图形中的某个点作为插入基点，然后单击 确定 按钮；另一种是在该选区的【X】、【Y】和【Z】文本框中分别输入坐标值确定插入基点，其中 Z 坐标通常设为 0。通常使用第一种方法。

插入点虽然可以定义在任何位置，但插入点是插入图块时的定位点，所以在拾取插入点时，应选择一个在插入图块时能把图块的位置准确定位的特殊点。

3. 【对象】选区

用来选择组成块的图形对象。两个按钮的功能分别为：单击【选择对象】按钮，对话框临时消失，用拾取框选择要定义为块的图形对象，选择完后返回【块定义】对话框；也可以用按钮进行快速选择。

选区下方的三个单选框的含义为：

【保留】：创建块以后，所选对象依然保留在图形中。

【转换为块】：创建块以后，所选对象转换成图块格式，同时保留在图形中。

【删除】：创建块以后，所选对象从图形中删除。

4. 【方式】选区

【注释性】复选框是将块设为注释性对象。

【按统一比例缩放】复选框是指是否设置块对象按统一的比例进行缩放。

【允许分解】复选框用来设置块对象是否允许被分解。

5. 【设置】选区

指定从 AutoCAD 设计中心拖动块时，用以缩放块的单位。例如，这里设置拖放单位为“毫米”，将被拖放到的图形单位设置为“米”（在【格式】/【图形单位】对话框中设置），则图块将缩小 1000 倍被拖放到该图形中。通常选择“毫米”选项。还可以单击 超链接(L)... 插入超链接。

6. 【说明】编辑框

填写与块相关联的说明文字。

> 选择【保留】选项或【转换为块】选项创建块后，选定的对象从外表上看没什么变化，但用鼠标单击就会发现变化，选择【保留】选项创建块后，选定的对象之间仍是独立的，也就是说用户可以单独对其中的某个对象进行编辑，如移动、复制等。但选择【转换为块】选项创建块后，选定的对象转化成为不可分割的整体，不能单独选中某一个对象进行编辑。

在本书第 3 章曾经介绍过应用【多段线】命令绘制标高符号的方法，下面再介绍一种应用【创建块】命令绘制并保存标高符号的方法。需要说明的是，如果是在一张图纸上绘制多个标高符号，使用【多段线】命令绘制更为快捷。但是在多张图纸共用标高符号时，采用【创建块】和【写块】功能创建并保存外部块更为方便，用户可以随时调用标高符号图形交流共享。

【例 8-1】将图 8-3 所示建筑标高符号图形定义为内部块，名称为“标高符号”。

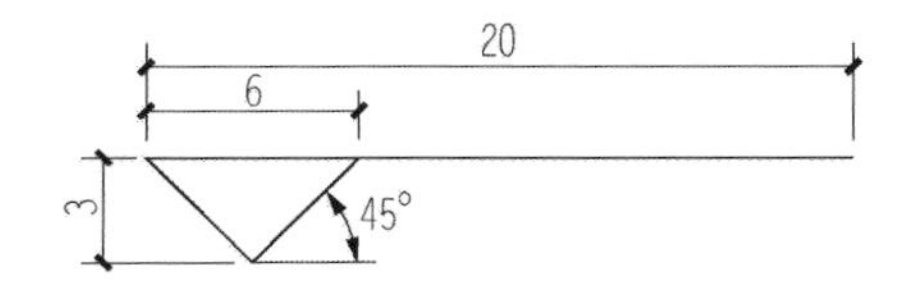

图 8-3　建筑标高符号

（1）首先应用【直线】命令绘制图 8-3 所示的标高符号图形。

（2）点击【创建块】命令，打开【块定义】对话框，设置【名称】为“标高符号”，选取【块单位】为“毫米”，其他选项如图 8-4 圆圈处，点击 确定 回到绘图界面；命令行提示“block 指定插入基点：”，选取三角形下部的角点为基点后，命令行提示“选择对象”，选取标高图形完成图块的创建。此时创建好的标高符号图块成为一个对象，可以在当前图层随时调用插入。

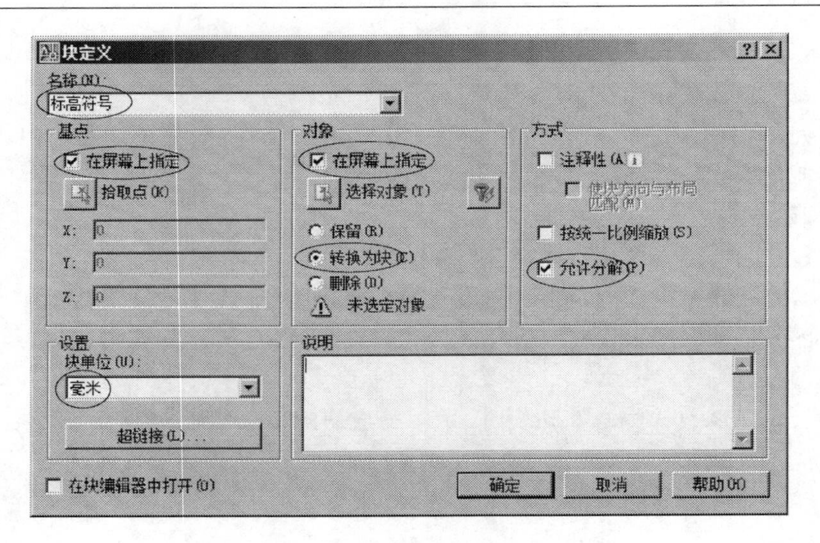

图 8-4　标高符号的【块定义】对话框设置

8.2.2　外部块的创建（wblock 命令）

除了使用 block 命令创建内部块之外，用户还可以使用 wblock 命令来创建外部块，相当于建立了一个单独的图形文件，保存在磁盘中，任何 AutoCAD 图形文件都可以调用，这对于协同工作的设计成员来说特别有用。

启动 wblock 命令创建块的方法有：

- 命令行：wblock
- 快捷命令：w

执行上述命令后，弹出如图 8-5 所示的【写块】对话框。通过该对话框可以完成外部块的创建。下面介绍该对话框中常用功能选区的意义：

1.【源】选区

用来指定需要保存到磁盘中的块或块的组成对象。该选区有三个单选框，三个单选框的含义分别为：

（1）【块】：如果将已定义过的块保存为图形文件，选中该单选框，【块】的下拉列表可用，从中选择已有块的名称。一旦选中该单选框，【基点】选区和【对象】选区均不可用。

（2）【整个图形】：绘图区域的所有图形都将作为块保存起来。选中该单选框后，【基点】选区和【对象】选区均不可用。

（3）【对象】：用拾取框来选择组成块的图形对象。

2.【基点】选区

该选区的内容及其功能与【块定义】对话框中的完全相同。

3.【对象】选区

该选区的内容及其功能与【块定义】对话框中的完全相同。单击【选择对象】按钮，用拾取框选择要定义为块的图形对象，结束后返回【写块】对话框。同时还需选择【保留】、【转换为块】和【从图形中删除】选项。

4.【目标】选区

（1）【文件名和路径】：用来指定外部块的保存路径和文件名。系统会给出默认的保存路径和文件名，显示在下面的显示框中；也可以单击显示框后面的 ... 按钮，弹出如图 8-6 所示的【浏览图形文件】对话框，可以在该对话框中指定文件名和保存路径，在【文件名】编辑框中输入块的名称，单击 保存(S) 按钮返回【写块】对话框。在【写块】对话框【文件名和路径】窗口中显示图形文件的保存路径，如图 8-5 所示。

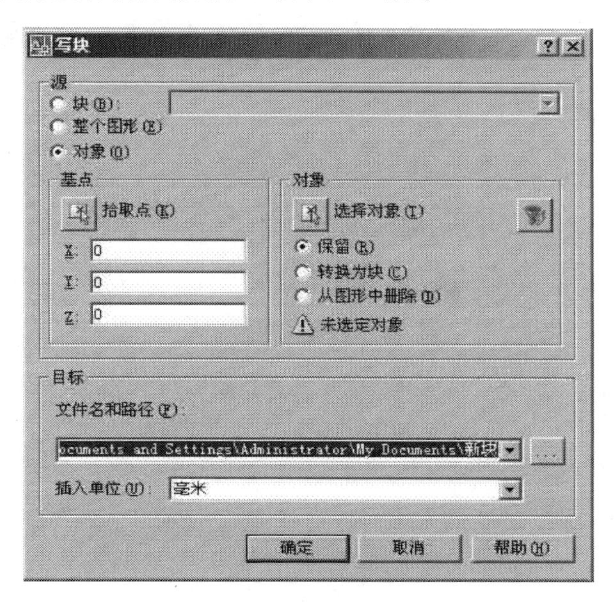

图 8-5　【写块】对话框

图 8-6　【浏览图形文件】对话框

（2）【插入单位】：是指从 AutoCAD 设计中心将图形文件作为块插入到其他图形文件中进行缩放时使用的单位，常取“毫米”。

应用图块功能绘制窗户平面图，可以使绘图过程更加简便快捷。下面介绍两种应用创建外部块画窗户平面的简便方法。

【例 8-2】创建如图 8-7 所示的窗户单元平面图外部图块。

（1）单击【矩形】命令，绘制 1×1 正方形（注：不得用其他规格画正方形，否则图块无法使用），使用【分解】、【偏移】（距离 0.4）命令，绘制窗户单元平面图，如图 8-7 所示。

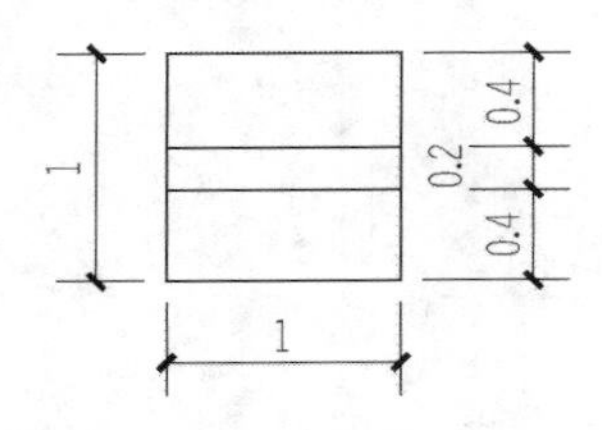

图 8-7 横向窗户单元平面图

（2）点击【创建块】命令，打开【块定义】对话框，设置【名称】为“横窗”，选取【块单位】为“毫米”，其他选项如图 8-9 圆圈处，点击 确定 按钮回到绘图界面；先选取基点如图 8-8 所示，再选取窗户图形完成图块的创建。

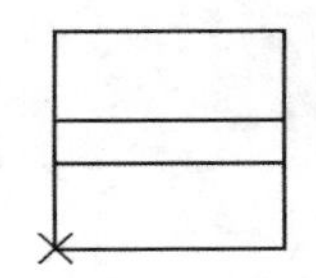

图 8-8 基点位置

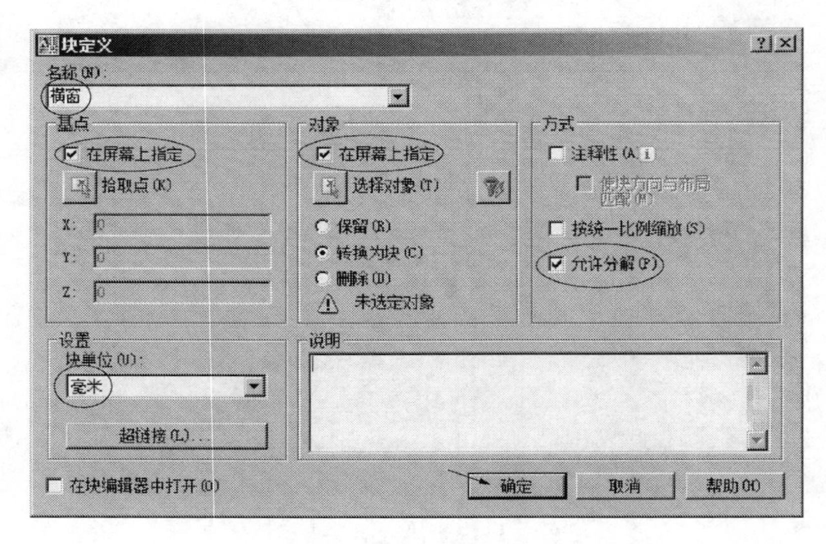

图 8-9 横窗【块定义】对话框设置

（3）命令行输入“w”后，弹出如图 8-10 所示的【写块】对话框，将【源】选项勾选【块】，从【块】的下拉列表中选取已有的“横窗”，在【文件名和路径】中设置保存图块的路径，单击 确定 按钮完成“横窗”图块的保存。

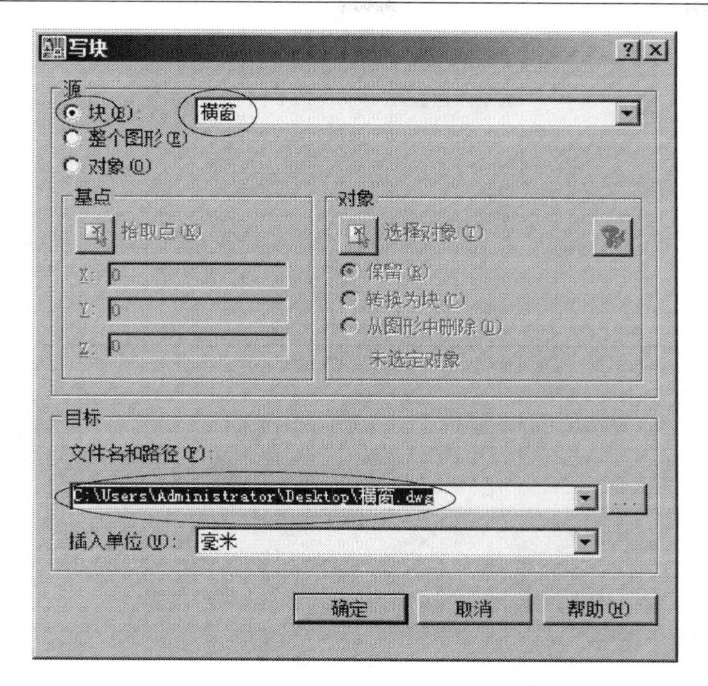

图 8-10 横窗【写块】对话框设置

通过【写块】对话框保存的图块属于外部图块，可以在所有 AutoCAD 图形文件中调出使用；若只在一张 AutoCAD 图形文件中操作，该步骤可以省略。

下面介绍另一种窗户平面图外部图块的创建方法。

【例 8-3】创建墙厚 240 的单位长度窗户平面图图块，如图 8-11 所示。

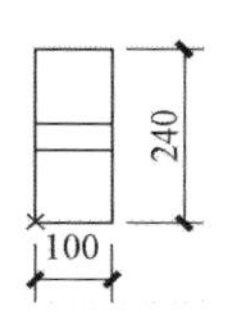

图 8-11 单位长度窗户平面图

绘图步骤

（1）单击【矩形】命令，绘制 100×240 矩形，使用【分解】、【偏移】（距离 100）命令，绘制单位长度窗户平面图，插入点如图 8-11 所示。

（2）同【例 8-2】，应用【创建块】命令，创建一个“窗户”图块，【定义块】对话框中的【块单位】应选取“毫米”。

（3）同【例 8-2】，应用“w”（写块）保存图块，形成外部图块，同样在【写块】对话框中的【块单位】要选取“毫米”。

8.3 插入图块（绘制窗户平面）

块的插入是使用 insert 命令来实现的。启动 insert 命令的方法有：

- 下拉菜单：【插入】/【块】
- 工具栏按钮：
- 命令行：insert
- 快捷命令：i

执行上述命令后，弹出如图 8-12 所示的【插入】对话框。对话框中各选项的含义为：

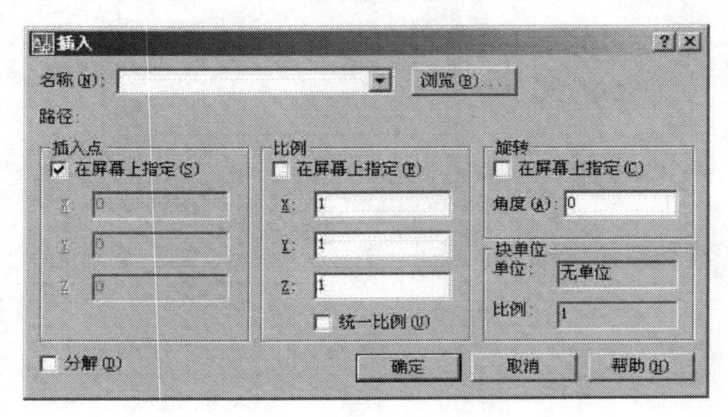

图 8-12 【插入】对话框

1. 【名称】下拉列表

（1）【名称】：在【名称】下拉列表中选择内部的块，或者单击后面的 浏览(B)... 按钮通过指定路径选择外部的块或外部的图形文件。

（2）【路径】：当选择外部块时，将显示外部块保存的路径。

2. 【插入点】选区

（1）【在屏幕上指定】复选框：是指用鼠标在屏幕上单击一点确定插入的位置，通常勾选该复选框。

（2）【X】、【Y】、【Z】编辑框：只有在不勾选【在屏幕上指定】复选框时才可用。在编辑框中输入插入点的坐标。

3. 【比例】选区

（1）【在屏幕上指定】复选框：用鼠标在屏幕上指定比例因子，或者通过命令行输入比例因子。

（2）【X】、【Y】、【Z】编辑框：只有在不勾选【在屏幕上指定】复选框时才可用。适用于已知 *X*、*Y*、*Z* 方向缩放的比例因子，在它们相应的编辑框中输入三个方向的比例因子。*Z* 方向通常设定为 1。应注意的是，*X*、*Y* 方向比例因子的正负将影响图块插入的效果。当 *X* 方向的比例因子为负时，图块以 *Y* 轴为镜像线进行插入；当 *Y* 方向的比例因子为负时，图块以 *X* 轴为镜像线进行插入，如图 8-13 所示。

X 比例因子为 1　　　　X 比例因子为–1

Y 比例因子为 1　　　　Y 比例因子为 1

图 8-13　比例因子的正负对图块插入效果的影响

（3）【统一比例】复选框：当三个方向的比例因子完全相同时，勾选该复选框。

4.【选转】选区

【在屏幕上指定】复选框：用鼠标在屏幕上指定旋转角度，或者通过命令行输入旋转角度。

【角度】编辑框：在编辑框中输入旋转角度值。

> 还可以使用 minsert 命令插入阵列形式的块，它是【插入块】命令 insert 和【阵列】命令 array 的组合，用户可以自行尝试。

【例 8-4】将【例 8-2】创建完成的窗户单元平面图外部图块插入到窗洞中，完成窗户平面的绘制。

（1）单击【插入块】命令，打开【插入】对话框，选取“横窗”，勾选插入点【在屏幕上指定】和比例【在屏幕上指定】，其他选项见图 8-14 中圆圈处，注意箭头位置复选框不得勾选，点击确定，返回绘图界面。

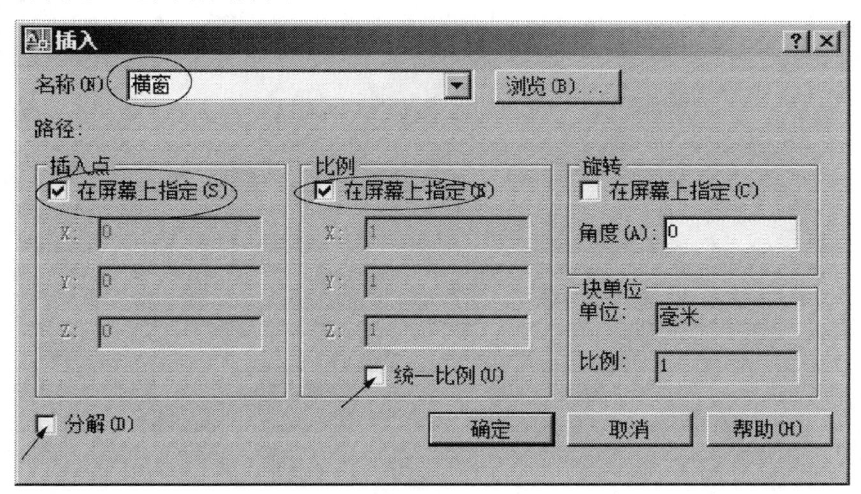

图 8-14　横窗【插入】块对话框选项

（2）在平面图已绘好的窗洞位置处点击插入点 1（即各横窗的左下角点）后，拖拽图块至点 2 处单击，完成横窗平面图绘制，绘图结果如图 8-15 所示。

（3）按照同样方法再创建一个“竖窗”图块，可将“横窗”图块旋转 90°重新创建“竖窗”图块，其基点和插入点位置见图 8-16，竖向窗户绘制结果如图 8-17 所示，其中 1 点为插入点，2 点为图形终点（这里的 1 点和 2 点位置可以互换，只要成对角线关系，没有顺序要求，绘图结果都一样）。

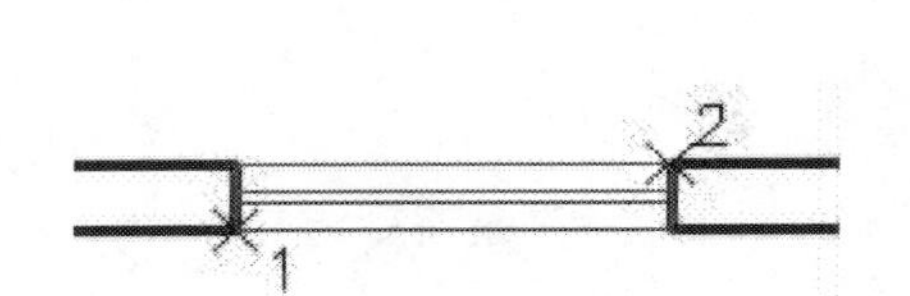

图 8-15 横窗绘制结果

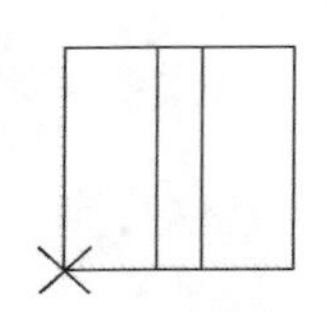

图 8-16 竖窗图块的基点和插入点位置

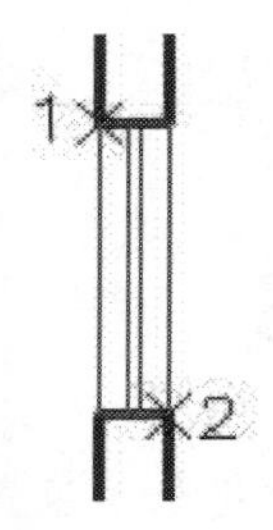

图 8-17 竖向窗户绘制结果

需要说明的是：这个窗户图块设置好后，插入块时窗户平面的长度和宽度可以自由伸缩，非常方便快捷。但是横向窗户图块只能沿着横向伸缩，竖向的窗户需要再设置一个竖向窗户图块，才能沿着竖向自由伸缩。

当平面图中安置窗户的墙体厚度不同，即窗户宽度不同，窗户长度的规格也不同时，最适宜采用【例 8-2】绘制窗户平面图，且不受比例限制。

【例 8-5】将【例 8-3】创建完成的单位长度窗户平面图外部图块插入到窗洞中，完成窗户平面的绘制。

（1）单击【插入块】命令，打开【插入】对话框，选取“窗户”，勾选插入点【在屏幕上指定】，打开比例【在屏幕上指定】，插入块对话框选项如图 8-18 所示，注意箭头位置复选框不得勾选，点击 确定 按钮，返回绘图界面。

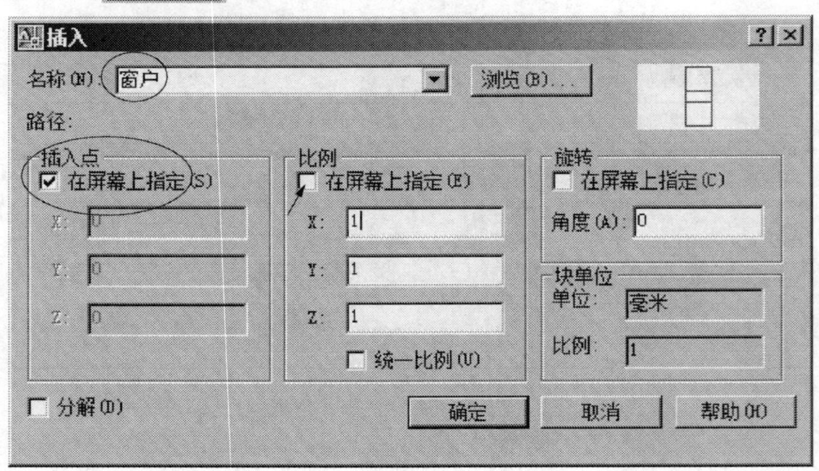

图 8-18 窗户【插入】块设置

（2）命令行输入”x”，回车后输入“窗户长度值”，注意其值应为 100 的倍数，如窗户长度为 1500，应输入“15”，在平面图上选取插入点，完成横窗平面图绘制。

（3）绘制竖窗时，其【块定义】对话框设置同图 8-9，但在角度一项应输入“90”，点

击 确定 按钮后回到绘图界面，命令行输入“x 比例因子”时，同样要输入窗户长度值，不要在“y 比例因子”中输入竖窗长度，这一点特别要注意。

当平面图中安置窗户的墙体厚度相同，即窗户厚度相同，只是窗户长度不同时，可以使用【例8-3】创建图块的方法绘制窗户平面图更快捷。这个窗户图块设置好后，插入块时输入窗户长度数据，即可完成窗户平面图绘制。

8.4 修 改 图 块

修改插入到图形文件中的块参照可能会遇到两种情况：修改未保存的图块或修改已保存的图块。

1. 修改未保存图块

要修改未保存的图块，应先修改这种图块中的任意一个，以同样的图块名再重新定义一次，系统将立即修改所有已插入的图块。

2. 修改已保存的图块

要修改已保存的图块，可用【打开】命令打开该图块文件，修改后以原来的名称保存，然后再执行一次【插入块】命令，按提示确定“重新定义”后，系统将会修改所有已插入的同名图块（包括其他图中与之有关的图块）。

对于图形中插入的外部块时，重新定义外部块不会立刻对其产生影响。只有再次执行插入外部块命令时，系统才会给出是否更新定义的提示对话框，单击该对话框的按钮，这时，系统将更新绘图区域中所有同名的外部块参照。

当图中已插入多个相同的图块，而且只需要修改其中一个时，切忌不要重新定义它，此时应用【分解】命令炸开该图块，然后直接进行修改。

8.5 带属性的图块

为了增强图块的通用性，AutoCAD 允许用户为图块附加一些文本信息，把这些文本信息称为属性（Attribute）。在插入有属性的图块时，用户可以根据具体情况，通过属性来为图块设置不同的文本信息。对于经常用到的图块，利用属性尤为重要。块的属性是包含在块定义中的对象，用来存储字母型、数字型数据，属性值可预定义，也可以在插入块时由命令行指定。要创建一个带属性的块，应该经历两个过程：先定义块的属性；再将属性和组成块的图形一起选中创建成一个带属性的块。

8.5.1 定义块的属性

属性是与块相关联的文字信息。属性定义是创建属性的样板，它指定属性的特性及插入块时系统将显示什么样的提示信息。定义块的属性是通过【属性定义】对话框来实现的。

1. *启动方法*

- 下拉菜单:【绘图】/【块】/【定义属性】
- 命令行: attdef
- 快捷命令: att

2. 操作说明

执行【绘图】/【块】/【定义属性】命令后，出现如图 8-19 所示的【属性定义】对话框。该对话框中包含四个选区和两个复选框。下面先介绍各选项的含义:

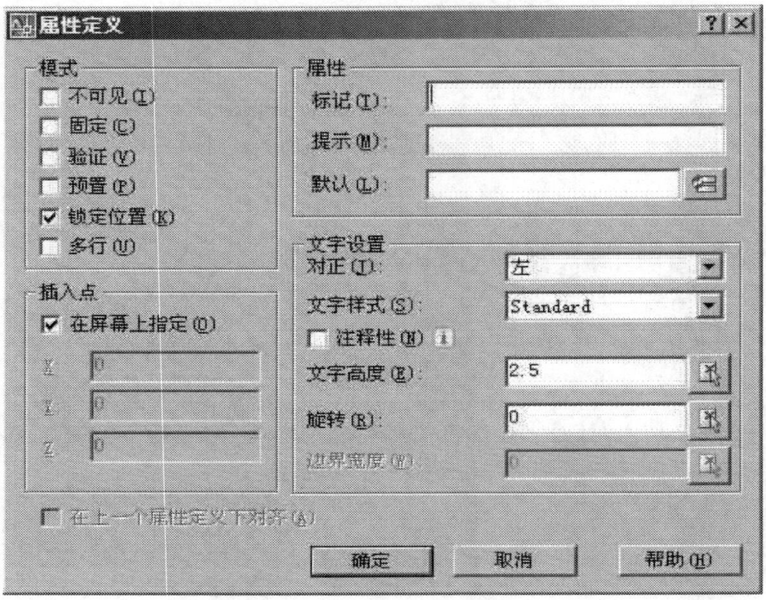

图 8-19 【属性定义】对话框

(1)【模式】选区。用来设置与块相关联的属性值选项。

【不可见】复选框：插入块时不显示、不打印属性值。

【固定】复选框：插入块时属性值是一个固定值，以后在【特性】选项板中不再显示该类别的信息，将无法修改。通常不勾选此项。

【验证】复选框：插入块时提示验证属性值的正确与否。

【预置】复选框：插入块时不提示输入属性值，系统会把【属性】选区【默认】编辑框中的值作为默认值。

【锁定位置】复选框：用于固定插入块的坐标位置。

【多行】复选框：使用多段文字作为块的属性值。

(2)【属性】选区。用来设置属性数据。

【标记】编辑框：输入汉字或字母都可以，用来标识属性，必须填写不能空缺，否则单击 确定 按钮时，系统会给出如图 8-20 所示的提示。

图 8-20 【标记】编辑框空缺提示

【提示】编辑框：输入汉字或字母都可以，用来作为插入块时命令行的提示语句。

【默认】编辑框：用来作为插入块时属性的默认值。

按钮：单击按钮，弹出【字段】对话框，使用该对话框插入一个字段作为属性的全部或部分值。

（3）【插入点】选区。用来指定插入的位置。

【在屏幕上指定】复选框：是指用鼠标在屏幕上单击一点确定插入的位置，通常勾选该复选框。

【X】、【Y】、【Z】编辑框：只有在不勾选【在屏幕上指定】复选框时才可用。在编辑框中输入插入点的坐标。

（4）【文字设置】选区。用来设置文字的对正方式、文字样式、文字高度和旋转角度。

【对正】下拉列表：在下拉列表中选择对正方式。

【文字样式】下拉列表：在下拉列表中选择文字样式。

【文字高度】编辑框：输入文字高度。

【旋转】编辑框：输入旋转角度。

（5）【注释性】单选框：是否将属性作为注释性对象。

该选项可以将当前属性采用上一个属性的文字样式、文字高度和旋转角度，且另起一行，与前一个对齐。如果在此之前没有创建过属性，该复选框不可用；如果勾选此框，【插入点】选区和【文字设置】选区均不可用。

3. 创建带属性图块步骤

（1）画出建块的图形。

（2）执行【绘图】/【块】/【定义属性】命令，在对话框中对所画图形添加属性。

（3）点击绘图工具栏【创建块】命令，应用对话框定义图块。

（4）命令行输入“W”，应用对话框保存图块。

（5）调用绘图工具栏【插入块】命令，插入图块。

8.5.2 修改块的属性

在将属性定义后，创建带属性的块之前，可以使用【编辑属性定义】对话框对其进行修改编辑。启动【编辑属性定义】命令的方法有：

- 下拉菜单：【修改】/【对象】/【文字】/【编辑】
- 双击属性值
- 命令行：ddedit

执行上述命令后，命令行提示：

选择注释对象或［放弃(U)］：　　//用拾取框选择需要编辑的属性，弹出如图 8-21 所示的【编辑属性//定义】对话框，在对话框中可以修改属性的标记、提示文字和默认//值。完成编辑后单击 确定 按钮退出对话框

选择注释对象或［放弃(U)］：　　//继续选择需要编辑的属性，或回车结束命令

8.5.3 插入带属性的块

插入带属性的块时，除了给出插入块的过程，还要给出块指定属性值。

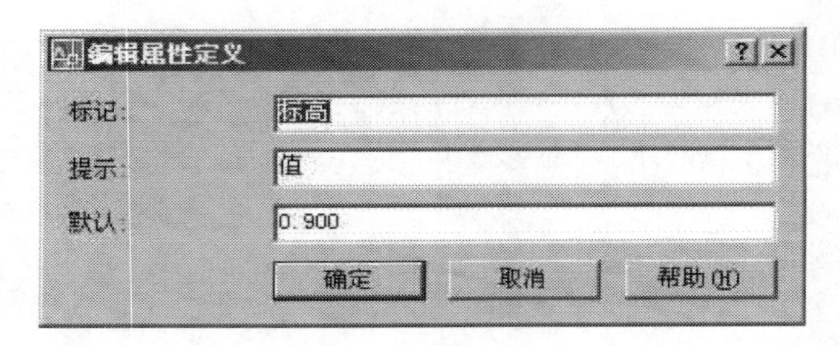

图 8-21 【编辑属性定义】对话框

一般房屋平面图都会有许多大小相同但编号不同的定位轴线编号，该符号的画法要符合国家标准规定。这些编号一律注写在圆圈中心位置，应用带属性的块可以迅速而准确地注写定位轴线编号。

【例 8-6】创建如图 8-22 所示的带属性的“轴线编号”图块，完成平面图中各轴线编号的标注。

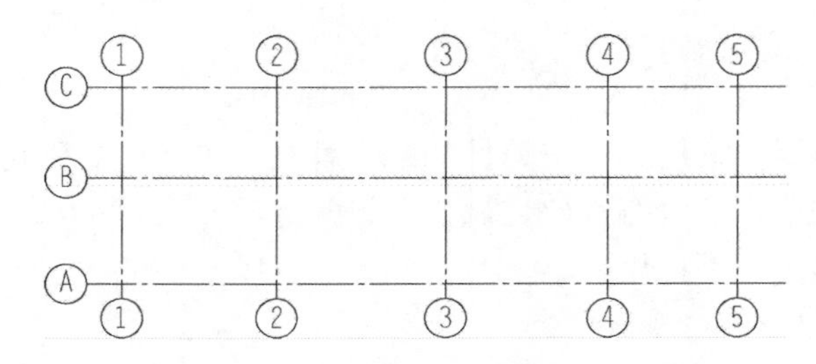

图 8-22 块属性定义和插入实例

（1）绘图：单击【圆】命令，绘制一个半径为“4”的圆。

（2）定义属性：点击下拉菜单【绘图】/【块】/【定义属性】，打开【属性定义】对话框，设置如图 8-23 所示，在【属性】下方的三个亮框内输入任意数据或者符号；在【文

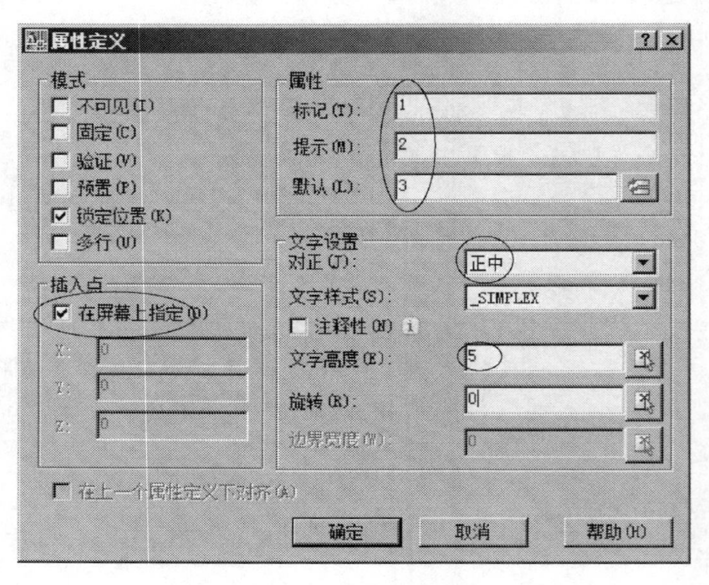

图 8-23 轴线编号的【属性定义】对话框设置

字设置】对正一栏选取“正中”（或者中间），将【文字高度】设定为“5”，点击【确定】回到绘图区域，打开状态行【捕捉】后点击圆心，完成带属性轴线编号的定义，结果如图 8-24 所示。

（3）创建块：单击【创建块】命令，打开【块定义】对话框，设置【名称】为“轴线编号”，点击【确定】回到绘图界面，在命令行“插入基点:”提示下，在圆周上选取与圆心延长线的交点为基点，“选取对象”为整个图形，结束命令，完成图块的创建，轴线编号由“1”变成“3”。

图 8-24　带属性的轴线编号

如果使用【分解】命令将带属性的图块进行分解后，块参照中的属性值还原为属性定义，例如【例 8-6】中的轴线编号“3”将变回“1”。

（4）保存块：根据需要可在命令行输入“w”，应用【写块】的设置（见本章【例 8-2】图块的保存），将“轴线编号”图块设置成外部图形文件。

（5）插入块：单击【插入块】命令，打开【插入】对话框，选取“轴线编号”，勾选插入点【在屏幕上指定】，返回屏幕点击轴线端点插入一个轴线编号。

（6）复制块：点击【复制】命令，将“轴线编号”图块的基点选取在圆周与圆心延长线交点位置，见图 8-25 中的标记处，注意在复制上部、下部和左侧的轴线编号时，其基点的位置将不同；捕捉平面图定位轴线各端点安放定位轴线编号，复制后的轴线编号如图 8-25 所示。

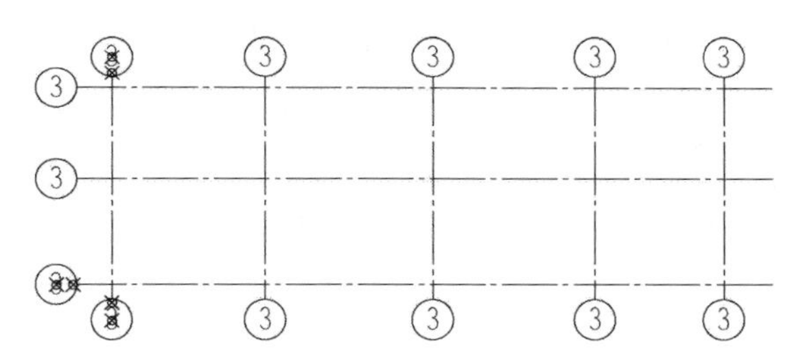

图 8-25　复制后的轴线编号

（7）修改块：在绘图区域内双击编号“3”，弹出图 8-26 所示【增强属性编辑器】对话框，在【值】右侧视口输入“1”，点击【确定】完成 1 号轴线编号注写；继续双击各轴线编号，快速改写成正确编号，完成轴线编号注写，结果如图 8-22 所示。

创建完图块后，可以应用【插入块】，在命令行提示下修改数据和基点，这种画法很繁琐，一次只能插入一个块，修改一个数据，而且基点也是每插一次改一次，没有默认，工作量大，速度慢，不建议使用“插入块”绘制轴线编号。

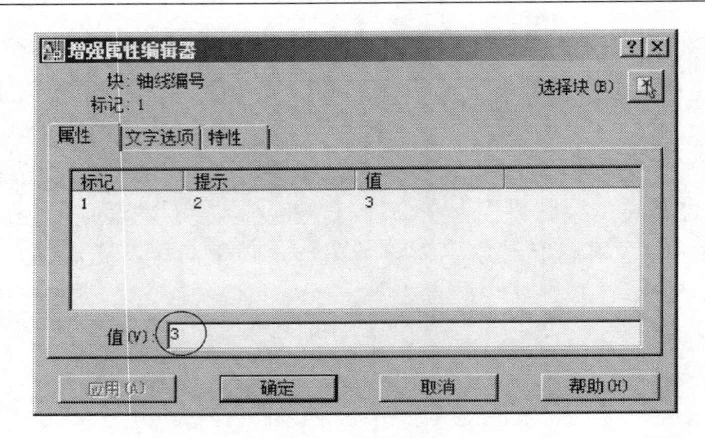

图 8-26 【增强属性编辑器】对话框

8.5.4 插入块的对象特性

应用 AutoCAD 绘制的每一个图形对象都有诸如颜色、线型、线宽和图层等特性。当生成块时，这些特性会随对象数据一起存储于图块定义中，如果将该块插入到其他图形，这些特性也跟随着块插入，下面介绍一下插入块过程中特性变化的情况。

1. 随层特性

当选择图块对象的颜色和线型为随层（ByLayer）情况下，将此块插入到当前图层时，块的颜色和线型独立存在，如果和当前图层的颜色和线型特性一样，即被插入的图中有同名图层，则块中各对象的颜色和线型将被当前图层兼并；如果插入块的颜色和线型与当前图层的颜色和线型特性不一样，即被插入的图中没有同名图层，则插入块后在当前图层中将会增加新图层。

2. 随块特性

当选择图块对象的颜色和线型为随块（ByBiock）时，这些图形对象在它们被插入前没有确定的颜色和线型。插入块到当前图层后，如果当前图形中没有同名图层，则组成块的颜色和线型特性将跟随当前图层特性，即当前图层的特性将替代原有指定给块的特性，插入块后不增加新的图层。如果当前图形中有同名图层，则图块特性将被兼并，同样不增加新的图层。

3. 显示设置的颜色、线型和线宽

用户可以创建一种固定特性的图块。为此，可在创建块之前，明确地将这些特性显示赋予对象，即为其指定明确的颜色和线型。方法是通过“对象特性”工具栏进行设置。

4. “0”图层上块的特殊性

“随层”和“随块”特性的“0”图层无论被插入到哪一个图形中，其颜色和线型特性都使用插入图层的颜色和线型。如果“0”图层块中对象的颜色、线型和线宽是显示设置的，这些设置均被保留。

8.5.5 清理块

要减少图形文件大小，可以删除掉未使用的块定义。通过擦除可从图形中删除块参照；但是，块定义仍保留在图形的块定义表中。要删除未使用的块定义并减小图形文件，请在绘图过程中的任何时候使用“purge”命令。

在命令行中输入“purge”，就会出现【清理】对话框，如图8-27所示。利用这个对话框可以清理没有使用的标注样式、打印样式、多线样式、块、图层、文字样式、线型等定义。

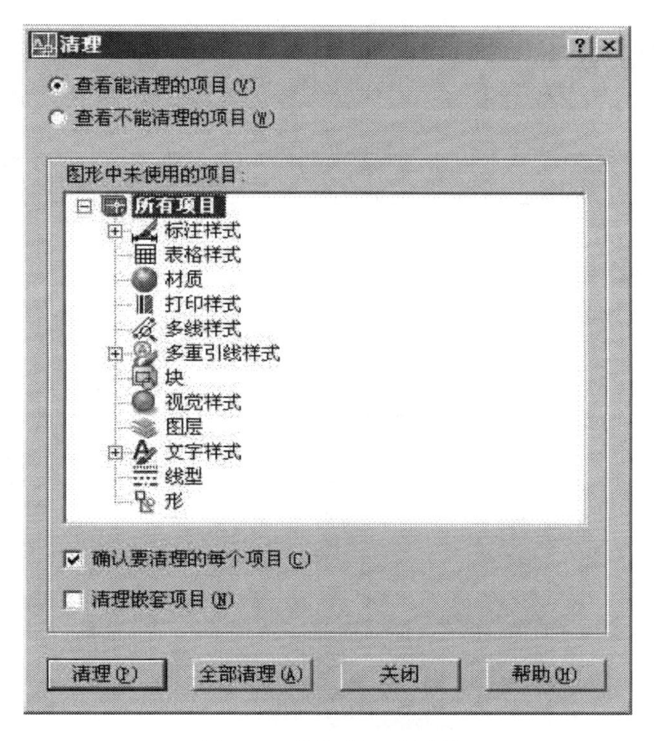

图8-27 【清理】对话框

【查看能清理的项目】：选中此项，将在列表中显示可以清理的对象项目。如果项目前面没有符号⊞，表明此项没有可删除对象定义。单击符号⊞，出现该项包含的所有可删除对象定义。选择某个要删除的对象定义，然后单击 清理(P) 按钮，该对象定义就会被删除。单击 全部清理(A) 按钮，将删除所有可以清理的对象定义。

【查看不能清理的项目】：选中此项，将在列表中显示不能清理的对象定义。

【确认要清理的每个项目】：选中这个选项，AutoCAD将在清理每个对象定义时给出警告信息，如图8-28所示，要求用户确认是否删除，以防误删。

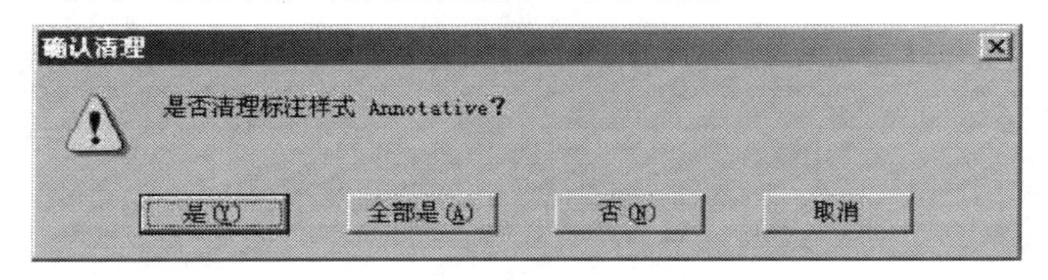

图8-28 警告对话框

【清理嵌套项目】：选中此项，从图形中删除所有未使用的对象定义，即使这些对象定义包含在或被参照于其他未使用的对象定义中。

只能删除未使用的块定义。

8.6 绘图样例（房屋剖面图、拱桥立面的绘制方法）

【例 8-7】在 A4 图纸中绘制如图 8-29 所示的房屋剖面图（比例 1:100）。

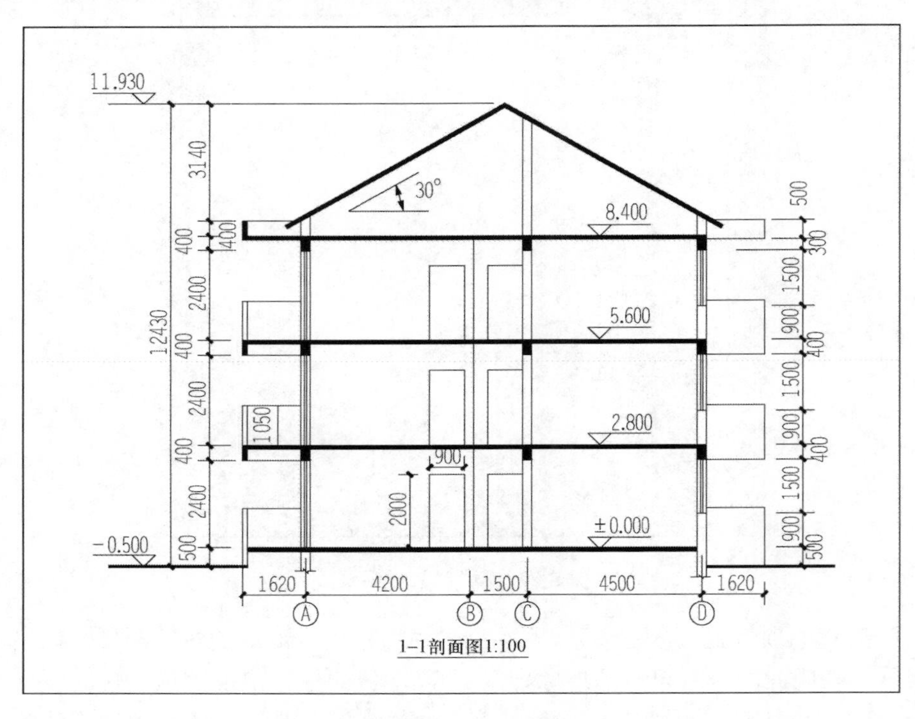

图 8-29 房屋剖面图

绘图步骤

（1）设置图层：选择【图层特性管理器】设立五种图层，如图 8-30 所示。

当前图层：辅助

状	名称	开	冻结	锁定	颜色	线型	线宽	打印样式	打	说明
	0				白色	Con…ous	—— 默认	Color_7		
	尺寸				白色	Con…ous	—— 默认	Color_7		
✓	辅助				蓝色	Con…ous	—— 默认	Color_5		
	门窗				红色	Con…ous	—— 默认	Color_1		
	墙体				白色	Con…ous	—— 默认	Color_7		
	文字				白色	Con…ous	—— 默认	Color_7		

图 8-30 设置图层

（2）设置绘图区域：单击【矩形】命令，绘制 14000×13000 方框，在命令行输入“Z”，回车，输入 E，方框充满屏幕，擦去方框，绘图区域设置完成。

（3）绘制各墙轴线和楼地面线：在“辅助”图层下选择【直】和【偏移】命令，绘制主要辅助线网，偏移距离见图 8-31。

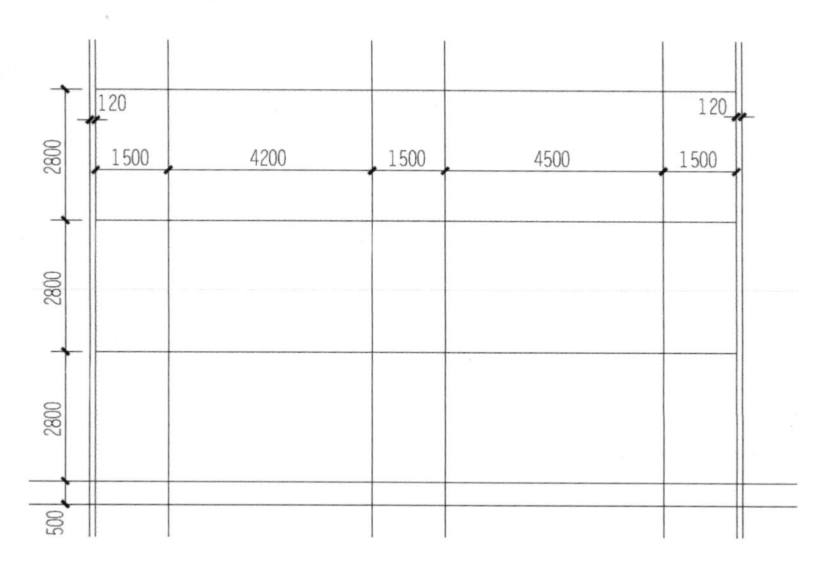

图 8-31 绘制主要辅助线网

（4）绘制墙体：调用下拉式菜单【格式】/【多线样式】命令，设置“240”墙体样式，将元素偏移量设为“120”和“－120”。在“墙体”图层下，选择【绘图】/【多线】命令，在命令行输入“J”—“Z”，“S”—“1”，“ST”—“240”，打开状态行【捕捉】，根据轴线绘制主要墙体；单击【修剪】命令，剪切多余的线，结果如图 8-32 所示。

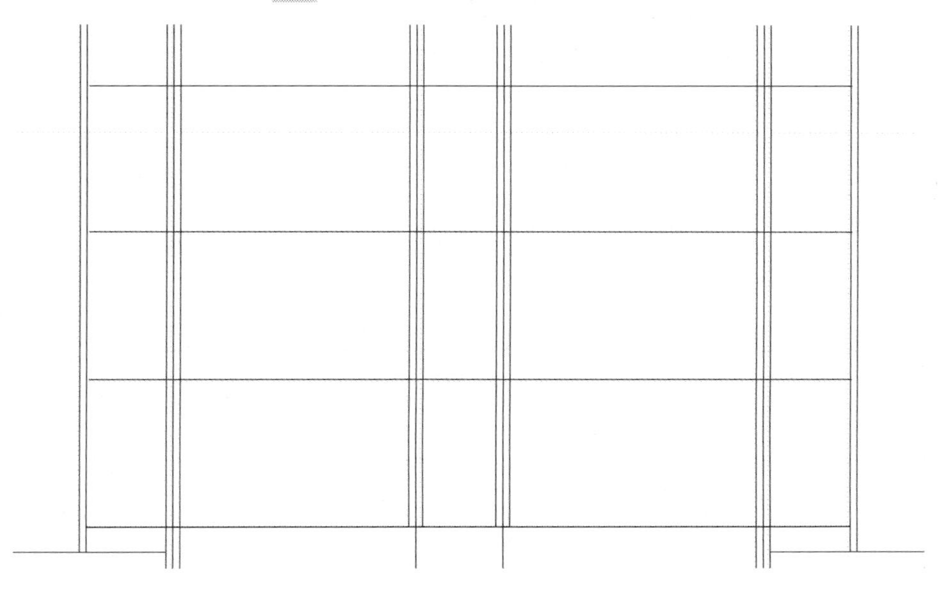

图 8-32 绘制主要墙体

（5）绘制各层门洞：打开“门窗”图层，选择【矩形】命令，在命令行输入“@900×2000”，在图外侧绘制一个门洞，单击【复制】命令将门洞复制到各层，基点为门洞右下角，结果如图 8-33 所示。

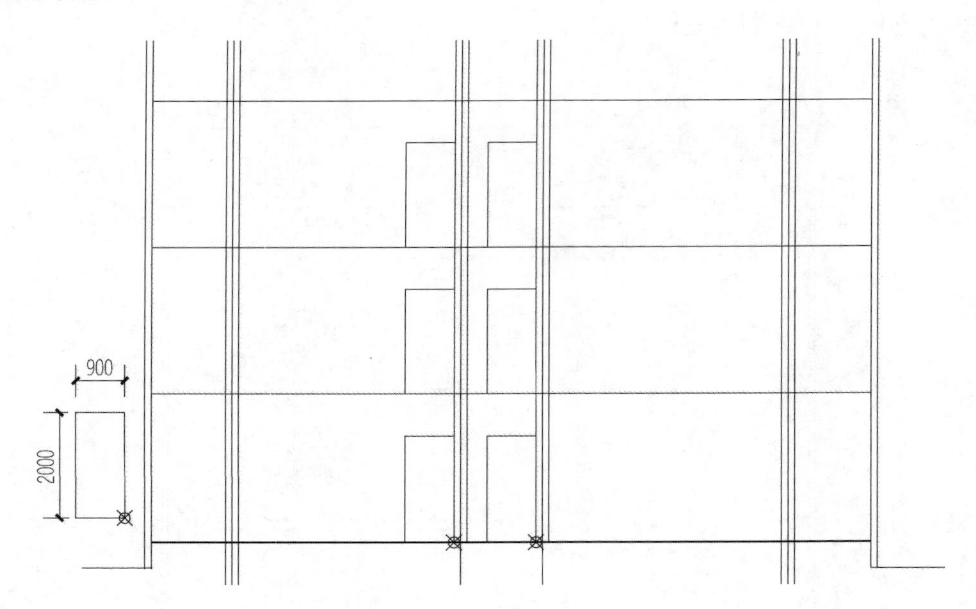

图 8-33 绘制各层门洞立面

（6）确定阳台和门窗洞剖面位置：单击【偏移】命令，将各层楼地面线分别向上偏移“900、1050、2400”，得到门窗和阳台剖面位置线，结果如图 8-34 所示。

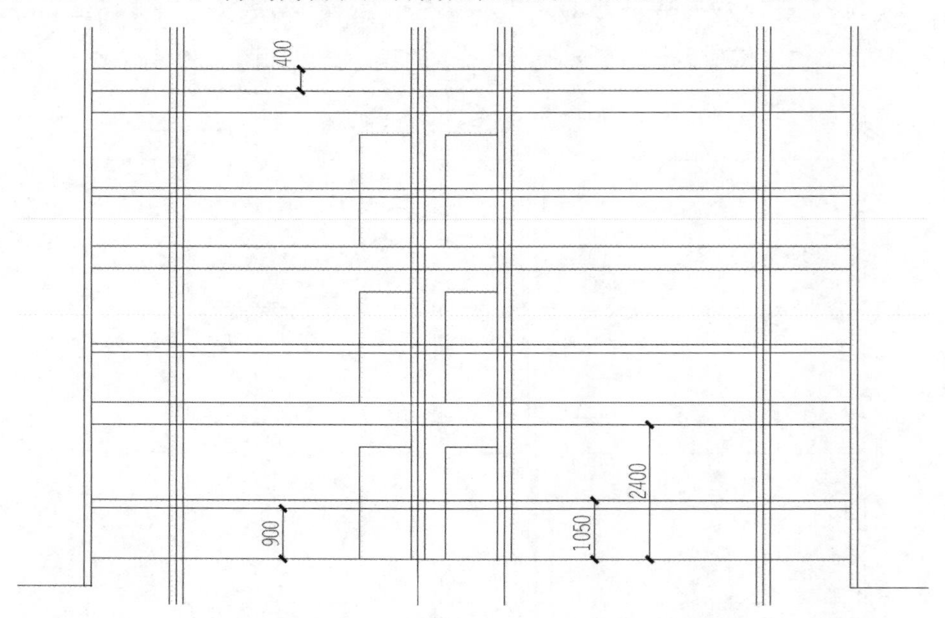

图 8-34 门窗和阳台剖面网格线

（7）整理门窗及阳台剖面：选择【修剪】命令，剪切多余的线，整理结果如图 8-35

所示。

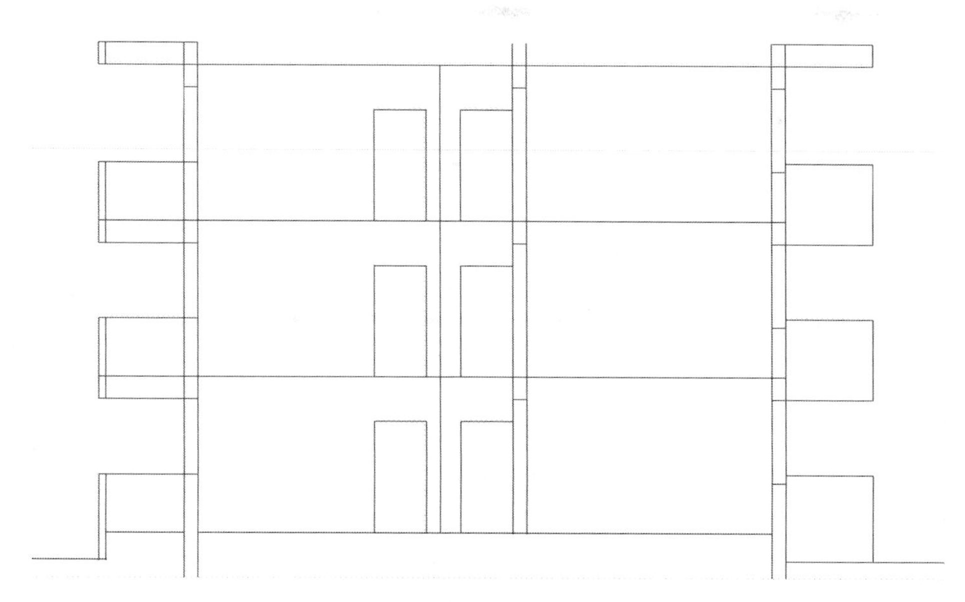

图 8-35　门窗和阳台剖面轮廓线

（8）梁板断面填充图案：调用下拉式菜单【格式】/【多线样式】命令，设置“100”楼板样式，将元素偏移量设为“100”和“0”，在【封口】选项勾选起点、端点；将填充【颜色】选择“黑色”，楼板多线样式对话框设置如图 8-36 所示。

（9）填充梁板断面：在“墙体”图层下，选择【绘图】/【多线】命令，在命令行输入“J”—“T”（上），“ST”—“100”，捕捉端点绘制各层楼板；再打开“辅助”图层选择【图案填充】命令，在弹出的对话框中，选取填充图案“SOLID”，填充各梁断面，结果如图 8-37 所示。

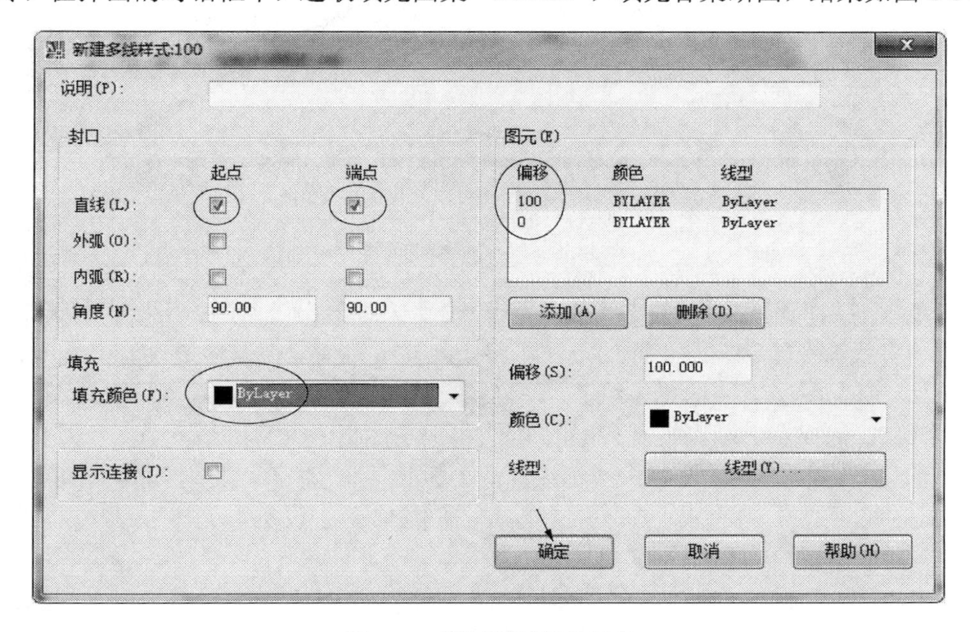

图 8-36　梁板断面填充图案

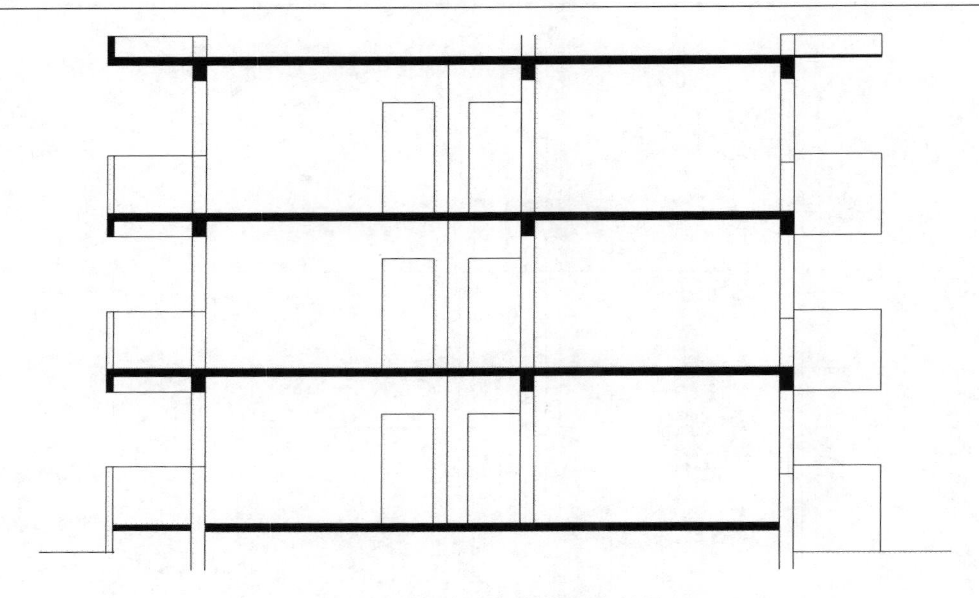

图 8-37 梁板断面填充图案结果

（10）绘制坡屋顶剖面图：在“墙体”图层下，单击【直线】命令连接 G、H 点；将状态行【极轴】设置为 30°，选择【绘图】/【多线】命令，在命令行输入“J”—“B”（下），捕捉端点 G 绘制 30°坡屋面板至 GH 线中点延长线，继续坡向 H点；单击【偏移】命令，将雨棚顶面线向下偏移“200”，单击【分解】命令，将墙体分解，单击【延伸】命令，将屋面板和墙体延伸，坡屋面绘制过程如图 8-38 所示。

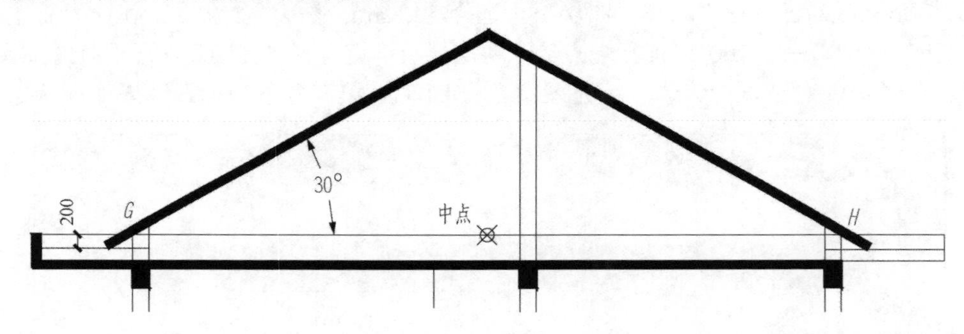

图 8-38 坡屋面绘制过程

（11）绘制各层门窗剖面：单击【修剪】命令，裁剪出门窗洞；应用本书第 7 章【例 7-7】介绍的多线命令绘制窗户平面的方法，将多线样式对话框中偏移量设为“0、90、150、240”；在“门窗”图层下，选择【绘】/【多线】命令，在命令行输入“J”—“B”（下），“ST”—“窗”，捕捉左上端点绘制各层门窗剖面，结果如图 8-39 所示。

（12）设置尺寸标注样式：单击【标注样式】图标，设立“线性”和“角度”两种尺寸标注样式，将“线性”标注对话框中【主单位】/【舍入】设定为“10”，尺寸样式设置方法见【例 7-2】。

（13）标注尺寸：单击下拉菜单【标注】/【线性】和【标注】/【连续】命令，标注外部及内部尺寸，再使用夹点调整尺寸数字位置，使数字清晰。

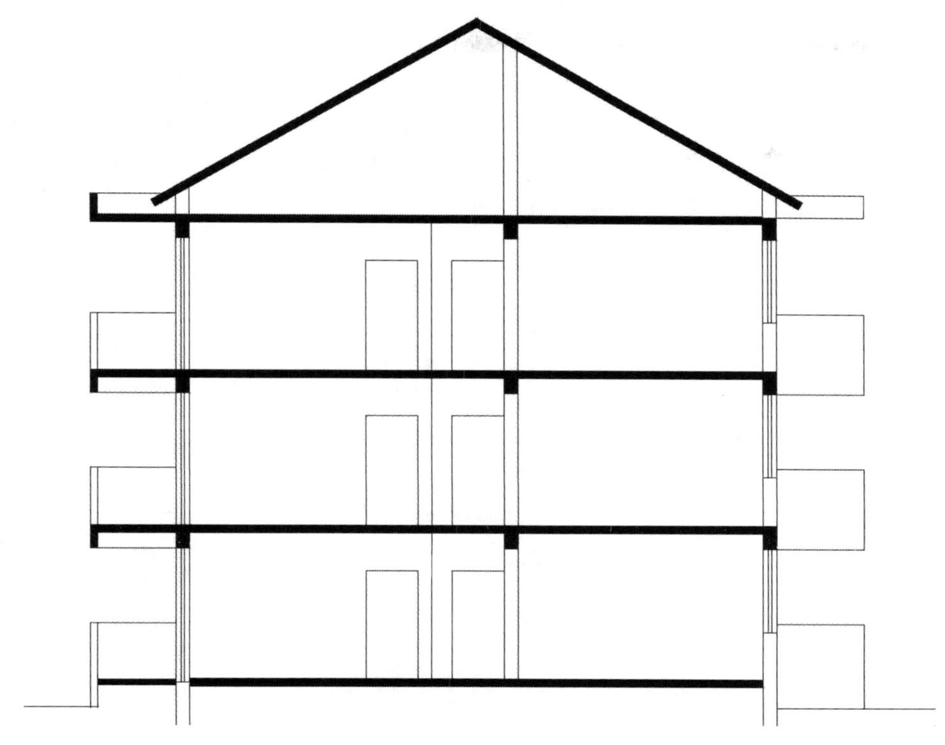

图 8-39　绘制门窗剖面

（14）标注轴线编号：在图外侧绘制轴线编号，半径为“400”，应用下拉菜单【绘图】/【块】/【定义属性】创建图块属性，具体步骤见【例 8-6】；单击【复制】命令安放轴线编号，双击编号修改数据；完成剖面图的轴线编号标注，结果如图 8-40 所示。

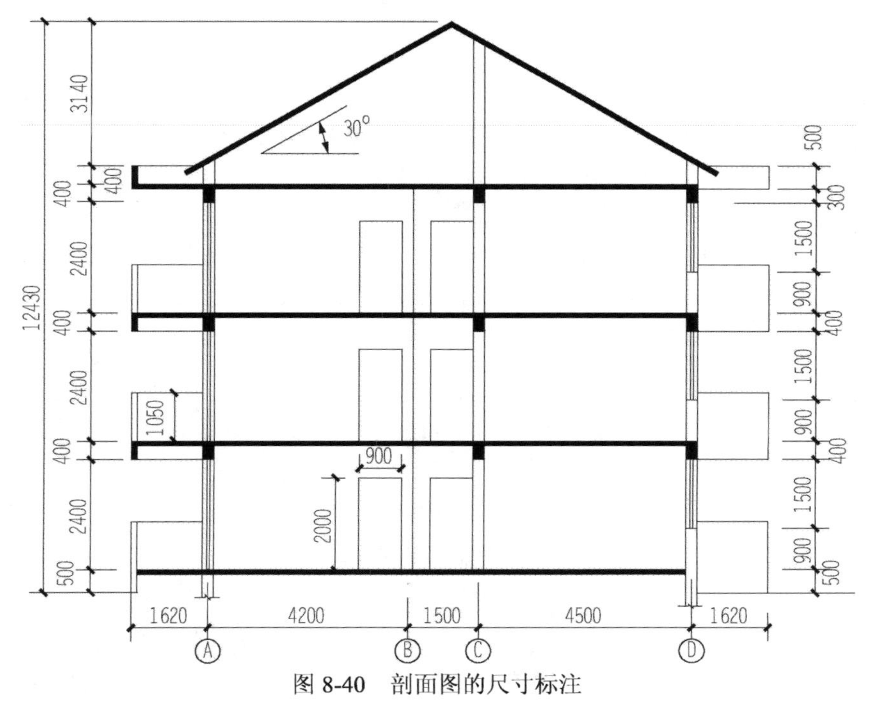

图 8-40　剖面图的尺寸标注

（15）标注标高和注写图名：单击【多段线】命令，绘制标高符号，具体画法见本书第 3 章【例 3-3】，注意三角形的高度为“300”，水平线长度可以取“2100”；选择【复制】命令，把标高符号分别复制到相应的位置；打开【文字格式】，在对话框中【字体名】选“宋体”，单击【多行文字】命令，设定【字高】分别为“500”和“300”，注写图名和比例，并标注标高数字，完成剖面图的绘制，如图 8-41 所示。

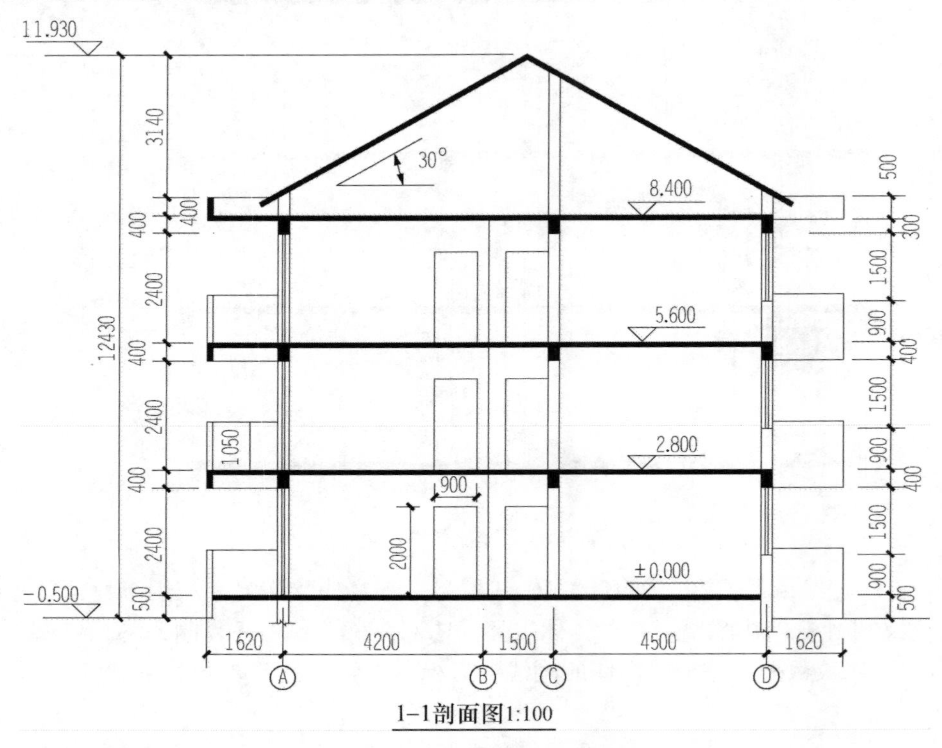

图 8-41　完成剖面图的绘制

（16）建立 A4 图纸幅面（297×210），单击【比例】命令将该图幅放大 100 倍，将绘制好的房屋剖面图应用【复制】命令安放到图纸合适位置，打印时将该图缩小 100 倍，即相当于在 A4 图纸上使用 1:100 的比例绘制图样。

【例 8-8】应用 1:10 比例，绘制如图 8-42 所示的拱桥立面图，图中单位为 cm。

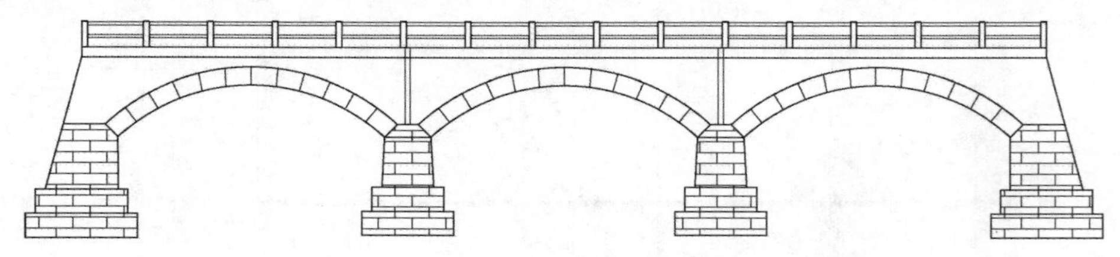

图 8-42　拱桥立面图

绘图步骤

（1）设置图层：应用【图层特性管理器】，建立三种图层，如图 8-43 所示。

（2）绘制桥台立面：在“主体”图层下，单击【矩形】命令分别绘制桥台下部两个矩形，尺寸为：335×75 和 275×75；单击【直线】命令绘制剩余部分，尺寸如图 8-44（a）所示，将绘

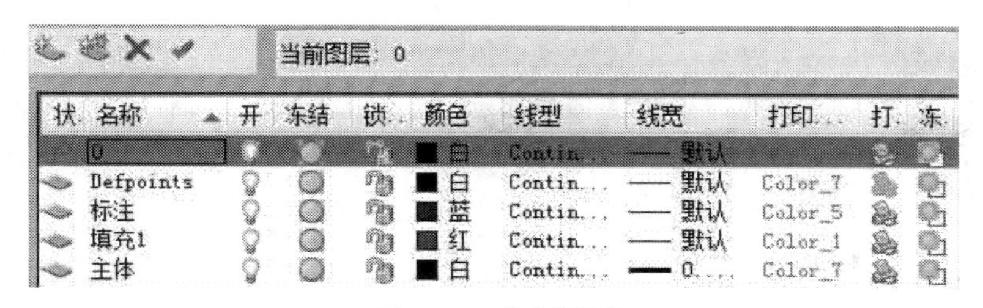

图 8-43　建立图层

制的三个图形以底部直线中心点为基准，单击【移动】命令将它们组合起来，桥台立面绘制结果如图 8-44（b）所示。

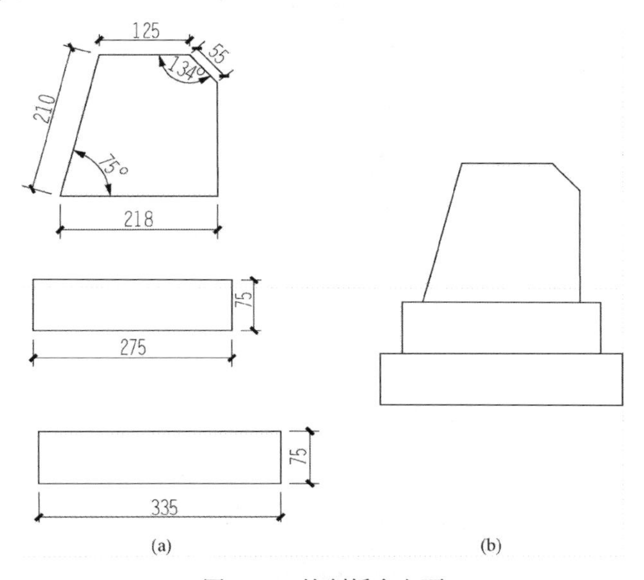

图 8-44　绘制桥台立面

（3）绘制桥墩：应用相同的方法绘制桥墩立面部分，如图 8-45 所示。

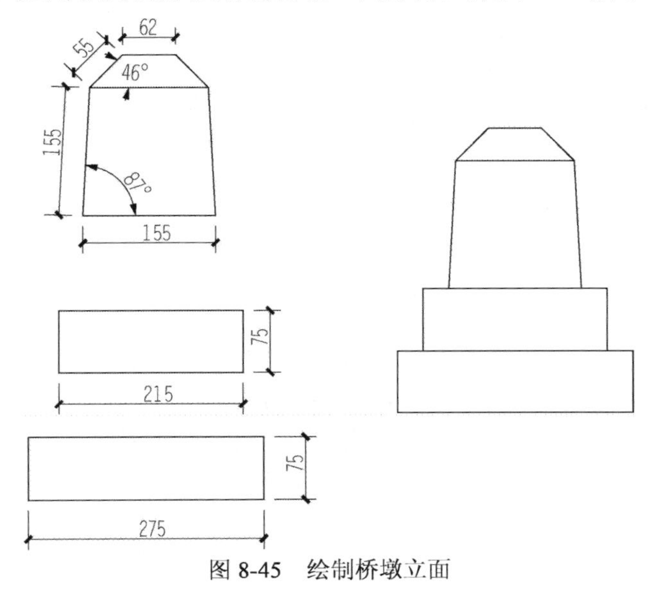

图 8-45　绘制桥墩立面

（4）绘制拱形桥面：将桥墩和桥台设置相距“800”，设置拱高“160”，单击【圆弧】命令通过拱底和拱顶绘制圆弧，单击【偏移】命令偏移圆弧，偏移量为“55”，绘制拱形桥面立面如图 8-46 所示。

（5）镜像拱圈：单击【镜像】命令，以桥墩中心为镜像线，将绘制的拱圈镜像，如图 8-47 所示。

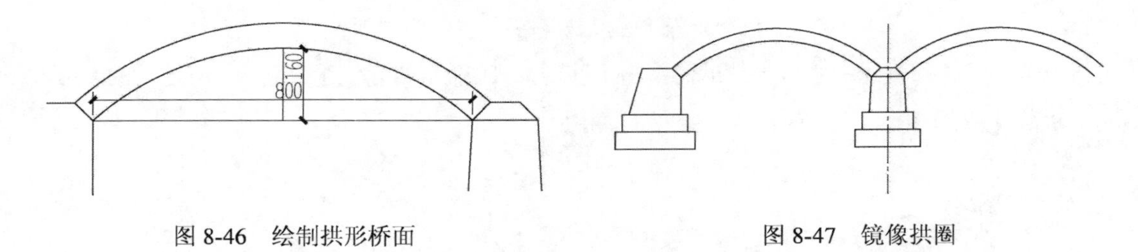

图 8-46 绘制拱形桥面　　图 8-47 镜像拱圈

（6）镜像左侧桥体：继续单击【镜像】命令以拱圈中线为镜像线，镜像左侧桥体，如图 8-48 所示。

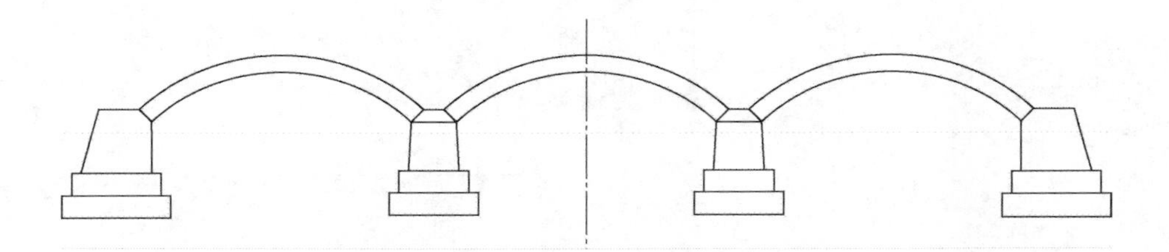

图 8-48 镜像左侧桥体

（7）绘制桥面：单击【直线】命令，在距离拱顶“30”处绘制水平直线，单击【偏移】命令将直线向上偏移“30”，单击【延】命令，延伸桥台边线，并进行修剪，绘制桥面如图 8-49 所示。

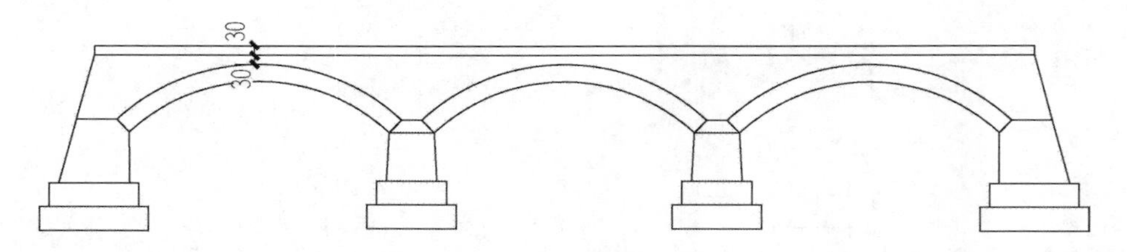

图 8-49 绘制桥面

（8）绘制桥拱分隔线和伸缩缝：单击下拉菜单【格式】/【点样式】，选择点样式为“×”；单击下拉菜单【绘图】/【点】/【定数等分】，单击鼠标左键桥拱线，命令行提示“输入线段数目：”，键入“12”，在弧线上显示出 12 个等分点；单击【直线】命令，过各等分点绘制竖直线；过桥墩顶面中点绘制竖线，应用【偏移】命令将竖线向两侧各偏移“1”，在桥台中心绘制伸缩缝，结果如图 8-50 所示。

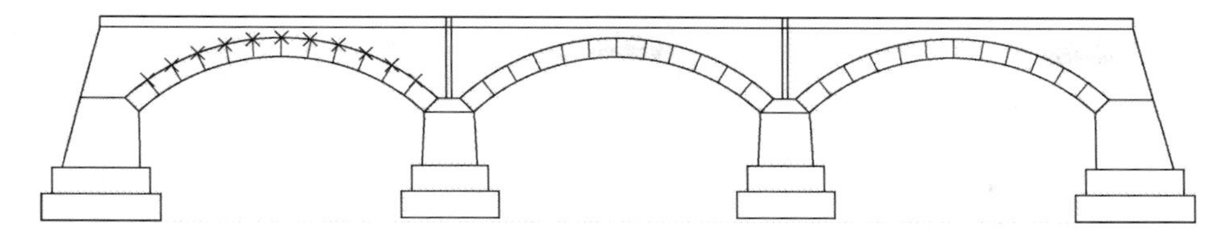

图 8-50 绘制桥拱分隔线和伸缩缝

（9）绘制单个竖向栏杆：在“0”图层下，单击【矩形】命令绘制“18×80”矩形，单击【圆角】命令，进行修剪，圆角半径为“2”，绘制单个竖向栏杆，如图 8-51 所示。

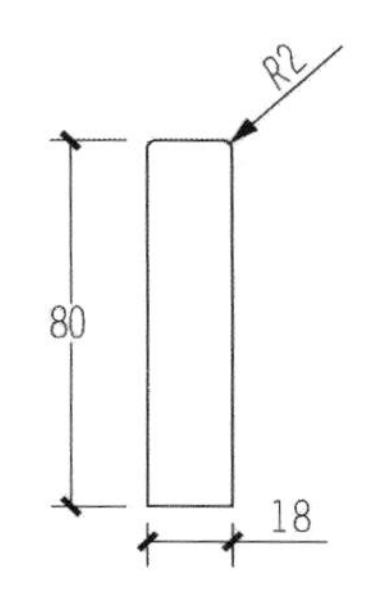

图 8-51 绘制单个竖向栏杆

（10）完成竖向栏杆的绘制：单击下拉菜单【绘图】/【点】/【定数等分】，单击鼠标左键桥面线，命令行提示“输入线段数目：”，键入“15”，在桥面线上显示出 15 个等分点；单击【复制】命令，捕捉图 8-51 所示矩形下框的中点后复制到各个等分点，补齐两侧栏杆，完成竖向栏杆的绘制，结果如图 8-52 所示。

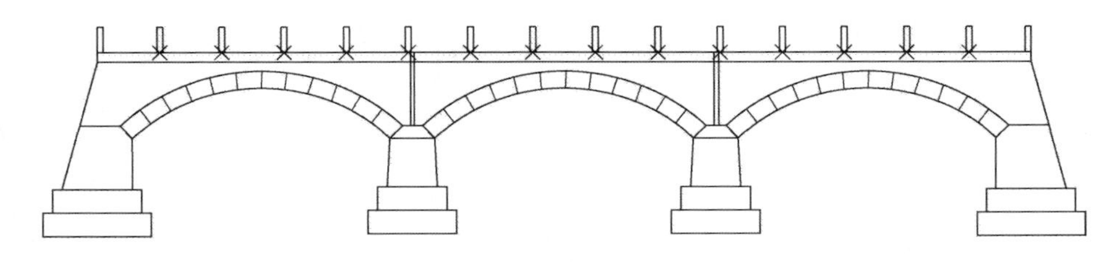

图 8-52 完成竖向栏杆的绘制

（11）绘制横向栏杆：应用【直线】、【偏移和【复制】命令，绘制横线栏杆，偏移距离分别为“10”和“29”，栏杆局部详图见图 8-53，完成横向栏杆的绘制，结果如图 8-54 所示。

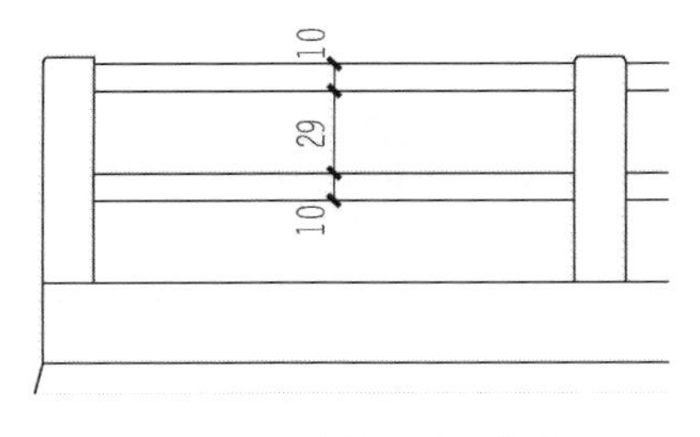

图 8-53 栏杆局部详图

（12）填充图案：在“填充 1”图层下，单击【图案填充】命令，设置填充图案为“AR-BRSTD”，比例为“0.5”，对桥墩和桥台进行填充，完成拱桥立面的绘制，结果如图 8-55 所示。

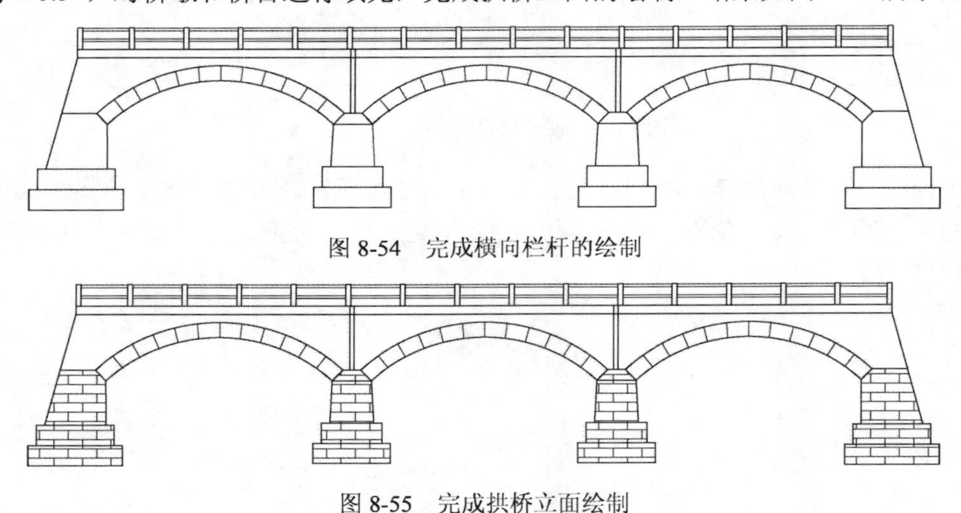

图 8-54　完成横向栏杆的绘制

图 8-55　完成拱桥立面绘制

8.7　上机练习（绘制房屋剖面图）

（1）绘制图 8-56 所示办公楼剖面图，其窗洞尺寸为 1500×1800（宽×高），图纸幅面为 A4（297×210），比例采用 1:100。

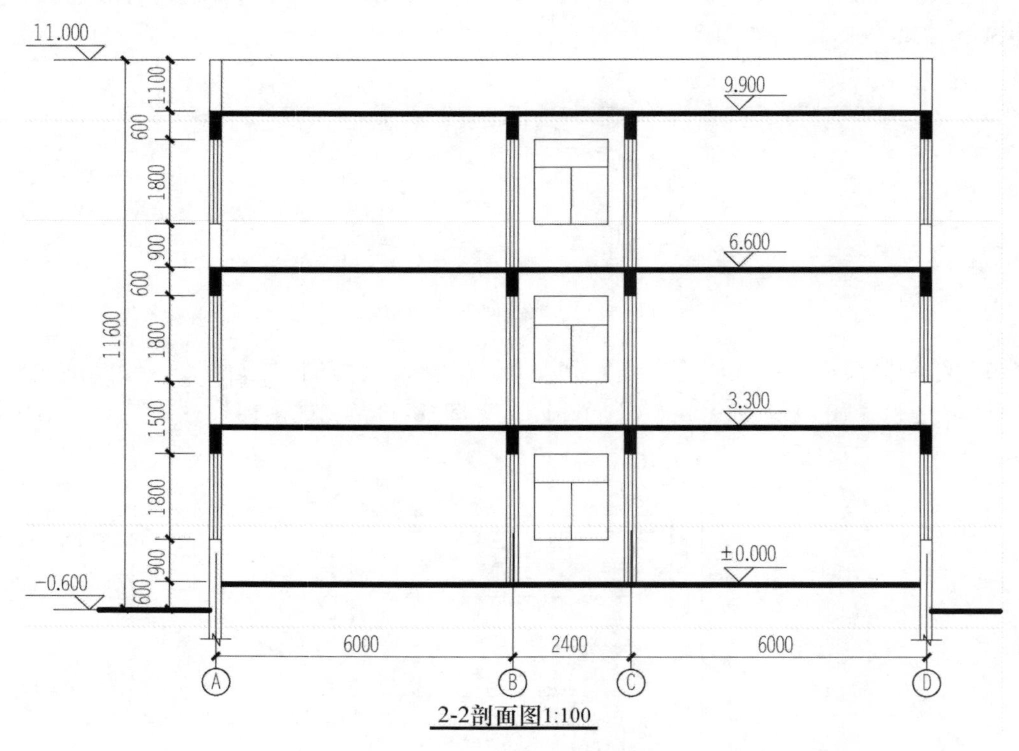

图 8-56　办公楼剖面图

（2）绘制如图 8-57 所示职工宿舍剖面图，其窗洞尺寸为 1800×2100（宽×高），踏步规格为 300×150（宽×高），图纸幅面为 A4（297×210），采用 1:100 的比例绘制。

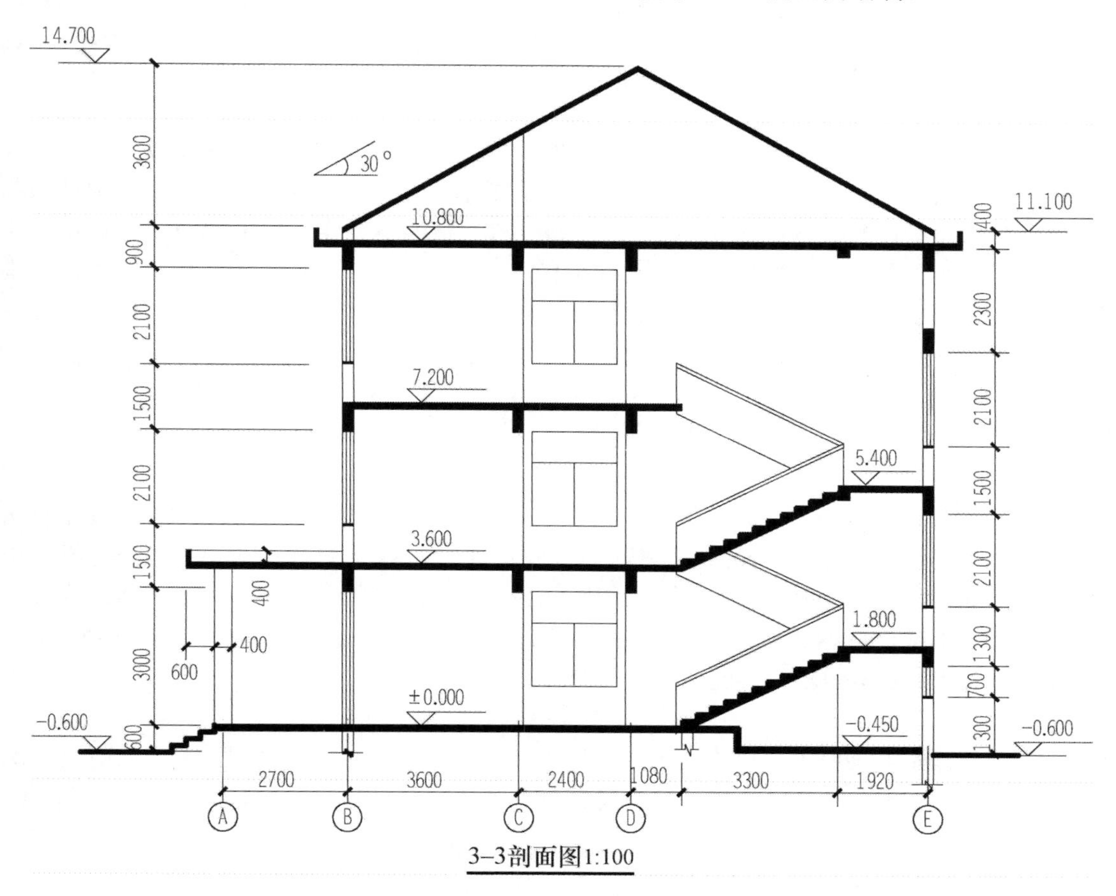

图 8-57 职工宿舍剖面图

第9章　打　印　出　图

AutoCAD绘制好的工程图样需要打印出来，才能进行更好地报批、存档、交流、指导施工和预算等。前文的绘制工作都是在模型空间中完成的，用户可以直接在模型空间中打印草图，但是在打印正式图纸时，利用模型空间打印会有一定的不方便。AutoCAD专门提供了布局功能，用户可以创建多个布局，每个布局都代表一张将要打印出的图纸，用户可以在一张图纸上输出图形的多个视图，添加文字说明、标题栏和图纸边框等。利用AutoCAD 2008不仅可以高效率地绘制图形，还可以方便地控制图形输出。

9.1　配置打印设备

在使用AutoCAD 2008打印图纸以前，必须先配置好打印设备。可使用的打印设备有两种，一种是Windows系统自带的打印机，另一种是Autodesk打印机管理器中的打印机。一般使用Windows系统打印机用于桌面打印比较好；而对于大幅面打印机，AutoCAD为其提供了许多不同于Windows系统打印机的专业驱动程序，使其能达到较好的图纸输入质量。

9.1.1　在Windows操作系统中设置打印机

设置步骤如下：

（1）在【开始】菜单中选择【控制面板】，点击【打印机和其他硬件】，弹出如图9-1所示的【打印机和其他硬件】对话框，单击【打印机和传真】，弹出【打印机和传真】对话框。

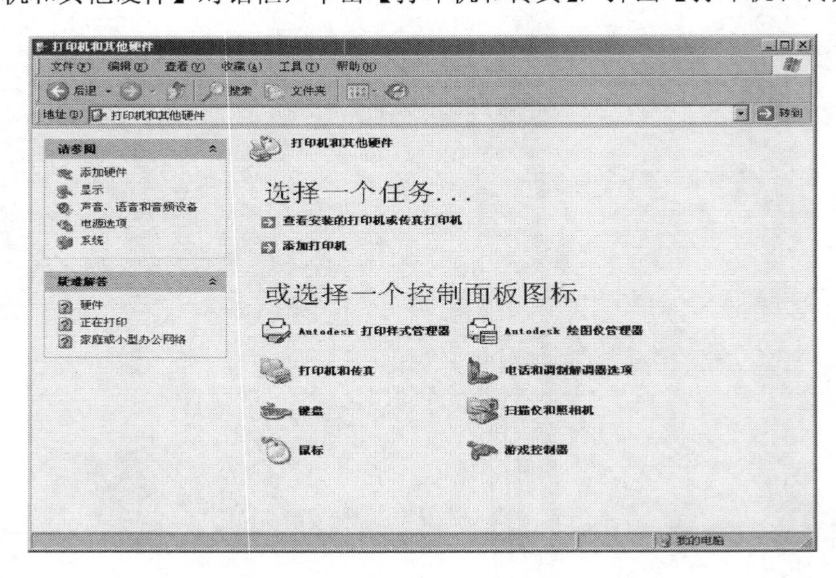

图9-1　【打印机和其他硬件】对话框

（2）在【打印机和传真】对话框中，选择【添加打印机】，出现如图9-2所示的【添加打印机向导】对话框。

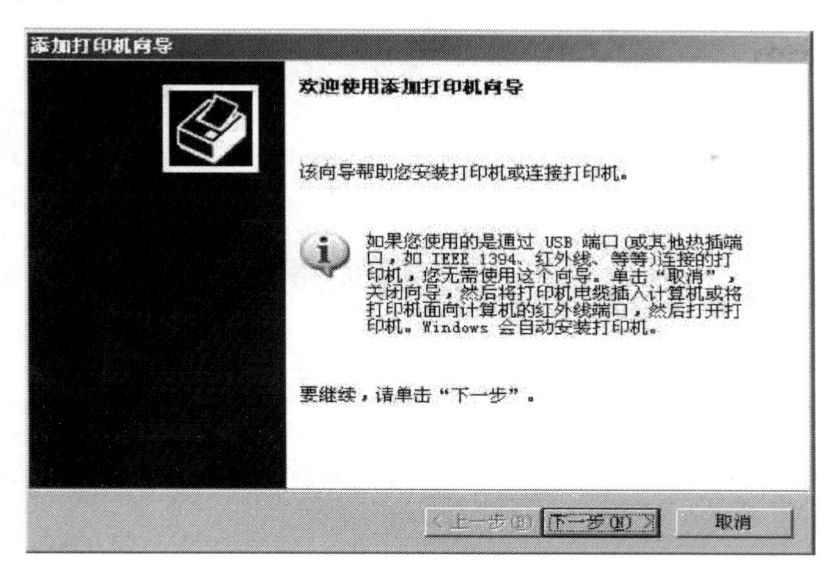

图 9-2 【添加打印机向导】对话框

（3）根据向导提示，单击【下一步】，选择打印机，并安装相应的驱动程序。

9.1.2 在 AutoCAD 中设置绘图仪

在 AutoCAD 中设置绘图仪的步骤如下：

（1）从下拉菜单中选择【工具】/【向导】/【添加绘图仪】命令，弹出如图 9-3 所示的对话框。

（2）在【添加绘图仪-简介】对话框中，单击【下一步】，根据向导提示，完成选择绘图仪并安装驱动程序。

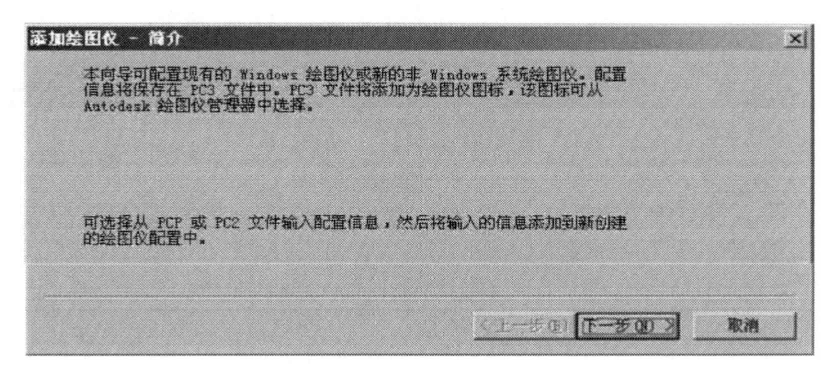

图 9-3 【添加绘图仪-简介】对话框

9.2 模型空间与图纸空间

模型空间主要用于二维草图绘制或三维建模，前文叙述的绘图、修改、标注等操作及本书第 10 章的三维建模都是在模型空间完成的。模型空间是一个没有界限的三维空间，理论上，用户在这个空间中可以在任意位置以任意尺寸绘制图形，通常按照 1:1 的比例，即以实际尺寸绘制实体。

图纸空间是为了打印出图而设置的。一般在模型空间绘制完图形后，需要输出到图纸上。为了让用户方便地为一种图纸输出方式设置打印设备、纸张、比例、图纸视图布置等，AutoCAD 提供了一个用于进行图纸设置的图纸空间。利用图纸空间还可以预览到真实的图纸输出效果。由于图纸空间是纸张的模拟，所以是二维的。同时图纸空间由于受选择幅面的限制，所以是有界限的。在图纸空间还可以设置比例，实现图形从模型空间到图纸空间的转化。

用户用于绘图的空间一般都是模型空间，在默认情况下 AutoCAD 显示的窗口是模型窗口，在绘图窗口的底部是一个模型选项按钮和两个布局选项按钮：【模型】、【布局 1】、【布局 2】，如图 9-4 所示，也可以单击状态栏上的模型空间按钮【模型】和【图纸】空间按钮来切换两种空间状态。单击【布局 1】或【布局 2】可进入图纸空间，图纸上将出现一个矩形轮廓线（虚线），显示当前配置打印设备的图纸尺寸，指定了图纸的页边界，预览图纸的可打印区域。

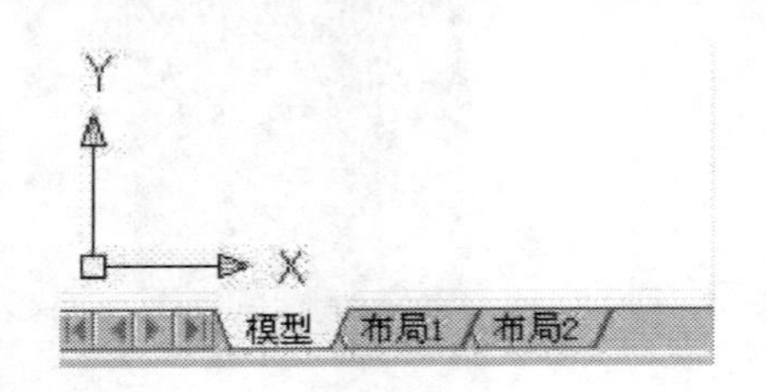

图 9-4　模型空间与图纸空间选项卡按钮

9.3　模型空间打印出图

如果要打印的图形只使用一个比例，则该比例既可以预先设置，也可以在出图前修改比例。这种方式适用于大多数工程图样的设计与出图，可以直接在模型空间出图打印。

【例 9-1】 将图 9-5 所示的背立面图按照 1:100 的比例进行布图并打印。

图 9-5　背立面图

单比例布图与打印的基本步骤为：

1. 确定图形比例

一般有两种方法设置绘制图形的比例：一种是绘图之前设置，另一种可以在出图之前设置。在绘制该图形时一般采用 1:1 的比例，那么就要在出图之前设置比例。经过计算，发现该图形如果以 1:100 的比例出图，打印在一张 A4 图纸上比较合适。为了使图形更加规范，可以为图 9-5 再加入标题栏，也可以直接插入 CAD 自带的图框标准样式。

2. 在模型空间设置打印参数

执行 AutoCAD 的【文件】/【打印】命令，显示【打印-模型】对话框，如图 9-6（a）所示，单击⊙展开，如图 9-6（b）所示。

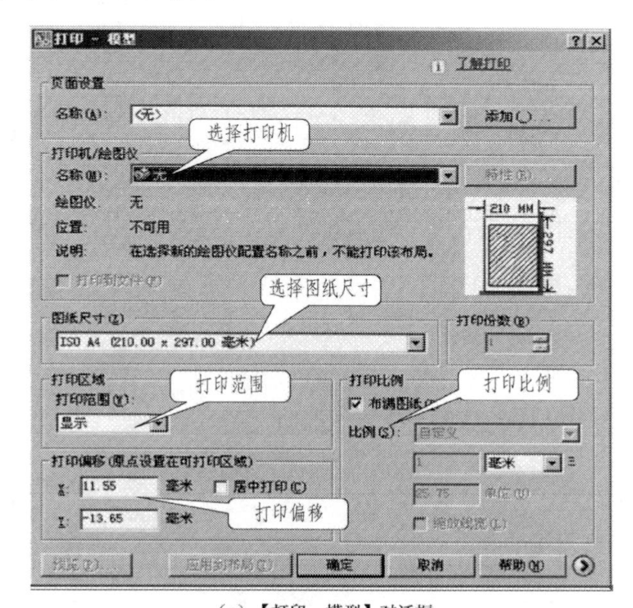

（a）【打印—模型】对话框

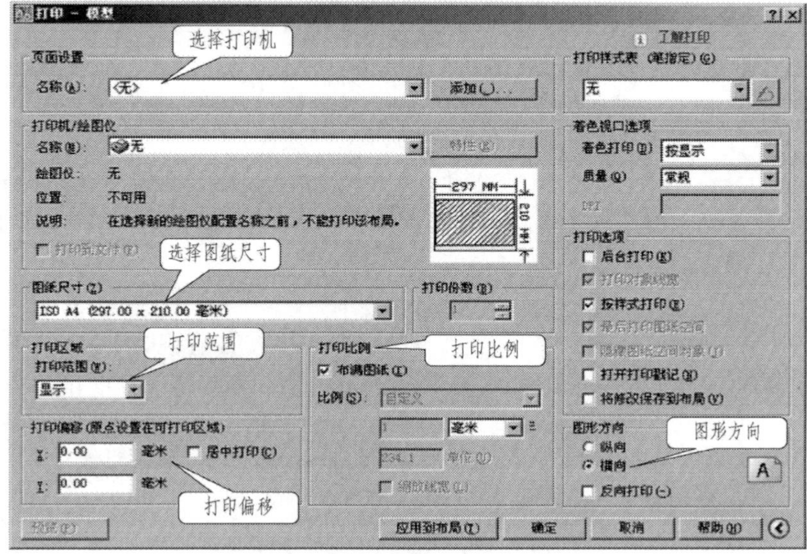

（b）展开的对话框

图 9-6 【打印-模型】对话框

在【打印机/绘图仪】选区打开【名称】下拉列表选择已经安装了的打印机或绘图仪名称；在【图纸尺寸】下拉列表中选择要出图的图纸大小，此处选“A4”，在【图形方向】选用“横向”；【打印比例】选择“1:100”；【打印范围】选择“范围”，或者选择“窗口”，然后捕捉图框左下角点和右上角点，即打印全部图形，使图形占满图纸；【打印偏移】选“居中打印”，然后单击 预览(P)... 按钮，则显示图 9-7 所示的【模型】打印预览。

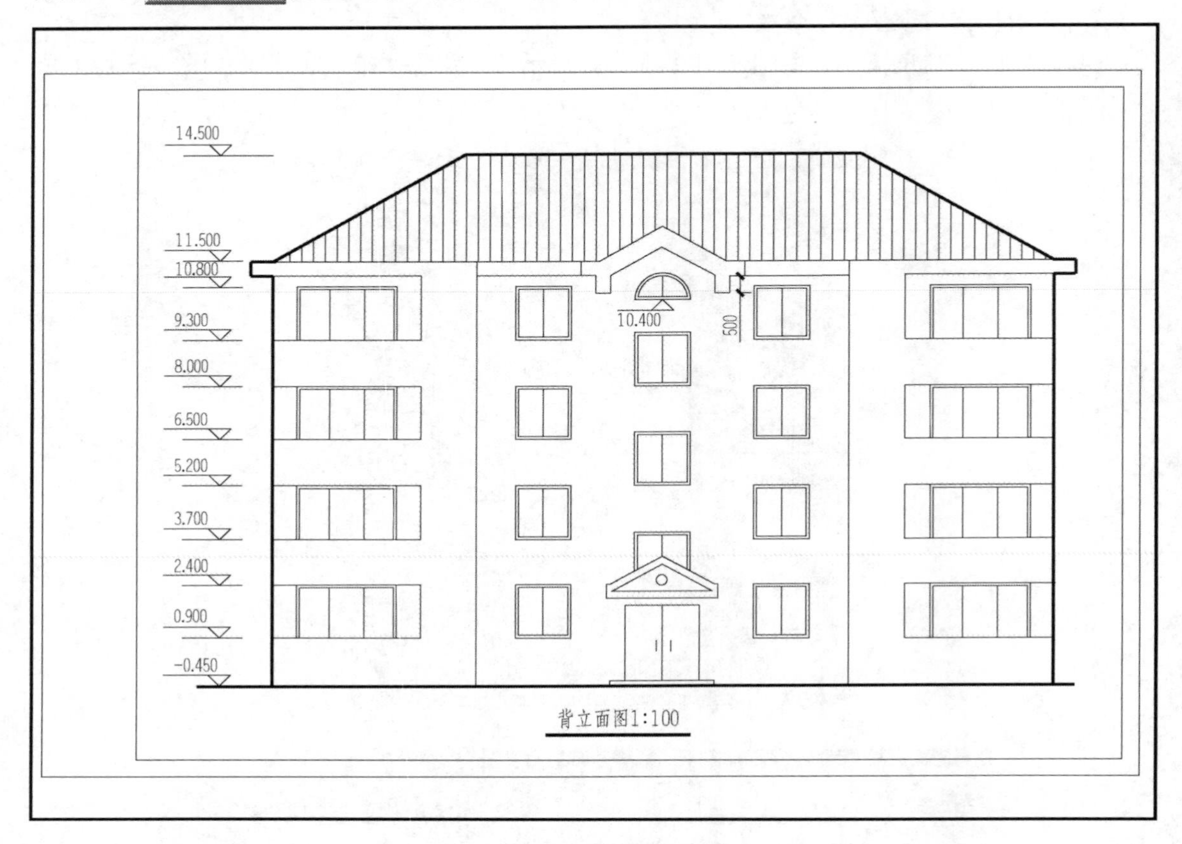

图 9-7 预览图形

如果预览图形满意，就可以单击预览窗口左上方的按钮，或者单击鼠标右键选择快捷菜单中的打印出图。如果预览图形不满意，在预览窗口单击鼠标右键，选择【退出】，返回【打印】对话框，重新设置。

3. 调整可打印区域

有时会出现预览中图框的边界不能全部被打印出来的情况，这是因为选择的图纸或者打印边距不对。可以重新选用如 ISO full bleed 图纸，或者用下面的方法调整可打印区域。

单击图 9-6 所示【打印-模型】对话框的【打印机/绘图仪】右侧的 特性(R)... 按钮，系统弹出【绘图仪配置编辑器】，如图 9-8（a）所示。

在对话框中选择【修改标准图纸尺寸（可打印区域）】选项，然后在【设备和文档设置】按钮下的对话框中【修改标准图纸尺寸】选区下拉列表中选择图纸尺寸“A4”，如图 9-8（b）所示。在列表下方的文字描述中可见：“可打印 290.7mm×203.6mm”，并不等于 A4 图纸尺寸

“210mm×297mm”。单击 修改(M)... 按钮，系统弹出【自定义图纸尺寸-可打印区域】对话框，将页面的上、下、左、右边界距离全部修改为 0，如图 9-9 所示。

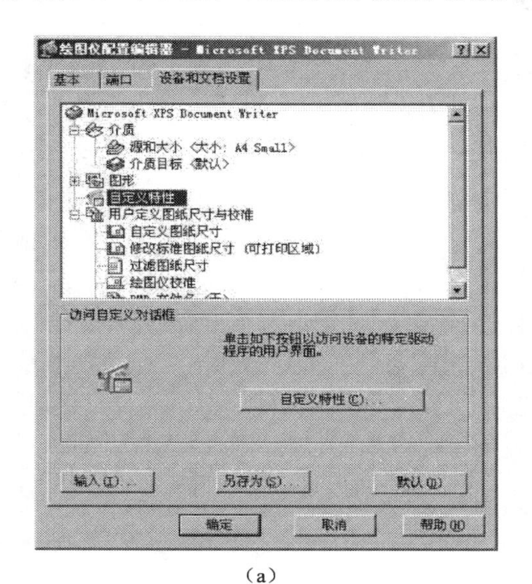

（a）

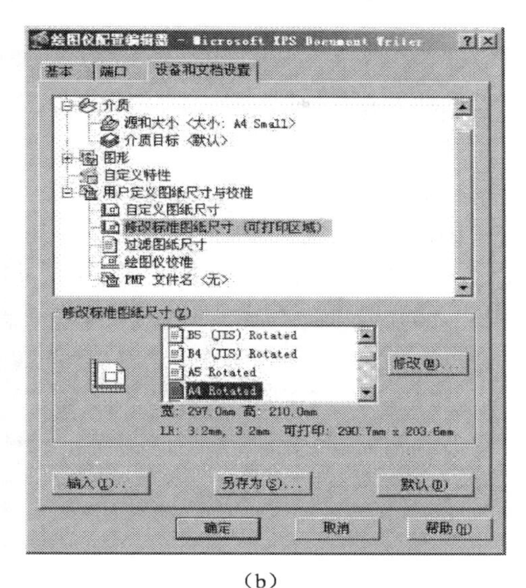

（b）

图 9-8 【绘图仪配置编辑器】对话框

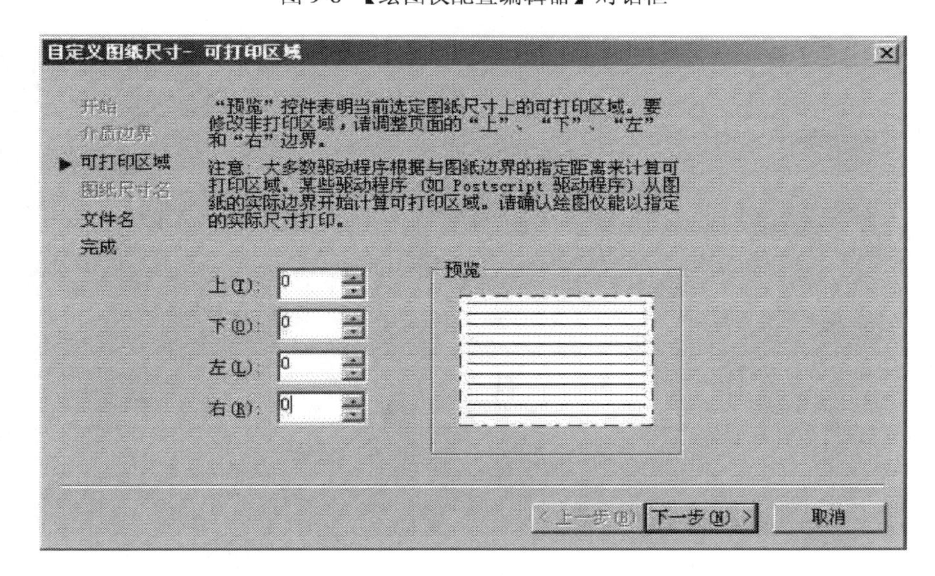

图 9-9 【自定义图纸尺寸—可打印区域】对话框

然后单击 下一步(N) > 按钮，根据提示完成设置，选择其默认的“仅对当前打印应用修改”选项，如果想将此项修改应用到以后的打印配置中，也可以选择“将修改保存到下列文件”选项。单击 完成(F) 按钮，关闭该对话框。这样就可以使图形打印完整。

在打印图形时，如果预览窗口线条的粗细不明显，可以在模型窗口，打开【图层特性管理器】，将粗实线宽度设置为 0.7～1.0mm，将细实线、点划线、虚线的宽度设置为 0.25～0.3mm，预览和打印出来的图形就会粗细明显，符合要求。

9.4 图纸空间打印出图

在模型窗口中显示的是用户绘制的图形，要进入图纸窗口，如前所述，单击绘图窗口的下部显示选项卡按钮，【布局 1】或【布局 2】进行图面布局。图 9-10（a）是【布局 1】的图形显示效果。单击【打印】按钮，会出现与图 9-6 相似的对话框，单击【预览】按钮，出现打印效果，如图 9-10（b）是【布局 2】打印预览效果。

图 9-10（a）中，在布局窗口中有三个矩形框，最外面的矩形框代表在页面设置中指定的图纸尺寸，虚线矩形框代表图纸的可打印区域。最里面的矩形框是一个浮动视口。

9.4.1 修改或创建布局

如果布局中页面设置不合理，用户可以在布局选项卡上单击鼠标右键，在快捷菜单上选择【页面设置管理器】选项，出现【页面设置管理器】对话框，如图 9-11 所示。利用此对话框可以为当前布局或图纸指定页面设置；也可以创建命名页面设置、修改现有页面设置，或从其他图纸中输入页面设置。

(a)【布局1】显示效果

(b)【布局2】打印预览效果

图 9-10 【布局】打印预览

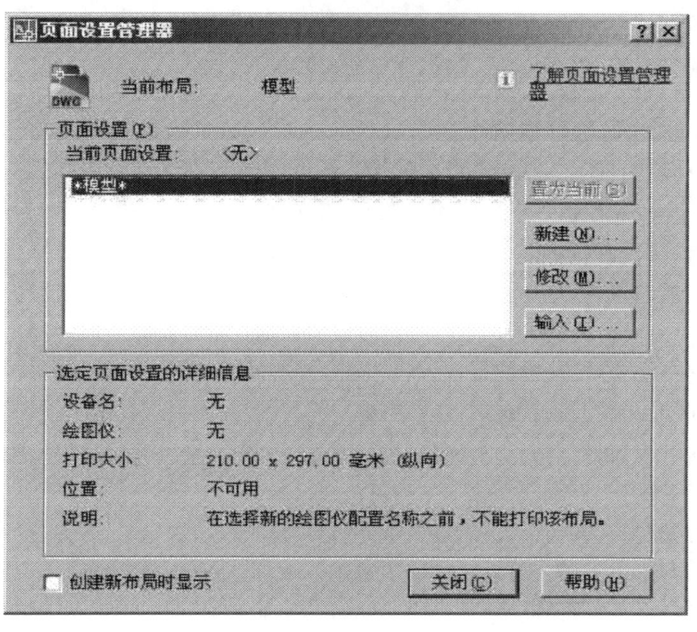

图 9-11 【页面设置管理器】对话框

利用在布局选项卡上单击鼠标右键出现的快捷菜单可以对布局进行管理，如选择【创建】建立新布局，选择【删除】删除不合要求的布局等。

如果要修改页面设置，在【页面设置】列表中选择页面设置名称，然后单击 修改(M)... 按钮出现图 9-12 所示的【页面设置】对话框，可以对布局进行修改设置；也可以单击 新建(N)... 按钮建立自己的图形布局。

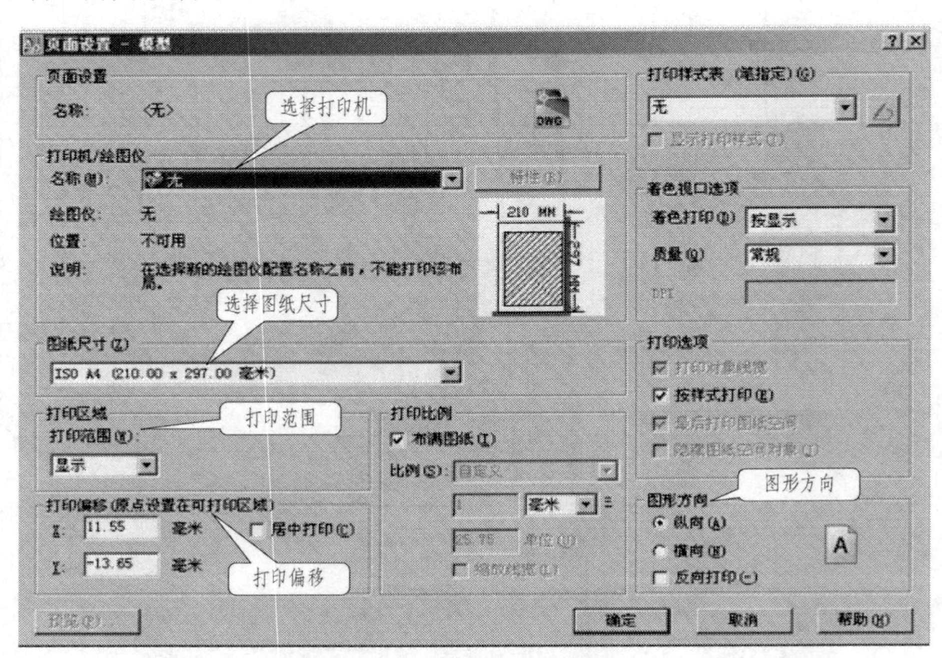

图 9-12 【页面设置】对话框

9.4.2 利用创建布局向导创建布局

除上述创建布局方法外，AutoCAD 还提供了创建布局的向导，利用它同样可以创建出需要的布局。执行【工具】/【向导】/【创建布局】命令，或者【插入】/【布局】/【创建布局向导】命令，出现【创建布局-开始】向导，如图 9-13 所示。

根据此向导，可对布局的名称、打印机、图纸尺寸、打印方向、标题栏格式、定义视口等进行设置。

9.4.3 多比例布图在布局中打印

在模型空间打印步骤比较简单，可以打印一般图形。如果需要在一个图纸上输出多个不同比例的图形，则可在图纸空间进行布局打印，这是模型空间所不具备的，布局功能十分强大，用户可以根据下面的步骤设置多比例布图打印出图。

采用多视口布图和在图纸空间打印的基本步骤是：

（1）设定当前各个图形的比例，在图中分开一定范围绘制好。

（2）进入布局，进行页面设置。

（3）使用【定义视口】命令将模型的各个图形，添加不同比例的视口插入到图纸空间中。

（4）使用各种编辑命令对图形和视口进行编辑修改。

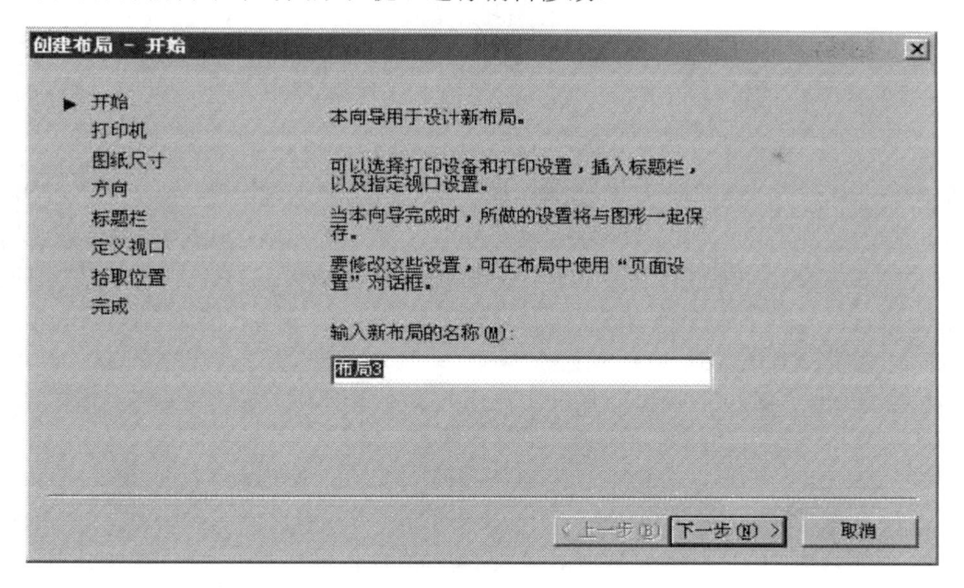

图 9-13 【创建布局-开始】向导

（5）设定打印。

9.5　上机练习（打印第 4 章～第 8 章绘图样例）

（1）用 A4 图纸按 1:50 的比例将绘制好的第 4 章楼梯平面图和第 5 章楼梯剖面图设置打印。

（2）用 A4 图纸按 1:100 的比例将绘制好的第 6 章房屋立面图、第 7 章房屋平面图和第 8 章房屋剖面图设置打印出图。

（3）用 A3 图纸按 1:100 的比例将绘制好的第 8 章拱桥立面设置打印出图。

（4）用 A4 图纸按 1:1000 的比例将绘制好的第 7 章交叉道路平面图设置打印出图。

（5）用 A3 图纸分别将绘制好的第 7 章住宅平面图（比例 1:100），第 4 章楼梯平面图（比例 1:50），设置在一张图纸上打印出图。

第10章　三维实体建模简介

在工程设计和绘图过程中，三维实体建模技术的应用越来越广泛。三维模型信息直观，容易建模、修改和观察。AutoCAD 2008 不仅可以绘制二维图形，还提供了比以前版本更为完善和强大的三维设计功能，方便了用户进行三维实体建模设计。本章主要介绍三维实体建模的基础知识。

三维实体建模的方法大致有以下三种：

（1）利用 AutoCAD 2008 提供的基本实体（如长方体、圆柱体、圆锥体、球体、棱锥体、楔体和圆环体）命令直接创建简单实体。

（2）将二维对象（面域或多段线）沿路径拉伸、绕轴旋转形成复杂实体。

（3）将利用前两种方法创建的实体进行布尔运算（并、差、交），生成更复杂的实体。

除了用【面板】/【三维制作】或者【建模】工具栏创建简单的三维实体外，还可以应用【建模】工具栏（见图 10-1）和【实体编辑】工具栏（见图 10-2），对三维对象进行编辑。

图 10-1 【建模】工具栏

图 10-2 【实体编辑】工具栏

10.1　三维建模与用户坐标系

10.1.1　三维建模工作空间

绘制三维实体之前，首先要进入三维建模界面。点击【工作空间】工具栏的下拉箭头选中【三维建模】，或者从下拉菜单【工具】/【工作空间】/【三维建模】，进入如图 10-3 所示的三维建模初始界面，用户可根据习惯和需要更改或定制界面。

三维建模空间会自动打开【面板】（见图 10-3）绘图界面右侧，【面板】是一种特殊的选项板，用来显示与工作空间关联的按钮和控件。默认情况下，当使用【二维草图与注释】工作空间或【三维建模】工作空间时，面板将自动打开。此外，选择【工具】/【选项板】/【面板】菜单也可以打开面板。如需隐藏面板，可单击面板窗口左上角的按钮。隐藏面板后，面板将收缩为一个控制条。以后要显示面板，只需将光标移至该控制条所在区域即可。

三维建模工作空间的【面板】上提供了有关【三维制作】、【视觉样式】等控制台，可以方便地执行三维建模。当然习惯了经典界面的用户也可继续使用经典界面来完成三维实体建模，本章在三维建模工作空间模式下进行介绍。

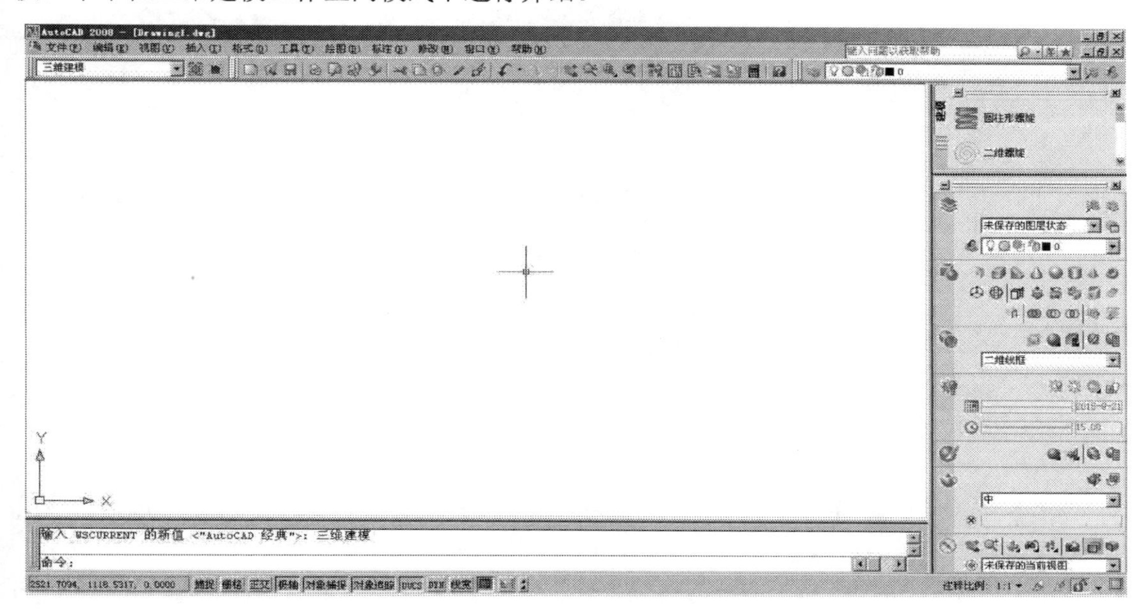

图 10-3　【三维建模】工作空间初始界面

10.1.2　用户坐标系

三维建模空间与二维空间类似，坐标系也分为世界坐标系（World Coordinate System，WCS）和用户坐标系（UCS）。这两种坐标系都可以通过输入坐标来精确定位或控制图形大小。AutoCAD 将世界坐标系设置为默认坐标系，世界坐标系是固定不变的。对于绘制二维图形，世界坐标系作为 AutoCAD 的默认坐标系即可满足绘图要求，但进行三维造型时，非常不方便，因为用户常常需要在不同的平面或沿某个方向绘制图形。此时需要以绘图平面为 *XY* 坐标平面，创建新的用户坐标系，然后再进行三维建模。

为了更好地辅助绘图，特别是绘制三维平面图形，经常需要修改用户坐标系的原点和方向，这就需要建立新的用户坐标系。用 AutoCAD 2008 三维建模时，使用动态用户坐标系，可以更方便、快捷。

1. *新建用户坐标系*

在 AutoCAD 2008 中，使用下拉菜单【工具】/【新建 UCS】，可以移动或旋转用户坐标系。选中此下拉菜单后，出现下一级菜单，如图 10-4 所示。利用该菜单可以方便地设置 UCS。如利用菜单中的子菜单【原点】可以方便地改变 UCS 的原点来创建新的坐标系；利用其子菜单【X】、【Y】、【Z】可以方便地使 UCS 绕 *X* 轴、*Y* 轴或 *Z* 轴旋转来创建新的坐标系；利用其子菜单【三点】可以方便地创建新的 UCS 坐标系，确定新坐标系的原点及 *X* 轴、*Y* 轴和 *Z* 轴的方向。

2. *动态用户坐标系*

使用动态坐标系 DUCS 可以快捷、方便地在三维实体的平面上以垂直于平面为 *Z* 轴方向创建用户坐标系，而无需手动更改 UCS 的位置或方向。

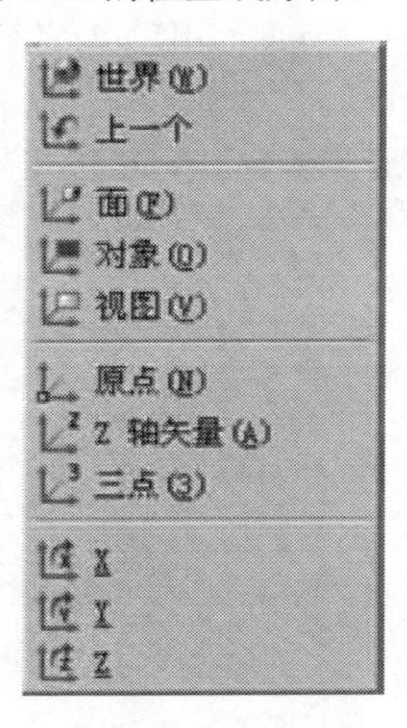

图 10-4 【新建 UCS】的子菜单

单击状态栏上的DUCS按钮，可以打开或关闭动态用户坐标系。DUCS 打开后，可以使用 UCS 命令定位实体模型上某个平面的原点，可以轻松地将 UCS 置于该平面上。

例如，绘制如图 10-5（c）所示的模型。首先单击【建模】工具栏或者面板【长方体】按钮创建长方体，打开【DCUS】按钮；同样单击【圆柱体】按钮，将光标移到长方体左侧面上，当左侧面以虚线框显示时，利用【对象捕捉】、【对象追踪】找到左侧面的中心点，如图 10-5（a）所示；单击鼠标左键，以垂直于其表面方向为 Z 轴的 UCS 自动切换到长方体的左表面，确定圆柱的底圆直径，如图 10-5（b）所示。此时既可以用鼠标拖动确定圆柱的高度，也可以通过命令行指定，最后可创建图 10-5（c）所示的简单组合体。

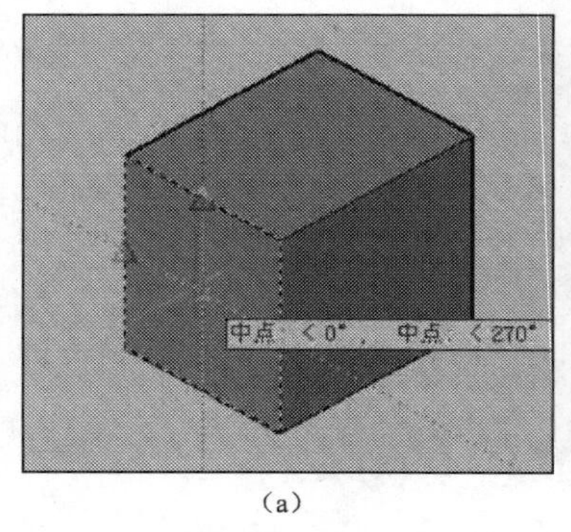

（a）

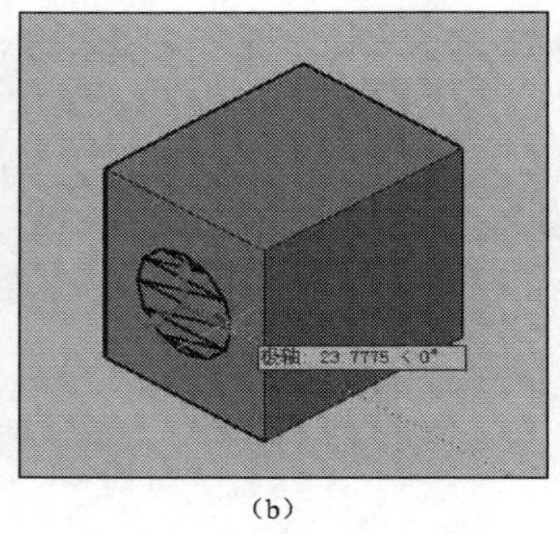

（b）

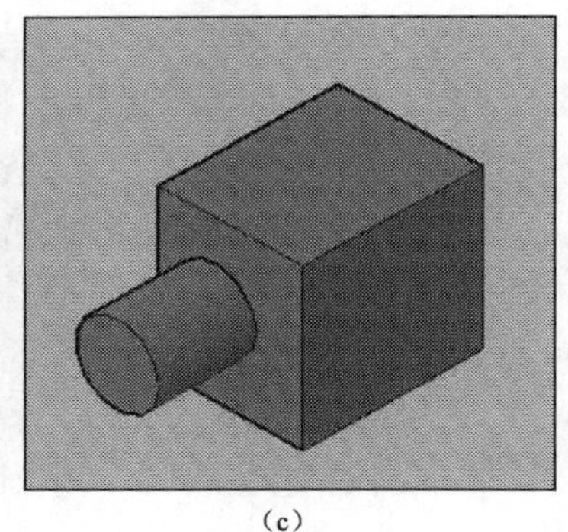

（c）

图 10-5 利用 DUCS 建模

10.1.3 三维视觉样式

为了显示直观、方便，AutoCAD 2008 提供的默认视觉显示样式有【二维线框】、【三维线框】、【三维隐藏】、【真实】和【概念】五种。可以用以下几种方法选择或改变视觉样式：

- 【视觉样式】工具栏，如图 10-6（a）所示

- 面板：【视觉样式】，如图 10-6（b）所示
- 下拉菜单：【视图】/【视觉样式】，如图 10-6（c）所示
- 命令行：vscurrent 或 visualstyles

在本章中如无特殊说明均采用【概念】视觉显示样式。

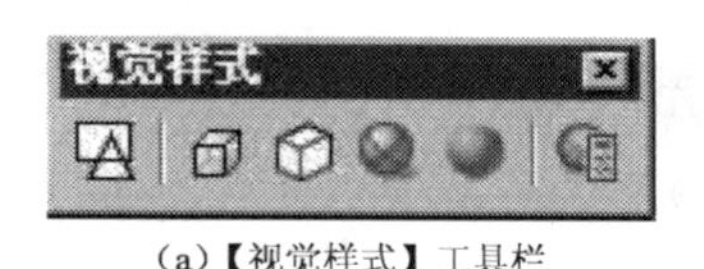

(a)【视觉样式】工具栏

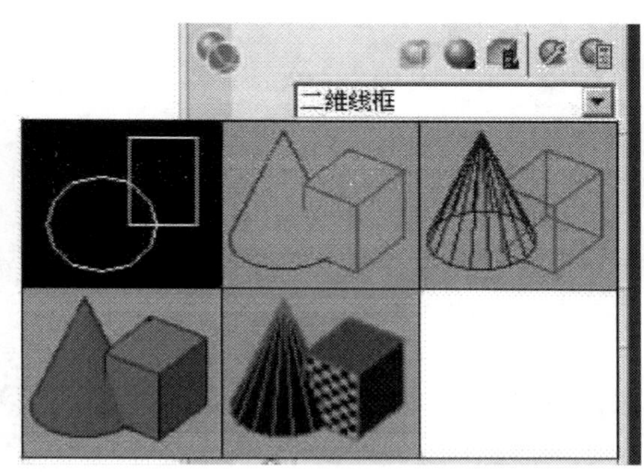

(b)【视觉样式】控制台

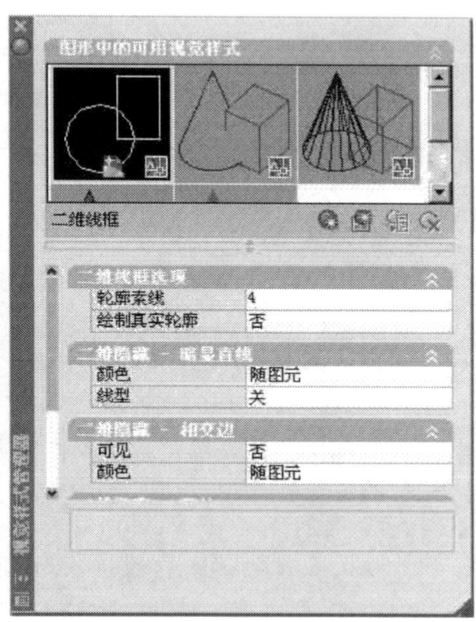

(c)【视觉样式】管理器

图 10-6　三维视觉样式

10.2　基本实体的创建

利用三维建模工作空间的基本建模功能，可以快速创建基本的三维实体。

10.2.1　创建长方体

长方体由底面（即两个角点）和高度定义。长方体的底面总与当前 UCS 的 *XY* 平面平行。可以用以下几种方法创建长方体：

- 【建模】工具栏或【面板】/【三维制作】：
- 下拉菜单：【绘图】/【建模】/【长方体】
- 命令行：box

系统提示：

```
命令:box
指定第一个角点或[中心(C)]:                //指定长方体底面的第一个角点
指定其他角点或[立方体(C)/长度(L)]:        //指定长方体底面的另一个角点
指定高度或[两点(2P)]<669.6710>:           //指定长方体的高度值
```

即可生成长方体，如图 10-7 所示。

图 10-7　长方体

命令中各选项功能如下：

（1）中心（C）：以指定点为体中心来创建长方体。

（2）指定其他角点：指定长方体底面的对角点来创建长方体。

（3）立方体（C）：创建立方体，需要输入值或拾取点以指定在 *XY* 平面上的边长。

（4）长度（L）：通过指定长、宽、高的值来创建长方体。

（5）两点（2P）：通过指定任意两点之间的距离为长方体的高度来创建长方体。

10.2.2　创建圆柱体

圆柱体或椭圆柱体是以圆或椭圆作底面来创建，圆柱的底面位于当前 UCS 的 *XY* 平面上。创建圆柱体的方法有：

- 【建模】工具栏或【面板】/【三维制作】：
- 下拉菜单：【绘图】/【建模】/【圆柱体】
- 命令行：cylinder

启动该命令后，系统提示：

```
命令:cylinder
指定底面的中心点或[三点(3P)/两点(2P)/相切、相切、半径(T)/椭圆(E)]:
                                                  //指定圆柱体底面中心点
指定底面半径或[直径(D)]:                          //指定圆柱体的半径
指定高度或[两点(2P)/轴端点 (A) ]<213.3128>:       //指定圆柱体的高度
```

即可生成圆柱，如图 10-8 所示。如果在系统提示“指定底面的中心点或［三点（3P）/两点（2P）/相切、相切、半径（T）/椭圆（E）］”时，输入“e”回车，可创建椭圆柱。

命令中各选项功能如下：

（1）三点（3P）：通过指定三点来创建圆柱体底面圆。

（2）指定底面的中心点或两点（2P）：通过指定直径上两点来创建圆柱体底面圆。

图 10-8　圆柱体

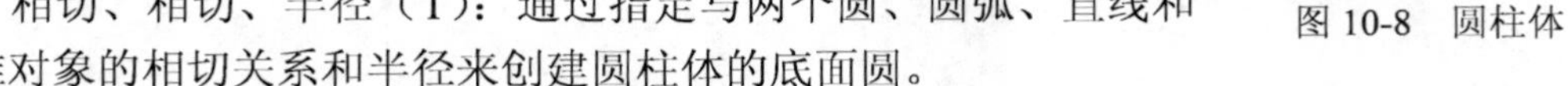

（3）相切、相切、半径（T）：通过指定与两个圆、圆弧、直线和某些三维对象的相切关系和半径来创建圆柱体的底面圆。

（4）椭圆（E）：指定圆柱体的底面为椭圆。

（5）指定高度或两点（2P）：通过指定两点之间的距离为圆柱体的高度来创建圆柱体。

（6）轴端点（A）：指定圆柱体轴线的端点位置来创建圆柱体，轴端点可以位于三维空间的任意位置。

10.2.3　创建圆锥体

圆锥体由圆或椭圆底面以及垂足在其底面上的锥顶点定义，默认情况下，圆锥体的底面位于当前 UCS 的 *XY* 平面上。圆锥体的高可以是正的也可以是负的，且平行于 *Z* 轴。顶点决定圆锥体的高度和方向。创建圆锥体的方法有：

- 【建模】工具栏或【面板】/【三维制作】:
- 下拉菜单:【绘图】/【建模】/【圆锥体】
- 命令行: cone

启动该命令后，系统提示：

```
命令:cone
指定底面的中心点或 [三点(3P)/两点(2P)/相切、相切、半径(T)/椭圆(E)]:
                                                    //指定圆锥体底面的中心点
指定底面半径或[直径(D))]<176.0563>:                 //指定圆锥体底面的半径
指定高度或[两点(2P)/轴端点(A)/顶面半径(T)]<462.5770>:  //指定圆锥体的高度
```

即可生成圆锥体，如图 10-9 所示。

命令中各选项功能与创建圆柱体的相对应选项相同，不再赘述。与圆柱体不同的是，利用圆锥体命令不仅可以创建圆锥体还可以创建圆台。使用“顶面半径（T）”选项可以创建从底面逐渐缩小为椭圆面或平整面的圆台；还可以使用夹点编辑圆锥体的尖端，并将其转换为平面。

10.2.4　创建球体

球体由中心点和半径或直径定义，如果从圆心开始创建，球体的中心轴将与当前用户坐标系（UCS）的 *Z* 轴平行。创建球体的方法有：

- 【建模】工具栏或【面板】/【三维制作】: 
- 下拉菜单:【绘图】/【建模】/【球体】
- 命令行: sphere

```
命令:sphere
指定中心点或[三点(3P)/两点(2P)/相切、相切、半径(T)]:       //指定球体的中心点
指定半径或[直径(D)]<246.2098>:                         //指定球体的半径
```

即可生成球体，如图 10-10 所示。

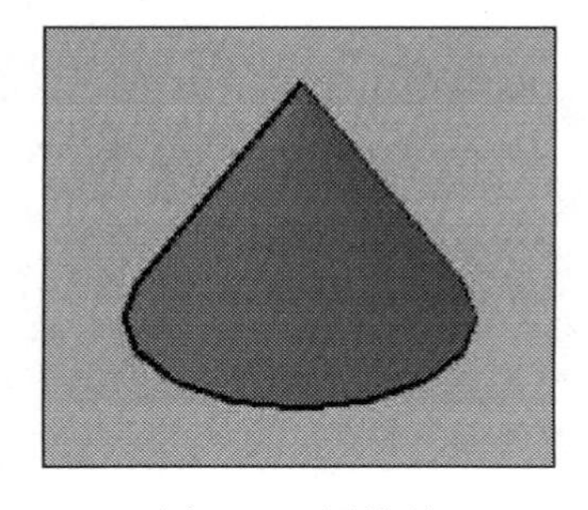

图 10-9　圆锥体

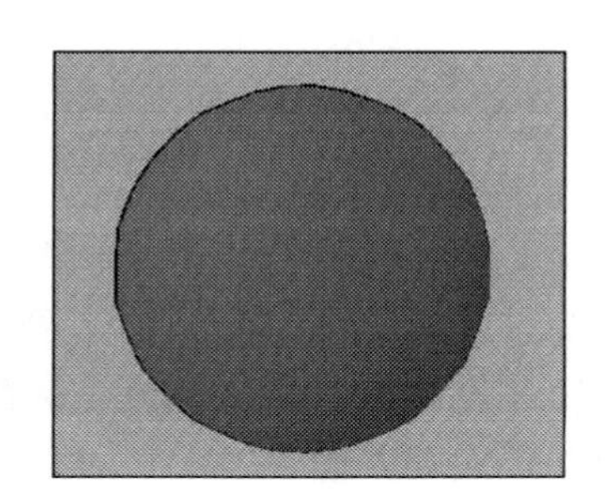

图 10-10　球体

命令中各选项功能如下：

（1）指定中心点：指定球体中心来创建球体，指定中心后，球体的中心轴将与当前用户坐标系（UCS）的 Z 轴平行。

（2）三点（3P）：通过指定三个点以设置圆周或半径的大小和所在平面。使用【三点】选项可以在三维空间中的任意位置定义球体的大小，这三个点还可定义圆周所在平面。

（3）两点（2P）：指定两个点以设置圆周或半径。使用【两点】选项在三维空间中的任意位置定义球体的大小，圆周所在平面与第一个点的 Z 值相符。

（4）相切、相切、半径（T）：通过指定与两个圆、圆弧、直线和某些三维对象的相切关系和半径来创建球体。切点投影在当前 UCS 上。

10.2.5 创建棱锥体

此命令可以创建 3～32 个侧面的实体棱锥体。可以创建倾斜至一个点的棱锥体，也可以创建棱台体。创建棱锥体的方法有：

- 【建模】工具栏或【面板】/【三维制作】:
- 下拉菜单:【绘图】/【建模】/【棱锥体】
- 命令行: pyramid

```
命令:pyramid
指定底面的中心点或[边(E)/侧面(S)]:
指定底面半径或[内接(I)]:                         //指定底面内切圆的半径
指定高度或[两点(2P)/轴端点(A)/顶面半径(T)]:         //指定高度
```

即可生成棱锥体，如图 10-11（a）所示。

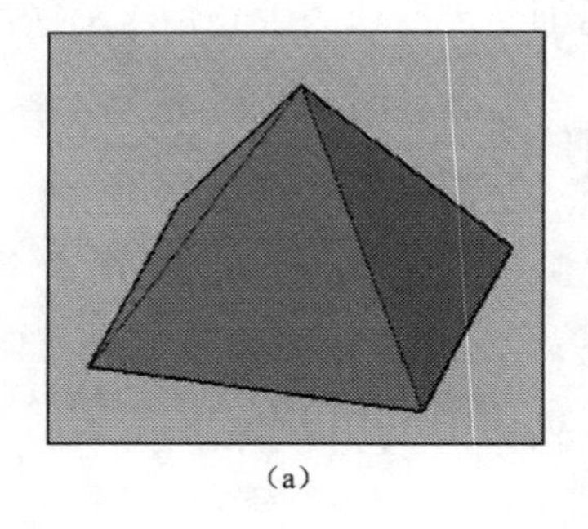

(a)

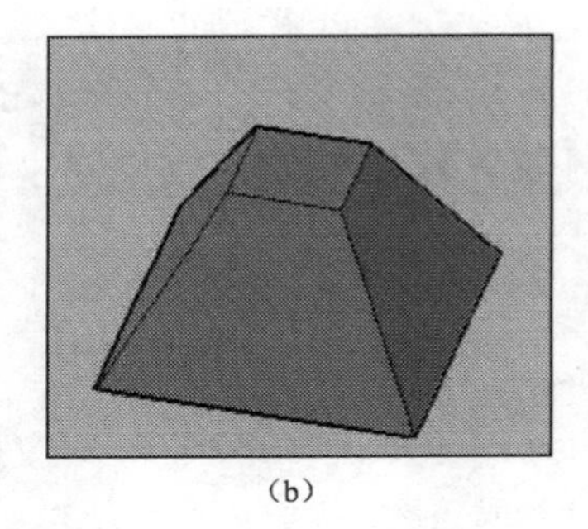

(b)

图 10-11 棱锥体

命令中各选项功能如下：

（1）指定底面的中心点：指定棱锥体底面的中心来创建实体，所创建的底面将与当前用户坐标系（UCS）的 *XY* 轴平行。

（2）边（E）：通过拾取两点来指定底面边的尺寸。

（3）两点（2P）：以指定两个点之间的距离来确定棱锥体的高度。

（4）轴端点（A）：指定棱锥体的高度和旋转。此端点（或棱锥体的顶点）可以位于三维空间中的任意位置。

（5）内接（I）：指定底面外接圆的半径。

（6）顶面半径（T）：指定棱锥体顶面半径创建棱台，如图 10-11（b）所示。

10.2.6　创建楔体

楔体形状如图 10-12 所示，楔形的底面平行于当前 UCS 的 *XY* 平面，其倾斜面正对第一个角点。楔体的高度与 *Z* 轴平行，可以是正数也可以是负数。

- 【建模】工具栏或【面板】/【三维制作】:
- 下拉菜单:【绘图】/【建模】/【楔体】
- 命令行：wedge

```
命令:wedge
指定第一个角点或[中心(C)]:                    //指定楔体底面矩形的第一个角点
指定其他角点或[立方体(C)/长度(L)]:             //指定楔体底面矩形的另一个角点
指定高度或[两点(2P)]<512.0356>:                //指定楔体的高度
```

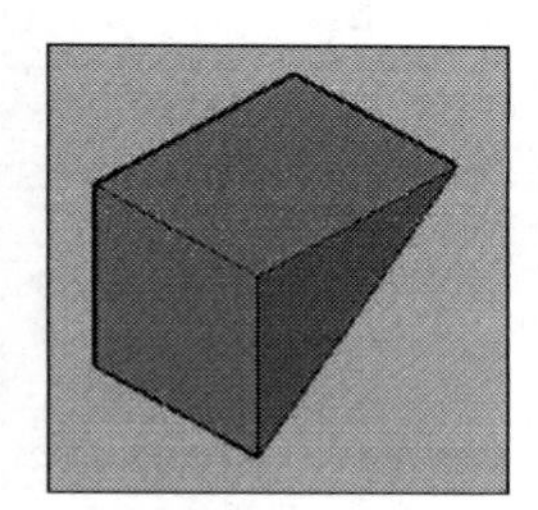

图 10-12　楔体

控制鼠标方向，即可创建如图 10-12 所示楔体。

命令中各选项功能如下：

（1）中心（C）：通过指定中心点（即楔体三角形斜边所在矩形的中心点）来创建楔体。

（2）立方体（C）：创建底面矩形的长、宽与高度均相等的楔体，即所创建楔体为立方体沿对角线切开的一半。

（3）长度（L）：通过指定长、宽、高创建楔体。

（4）两点（2P）：以指定两点之间的距离为高度来创建楔体。

【楔体】命令通常用于创建构件中的肋板。

10.2.7　创建圆环体

圆环是填充环或实体填充圆，即带有宽度的闭合多段线。创建圆环时，要指定它的内外直径和圆心。创建圆环的方法有：

- 【建模】工具栏或【面板】/【三维制作】: 
- 下拉菜单:【绘图】/【建模】/【圆环体】
- 命令行：torus

```
命令：torus
指定中心点或[三点(3P)/两点(2P)/相切、相切、半径(T)]：//指定圆环体的中心点
指定半径或[直径(D)]<215.3993>:                      //指定圆环体中心线圆的半径
指定圆管半径或[两点(2P)/直径(D)]:                   //指定圆环体圆管的半径
```

即可创建如图 10-13 所示的两种不同圆环体。

命令中各选项功能如下：

（1）指定中心点：通过指定圆环体的中心，来创建圆环体。圆环体的中心轴与 UCS 的 *Z* 轴平行，圆环体的中心线圆位于当前 UCS 的 *XY* 平面上，圆环体被平面平分。

（2）三点（3P）：通过指定三点来创建圆环体的中心线圆。

（3）指定中心点或两点（2P）：通过指定直径上两点来创建圆环体的中心线圆。

（4）相切、相切、半径（T）：通过指定与两个圆、圆弧、直线和某些三维对象的相切关系和半径来创建圆环中心线圆。

（5）指定圆管半径或两点（2P）：通过指定两点之间的距离为圆环体圆管半径。

圆环体由两个半径值定义，一个是圆管的半径，另一个是从圆管体中心到圆管中心的距离即圆环体的半径。如果圆环体半径大于圆管半径，形成的圆环体中间是空的，如图 10-13（a）所示。如果圆管半径大于圆环体半径，结果就像一个两极凹陷的扁球体，如图 10-13（b）所示。

10.2.8 创建多段体

多段体形状如图 10-14 所示，多段体的底面平行于当前 UCS 的 *XY* 平面，它的高可以是正数也可以是负数，并与 *Z* 轴平行，默认情况下，多段体始终具有矩形截面轮廓，可以使用创建多段线所使用的相同技巧来创建多段体对象。多段体与拉伸的宽多段线类似。事实上，使用直线段和曲线段能够以创建多段线的相同方式创建多段体。多段体与拉伸多段线的不同之处在于，拉伸多段线时会丢失所有宽度特性，而多段体会保留其直线段的宽度；也可以将如直线、二维多段线、圆弧或圆等对象转换为多段体。

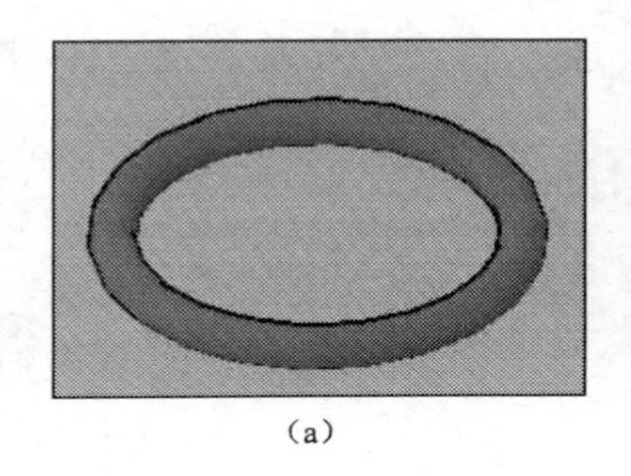

（a）

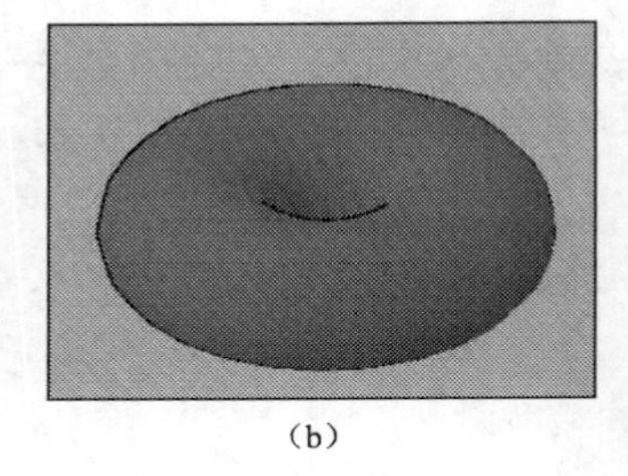

（b）

图 10-13 圆环体生成

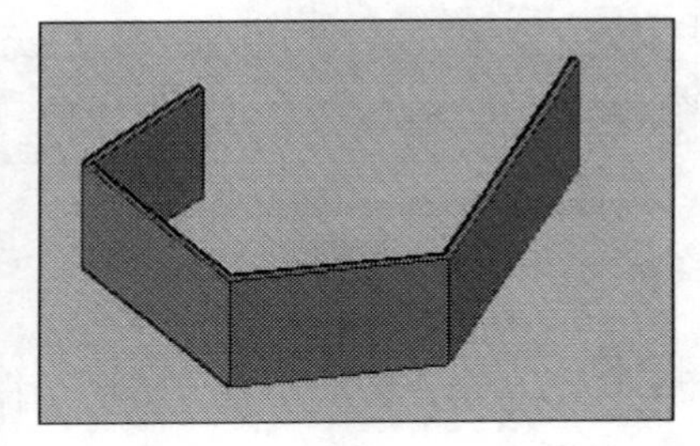

图 10-14 多段体

创建多段体的方法有：

- 【建模】工具栏或【面板】/【三维制作】：
- 下拉菜单：【绘图】/【建模】/【多段体】
- 命令行：polysolid

```
命令：Polysolid 高度=80.0000，宽度=5.0000，对正=居中
指定起点或[对象(O)/高度(H)/宽度(W)/对正(J)]<对象>：   //指定多段体的起点
指定下一个点或[圆弧(A)/放弃(U)]：                     //指定多段体的下一点
指定下一个点或[圆弧(A)/放弃(U)]：
指定下一个点或[圆弧(A)/闭合(C)/放弃(U)]：
指定下一个点或[圆弧(A)/闭合(C)/放弃(U)]：
```

命令中各选项功能如下：

（1）对象（O）：从二维对象创建多段体，将如多段线、圆、直线或圆弧等对象转换为多段体。

（2）高度（H）/宽度（W）：设置多段体的高度和宽度。

（3）对正（J）：设置与指定点相关的对象的创建位置，将多段体的路径置于指定点右侧、左侧或正中间。其他选项与多段线中相应选项类似，此处不再赘述。

多段体是具有矩形截面的实体，就像是具有宽度和高度的多段线。

10.3 拉伸和旋转创建实体

10.3.1 创建拉伸实体

创建拉伸实体就是将二维的闭合对象（如多段线、多边形、矩形、圆、椭圆、闭合的样条曲线和圆环等）拉伸成三维对象。在拉伸过程中，不但可以指定拉伸的高度，还可以使实体的截面沿拉伸方向变化。另外，还可以将一些二维对象沿指定的路径拉伸。路径可以是圆、椭圆等简单路径，也可以由圆弧、椭圆弧、多段线、样条曲线等组成的复杂路径，路径可以封闭，也可以不封闭。

如果用直线或圆弧绘制拉伸用的二维对象，则需将其转换成面域或用 pedit 转换为多段线，然后再利用【拉伸】命令进行拉伸。

启动拉伸命令的方法：

- 【建模】工具栏或【面板】/【三维制作】:
- 下拉菜单:【绘图】/【建模】/【拉伸】
- 命令行：extrude

在启动该命令后，可根据命令行提示进行操作，下文实例中会对相关操作进行介绍。

【例 10-1】将图 10-15 所示墙体平面图拉伸成图 10-16 所示的墙体模型。

（1）绘制房屋平面图如图 10-15 所示。

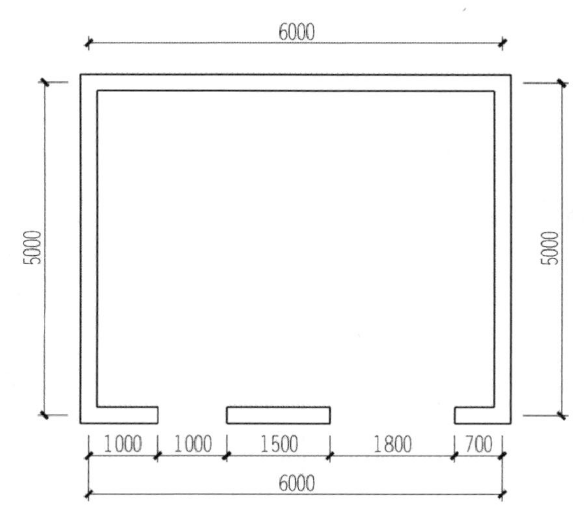

图 10-15 绘制房屋平面图

（2）单击【绘图】工具栏的【面域】命令，选中所画平面图，将二维图创建为面域。

（3）单击【建模】工具栏【拉伸】按钮，选择创建的面域作为拉伸对象，给定拉伸高度。

（4）单击【面板】/【三维导航】选择【东南等轴测】，切换到轴测图，并单击【面板】/【视觉样式】选择【概念】，观看墙体效果，结果如图 10-16 所示。

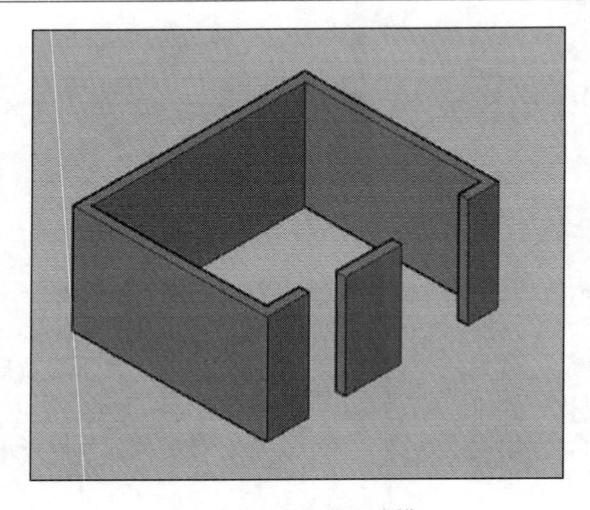

图 10-16 【拉伸】建模

10.3.2 创建旋转实体

创建旋转实体是将一个二维对象（例如圆、椭圆、多段线、样条曲线等）绕当前 UCS 的 *X* 轴或 *Y* 轴并按一定的角度旋转成三维对象，也可以绕直线、多段线或两个指定的点旋转对象。启动旋转命令的方法有：

- 【建模】工具栏或【面板】/【三维制作】:
- 下拉菜单:【绘图】/【建模】/【旋转】
- 命令行: revolve

【例 10-2】将图 10-17（a）所示平面图形旋转生成图 10-18 所示的台灯模型。

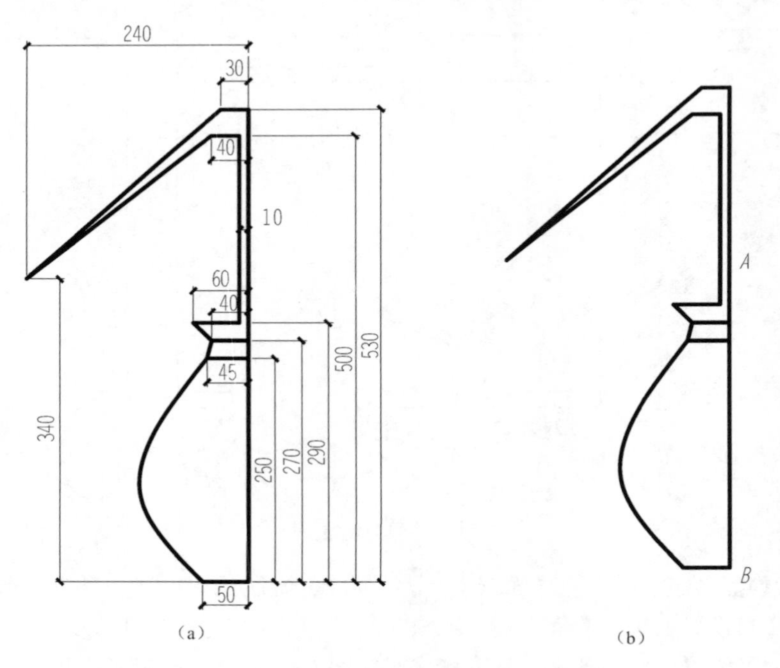

图 10-17 台灯截面图

（1）应用【直线】、【偏移】、【修剪】和【样条曲线】命令，绘制台灯截面图，结果如图 10-17（a）所示。

（2）单击【绘图】工具栏或面板【面域】命令，选中所画二维图，创建面域。

（3）单击【建模】工具栏或【面板】的【旋转】命令，选择创建的面域作为旋转对象，以图 10-17 中的 *AB* 为旋转轴，指定旋转角度为 360°。

（4）单击【面板】/【三维导航】选择【东南等轴测】，切换到轴测图，并单击【面板】/【视觉样式】选择【概念】选项，台灯模型显示如图 10-18 所示。

在旋转形成实体时，当系统提示“指定轴起点或根据以下选项之一定义轴［对象（O）/X/Y/Z］<对象>：”，也可以根据情况输入其他选项，选定旋转轴。在该例中，是指定旋转轴起点和终点，得到旋转实体；如果选择 *X* 或 *Y* 选项，将使旋转对象分别绕 *X* 轴或 *Y* 轴旋转指定角度，形成旋转体；选择 O 选项，即以所选对象为旋转轴旋转指定角度，形成旋转体。

图 10-18 台灯模型

10.4 布 尔 运 算

三维实体建模中，经常需要将简单的三维实体进行布尔运算以形成更为复杂的三维实体，布尔运算有求并集、求差集和求交集三种。

10.4.1 求并集

求并集，即将两个或多个实体进行合并，生成一个组合实体，实际上就是实体的相加。可以有以下几种途径来启动求并集命令：

- 【建模】工具栏、【实体编辑】工具栏或【面板】/【三维制作】：
- 下拉菜单：【绘图】/【建模】/【并集】
- 命令行：union

启动该命令后，系统提示：

```
命令:union
选择对象:找到 1 个                    //选择要进行并集的对象
选择对象:找到 1 个,总计 2 个           //继续选择
```

```
选择对象:                                    //回车结束选择或继续选择
```

例如，在提示选择对象后，选择图 10-19（a）所示的圆柱体和长方体，然后回车即生成图 10-19（b）所示的组合形体。

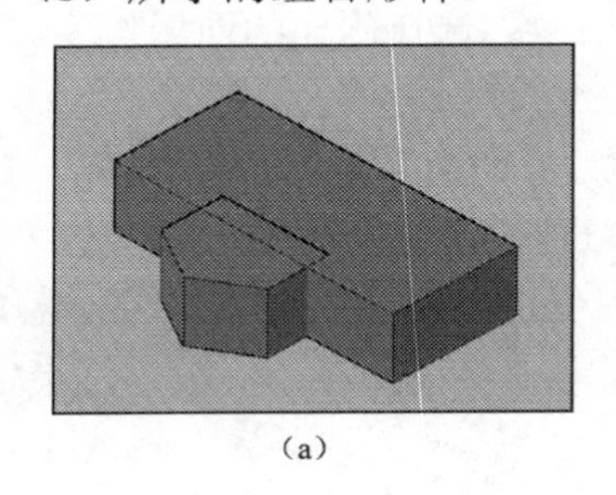
(a)

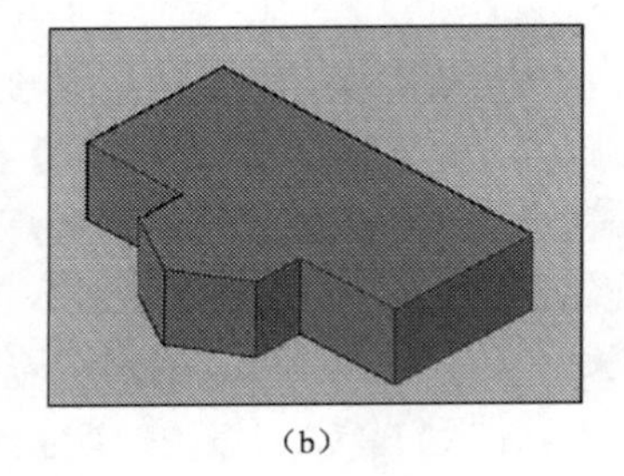
(b)

图 10-19　求并集结果

10.4.2　求差集

求差集，即从一个实体中减去另一个（或多个）实体，生成一个新的实体。其执行途径为：

- 【建模】工具栏、【实体编辑】工具栏或【面板】/【三维制作】:
- 下拉菜单:【绘图】/【建模】/【差集】
- 命令行: subtract

系统提示：

```
命令:subtract 选择要从中减去的实体或面域...      //首先选择的实体是"要从中减去的实体"
选择对象:找到 1 个                              //选择被减实体
选择对象:                                       //回车结束选择或继续选择
选择要减去的实体或面域...
选择对象:找到 1 个                              //选择要减去的实体
选择对象:                                       //回车结束选择或继续选择
```

如图 10-20（a）的长方体和五棱柱，如果选择先长方体作为被减，再选择五棱柱作为要减去的实体，结果如图 10-20（a）所示；如果选择五棱柱作为被减，再选择长方体作为要减去的实体，结果如图 10-20（b）所示。

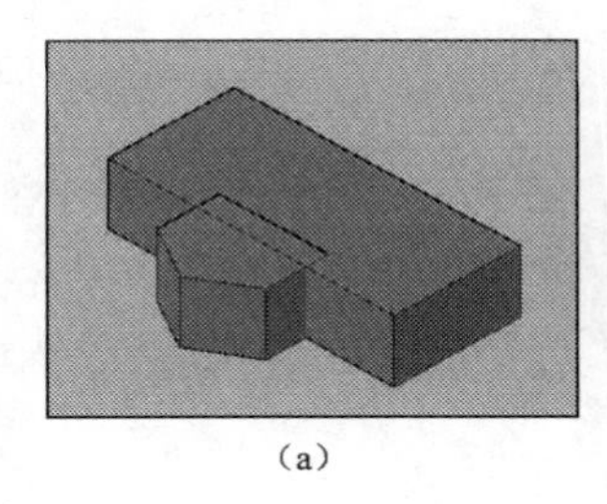
(a)

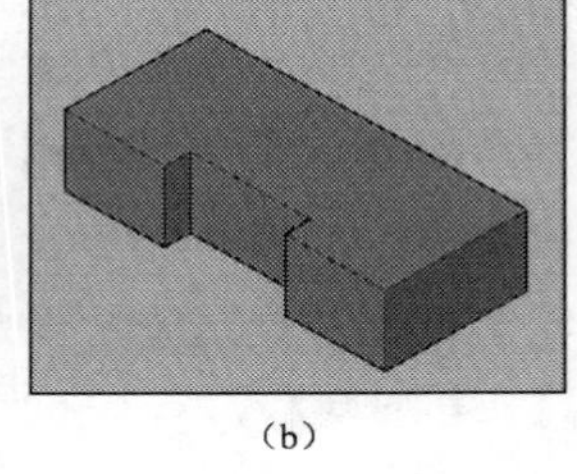
(b)

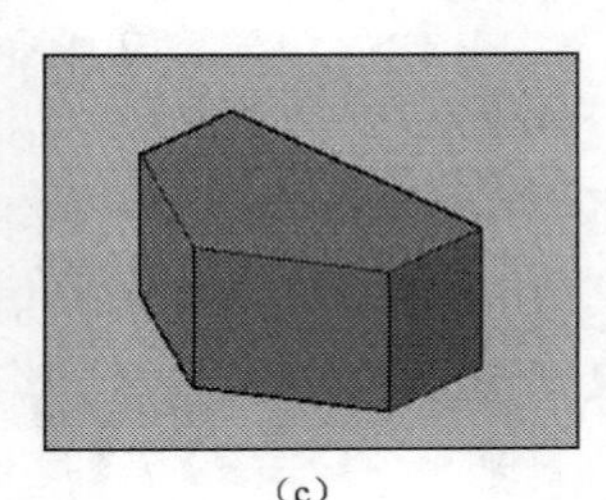
(c)

图 10-20　求差集的不同效果

10.4.3　求交集

求交集，是将两个或多个实体的公共部分构造成一个新的实体。其执行方法有：

- 【建模】工具栏、【实体编辑】工具栏或【面板】/【三维制作】:
- 下拉菜单:【绘图】/【建模】/【交集】

- 命令行：intersect

执行该命令后，系统会提示选择要进行交集运算的对象，可以选择两个，也可以选择多个，回车结束选择。如果所选实体具有公共部分，则生成的新实体就是公共部分；如果所选实体没有公共部分，实体将被删除。图 10-21 所示为长方体和球体交集运算结果。

【例 10-3】将图 10-21 所示实体求交集生成图 10-22 所示实体。

（1）单击【面板】/【三维导航】选择【东南等轴测】，切换到轴测图，并单击【面板】/【视觉样式】选择【概念】。单击【建模】工具栏的【长方体】（尺寸为 100、200、50）、【球体】（半径为 50），其中，球体球心捕捉长方体左后上角点，如图 10-21（a）所示，最后的结果如图 10-21（b）所示。

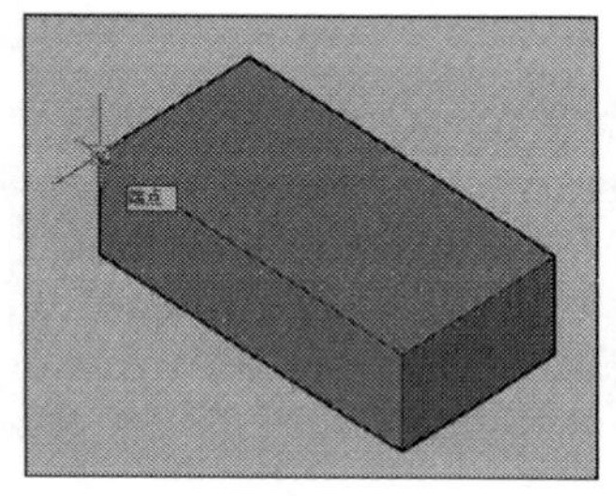

（a）创建长方体

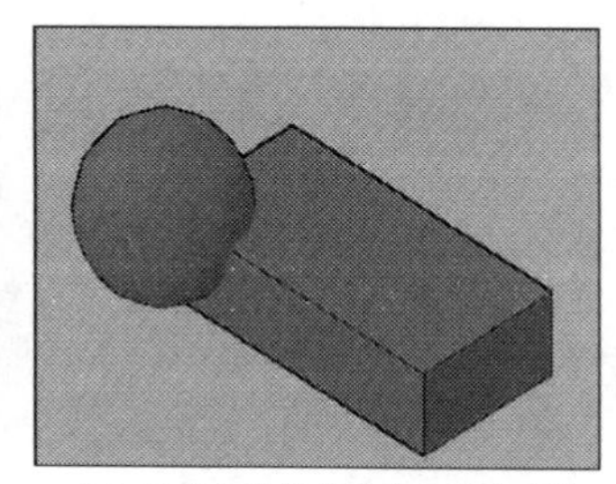

（b）以长方体角点为球心创建球体

图 10-21　球体和长方体

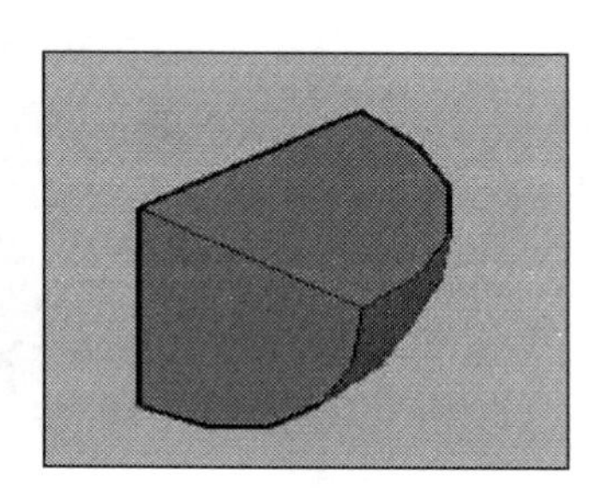

图 10-22　交集运算后生成的实体

（2）单击【建模】工具栏【交集】按钮，先后选择两个求交集的实体对象，并以回车键或空格键结束，可以得到交集后的结果，如图 10-22 所示。

> 进行布尔运算的对象不一定互相之间要连接，正因为不连接的对象进行并集或差集形成不连续的三维实体，从而可以进行实体分割。

除布尔运算编辑实体外，还可以对三维实体进行倒角、圆角、三维阵列、三维镜像等操作，具体操作与二维绘图中的方法类似。此外，在 AutoCAD 中，不仅可以创建和编辑三维实体，还可以创建和编辑三维网格面，方法与实体创建较为类似，用户在掌握好本书的基础上可轻松自学，本书不再赘述。

10.5　三维动态观察

三维动态观察的启动可以使用如下两种方法：

- 快捷菜单：【三维导航】工具栏，如图 10-23 所示
- 下拉菜单：【视图】/【动态观察】，如图 10-24 所示

图 10-23　【三维导航】工具栏

三维动态观察允许用户从不同的角度、高度和距离查看图形中的对象。可以使用以下三维工具在三维视图中进行动态观察、回旋、调整距离、缩放和平移。

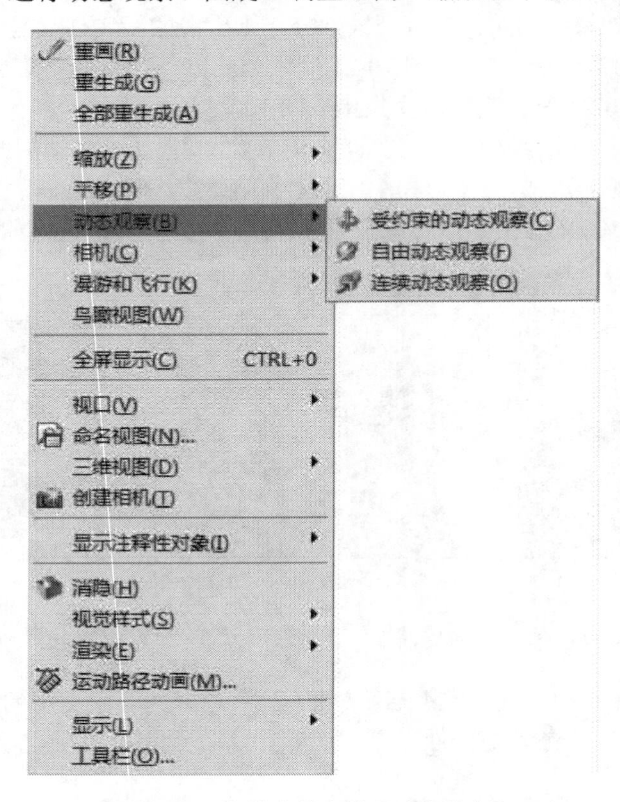

图 10-24 快捷菜单启动【动态观察】

10.5.1 受约束的动态观察

执行此命令可以沿 *XY* 平面或 *Z* 轴约束三维动态观察，其执行方法有：

- 【三维导航】工具栏：【受约束的动态观察】
- 下拉菜单：【视图】/【动态观察】/【受约束的动态观察】
- 命令行：3dorbit

3dorbit 在当前视口中激活三维自由动态观察视图。如果用户坐标系（UCS）图标为开，则表示当前 UCS 的着色三维 UCS 图标显示在三维动态观察视图中。在启动命令之前可以查看整个图形，或者选择一个或多个对象。

10.5.2 自由动态观察

三维自由动态观察模式下，视图中显示一个导航球，它被更小的圆分成四个区域。取消选择快捷菜单中的【启用动态观察自动目标】选项时，视图的目标将保持固定不变。相机位置或视点将绕目标移动。目标点是导航球的中心，而不是正在查看的对象的中心。与 3dorbit 不同，3dforbit 不约束沿 *XY* 轴或 *Z* 方向的视图变化。其执行方法有：

- 【三维导航】工具栏：【自由动态观察】
- 下拉菜单：【视图】/【动态观察】/【自由动态观察】
- 命令行：3dforbit

注意 3dforbit 命令处于活动状态时，无法编辑对象。

10.5.3　连续动态观察

启动连续动态观察命令之前，可以查看整个图形，或者选择一个或多个对象。在绘图区域中单击并沿任意方向拖动鼠标，来使对象沿正在拖动的方向开始移动。释放定点设备上的按钮，对象在指定的方向上继续进行它们的轨迹运动。为光标移动设置的速度决定了对象的旋转速度。可通过再次单击并拖动鼠标来改变连续动态观察的方向。在绘图区域中单击鼠标右键并从快捷菜单中选择选项，也可以修改连续动态观察的显示。其命令执行方法有：

- 【三维导航】工具栏：【连续动态观察】
- 下拉菜单：【视图】/【动态观察】/【连续动态观察】
- 命令行：3dcorbit

10.5.4　调整距离

3ddistance 将光标更改为具有上箭头和下箭头的直线。单击并向屏幕顶部垂直拖动光标使相机靠近对象，从而使对象显示得更大。单击并向屏幕底部垂直拖动光标使相机远离对象，从而使对象显示得更小。执行途径有三种：

- 【三维导航】工具栏：【调整视距】按钮
- 下拉菜单：【视图】/【相机】/【自由距离】
- 命令行：3ddistance

10.5.5　回旋

在鼠标拖动方向上模拟平移相机，查看的目标将更改，可以沿 *XY* 平面或 *Z* 轴回旋视图。命令执行方法有三种：

- 【三维导航】工具栏：【回旋】按钮
- 下拉菜单：【视图】/【相机】/【回旋】
- 命令行：3dswivel

10.6　绘图样例（创建楼梯梯段、传达室、五角星模型）

【例 10-4】用拉伸命令创建如图 10-25 所示的楼梯。

绘图步骤

（1）用【直线】命令在主视图上绘制楼梯梯段立面，平台板长 1200，厚 100，踏步规格为 300×150，平台梁宽 250，高 350，结果如图 10-25 所示。

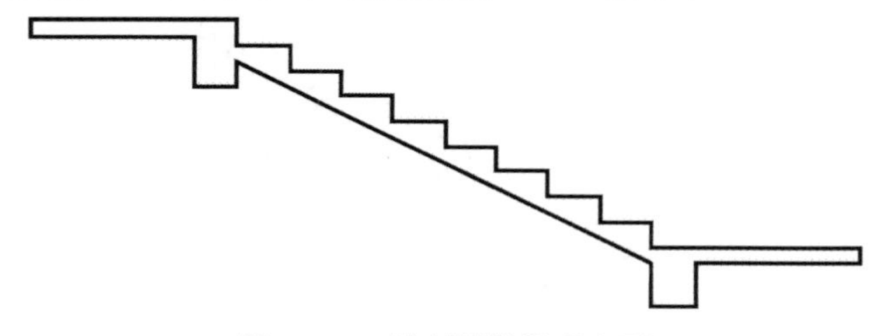

图 10-25　绘制楼梯梯段立面

（2）单击【绘图】工具栏或面板【面域】命令，选中所画二维图，将该二维线框创建为面域。

（3）点击【建模】工具栏或【面板】上的【拉伸】命令，选择刚创建的平面图形面域作为拉伸对象，给定拉伸高度为 1300。

（4）单击【面板】/【三维导航】选择【东南等轴测】，切换到轴测图，并单击【面板】/【视觉样式】选择【概念】，观看楼梯效果，结果如图 10-26 所示。

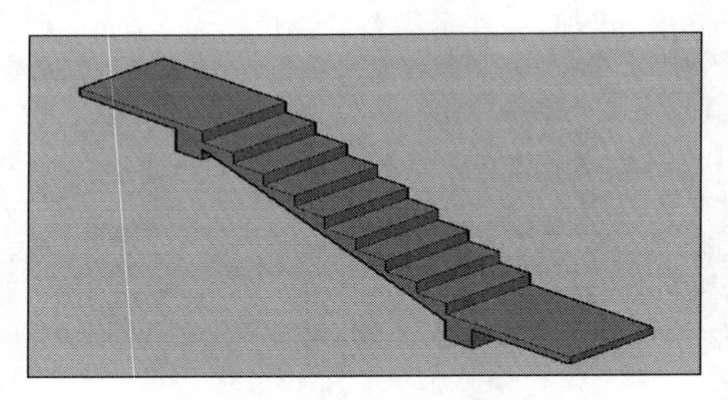

图 10-26 【拉伸】创建楼梯梯段

【例 10-5】将图 10-27 所示传达室平面创建成图 10-36 所示的房屋模型图。

绘图步骤

（1）绘制传达室平面图，如图 10-27 所示。

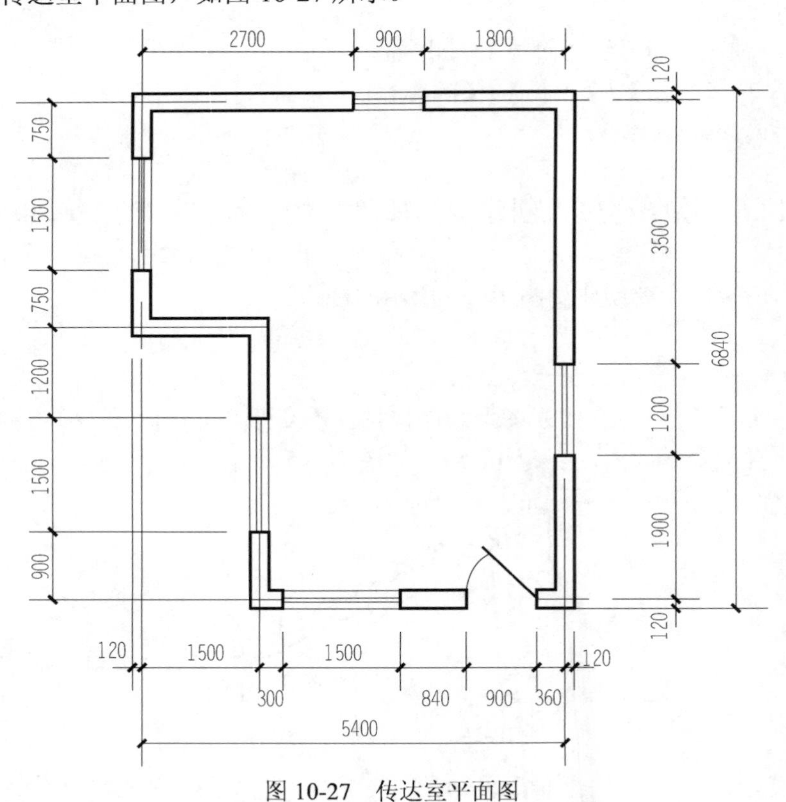

图 10-27　传达室平面图

（2）隐藏门窗所在层，如图10-28所示。

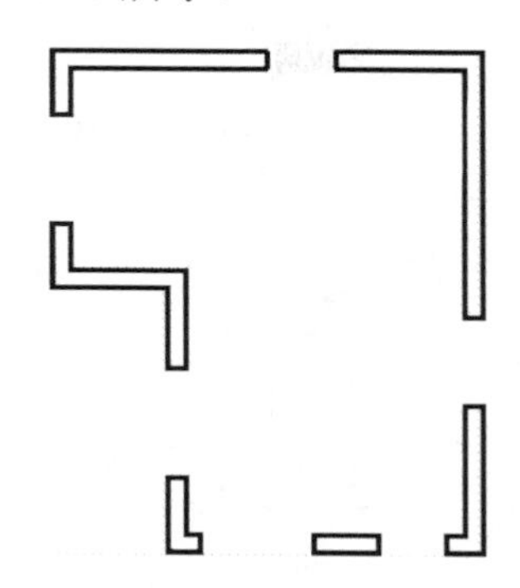

图10-28 隐藏门窗所在层

（3）创建面域并拉伸墙体：单击【绘图】工具栏或面板【面域】命令，将图10-27中的墙体平面图转化为面域。单击【建模】工具栏或【面板】上的，拉伸高度为房高2800，单击【面板】/【三维导航】选择【东南等轴测】，如图10-29所示。

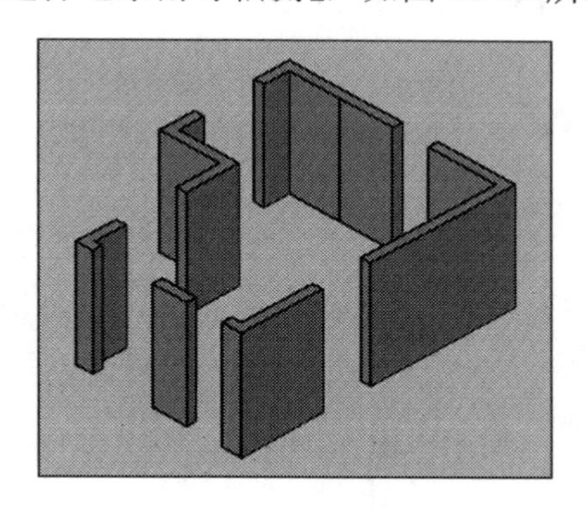

图10-29 创建面域并拉伸墙体

（4）绘制地面：单击【视图】/【三维视图】/【俯视图】，使用【矩形】命令，为房屋加一个地面，如图10-30所示。

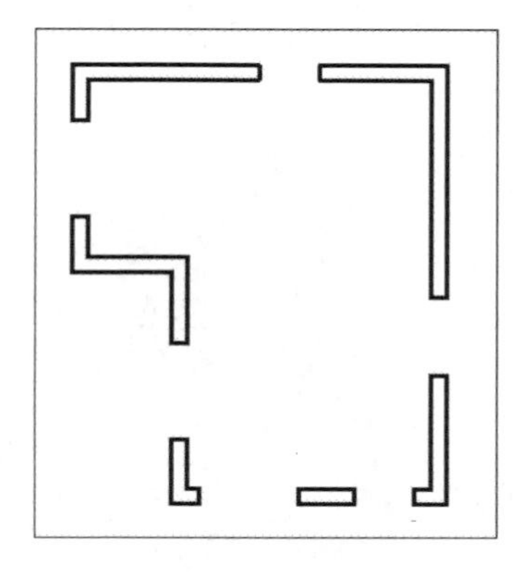

图10-30 绘制地面

（5）拉伸地面：单击【建模】工具栏或【面板】上的【拉伸】命令，拉伸矩形，拉伸高度为 100，单击【视图】/【三维视图】/【主视图】，切回主视图，向下移动地面，距离为100，如图 10-31 所示。

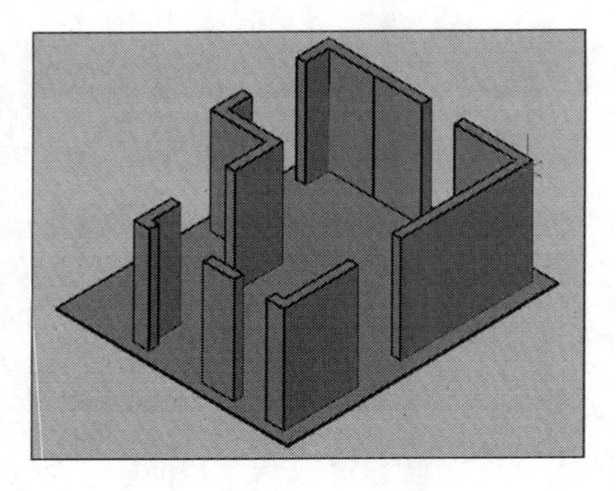

图 10-31 拉伸地面

（6）绘制窗台矩形：单击【视图】/【三维视图】/【俯视图】，在窗户的位置加入矩形，如图 10-32 所示。

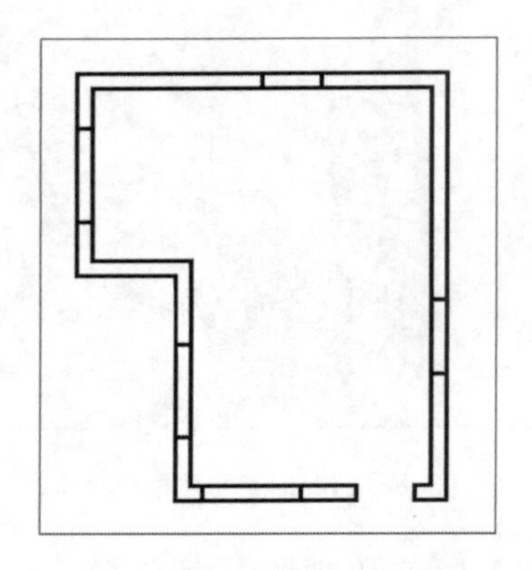

图 10-32 绘制窗台矩形

（7）拉伸窗台：应用【拉伸】命令拉伸所添加的矩形，拉伸出窗台，尺寸为 1000，如图 10-33 所示。

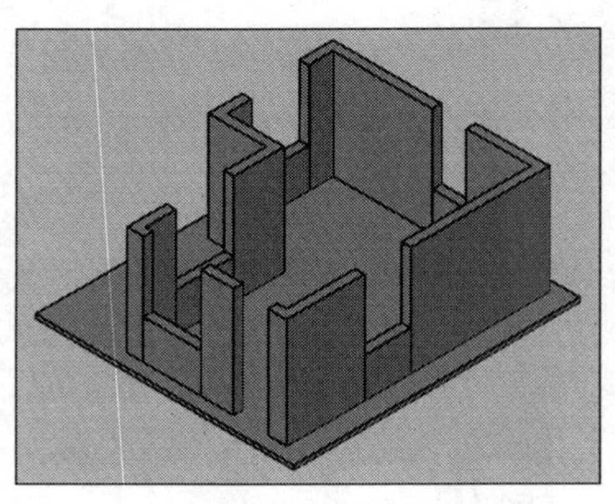

图 10-33 拉伸窗台

（8）绘制门窗上部矩形：单击【视图】/【三维视图】/【俯视图】，使用矩形命令，在窗户和门的位置分别绘制矩形，如图 10-34 所示。

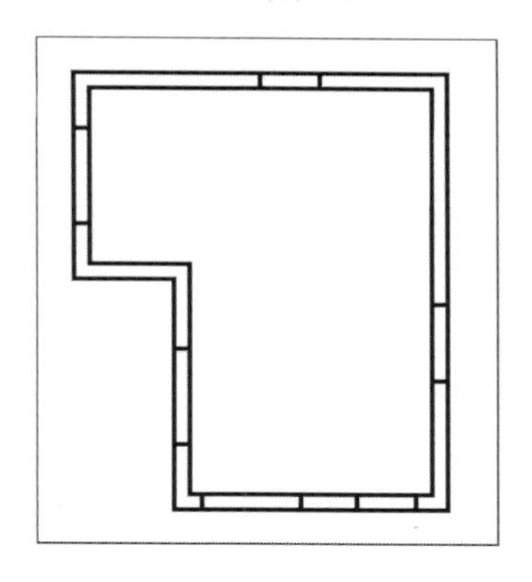

图 10-34　绘制门窗上部矩形

（9）拉伸门窗上部：应用【拉伸】命令，分别拉伸图 10-34 所示的窗户上部和门上部矩形，尺寸分别为窗台 1000，窗户高度为 1200，窗户上部为 600，门的高度为 2200，门的上部为 600，拉伸之后，单击【视图】/【三维视图】/【主视图】，向上移动窗户上部和门上部，距离为 2200，如图 10-35 所示。

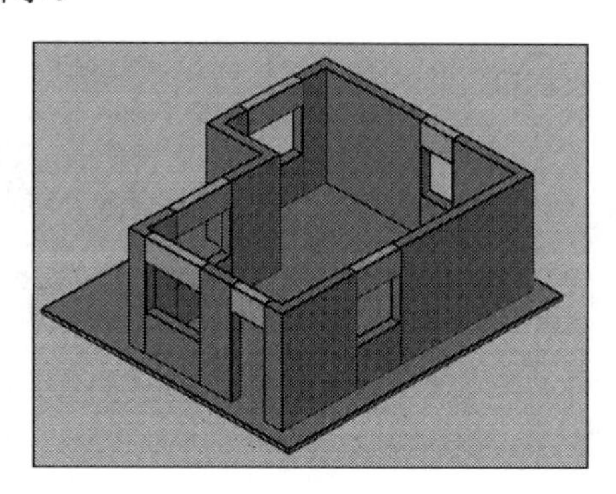

图 10-35　拉伸门窗上部

（10）传达室模型：使用【并集】命令，合并模型，得到传达室模型，绘图结果如图 10-36 所示。

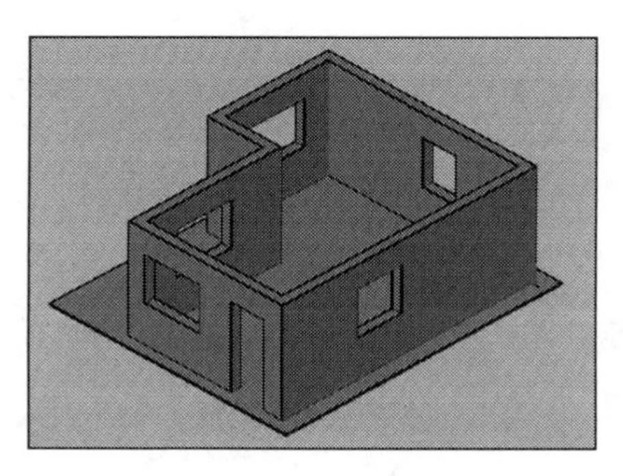

图 10-36　传达室模型

【**例 10-6**】应用【拉伸】和【交集】命令创建如图 10-40 所示的五角星模型。

绘图步骤

（1）绘制如图 10-37 所示的五角星平面。

（2）转化为面域并拉伸：应用【面域】命令将五角星转化为面域，应用【拉伸】命令将五角星拉伸，高度为 40，如图 10-38 所示。

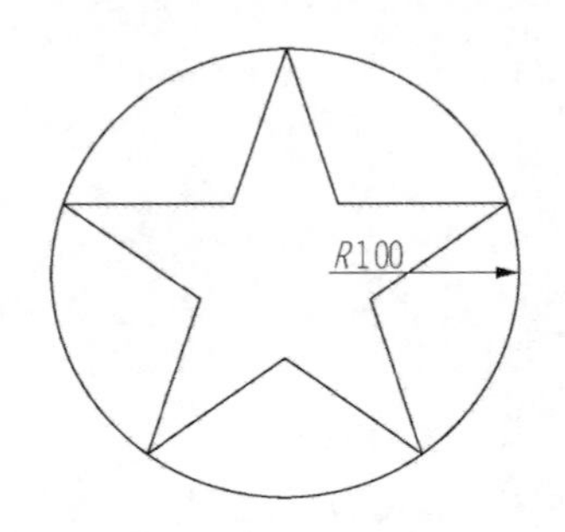

图 10-37　绘制五角星平面

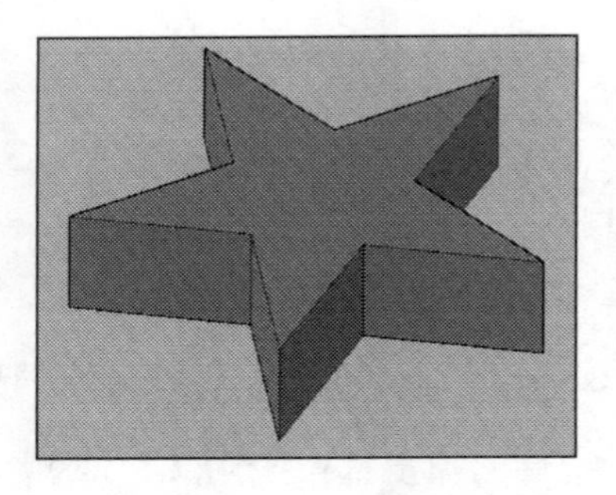

图 10-38　转化为面域并拉伸

（3）画出球体：在五角星的中央应用【圆】命令画出一个半径为 80 的球体，如图 10-39 所示。

（a）俯视图

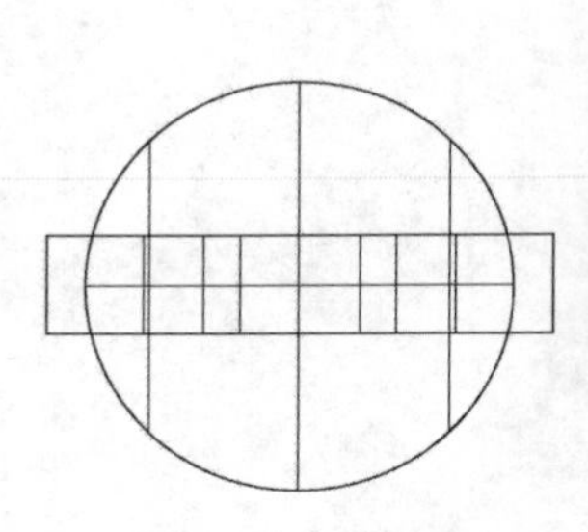

（b）主视图

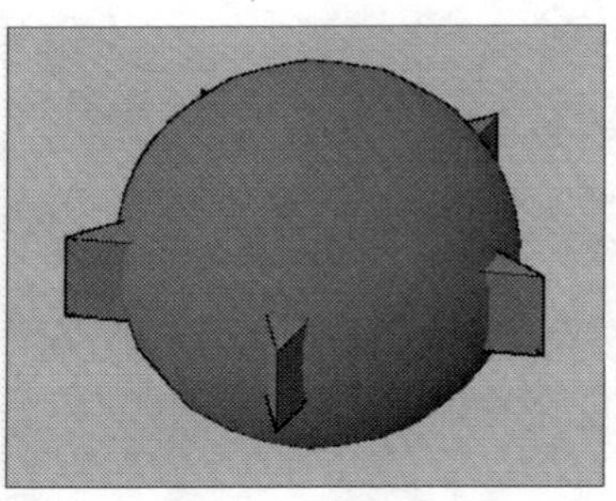

（c）轴测图

图 10-39　画出球体

（4）完成模型创建：使用【交集】命令，得到一个新的五角星模型，结果如图 10-40 所示。

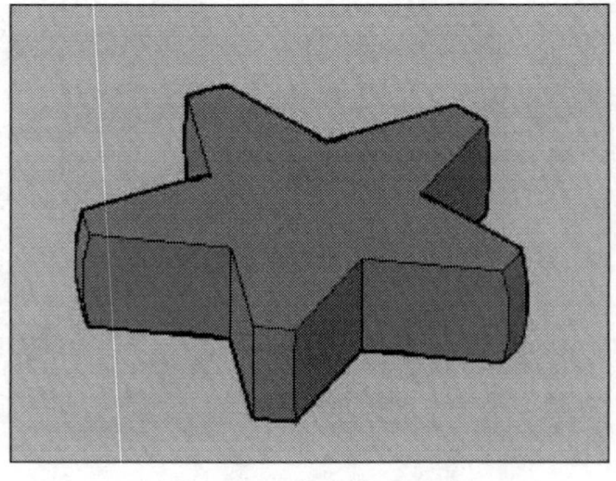

图 10-40　完成模型创建

10.7　上　机　练　习

（1）绘制如图10-41（a）所示平面图，拉伸成如图10-41（b）所示的台阶，长度自定。

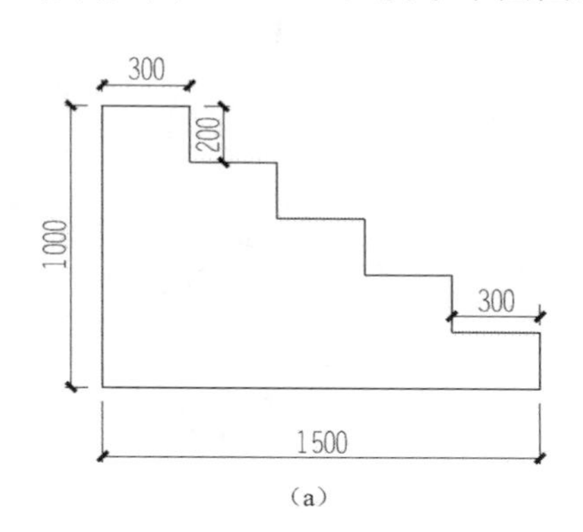

（a）

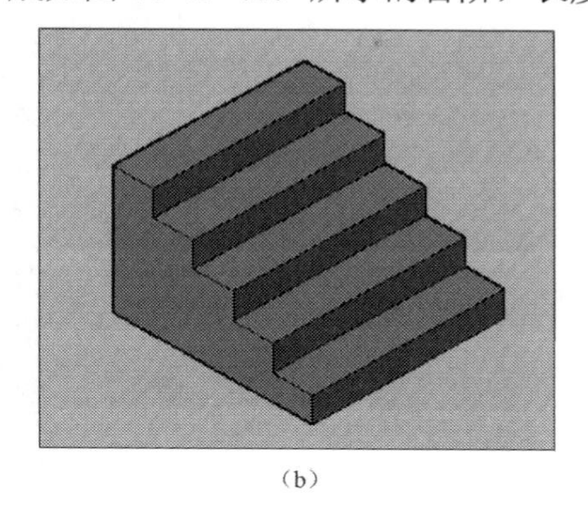

（b）

图10-41　【拉伸】命令创建台阶

（2）绘制如图10-42（a）所示的平面图，旋转成图10-42（b）所示的圆柱，尺寸自定。

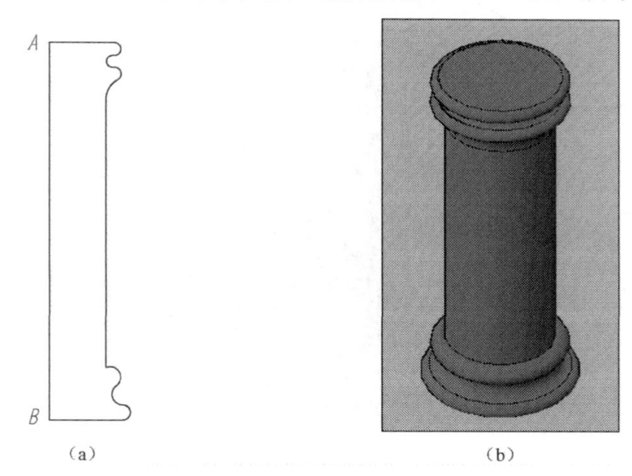

（a）　　（b）

图10-42　【旋转】命令创建圆柱

（3）绘制如图10-43（a）所示平面图，旋转生成图10-43（b）所示的圆桌模型。

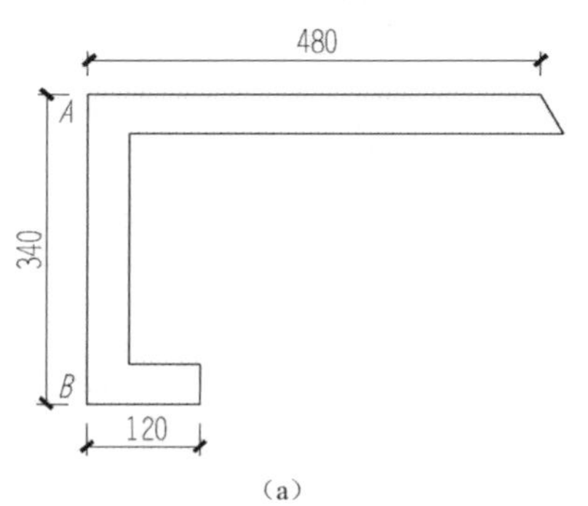

（a）

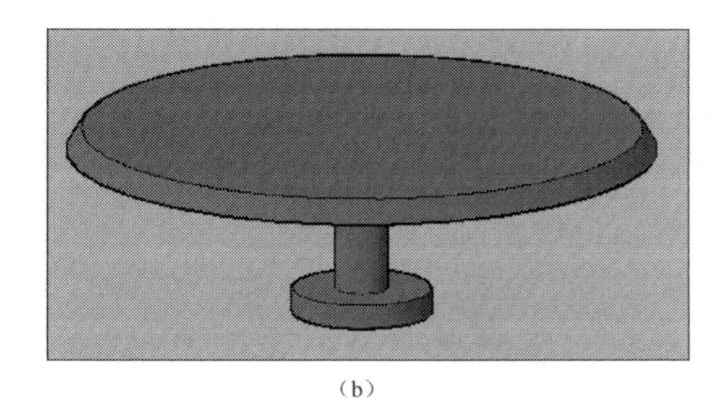

（b）

图10-43　【旋转】命令创建圆桌

（4）绘制如图 10-44（a）所示平面图，应用【旋转】命令创建图 10-44（b）所示的台灯模型，尺寸自定。

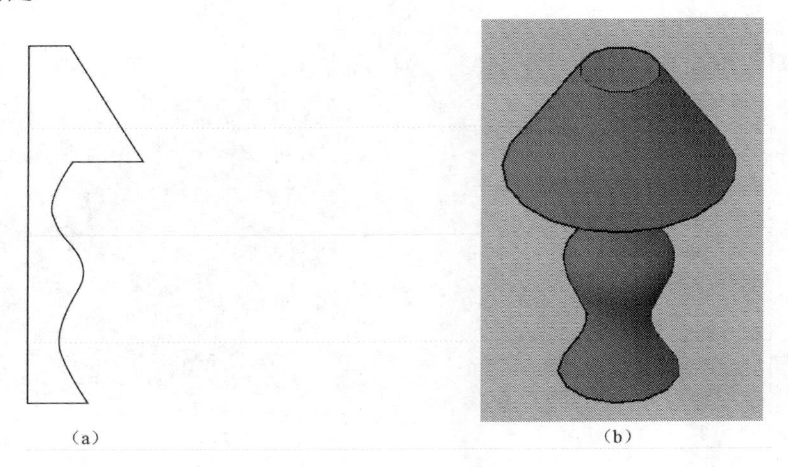

图 10-44 【旋转】命令创建台灯

（5）将图 10-45 所示两个长方体应用【并集】命令创建成整体，尺寸自定。

图 10-45 【并集】命令创建实体

参　考　文　献

[1] 杨月英，於辉．AutoCAD 2006 绘制建筑图．北京：中国建材工业出版社，2006.
[2] 杨月英，於辉．中文版 AutoCAD 2008 建筑绘图．北京：机械工业出版社，2008.
[3] 莫正波，高丽燕，宋琦．AutoCAD 2008 建筑制图实例教程．北京：中国石油大学出版社，2008.
[4] 胡仁喜，韦杰太，阳平华．AutoCAD 2005 中文版建筑施工图经典实例．北京：机械工业出版社，2005.